教育部高等学校电子信息类专业教学指导委员会规划教材

高等学校电子信息类专业系列教材·新形态教材

"十四五"职业教育河南省规划教材

计算机组装与维护

第2版·微课视频版

刘云朋　霍晓丽　林邓伟　主编

清华大学出版社

北京

内容简介

本书以计算机软硬件的近期发展和应用为主线展开内容、组织体系，在课程思政引领下，基于启智润心、厚基强技的教学目标，从介绍计算机的基本知识开始，结合大量样例、图示和案例操作，系统、全面地讲解计算机的发展、组成、安装、应用、维护、维修等知识，使读者能够全面学习和了解计算机的组成结构和运行原理、选购技巧、硬件组装方法、UEFI BIOS设置方法、硬盘分区方法、系统安装方法，各种计算机硬件故障产生的原因及处理方法，Windows 系统应用、维护及故障排除方法，以及局域网搭建、数据恢复等计算机应用与维护的相关知识。

本书内容不仅涵盖了计算机软硬件的基本理论知识，而且理论与实践紧密结合，注重现实应用性，可作为各类高等院校相关专业"计算机组装与维护"等课程的教材，也可作为各类社会培训学校相关专业的教材，还可作为广大读者学习相关知识的参考用书。

图书在版编目(CIP)数据

计算机组装与维护：微课视频版/刘云朋，霍晓丽，林邓伟主编. —2 版. —北京：清华大学出版社，2024.4（2025.1重印）
高等学校电子信息类专业系列教材. 新形态教材
ISBN 978-7-302-65785-9

Ⅰ. ①计… Ⅱ. ①刘… ②霍… ③林… Ⅲ. ①电子计算机－组装－高等学校－教材 ②计算机维护－高等学校－教材 Ⅳ. ①TP30

中国国家版本馆 CIP 数据核字(2024)第 047384 号

责任编辑：刘 星
封面设计：刘 键
责任校对：王勤勤
责任印制：丛怀宇

出版发行：清华大学出版社
网　　址：https://www.tup.com.cn，https://www.wqxuetang.com
地　　址：北京清华大学学研大厦 A 座　　**邮　　编**：100084
社 总 机：010-83470000　　**邮　　购**：010-62786544
投稿与读者服务：010-62776969，c-service@tup.tsinghua.edu.cn
质量反馈：010-62772015，zhiliang@tup.tsinghua.edu.cn
课件下载：https://www.tup.com.cn，010-83470236
印 装 者：三河市铭诚印务有限公司
经　　销：全国新华书店
开　　本：185mm×260mm　　**印　　张**：18.25　　**字　　数**：446 千字
版　　次：2020 年 11 月第 1 版　2024 年 4 月第 2 版　　**印　　次**：2025 年 1 月第 4 次印刷
印　　数：18501 ～ 20500
定　　价：59.00 元

产品编号：100002-01

前言
PREFACE

随着信息技术的飞速发展，计算机的应用已经覆盖到各个领域，并已成为人们学习、工作和生活的必备工具，认识计算机、了解计算机、掌握计算机的选购技巧及使用与维护方法已成为人们必备的常规技能。

本书结合当前计算机应用及其操作的相关技术需求，将计算机组装与维护相关理论知识与最新实践应用紧密结合，从计算机组成部件的认识、选购方法、常见故障的检测与排除，计算机部件的组装，操作系统的安装，计算机系统的备份与优化、运行维护与故障排除，无线局域网的搭建与管理等方面，进行了相关知识的梳理与完善，并结合最新的实际操作样例，全面、系统地介绍了计算机组装与维护的相关知识。本书既是河南省高等职业学校精品在线开放课程、河南省职业教育课程思政示范课程——“计算机组装与维护”的配套教材，也是河南省高等教育教学改革研究与实践项目（2021SJGLX749）的阶段性研究成果；本书既有严密完整的理论体系，又具有较强的实用性，读者通过学习可较全面地掌握计算机实际应用中的相关知识。

本书特点

（1）介绍近期主流的软硬件。

由于计算机技术发展迅速，软硬件更新速度快，本书充分考虑计算机部件及其应用技术的先进性和时效性，所介绍的计算机软硬件力争都是主流。

（2）注重知识内容的实际应用。

将“京东”“中关村在线”等网商平台部件选购的重要参数信息，“黑鲨装机大师”“大白菜”等技术网站提供的相关技术信息，进行梳理与完善，并融入课程知识点，实现知识和技能的现实实用性。

（3）引入国产技术元素进教材。

书中融入了对计算机相关软硬件国产自主研发技术现状介绍，并引入了国产替代化、计算机生态环境建设等内容，启发学生进行正面思考，帮助学生树立“四个自信”意识，培养家国情怀、民族自豪感、使命担当意识，以及精益求精的职业精神、工匠精神和创新精神。

（4）融入简单易懂的教学案例。

结合知识要点融入了大量教学案例，简单易懂，适应性强，软硬件齐全，使读者能够在软件和硬件两方面结合的基础上更加深入地掌握其技术，达到举一反三的目的，为掌握计算机组装、维护与应用打下坚实的基础。

（5）注重理实一体化的深度融合。

本书注重理论与实践紧密结合，某些理论内容有意让读者通过实践来掌握，以调节教学节律,利于理解深化及实际技能的提高,达到理实一体、相辅相成。

(6) 配套丰富翔实的教学资源。

本书提供了相应的网络课程平台,配套有教学课件、教学大纲、实验指导、习题答案、微课视频、课程思政教案等教学资源,形成了一体化教材,对该课程的学习具有很好的辅助作用。

配套资源

- **课件、大纲、教案等资源**:扫描目录上方二维码下载,或者到清华大学出版社官方网站本书页面下载。
- **微课视频(450分钟,60集)**:扫描书中相应章节中的二维码在线学习。

注:请先扫描封底刮刮卡中的文泉云盘防盗码进行绑定后再获取配套资源。

本书由刘云朋、霍晓丽、林邓伟担任主编,李东亮、张志刚、邓小飞担任副主编,刘云朋编写第1~5章,霍晓丽、林邓伟编写第6~8章,李东亮、张志刚、邓小飞编写9~15章。刘云朋、霍晓丽和林邓伟负责本书的组织和编写,并对全书进行审稿、统稿和定稿。

在本书的修订过程中,参阅了百度百科、搜狗百科、京东、中关村在线等网络平台的开放资源和商情信息,以及大量互联网上的最新技术材料和相关内容的同类教材,在此向相关作者及网站表示感谢。

由于编者水平有限,以及计算机技术的快速发展,书中难免出现错漏和不妥之处,敬请同行和读者批评指正,以便进行更正和完善。

编　者

2024年1月

目录

CONTENTS

配套资源

第1章　认识计算机

CHAPTER 1

学习目标：

- 了解计算机的发展历史及发展趋势。
- 了解计算机硬件系统的组成原理及其主要功能。
- 了解计算机的系统组成。
- 了解计算机的选购注意事项。

技能目标：

- 熟悉计算机的硬件构成。
- 熟悉计算机的各种软硬件基础知识。
- 熟悉计算机的选购方法。

素质目标：

- 学会理解本课程的各种看法与价值。
- 培养科学判断事物发展的能力。

计算机是20世纪最先进的科学技术发明之一。自从1946年2月诞生第一台电子数字计算机以来，计算机技术的发展可谓日新月异，尤其是微型计算机的问世，打破了计算机的神秘感和计算机只能由少数专业人员使用的局面，使得计算机及其应用渗透到社会的各个领域，目前已被广泛应用到各行各业，同时也是信息社会中必不可少的电子设备。为了让用户更好地了解和认识计算机，本章主要介绍计算机的发展、分类、系统组成及选购注意事项等相关知识。

1.1　计算机概述

计算机(computer)俗称电脑，是一种用于高速计算的电子计算机器，既可以进行数值计算，又可以进行逻辑计算，还具有存储记忆功能；能够按照程序运行，自动、高速处理海量数据的现代化智能电子设备。

1.1.1　计算机的发展历史

视频讲解

1. 计算机的发展介绍

计算机的发展经历了从简单到复杂、从低级到高级的不同阶段，其不同阶段的计算机发挥了独特的作用和设计思路。1946年2月14日,由美国军方定制的世界上第一台电子数字计算机——电子数字积分计算机(Electronic Numerical Integrator And Calculator, ENIAC)在美国宾夕法尼亚大学问世。ENIAC(中文名为埃尼阿克)是美国奥伯丁武器试验场为了满足计算弹道需要而研制成的。这台计算机使用了17 840支电子管,大小为80ft[①]×8ft,重达28t,功耗为170kW,其运算速度为每秒5000次的加法运算,造价约为487 000美元。ENIAC的问世具有划时代的意义,表明电子计算机时代的到来。在以后的70多年里,计算机技术以惊人的速度发展,没有任何一门技术的性能价格比能在70年内增长这么快。

1)第1代——电子管数字计算机(1946—1958年)

计算机的逻辑元件采用的是真空电子管,主存储器采用的是汞延迟线、阴极射线示波管、静电存储器、磁鼓、磁芯,外存储器采用的是磁带。计算机的软件方面采用的是机器语言、汇编语言。应用领域以军事和科学计算为主。

特点:体积大、功耗高、可靠性差、速度慢(一般为每秒数千次至数万次)、价格昂贵,但为以后的计算机发展奠定了基础。

2)第2代——晶体管数字计算机(1958—1964年)

计算机的逻辑元件采用的是晶体管,磁鼓和磁盘开始作为主要辅助存储器。计算机软件方面开始使用高级计算机语言和编译程序,计算机系统初步成型。应用领域以科学计算和事务处理为主,并开始进入工业控制领域。

特点:相比第一代电子管数字计算机,其体积缩小、能耗降低、可靠性提高、运算速度提高(一般为每秒数十万次,可高达300万次),性能比第1代计算机有很大的提高。

3)第3代——中小规模集成电路数字计算机(1964—1970年)

计算机的逻辑元件采用中、小规模集成电路[MSI(Middle Scale Integration)、SSI(Small Scale Integration)],主存储器仍采用磁芯。计算机软件方面出现了分时操作系统以及结构化、规模化程序设计方法。应用领域开始进入文字处理和图形图像处理领域。

特点:相比第二代晶体管数字计算机,其速度更快(一般为每秒数百万次至数千万次),而且可靠性有了显著提高,价格进一步下降,产品走向了通用化、系列化和标准化等。

4)第4代——大规模集成电路数字计算机(1970年至今)

计算机逻辑元件采用大规模和超大规模集成电路[LSI(Large Scale Integration)和VLSI(Very Large Scale Integration)],计算机软件方面出现了数据库管理系统、网络管理系统和面向对象语言等。应用领域从科学计算、事务管理、过程控制逐步走向家庭。

特点:运算速度显著性提高(每秒可达数十万亿次),同时具有微型化、功耗小和高可靠性的特点。1971年世界上第一台微处理器在美国硅谷诞生,开创了微型计算机的新时代。

2. 计算机的发展趋势

计算机从诞生至今,经历了机器语言、程序语言、简单操作系统和Linux、macOS、BSD、Windows等操作系统,其运行速度也逐渐提升。第4代计算机的运算速度已经达亿亿次/秒。随着科技的进步,计算机的发展已经进入了一个快速而又微小、多功能和资源网络化的崭新时代,而未来计算机性能应向着巨型化、微型化、网络化、人工智能化和多媒体化的方向发展。

---

① 1ft=30.48cm。

1）巨型化

计算机的巨型化发展也可理解为超级计算机的发展，是为了适应尖端科学技术的需求而发展的，主要体现在高速度、大存储容量、功能强大和多元化方面，重点应用于军事和科学研究等方面。

2）微型化

计算机的微型化发展是在计算机中使用微型处理器，从而缩小计算机的体积，降低计算机的成本。另外，软件行业的飞速发展，以及计算机理论和技术的不断完善也促使了微型计算机的快速发展。计算机的体积在不断缩小，从台式机到笔记本电脑，再到平板电脑、掌上电脑等，其体积是逐步微型化，从而可以预计未来的计算机仍然会趋于微型化，其体积会不断缩小。

3）网络化

计算机的不断发展促使了互联网的飞速发展。计算机网络化彻底改变了人类的世界，扩展了用户的眼界。目前，用户可以通过互联网进行沟通、交流、购物、资源共享等网络活动，而无线网络的出现，则极大地提高了网络使用的便捷性，未来计算机将会进一步向着网络化方向发展。

4）人工智能化

计算机人工智能化是未来发展的必然趋势，在不久的将来智能化计算机将取代部分人类的工作。目前，人类在不断地探索计算机与人类思维的结合和融合，促使计算机能够具有人类的逻辑判断和思维能力，希望可以抛弃以往依靠编码程序来运行计算机的方法，可以直接对计算机发出相应的指令。

5）多媒体化

计算机多媒体技术是当今信息技术领域发展最快、最活跃的技术，是新一代电子技术发展和竞争的焦点。多媒体技术融合计算机、声音、文本、图像、动画、视频和通信等多种功能于一体，借助日益普及的高速信息网，可实现计算机的全球联网和信息资源共享，因此被广泛应用在咨询服务、图书、教育、通信、军事、金融、医疗等诸多行业，并正潜移默化地改变着我们生活的面貌。

1.1.2 计算机的分类

视频讲解

计算机种类繁多，按不同的分类方法可分为不同的类型。如按计算机信息的表示形式与对信息的处理方式，可将计算机分为数字计算机、模拟计算机和混合计算机；按计算机用途，可将计算机分为通用计算机和专用计算机；按计算机运算速度、存储量大小、硬件配套规模等又可将计算机分为巨型机、大中型机、微型机、工作站和服务器等。

在实际应用中，计算机一般可分为超级计算机、网络计算机、嵌入式计算机、工业控制计算机和个人计算机（Personal Computer，PC）5类。较先进的计算机又分生物计算机、光子计算机和量子计算机等。

1. 超级计算机

超级计算机通常由数百或数千个以上处理器组成，是可以计算普通PC和服务器无法完成的大型复杂课题的计算机。超级计算机具有很强的计算和处理数据的能力，主要特点表现为高速度和大容量，配有多种外部和外围设备及丰富的、高功能的软件系统。其多用于国家高科技领域和尖端技术研究,是国家科技发展水平和综合国力的重要标志。如肆虐全球的新冠疫情,也需要人类借助超级计算机的力量来对抗。我国科学家利用超级计算机对新冠病毒进行基因测序,成功地让我国成为最早研发出新冠疫苗的国家之一。

图 1-1 "神威·太湖之光"超级计算机

目前我国已拥有"天和""神威""曙光""深腾"等一系列强大的超级计算机,其中"神威·太湖之光"多次登顶全球超级计算机 TOP 500 排行榜榜首。"神威·太湖之光"超级计算机如图 1-1 所示。

2. 网络计算机

网络计算机是用来在网络上使用的计算机,但去掉了传统的硬盘、光驱等部件,属于瘦 PC,由服务器提供网络上的程序或存储。网络计算机具有自己的处理能力,但除核心软件之外,其他软件都需从网络服务器下载,节省了频繁的软件升级和维护,也降低了成本。它能满足管理者和大众对信息处理和信息访问的需求,是各行业信息化应用细分的必然产物,主要包括服务器、工作站、交换机、集线器、路由器等。

3. 嵌入式计算机

嵌入式计算机就是以嵌入式系统为应用中心的计算机。对于嵌入式系统来说,它是以计算机技术为基础,适用于应用系统对功能、可靠性、成本、体积、功耗有严格要求的专用计算机系统。它一般由嵌入式微处理器、外围硬件设备、嵌入式操作系统以及用户的应用程序等四部分组成。现代化的汽车中有数十块甚至数百块微处理器,它们都属于嵌入式计算机,这些微处理器配合相应的软件系统被用来控制汽车以完成多种任务,如 ABS(Anti-lock Brake System)、点火装置、车载多媒体设备等。

4. 工业控制计算机

工业控制计算机又称为过程计算机,是一种采用总线结构,对生产过程及机电设备、工艺装备进行检测与控制的计算机系统的总称。工业控制计算机具有重要的计算机属性和特征,如具有计算机主板、CPU、硬盘、内存、外设及接口,并有操作系统、控制网络和协议、计算能力、友好的人机界面。其主要类别有 IPC(Industrial Personal Computer,总线工业计算机)、PLC(Programmable Control System,可编程控制系统)、DCS(Distributed Control System,分散型控制系统)、FCS(Fieldbus Control System,现场总线系统)及 CNC(Numerical Control System,数控系统)5 种。图 1-2 是一种工业控制计算机的图片。

图 1-2 一种工业控制计算机

5. 个人计算机

人们平常接触最多的是个人计算机(PC),属于微型机的一种。个人计算机主要分为台式机、笔记本电脑、电脑一体机和平板电脑 4 种类型,而台式机分为组装机和品牌机两种类型。

1) 台式机

台式机也称为台式电脑,是一种各功能部件相对独立的计算机。相对于笔记本电脑、一体机等其他类型的计算机,其体积较大,一般需要放置在桌子或者专门的工作台上,因此命名为台式机,如图 1-3 所示。

图 1-3 台式计算机

台式机具有以下特点。

(1) 散热性。台式机的机箱具有空间大、通风条件好的特点,具有良好的散热性。

(2) 扩展性。台式机的机箱空间大,方便用户硬件升级。如现在台式机箱的光驱驱动器插槽有 4~5 个,硬盘驱动器插槽有 4~5 个。

(3) 保护性。台式机全方面保护硬件不受灰尘的侵害,而且具有一定的防水性。

(4) 明确性。台式机机箱的开、关键,重启键,USB 接口,音频接口都在机箱前置面板中,方便用户的使用。

2) 笔记本电脑

笔记本电脑(NoteBook Computer,NoteBook)亦称笔记型、手提或膝上型电脑,是一种体积小、方便携带的计算机,如图 1-4 所示。笔记本电脑通常质量为 1~3kg,其发展趋势是体积越来越小,质量越来越轻,而功能越来越强大。笔记本电脑跟 PC 的主要区别在于其便携带性。从用途上看,笔记本电脑一般可以分为商务办公笔记本电脑、游戏影音笔记本电脑、轻薄笔记本电脑、二合一笔记本电脑等类型。

3) 电脑一体机

电脑一体机又称一体台式机,是指将传统分体台式机的主机集成到显示器中,从而形成一体台式机,如图 1-5 所示。一体台式机具有以下优点。

图 1-4 笔记本电脑

图 1-5 电脑一体机

(1) 简约无线。最简洁优化的线路连接方式,随着无线技术的发展只需要一根电源线就可以完成所有连接。

(2) 节省空间。比传统分体台式机更轻薄,一体机可节省最多 70%的桌面空间。

(3) 集成度高。把微处理器、主板、硬盘、屏幕、扬声器、摄像头及显示器整合为一体的桌上型电脑。

(4) 节能环保。更节能环保,耗电仅为传统分体台式机的 1/3,具有更小的电磁辐射。

(5) 潮流外观。一体台式机简约、时尚的实体化设计,更符合现代人对家居节约空间、美观的要求。

图 1-6 平板电脑

4）平板电脑

平板电脑也叫作便携式电脑（Tablet Personal Computer，Tablet PC），是一种小型、方便携带的个人计算机，以触摸屏作为基本的输入设备，如图 1-6 所示。它拥有的触摸屏（也称为数位板技术）允许用户通过触控笔或数字笔来进行作业而不是传统的键盘或鼠标。用户可以通过内建的手写识别、屏幕上的软键盘、语音识别或者一个真正的键盘（与机型配套）实现输入。

1.2 微型计算机系统

微型计算机简称微机，也称为个人计算机。一个完整的微型计算机系统由软件系统和硬件系统两部分组成，如图 1-7 所示。

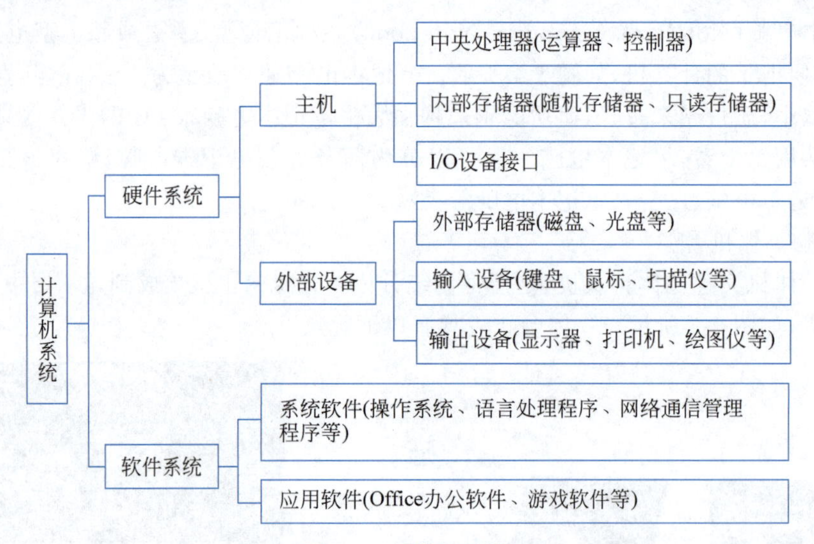

图 1-7 计算机系统

计算机硬件是指组成一台计算机的各种物理装置，它们由各种实在的器件所组成。直观地看，计算机硬件是一大堆设备。它们是计算机进行工作的物质基础。计算机软件是指在硬件设备上运行的各种程序、数据及有关的资料。程序实际上是用于指挥计算机执行各种动作，以便完成指定任务的指令集合。

通常，把不装备任何软件的计算机称为裸机。目前，普通用户所面对的一般都不是裸机，而是在裸机上配置若干软件之后所组成的计算机系统。计算机之所以能够渗透到各个领域，能够出色地完成各种不同的任务，正是由于软件的丰富多彩。当然，计算机硬件是支撑计算机软件工作的基础。没有足够的硬件支持，软件就无法正常地工作。

实际上，在计算机技术的发展进程中，计算机软件随硬件技术的迅速发展而发展；反过来，软件的不断发展与完善，又促进了硬件的新发展。两者的发展密切地交织在一起，缺一不可。

1.2.1 计算机硬件系统

在许多人眼里，计算机是比较精密的设备，神秘而高深莫测，使用多年也不敢打开看看机箱里到底有什么。其实，计算机的结构并不复杂，只要了解它是由哪些部件组成的，各部件的功能是什么，就可以对板卡、配件进行维护和升级。

如图 1-8 所示，人们日常看到的、典型的微机系统由主机、键盘、显示器和鼠标等部分组成。

1. 主机

主机指计算机硬件系统中用于放置主板及其他主要部件的容器，通常包括 CPU、内存、硬盘、光驱、电源以及其他输入输出控制器和接口，如 USB 控制器、显卡、网卡、声卡等。位于主机箱内的通常称为内设，而位于主机箱之外的通常称为外设（如显示器、键盘、鼠标、外接硬盘、外接光驱等）。通常，主机自身（装上软件后）已经是一台能够独立运行的计算机系统。主机箱内部结构如图 1-9 所示。

图 1-8 从外部看到的微机系统

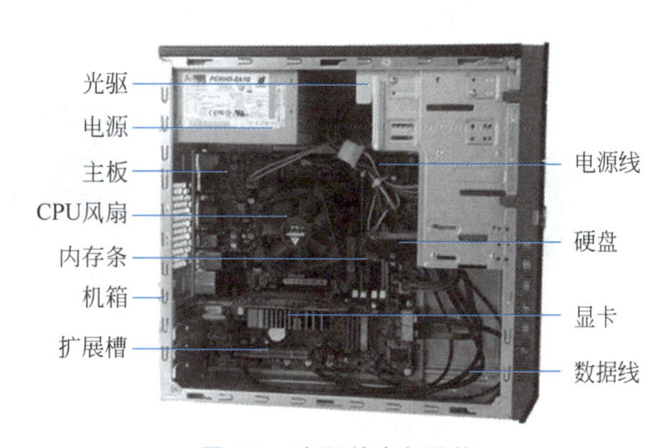

图 1-9 主机箱内部结构

2. CPU

CPU（Central Processing Unit）即中央处理器（也称微处理器），由运算器、控制器、寄存器、高速缓存和实现各个组件之间联系的数据、控制及状态的总线构成，是计算机的运算核心和控制核心。其功能是处理和运算计算机内部的所有数据，并控制计算机内的其他配件协调运行，类似于人体的大脑。CPU 是整个系统中最高的执行单元，是判断计算机档次的重要依据（图 1-10）。

3. 主板

主板也称为主机板，有时称为系统板、母板。它是一块多层印制电路板，按其大小分为标准板、Micro 板和 ITX 板等几种。主板是计算机中各个组件工作的一个平台，也是主机内部最大的一块集成电路板，由 CPU 插座、扩展槽、芯片组和各种设备接口组成。主板的主要功能是将计算机中的各个部件紧密地连接在一起，并将数据传输给各个部件。由于计算机中一些重要的“交通枢纽”都分布在主板上，所以主板工作的稳定性直接影响整个计算机的稳定性。通常，把不插 CPU、内存条、控制卡的主板称为裸板。主板是微机系统中最重要的部件之一，如图 1-11 所示。

图 1-10 CPU

图 1-11 主板

4. 内存

内存又称为内部存储器或主存储器，是计算机硬件系统中的重要组成部分。内存的作用是为 CPU 提供所要运算的各种数据，并临时存放 CPU 运算后的数据结果。在计算机工作时，它存放着计算机运行所需要的各种数据，关机后，内存中的数据将全部丢失，具有体积小、速度快、有电可存和无电清空的特点，如图 1-12 所示。

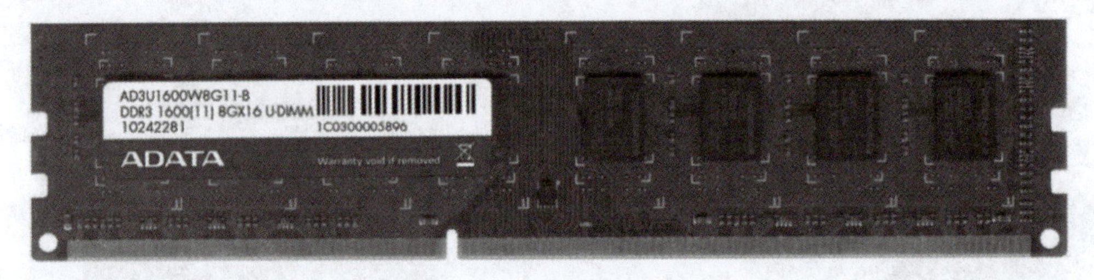

图 1-12 内存

5. 硬盘

硬盘是计算机最主要的存储设备(图 1-13)。机械硬盘由金属磁片制成，而硬盘中的磁片具有记忆功能，因此存储到磁片中的数据，不论是否处于开机或关机状态中，都不会丢失。另外，还有一种目前热门的硬盘类型——固态硬盘，是一种主要以闪存作为永久性存储器的计算机存储设备。硬盘的容量很大，目前市场中的硬盘已达到 TB 级的容量，其尺寸的大小不等，有 3.5in[①]、2.5in、1.8in、1.0in 等，而硬盘接口则有 IDE(Integrated Drive Electronics)、SATA(Serial Advanced Technology Attachment)、SCSI(Small Computer System Interface)等类型。SATA 接口为目前最普遍的接口类型。

图 1-13 硬盘

6. 光盘驱动器

光盘驱动器也是微机系统中重要的外存设备。光盘的存储容量很大。目前计算机上配备的光驱有些是只读的，即只能从光盘上读取信息而不能把信息写到光盘上；有些是可读

① 1in＝2.54cm。

写的，即不仅能读取光盘上的信息，还能将信息写到光盘上。光盘驱动器如图 1-14 所示。

图 1-14 光盘驱动器

7. 系统功能扩展卡

系统功能扩展卡也称适配器、功能卡。计算机的功能卡一般有显卡、声卡、网卡等。

(1) 显卡是计算机中重要的显示组件，如图 1-15 所示。显卡可以与显示器配合输出色彩绚丽的图形和文字，是人机对话的重要设备之一。显卡负责向显示器输出显示信号，显卡的性能决定了显示器所能显示的颜色数和图像的清晰度。

(2) 声卡是多媒体计算机的必备设备(图 1-16)，负责采集和输出声音，可以将计算机中的声音数字信号转换成模拟信号输出到音箱中并发出声音。

图 1-15 显卡

图 1-16 声卡

8. 显示器

显示器是微机不可缺少的输出设备，用于显示输入的程序、数据或程序的运行结果等。显示器主要有以阴极射线管为核心的 CRT 显示器和液晶显示器(CRT 显示器已被淘汰)。目前市场的主流产品为液晶显示器，如图 1-17 所示。

9. 键盘和鼠标

键盘是计算机最重要的输入设备，用户的各种命令、程序和数据都可以通过键盘输入计算机。鼠标是计算机在窗口界面中操作必不可少的输入设备，鼠标是一种屏幕标定装置，不能直接输入字符和数字。在图形处理软件的支持下，在屏幕上使用鼠标处理图形要比键盘方便得多。键盘和鼠标的接口通常为 USB 接口和 PS/2 接口，无线键盘、鼠标已悄然流行，如图 1-18 所示。

图 1-17 液晶显示器

图 1-18 键盘鼠标

10. 电源

电源是安装在一个金属壳体内的独立部件,它的作用是为系统装置的各种部件提供工作所需的电源,目前台式机的标准电源为 ATX 电源。ATX 电源如图 1-19 所示。

11. 主机箱

主机箱由金属体和塑料面板组成,分卧式和立式两种。主机箱面板上一般配有各种工作状态指示灯和控制开关。光盘驱动器是安装在机箱前面,以便插入和取出光盘。机箱后面有电源插口、显示器接口、键盘鼠标插口和 USB 接口等。立式机箱如图 1-20 所示。

图 1-19 电源

图 1-20 立式机箱

除此之外,计算机的外部设备还有很多,如摄像头、打印机、扫描仪、数码相机、麦克风等,用于满足不同用户的需求。

视频讲解

1.2.2 计算机软件系统

计算机软件系统是指在计算机内运行的各种程序、数据及相关的文档资料。计算机软件系统通常被分为系统软件和应用软件两大类。计算机系统软件能保证计算机按照用户的意愿正常运行,为满足用户使用计算机的各种需求,帮助用户管理计算机和维护资源,执行用户命令、控制系统调度等任务。

1. 系统软件

系统软件是指担负控制和协调计算机及其外部设备、支持应用软件的开发和运行的一类计算机软件。系统软件一般包括操作系统、语言处理程序、数据库系统和网络管理系统。

1) 操作系统

在计算机软件中最重要且最基本的就是操作系统(Operating System,OS),是系统软件的核心,主要用于管理、控制和监督计算机软、硬件资源的协调运行。它由一系列具有不同控制和管理功能的程序组合而成,是最底层的软件。它控制所有计算机运行的程序并管理整个计算机的资源,是计算机裸机与应用程序及用户之间的桥梁。没有它,用户也就无法使用某种软件或程序。在微机中常见的操作系统有 DOS、Windows、UNIX、macOS 等。

操作系统是计算机系统的控制和管理中心,从资源角度来看,它具有处理机、存储器管理、设备管理、文件管理和作业管理 5 个模块。

2) 语言处理程序

语言处理程序是为用户设计的编程服务软件,其作用是将高级语言源程序翻译成计算机能识别的目标程序。语言处理程序是将用程序设计语言编写的源程序转换成机器语言的形式,以便计算机能够运行,这一转换是由翻译程序来完成的。翻译程序除了要完成语言间的转换外，还要进行语法、语义等方面的检查。翻译程序统称为语言处理程序，包括汇编程序、编译程序和解释程序 3 种。

3）数据库管理系统

数据库管理系统（DataBase Management System，DBMS）是一种操纵和管理数据库的大型软件，用于建立、使用和维护数据库。它对数据库进行统一的管理和控制，以保证数据库的安全性和完整性。用户通过 DBMS 访问数据库中的数据，数据库管理员也通过 DBMS 进行数据库的维护工作。它可使多个应用程序和用户用不同的方法在同时或不同时刻去建立、修改和询问数据库。大部分 DBMS 提供数据定义语言（Data Definition Language，DDL）和数据操作语言（Data Manipulation Language，DML），供用户定义数据库的模式结构与权限约束，实现对数据的追加、删除等操作。

4）服务性程序

服务性程序是指为了帮助用户使用与维护计算机，提供服务性手段并支持其他软件开发而编制的一类程序。服务性程序是一类辅助性的程序，它提供各种运行所需的服务，可以在操作系统的控制下运行，也可以在没有操作系统的情况下独立运行。服务性程序主要有工具软件、编辑程序、软件调试程序以及诊断程序等几种。

2. 应用软件

应用软件是指为特定领域开发并为特定目的服务的一类软件。应用软件是直接面向用户需要的，它们可以直接帮助用户提高工作质量和效率，甚至可以帮助用户解决某些难题。应用软件一般分为两类：一类是为特定需要开发的实用型软件，如会计核算软件、工程预算软件和教育辅助软件等；另一类是为了方便用户使用计算机而提供的一种工具软件，如用于文字处理的 Word、用于辅助设计的 AutoCAD 及用于系统维护的 360 安全卫士等。

1.3 计算机的工作原理

视频讲解

不同类型计算机的性能、结构、应用等方面存在一定的差别，但基本系统结构相同。常见的计算机系统结构采用的是美籍匈牙利数学家冯·诺依曼提出的模型。

1.3.1 冯·诺依曼模型

1944 年，美籍匈牙利数学家冯·诺依曼（John von Neumann，1903—1957）提出了计算机组成结构模型。该模型确立了现代计算机的基本结构，故称为冯·诺依曼结构，主要包括以下 3 部分。

1. 计算机的硬件结构

计算机硬件由运算器、控制器、存储器、输入设备和输出设备 5 个基本部分组成。

2. 采用二进制

计算机内部运算采用二进制模式，具有以下优点。

(1) 技术上容易实现。二进制数字 0 和 1 可以用双稳态电路表示。

(2) 可靠性高。只使用 0 和 1 两个数字，传输和处理时不易出错。

(3) 运算规则简单。二进制数的运算规则比十进制数简单，可以使运算器的结构简化，有利于提高运算速度。

(4) 与逻辑量相吻合。0 和 1 正好表示二值逻辑的"真"和"假"。

(5) 二进制数和十进制数的转换规则简单。运算时,计算机先将十进制数转换成二进制数进行存储和处理,输出结果时再将二进制数转换成十进制数。

3. 存储程序控制

采用"存储程序"的方式,将程序和数据放入同一个存储器中(内存储器),计算机能够自动高速地从存储器中取出指令并加以执行。

1.3.2 计算机的工作过程

冯·诺依曼将一台计算机描述成 5 部分:运算器、控制器、存储器、输入设备和输出设备。这些部件通过不同用途的数据传输线路(总线)连接,并且由一个时钟来驱动。

计算机工作时,由控制器控制整个程序的执行和数据的存取。控制器从存储器和输入设备读取指令和数据,对指令进行翻译,向运算器提交符合指令要求的输入数据,告知运算器对数据做哪些运算、计算结果送往何处。控制器本身也要根据指令进行工作。计算机的工作过程如图 1-21 所示。

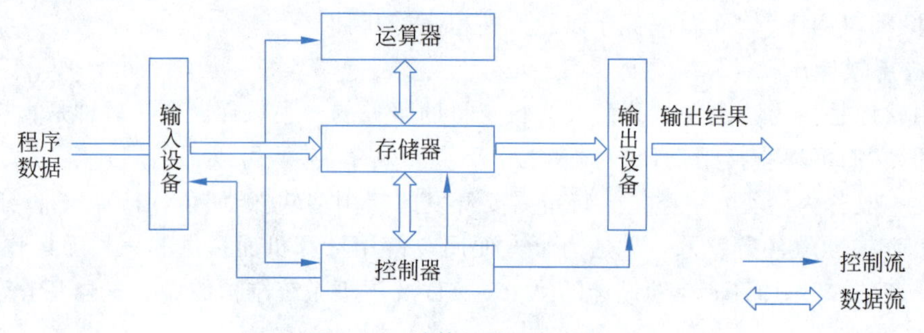

图 1-21 计算机的工作过程

计算机通过执行指令来完成工作。一条指令可以使计算机完成一个动作,若干条有逻辑关系的指令可以使计算机完成某个任务,这个若干指令的有序排列就是一个程序。计算机执行不同的程序可以完成不同的任务。

根据冯·诺依曼计算机模型,计算机能自动执行程序,而执行程序又归结为逐条执行指令,执行一条指令通常包括以下 5 个基本操作。

(1) 取指令。从存储器某个地址单元中取出要执行的指令送到 CPU 内部的指令寄存器。

(2) 指令译码(分析指令)。把保存在指令寄存器中的指令送到指令译码器,译出该指令对应的操作信号。

(3) 取操作数。如果需要,发出取数据指令,到存储器取出所需的操作数。

(4) 执行指令。根据指令译码结果向相关部件发出控制信号,完成指令规定的操作。

(5) 保存结果。根据需要,把结果存到指定的存储器单元。

视频讲解

1.4 计算机的性能和单位

计算机具有运算速度快、运算精度高、逻辑运算能力强和存储容量大等特点,而计算机的上述特点主要是依靠软、硬件的支持。

1.4.1 计算机的性能指标

一台计算机的性能是否强劲,不是只由某一项指标所决定的,而是根据各种配件的综合性能来决定的。一般情况下,用户可以从以下几方面了解计算机的性能。

1. 运算速度

运算速度是衡量计算机性能的一项重要指标。通常所说的计算机运算速度(平均运算速度)是指每秒钟所能执行的指令条数,一般用百万条指令/秒(Million Instruction Per Second, MIPS)来描述。同一台计算机,执行不同的运算所需时间可能不同,因而对运算速度的描述常采用不同的方法。常用的有 CPU 时钟频率(主频)、每秒平均执行指令数等。

2. 字长

一般来说,计算机在同一时间所能处理的一组二进制数称为一个计算机"字",而这组二进制数的位数称为"字长"。在其他指标相同的情况下,字长越大则计算机处理数据的速度就越快。目前大多数计算机的字长都是 64 位,并已成为主流。

3. 内存容量

内存是 CPU 可以直接访问的存储器,计算机中所有需要执行的程序和要处理的数据都要先存放在内存中。因此,内存容量的大小反映了计算机即时存放信息的能力,也影响着计算机同时处理的信息量。随着操作系统的升级,应用软件的不断丰富及其功能的不断扩展,人们对计算机内存容量的需求也不断提高。内存容量越大,系统功能就越强大,能处理的数据量就越庞大,计算机的性能也就越好。

4. 外存容量

外存容量通常是指硬盘容量,该部分的存储容量越大,可存储的信息就越多,可安装的应用软件也就越丰富。

5. 显存

显存的性能由两个因素决定:一是容量;二是带宽。容量很好理解,它的大小决定了能缓存多少数据。带宽方面,可理解为显存与核心交换数据的通道,带宽越大,数据交换越快。容量和带宽是衡量显存性能的关键因素。

6. 主频

CPU 的主频,即 CPU 内核工作的时钟频率。通常所说的某 CPU 是多少兆赫的,而这个多少兆赫就是 CPU 的主频。微型计算机一般采用主频来描述运算速度,例如,Pentium/133 的主频为 133MHz,Pentium Ⅲ/800 的主频为 800MHz,Pentium 4 1.5G 的主频为 1.5GHz。一般说来,主频越高,运算速度就越快。

7. 核心数和线程数

CPU 多核心和多线程的作用主要是满足各类程序多任务需求,核心数和线程数量越多,同时运行的程序就越多,CPU 能够并行处理多个任务数量。核心数和线程数量越多,越适合运行多种软件或者游戏,打开的任务越多(除了多开程序,还有渲染需求),核数和线程数越多就越好。

8. 软件配置情况

软件配置情况直接影响微型计算机系统的使用和性能的发挥。通常应配置的软件有操作系统、计算机语言、工具软件等,另外还可配置数据库管理系统和各种应用软件。

1.4.2 计算机的常用单位

在计算机内部,信息都是采用二进制的形式进行存储、运算、处理和传输的。信息存储的单位有位、字节和字等几种。各种存储设备存储容量单位有 KB、MB、GB 和 TB 等几种。

1. 基本存储单位

(1) 位(bit,b)。二进制数中的一个数位,可以是 0 或者 1,是计算机中数据的最小单位。

(2) 字节(byte,B)。计算机中数据的基本单位,每 8 位二进制数 0 或 1 组成 1 字节。各种信息在计算机中存储、处理至少需要 1 字节。例如,一个 ASCII 码用 1 字节表示,一个汉字用 2 字节表示。

(3) 字(word):2 字节称为一个字。汉字的存储单位都是一个字。

2. 扩展存储单位

在计算机各种存储介质(如内存、硬盘、光盘等)的存储容量表示中,用户所接触到的存储单位不是位、字节和字,而是 KB、MB、GB、TB 等,但这不是新的存储单位,而是基于字节换算的。

1KB=1024B,1MB=1024KB,1GB=1024MB,1TB=1024GB

视频讲解

1.5 选购计算机

计算机的选购不仅要明确用途,而且也要对各类计算机进行一个简单的认识和了解,以便用户能够以合适的价格购买到适合自己的计算机。

1.5.1 明确购买用途

在购买计算机前,必须首先明确购买计算机的用途。只有用途明确,才能建立正确的选购思路。通常在选购计算机时,从以下几方面进行考虑。

1. 家用上网型

在普通家庭中,计算机的主要作用是上网浏览新闻、简单的文字处理、看电影或玩一些简单的游戏。此类用户不必苛求高性能的计算机,选择一台中低端配置的计算机即可胜任。因为对于上述应用来说,高性能计算机与普通性能计算机间的运算反应差别不大。在不运行较大型的软件时,甚至感觉不到两者间速度的差异。

2. 商务办公型

办公型的计算机主要集中在上网收发电子邮件、处理文档资料等方面,其关键在于稳定性。计算机能够长时间稳定运行对商务办公来说最为关键,否则便会影响正常工作。

3. 图形设计型

图形设计对计算机性能的要求较高,需要选择一台运算速度快、整体配置较高的计算机,主要体现在 CPU、显卡和内存等方面需要较高配置。

4. 游戏娱乐型

目前,大型游戏都采用了大量三维立体及动画效果技术,所以对计算机的整体性能要求比一般的计算机都要高。特别对内存容量、CPU 性能、显卡技术等,都需要达到高端水平。

1.5.2　购买品牌机还是组装机

市场上的台式计算机主要分为两大类，即品牌机与组装机。用户在选择购买时要有所了解。

1. 认识品牌机和组装机

由具有一定规模和技术实力的计算机厂商进行生产并标有注册商标，拥有独立品牌的计算机称为品牌机。品牌机的特点是品质有保证、售后可靠，如华为、联想、戴尔等。

组装机则是根据用户的消费需求与购买意图，将各种计算机配件组合在一起的计算机。与品牌机相比，组装机的特点是整体配置较为灵活、升级方便等。

2. 品牌机与组装机的区别

从本质上来看，品牌机和组装机一样，都是由众多配件拼装在一起而组成的。然而，它们之间的区别绝不仅仅在于是否贴有注册商标，而主要体现在以下5方面。

1）稳定性

品牌机在出厂前要经过严格的性能测试，力争系统运行稳定。对于配置较为灵活的组装机而言，由于计算机配件是根据自己的需求，按需搭配的，兼容性就会差些，有些时候计算机新手搭配的计算机还会出现硬件不兼容的问题，所以系统运行时的稳定性也无法得到保证。

2）易用性

品牌机大都会使用一些专用配件，能够提供一些额外的便捷功能，尤其是一些人性化设计的品牌计算机，操作起来更容易上手。

3）售后服务

品牌机享有优质的品牌售后服务。组装机的售后服务只能依赖于计算机配件销售商的技术实力，相对品牌机，组装机的售后比较麻烦。

4）性价比

在价位相同的情况下，组装机相比于品牌机价格上有一定的优势。相同配置的两种机器，组装机一般来说要比品牌机便宜。

5）升级

组装机有很好的升级空间，在后期可以根据自己的需要进行硬件升级更换，而品牌机各方面都是制定好的，升级更换起来就没有组装机那么灵活。

1.5.3　购买台式机还是笔记本电脑

由于笔记本电脑价格的不断降低，在选购计算机时，究竟是选台式机还是选笔记本电脑，这要从使用性能需求、价格因素、移动性需求、维护需求和使用舒适度等多个方面进行考虑。

1. 性能需求

相同价位下，台式机比笔记本电脑硬件配置高、性能强，如果在不考虑移动性需求，只考虑性能需求时，选购台式机仍是首选，否则必须花高价选高端配置笔记本电脑。

2. 价格因素

相同性能下，笔记本电脑自然稍贵，特别是较高配置的情况下，笔记本电脑比台式机价格高出更多。如果对计算机性能要求不太高且预算宽裕,可考虑选用笔记本电脑。

3. 移动性需求

笔记本电脑体积小巧,携带方便,外观时尚且功耗低,配置也基本上可以满足多数主流应用需求,对于移动性要求较高的朋友或商务人士比较值得推荐。

4. 维护需求和使用舒适度

台式机性能强悍,配置灵活,升级方便,偶尔可以自己动手维护,大屏幕、大存储空间、标准键盘,适合长时间办公使用;笔记本电脑轻薄纤巧,携带方便,没有线缆牵绊,几乎可如影相随。

中国计算机发展历程

中国计算机(主要指电子计算机)事业起步于20世纪50年代中期,与国外同期的先进计算机水平相比,起步晚了约10年。在计算机的发展过程中,中国计算机事业从一穷二白发展到今天经历了各种困难,走过了一段极其不平凡的历程。相对于国际上计算机研制的状况,国内计算机研制起步较晚,但是经过科研人员的艰苦努力,目前,中国计算机在很多方向的研究已走在世界前沿,且部分研究已达到国际领先水平。

1958年,中国科学院计算技术研究所研制成功我国第一台小型电子管数字计算机103机(八一型),标志着我国第一台电子计算机的诞生。

1959年,中国科学院计算技术研究所研制成功第一台大型电子管数字计算机104机,运算速度1万次/s。

1960年,中国第一台小型通用电子管数字计算机——107机研制成功,实现了我国自主设计通用数字计算机零的突破,标志着中国的计算机从模仿到自主设计的跨越。

1964年,在哈尔滨军事工程学院计算机系教授慈云桂领导下自行设计的晶体管计算机441B(浮点40二进制位,运算速度8000次/s)在研制成功。自此,中国的计算机产业从第一代的电子管进入了第二代的晶体管。

1965年,中国科学院计算技术研究所成功研制109乙晶体管大型通用数字计算机,运算速度达到定点运算速度9万次/s,浮点运算速度6万次/s,所用器材全部为国产。

1967年,109丙机研制成功,是我国自行研制的一台通用大型晶体管数字计算机,专为“两弹一星”服务,被誉为“功勋计算机”,是中国第一台具有分时、中断系统和管理程序的计算机。

1970年,中国第一台具有多道程序分时操作系统和标准汇编语言的计算机——441B-Ⅲ型全晶体管计算机研制成功。

1971年,中国科学院计算技术研究所研制成功我国第一台小规模集成电路通用数字电子计算机111机。

1973年,中国研究成功百万次电子数字计算机DJS-11机(即150机),该机运算速度100万次/s,主内存130KB,采用集成电路器件,为中国石油勘探、气象预报、军事研究、科学计算等领域做出很多贡献。

1974年,清华大学等单位联合设计、研制成功采用集成电路的DJS-130小型计算机,运算速度达 100 万次/s；131、132、135、140、152、153 等 13 个机型先后研制成功。

1976 年，中国科学院计算技术研究所研制成功了大型通用集成电路通用数字电子计算机 013 机，运算速度达 1000 万次/s。

1977 年，中国第一台微型计算机 DJS-050 机研制成功。

1979 年，中国研制成功运算速度 500 万次/s 的集成电路计算机 HDS-9，王选用中国第一台激光照排机排出样书。

1983 年，国防科技大学研制成功运算速度每秒上亿次的"银河-Ⅰ"巨型机，这是我国高速计算机研制的一个重要里程碑。

1987 年，第一台国产的 286 微机——长城 286 正式推出。

1988 年，第一台国产 386 微机——长城 386 推出，中国发现首例计算机病毒。

1993 年，中国第一台 10 亿次巨型"银河Ⅱ型"计算机通过鉴定，总体上达到 20 世纪 80 年代中后期国际先进水平，主要用于天气预报。

1995 年，"曙光 1000"大型机通过鉴定，其峰值可达 25 亿次/s。"曙光 1000"与美国 Intel 公司 1990 年推出的大规模并行机体系结构与实现技术相近，与国外的差距缩小到 5 年左右。

1997 年，"银河-Ⅲ"并行巨型计算机研制成功，峰值性能为每秒 130 亿次浮点运算，系统综合技术达到 90 年代中期国际先进水平。

1999 年，"银河四代"巨型机研制成功，峰值运算速度达 3840 亿次/s。

2000 年，我国自行研制成功高性能计算机"神威Ⅰ"，其主要技术指标和性能达到国际先进水平。我国成为继美国、日本之后世界上第三个具备研制高性能计算机能力的国家。

2002 年，曙光公司推出完全自主知识产权的"龙腾"服务器，龙腾服务器采用了"龙芯-1" CPU、曙光公司和中国科学院计算技术研究所联合研发的服务器专用主板和曙光 Linux 操作系统，该服务器是国内第一台完全实现自有产权的产品，在国防、安全等部门将发挥重大作用。

2003 年，百万亿次数据处理超级服务器曙光 4000L 通过国家验收，再一次刷新国产超级服务器的历史纪录，使得国产高性能产业再上新台阶。

2009 年，国防科技大学"天河一号"千万亿次超级计算机出现，中国成为继美国之后世界第二个成功研制千万亿次超级计算机的国家。

在中国超级计算的赛道上，曙光、天河与神威已成为高性能计算专项课题耀眼的"三剑客"。2018 年，曙光、天河与神威已进入到超级计算机竞赛领域的 E 级(每秒运算一百亿亿次)超算研发，并逐步实现 CPU 和加速器的全国产化。

1.6　实验一：认识和了解微型计算机系统的硬件组成及连接方式

一、实验目的

(1) 了解微型计算机系统的硬件组成。

(2) 培养学生对计算机系统硬件各组成部分的识别能力。

(3) 认识常用外设。

(4) 认识常用工具。

二、实验设备

(1) 微型计算机及常用外设。

(2) 常用的计算机拆装工具。

三、实验内容及步骤

1. 整机的认识

认识一台已组装好的多媒体微型计算机。

2. 认识常用工具

认识组装微机的常用工具及辅助工具,如螺丝刀、尖嘴钳、镊子、螺丝钉、万用表等。

3. 拆卸计算机

1) 重点认识以下部件

(1) 机箱、电源的认识。观察机箱内部、外部结构;观察机箱前后面板的结构;认识电源的结构、型号、电源电压输入输出情况等。

(2) CPU 的认识。了解 CPU 产品的型号、类型、主频、电压和厂商标志。

(3) 主板、内存的认识。认识并了解主板的生产厂商、型号、结构、功能组成、接口标准、在机箱中的固定位置及其与其他部件的连接情况等;认识内存,观察内存的种类、容量。

(4) 硬盘、光驱及 SATA 数据线的认识。认识并了解硬盘的生产厂商、作用、外部结构、接口标准(数据及电源接口)及其与主板和电源的连接情况等;认识并了解光驱的作用、分类、型号、外部结构、接口标准及其与主板和电源的连接情况等;认识硬盘、光驱等设备与主机板的连接的数据线的特点,并加以区别。

(5) 常用板卡部件的认识。认识显卡、网卡、声卡等部件。

2) 了解外设的连接方式

了解显示器、键盘、鼠标等常用外设与主机的连接方式。

四、实验报告

根据实验要求,简述实验内容,并写出实验步骤和实验体会。

1.7 思考与练习

一、选择题

1. ________是计算机的控制中枢。

A. 内存　　B. CPU　　C. 主板　　D. 硬盘

2. ________是计算机系统必不可少的输入设备。

A. 键盘　　B. 鼠标　　C. 扫描仪　　D. 摄像头

3. ________是计算机系统必不可少的输出设备。

A. 打印机　　B. 显示器　　C. 绘图仪　　D. 扫描仪

4. 微型计算机系统由________和________两大部分组成。

A. 硬件系统　软件系统　　B. 显示器　机箱

C. 输入设备 输出设备 D. 微处理器 电源

5. 计算机的所有动作都受________控制。

A. CPU B. 主板 C. 内存 D. 鼠标

6. 下列不属于输入设备的是________。

A. 键盘 B. 鼠标 C. 扫描仪 D. 投影机

7. 下列部件中,属于计算机系统记忆部件的是________。

A. CD-ROM B. 硬盘 C. 内存 D. 显示器

二、填空题

1. 计算机主机内部主要是由________、________、________、________、________、________和________等硬件构成的。

2. 一个完整的微机系统是由________和________两部分组成的。

3. 微机的软件系统可以分为________和________两大类。

4. 通常,把不装备任何软件的计算机称为________。

5. ________年,美国宾夕法尼亚大学研制成功了世界上第一台电子数字计算机,标志着电子计算机时代的到来。随着电子技术的发展,依次出现了分别以________、________、________和________等为主要元件的电子计算机。

6. 中央处理器是计算机硬件系统的核心,主要包括________和________两个部件。

7. 计算机的外设很多,主要分成两大类,其中显示器、音箱属于________;鼠标、扫描仪属于________。

8. 计算机硬件和计算机软件既相互依存,又互为补充。可以这样说,________是计算机系统的躯体,________是计算机的头脑和灵魂。

三、简答题

1. 简述微机系统的组成。

2. 简述微机系统的硬件结构。

3. 简述如何选购计算机。

第2章　认识和选购CPU

CHAPTER 2

学习目标：

◆ 认识和了解 CPU 的功能和品牌。

◆ 了解 CPU 的结构及工作过程。

◆ 掌握 CPU 的性能参数和选购方法。

技能目标：

◆ 掌握 CPU 的性能参数和选购方法。

◆ 熟悉 CPU 的品牌和功能。

素质目标：

◆ 提高有效组织和利用时间的能力。

◆ 培养精益求精的科学精神。

CPU 是计算机系统的核心，也是整个计算机最高的执行单位。它负责整个计算机系统指令的执行、数学与逻辑运算、数据存储、传送及输入输出的控制。本章主要介绍 CPU 的功能、品牌、结构、工作过程、性能指标以及 CPU 与风扇的选购和常见故障排除等相关知识。

视频讲解

2.1 认识 CPU

2.1.1 CPU 的功能及品牌

CPU（中央处理器）是一块超大规模的集成电路，是一台计算机的运算核心（core）和控制核心（control unit）。它既是计算机的指令中枢，也是系统的最高执行单位。作为计算机系统的核心组件，CPU 在计算机系统中具有举足轻重的地位，是影响计算机系统运算速度的重要因素。图 2-1 所示为常见 CPU 的外观。

图 2-1　CPU 的外观

CPU 在计算机系统中的作用类似人的大脑，是整个计算机系统的指挥中心，计算机的所有工作都由 CPU 进行控制和计算。它的主要功能是负责执行系统指令，包括数据存储、逻辑运算、传输和控制、输入输出等操作指令。CPU 的内部分为控制、存储和逻辑 3 个单元，各个单元的分工不同，但组合起来紧密协作可使其具有强大的数据运算和处理能力。

1. 基本组成和功能

CPU 主要是由运算器、控制器、寄存器组、高速缓冲存储器(Cache)和内部总线构成的。

CPU 作为计算机的核心，负责整个计算机系统的协调、控制以及程序运行。随着大规模集成电路技术以及微电子技术的发展，CPU 中集成的电子元件越来越多。例如 AMD 公司于 2015 年推出的用于笔记本电脑的代号为 Carrizo 的 CPU 内部集成了 31 亿个晶体管；2022 年，苹果公司的 MT Ultra 芯片做到了 1140 亿晶体管，是 52 年前的 1 亿倍。CPU 主要有如下基本功能。

(1) 指令控制。指令控制也称为程序的顺序控制，控制程序严格按照规定的顺序执行。

(2) 操作控制。通过指令译码(分析指令)，产生的一系列控制信号(微指令)分别送往相应的部件，从而控制这些部件按指令的要求进行工作。

(3) 时间控制。有些控制信号在时间上有严格的先后顺序，如读取存储器的数据，只有地址线信号稳定后才能通过数据线读出所需的数据，这样计算机才能有条不紊地工作。

(4) 数据加工。对数据进行算术运算和逻辑运算处理。

2. 生产厂商

CPU 的生产厂商主要有 Intel、超威(AMD)、威盛(VIA)和龙芯(Loongson)，市场上主要销售的是 Intel 和 AMD 的产品。

1) Intel(英特尔)

该公司是全球最大的半导体芯片制造商，从 1968 年成立至今已有 50 多年的历史。1971 年，英特尔公司推出了全球第一个微处理器。微处理器所带来的计算机和互联网革命，改变了整个世界。目前主要有奔腾(Pentium)、赛扬(Celeron)、酷睿(Core)等系列的 CPU 产品，如图 2-2 所示。

2) AMD

该公司是目前唯一可与 Intel 公司匹敌的 CPU 生产厂商，成立于 1969 年，是全球第二大微处理器芯片供应商，专为计算机、通信和消费电子行业设计并制造各种微处理器、闪存和低功率处理器，包括 CPU、图形处理芯片、主板芯片等。目前 AMD 公司主要有速龙(Athlon)、锐龙(Ryzen)等系列的 CPU 产品，如图 2-3 所示。

图 2-2　Intel 品牌 CPU

图 2-3　AMD 品牌 CPU

3) VIA

该公司成立于 1992 年，是台湾地区的集成电路设计公司，主要生产主机板的晶片组、中央处理器(CPU)等产品，是世界上最大的独立主机板晶片组设计公司。自从收购了 Cyrix 公司之后，VIA 开始涉足 x86 CPU 设计领域，先后推出了多款处理器。虽然性能无法与 Intel 和 AMD 抗衡，但是其特长在于低功耗，因此得以在某些特殊领域的市场上站住脚跟。VIA 公司主要有 VIA C3、C7、Nano 等系列产品，如图 2-4 所示。

4）龙芯

龙芯是中国科学院计算技术研究所自主研发的通用 CPU，自 2001 年以来共开发了 1 号、2 号、3 号三个系列处理器和龙芯桥片系列，目前已广泛应用在国家国防军工、航天航空、数控机床、钻探等工业信息化和数字政务、金融、交通、安全等关键领域。龙芯 1 号系列为 32 位低功耗、低成本处理器，主要面向低端嵌入式和专用应用领域；龙芯 2 号系列为 64 位低功耗单核或双核系列处理器，主要面向工控和终端等领域；龙芯 3 号系列为 64 位多核系列处理器，主要面向桌面和服务器等领域。

龙芯自研发初期即选择基于开放度较高的指令系统并结合自研模式，形成了 MIPS 兼容指令系统 LoongISA，2020 年推出了自主指令系统 LoongArch（龙芯架构），进入了国产化的新阶段。2021 年 7 月，龙芯中科推出的龙芯 3A5000 PC 处理器是首款采用 LoongArch 指令系统的处理器芯片，12nm 制程工艺，主频为 2.3～2.5GHz，拥有 4 个处理器核心，每个处理器核心采用 64 位 LA464 自主微结构，支持 DDR4-3200MHz 内存，支持 Hyper Transport 3.0 控制器。龙芯 3A5000 集成了安全可信模块，支持可信计算体系，实现了自主性和安全性的深度融合（图 2-5）。

图 2-4　VIA 品牌 CPU

图 2-5　国产龙芯品牌 CPU

视频讲解

2.1.2　CPU 的结构及工作过程

1. CPU 的物理结构

从外部物理结构角度看，CPU 物理结构可以分为内核、基板、填充物、封装及接口 5 部分，如图 2-6 所示。基板上还有控制电路、贴片电容等器件。

1）CPU 内核

内核（core）又称为核心，是 CPU 最重要的组成部分。图 2-6 中 CPU 中心那块隆起的芯片就是内核，是由单晶硅以一定的生产工艺制造出来的。CPU 所有的计算、存储、处理数据操作都由内核执行。CPU 的内核是将数以亿计的晶体管经过处理后集成在一块磨光了的、只有指甲盖大小的方形硅体上而形成的。

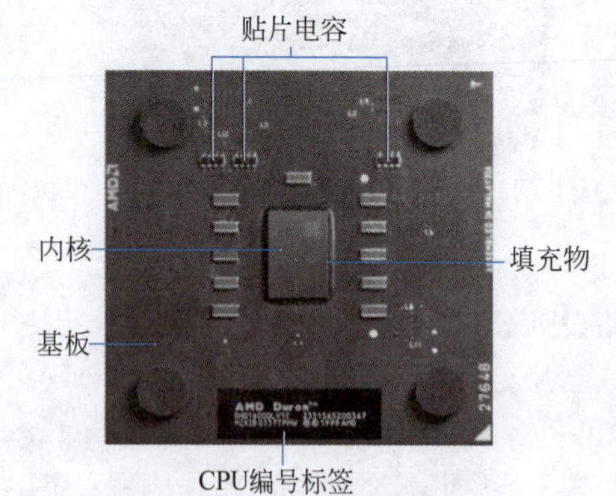

图 2-6　CPU 结构图

为了便于 CPU 设计、生产以及销售管理，CPU 制造商会对各种 CPU 核心给出相应的代号，这就是所谓的 CPU 核心类型。

不同的 CPU（不同系列或同一系列）有不同的核心类型（如 Pentium 的 Northwood、Willamette，以及

K6-2 的 CXT 和 K6-2+的 ST-50 等)，甚至同一种核心也会有不同版本的类型(如 Northwood 核心分为 B0 和 C1 等版本)，核心版本的变更是为了修正上一版存在的不足并提升性能。每一种核心类型都有相应的制造工艺(如 0.25um、0.18um、0.13um、0.09um 等)、核心面积(决定 CPU 成本的关键因素，成本与核心面积基本上成正比)、核心电压、电流大小、晶体管数量、各级缓存的大小、主频范围、流水线架构和支持的指令集(这两点是决定 CPU 实际性能和工作效率的关键因素)、功耗和发热量的大小、封装方式、接口类型、前端总线频率(FSB)等。核心类型在某种程度上决定了 CPU 的工作性能。

CPU 核心的发展趋势为更低的电压、更低的功耗、更先进的制造工艺、集成更多的晶体管、更小的核心面积、更先进的流水线架构和更多的指令集、更高的前端总线频率、集成更多的功能(例如集成内存控制器等)以及多核心、集成图形处理功能，与多个图形处理器(Graphics Processing Unit，GPU)整合等。

2) 基板

基板是承载 CPU 内核的电路板，是内核和引脚的载体，负责内核芯片和外界的通信，并决定这一颗芯片的时钟频率，上面有电容、电阻，还有决定 CPU 时钟频率的电路桥(俗称金手指)，在基板的背面或者下沿还有用于和主板连接的引脚或者卡式接口。早期的基板采用陶瓷，新型基板用有机物制造，能提供更好的电气和散热性能。

3) 填充物

内核和基板之间有填充物，作用是缓解散热器的压力、固定芯片和电路基板。由于它连接着温度有较大差异的两部分，所以必须保证其稳定性。它的质量的优劣有时就直接影响整个 CPU 的质量。

4) 封装

封装是指安装半导体集成电路芯片用的外壳。封装技术是一种将集成电路用绝缘的塑料或陶瓷材料打包的技术，其作用是固定、密封、保护芯片和增强导热性能。

封装还是沟通芯片内部与外部电路的桥梁：芯片上的接点用导线连接到封装外壳的引脚上，这些引脚通过印制电路板上的导线与其他器件连通。

封装方式取决于 CPU 安装形式和器件集成设计。从大的分类来说，采用 Socket 插座进行安装的 CPU 使用 PGA(Pin Grid Array，栅格阵列)方式封装，而采用 Slot 槽安装的 CPU 则采用 SEC(Single Edgecontact Cartridge，单边接插盒)的形式封装。现在还有 PLGA(Plastic Land Grid Array，塑料焊接栅格阵列)、OLGA(Organic Land Grid Array，基板栅格阵列)等封装技术。

5) 接口

CPU 需要通过某个接口与主板连接才能进行工作。经过这么多年的发展，CPU 采用的接口类型有引脚式、卡式、触点式和针脚式等。而目前 CPU 的接口类型都是针脚式接口，对应到主板上就有相应的插槽类型。CPU 接口类型不同，其插孔数、体积和形状都有变化，所以不能互相接插。目前主流 CPU 从生产厂家来看主要有 Intel 和 AMD 两家公司，因此，其接口类型可以分为两种：基于 Intel 平台的接口和基于 AMD 平台的接口。

(1) 基于 Intel 平台的 CPU 接口。Intel 平台的 CPU 接口目前主要有 LGA1700、LGA1200 等不同类型的 CPU 接口。图 2-7 所示为 Intel 不同类型的 CPU 接口。

(2) 基于 AMD 平台的 CPU 接口。AMD 平台的 CPU 接口多为引脚式，与 Intel 的触

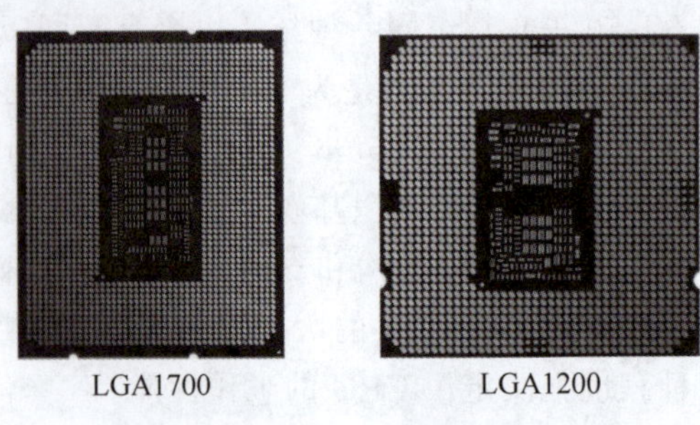

图 2-7　Intel 不同类型的 CPU 接口

点式有区别,主要有 Socket TR4、Socket AM5、Socket AM4 等不同类型的接口,图 2-8 所示为 AMD 不同类型的 CPU 接口。

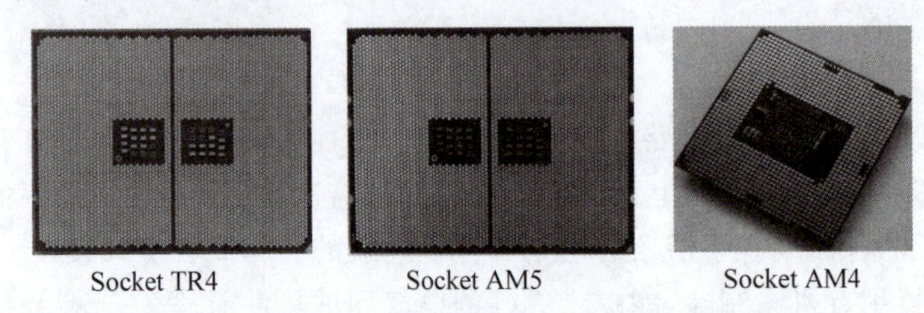

图 2-8　AMD 不同类型的 CPU 接口

2. CPU 工作过程

计算机的所有操作都受 CPU 控制,它直接从存储器或高速缓冲存储器中获取指令,放入指令寄存器并对指令进行译码。一般情况下,CPU 的工作过程可分为提取、解码、执行和写回。

1）提取

提取是 CPU 工作过程中的第一阶段,是 CPU 从存储器或高速缓冲存储器中检索指令的过程。在该过程中,由程序计数器(program counter)指定存储器的位置。其中,程序计数器记录了 CPU 在目前程序中的踪迹,提取指令之后,程序计数器则根据指令的长度来增加存储单元。

2）解码

解码是 CPU 工作的第二阶段,在该阶段中,CPU 将存储器中提取的指令拆解为有意义的片段,并根据 CPU 中的指令集架构(Instruction Set Architecture,ISA)定义将数值片段解释为指令。解释后的指令数值被分为两部分：一部分表现为运算码,用于指示需要进行的运算；而另一部分供给指令所必要的信息。

3）执行

当 CPU 提取和解码指令之后,便可以进入到执行阶段。在该阶段中,主要用于连接各种可以进行所需运算的 CPU 部件。例如,当前需要进行一个加法运算,此时算术逻辑单元将会自动连接到一组输入和一组输出,其中输入提供了需要进行相加的数值,而输出则提供了含有总和的结果。但是,当在加法运算中产生了一个相对于 CPU 处理而言过大的结果时,则在标志暂存器里将会被设置为运算溢出(arithmetic overflow)标志。

4）写回

写回是 CPU 工作过程中的最终阶段,主要是以一定的格式将执行阶段的结果进行简单的写回。其运算结果则被写入 CPU 内部的暂存器中,以供随后的指令进行快速存取。在写回阶段,会出现“跳转”(jumps)现象,该现象是由于某些类型的指令会不直接产生结果,而是操作程序计数器所导致的。其中“跳转”现象会在程序中带来循环行为、条件性执行(通过条件跳转)函数。

CPU 的工作过程就像一个工厂对产品的加工过程:进入工厂的原料(程序、指令),经物资分配部门(控制单元)的调度分配,被送往生产线(逻辑单元),生产成产品(处理后的数据)后,再存储到仓库(存储单元)中,最后等着拿到市场上去卖(交由应用程序使用)。在此过程中,从控制单元开始,CPU 正式运行,中间过程由逻辑单元来运算处理,最后交到存储单元,代表 CPU 停止工作。

CPU 就是这样去执行读数据、处理数据和写数据这 3 项基本工作的。CPU 这个工作过程是不断重复进行的。为了保证每一步操作都准时发生,CPU 在内部设置了一个时钟,时钟控制着 CPU 执行的每一个动作。它就像一个节拍器,不停地发出脉冲信号,决定、调整 CPU 的步调和处理时间,这就是大家所熟悉的 CPU 的主频。同时,一些制造厂商在 CPU 内增加了一个数据浮点运算单元(Float Point Unit,FPU),专门用来处理非常大和非常小的数据,大大地加快了 CPU 对数据的运算处理速度。

2.1.3 CPU 的性能指标

视频讲解

CPU 的性能指标直接反映着计算机的性能,所以其性能指标既是选择 CPU 的理论依据,也是深入学习计算机应用的关键。

1. 频率

1)主频

主频指 CPU 内核工作的时钟频率,简单地说就是 CPU 运算时的工作频率(1s 内发生的同步脉冲数)的简称。通常所说的某 CPU 是多少兆赫兹指的就是 CPU 的主频。频率在数学表达式中用“f”表示,其相应的单位有 Hz(赫兹)、kHz(千赫兹)、MHz(兆赫兹)、GHz(吉赫兹)。其中 1GHz=1000MHz,1MHz=1000kHz,1kHz=1000Hz。计算脉冲信号周期的时间单位及相应的换算关系是 s(秒)、ms(毫秒)、μs(微秒)、ns(纳秒),其中 1s=1000ms,1ms=1000μs,1μs=1000ns。

很多人认为,CPU 的主频就是其运行速度,其实不然。CPU 的主频表示在 CPU 内数字脉冲信号振荡的速度。主频和实际的运算速度存在一定的关系,但还没有一个确定的公式能够定量两者的数值关系,因为 CPU 的运算速度还要看 CPU 的流水线的各方面的性能指标(缓存、指令集、CPU 的位数等)。由于主频并不能直接代表运算速度,所以在一定情况下,很可能会出现主频较高的 CPU 实际运算速度较低的现象。

2)外频

外频是 CPU 与主板之间同步运行的速度,即 CPU 的基准频率,单位是 MHz(兆赫兹)。CPU 的外频通常为系统总线的工作频率(系统时钟频率)。CPU 与周边设备传输数据的频率,具体是指 CPU 到芯片组之间的总线速度。而且绝大部分计算机系统中外频也是内存与主板之间的同步运行的速度,在这种方式下,可以理解为 CPU 的外频直接与内存相连通,实现两者间的同步运行状态。外频速度高,CPU 就可以同时接收更多的来自外设的数据,从而使整个系统的运行速度提高。

3）前端总线

前端总线(Front Side Bus,FSB)是CPU和北桥芯片之间的通道,负责CPU与北桥芯片之间的数据传输。前端总线的数据传输能力对计算机整体性能作用很大,如果没有足够快的前端总线,再强的CPU也不能明显提高计算机整体速度。数据传输最大带宽取决于所有同时传输的数据的宽度和传输频率,即数据带宽=总线频率×(数据位宽÷8)。前端总线频率越大,代表着CPU与北桥芯片之间的数据传输能力越大,更能充分发挥出CPU的功能。

4）倍频

倍频指CPU的时钟频率和系统总线频率(外频)间相差的倍数,倍频越高,时钟频率就越高。计算机在实际运行过程中的速度不但由CPU的频率决定,而且还受到主板和内存速度的影响,并受到制造工艺和芯片组特性等的限制。由于内存和主板等硬件的速度大大低于CPU的运行速度,因此为了能够与内存、主板等保持一致,CPU只好降低自己的速度,这就出现了外频。

在80286时代,还没有倍频的概念,CPU的时钟频率和系统总线一样。随着计算机技术的发展,内存、主板和硬盘等硬件设备逐渐跟不上CPU速度的发展,而CPU的速度理论上可以通过倍频无限提升,即CPU时钟频率=外频×倍频。

5）超频

在倍频一定的情况下,要提高CPU的运行速度只能通过提高外频来实现;在外频一定的情况下,提高倍频也可以实现目的。所谓"超频",就是通过提高外频或倍频实现的。严格意义上的超频是一个广义的概念,它是指任何提高计算机某一部件工作频率而使之工作在非标准频率下的行为及相关行动都应该称之为超频,其中包括CPU超频、主板超频、内存超频、显示卡超频和硬盘超频等很多部分。而就大多数人的理解,仅仅是提高CPU的工作频率而已,这可以算是狭义意义上的超频的概念。

计算机的超频就是通过人为的方式将CPU、显卡等硬件的工作频率提高,让它们在高于其额定的频率状态下稳定工作。以Intel P4C 2.4GHz的CPU为例,它的额定工作频率是2.4GHz,如果将工作频率提高到2.6GHz,系统仍然可以稳定运行,那这次超频就成功了。CPU超频的主要目的是提高CPU的工作频率,也就是CPU的主频。而CPU的主频又是外频和倍频的乘积。例如一块CPU的外频为100MHz,倍频为8.5,可以计算得到它的主频=外频×倍频(100MHz×8.5=850MHz)。

6）睿频

睿频是一种智能提升CPU频率的技术。当启动一个运行程序后,处理器会自动加速到合适的频率,而原来的运行速度会提升10%～20%,以保证程序流畅运行。Intel的睿频技术叫作TB(Turbo Boost),AMD的睿频技术叫作TC(Turbo Core)。

2. 位和字长

CPU的位和字长在数字电路和计算机技术中采用二进制,只有0和1,无论是0还是1在CPU中都是一位。CPU在单位时间内(同一时间)能一次处理的二进制数的位数称为字长。能处理字长为32位数据的CPU通常称为32位CPU。同理,64位CPU就能在单位时间内处理64位二进制数据。

字节和字长的区别:英文字符用8位二进制表示,所以将8b称为1字节。CPU字长是不固定的，8位CPU一次只能处理1B，而32位CPU一次就能处理4B，64位CPU一次可以处理8B。

3. 缓存

缓存是指可进行高速数据交换的存储器。它先于内存与CPU进行数据交换，速度极快，所以又被称为高速缓存。缓存大小是CPU的重要性能指标之一，而且缓存的结构和大小对CPU速度的影响非常大。CPU缓存的运行频率极高，一般是和处理器同频运作，工作效率远远大于系统内存和硬盘。CPU缓存一般分为L1、L2和L3。当CPU要读取一个数据时，首先从L1缓存中查找，没有找到再从L2缓存中查找，若还是没有则从L3缓存或内存中查找。一般来说，每级缓存的命中率在80%左右，也就是说全部数据量的80%都可以在L1缓存中找到，由此可见L1缓存是整个CPU缓存架构中最为重要的部分。

L1缓存(Level 1 Cache)也叫作一级缓存，位于CPU内核的旁边，其存取速度与CPU主频相同，容量单位为KB，是所有缓存中容量最小的。与CPU结合最为紧密的CPU缓存，根据一级缓存所保存信息的不同，可分为一级数据缓存和一级指令缓存，二者分别用来存放数据和执行这些数据的指令，由于减少了争用Cache所造成的冲突，因此提高了处理器效能。

L2缓存(Level 2 Cache)也叫作二级缓存，主要用来存放计算机运行时操作系统的指令、程序数据和地址指针等数据。容量越大，系统的速度越快，因此Intel与AMD公司都尽最大可能加大L2缓存的容量，并使其与CPU在相同频率下工作。

L3缓存(Level 3 Cache)也叫作三级缓存，主要用于读取二级缓存后未命名中的数据，并通过从内存中读取约5%的数据，通过降低内存延迟和提升大数据量计算能力而增加CPU的工作效率。L3缓存分为早期的外置和现在的内置两种。

理论上3种缓存对于CPU性能的影响是L1>L2>L3，但由于L1缓存的容量在现有技术条件下已经无法增加，所以L2和L3缓存才是CPU性能表现的关键，在CPU核心不变化的情况下，增加L2或L3缓存容量能使CPU性能大幅度提高。现在选购CPU时，标准的高速缓存通常是指该CPU具有的最高级缓存的容量，如具有L3缓存就是L3缓存的容量。

4. 指令集

CPU依靠指令完成计算和控制各部件的工作，每款CPU在设计时就规定了一系列与其硬件电路相配合的指令系统。指令集的强弱也是CPU的重要指标。指令集是提高CPU效率的有效工具之一。

从计算机体系结构讲，指令集可分为复杂指令集和精简指令集两部分。目前常见的Intel CPU和AMD CPU均为采用x86架构的复杂指令集。而从具体运用看，Intel的MMX、SSE、SSE2、SSE3、SSSE3、AVX、VMX和AMD的3D-Now!等都是x86架构的扩展指令集，分别增强了CPU的多媒体、图形、图像和Internet等的处理能力。

5. CPU的核心

CPU的核心又称为内核，是CPU最重要的组成部分。CPU所有的计算、接收/存储命令和处理数据都由核心完成，所以，核心的产品规格会显示出CPU的性能高低。8核CPU是指具有8个核心的CPU，体现CPU性能且与核心相关的参数主要有以下几种。

1) 核心数量

过去的CPU只有一个核心，现在常见的CPU核心数则有6核、8核、12核、16核等。

在内核频率、缓存大小等条件相同的情况下,CPU内核数量越多,CPU的整体性能越强,比如3.8GHz的6核CPU就比3.8GHz的双核CPU性能要强。多核心是指基于单个半导体的一个CPU上拥有多个相同功能的处理器核心,就是将多个物理处理器核心整合入一个核心中。并不是说核心数量决定了CPU的性能,多核心CPU的性能优势主要体现在多任务的并行处理,即同一时间处理两个或多个任务,但这个优势需要软件优化才能体现出来。例如,如果某软件支持类似多任务处理技术,双核心CPU(假设主频是2.0GHz)可以在处理单个任务时,两个核心同时工作,一个核心只需处理一半任务就可以完成工作,这样的效率可以等同于是一个4.0GHz主频的单核心CPU的效率。

2) 线程数

线程是指CPU运行中的程序的调度单位,通常所说的多线程是指可通过复制CPU上的结构状态,让同一个CPU上的多个线程同步执行并共享CPU的执行资源,可最大限度地提高CPU运算部件的利用率。线程数越多,CPU的性能也就越高。但需要注意的是,线程相同的性能指标通常只用在Intel的CPU产品中,如Intel酷睿三代i7系列的CPU基本上都是8线程和12线程的产品。

3) 核心代号

核心代号也可以看成CPU的产品代号,即使是同一系列的CPU,其核心代号也可能不同。如Intel有Trinity、Sandy Bridge、Ivy Bridge、Haswell、Broadwell和Skylake等;AMD则有Summit Ridge、Richland、Trinity、Zambezi和Llano等。

4) 热设计功耗

热设计功耗(Thermal Design Power,TDP)是指CPU的最终版本在满负荷(CPU利用率为理论设计的100%)时可能会达到的最高散热热量。散热器必须保证在TDP最大时,CPU的温度仍然在设计范围之内。随着现在多核心技术的发展,同样核心数量下,TDP越小,性能越好。

由于CPU的核心电压与核心电流时刻都处于变化之中,因而CPU的实际功耗[功率(P)=电流(A)×电压(V)]也会不断变化,因此TDP值并不等同于CPU的实际功耗,更没有算术关系。由于厂商提供的TDP数值留有一定的余地,对于具体的CPU而言,TDP应该大于CPU的峰值功耗。

6. 制作工艺

CPU的制作工艺是指CPU内电路与电路之间的距离。趋势是向密集度愈高的方向发展,密度愈高的电路设计,意味着在同样大小面积的产品中,可以拥有密度更高、功能更复杂的电路设计。CPU的制作工艺(也叫作CPU制程)直接关系到CPU的电气性能,因为密度愈高意味着在同样大小面积的电路板中,可以拥有功能更复杂的电路设计。目前CPU的制作工艺为32nm、22nm、14nm、7nm等。CPU制作工艺的纳米数越小,同等面积下晶体管数量越多,工作能力越强大,相对功耗越低,更适合在较高的频率下运行,所以也更适合超频。

7. CPU工作电压

CPU工作电压是指CPU正常工作时所需的电压。提高工作电压,可以加强CPU内部信号,增加CPU的稳定性能,但会导致CPU的发热问题,CPU发热将改变CPU的化学介质,降低CPU的寿命。早期CPU工作电压为5V,随着CPU制造工艺的提高,近年来各种

CPU 的工作电压有逐步下降的趋势，目前台式机 CPU 的工作电压通常为 2V 以内，最常见的是 1.3～1.5V。CPU 内核工作电压越低则表示 CPU 制造工艺越先进，也表示 CPU 运行时耗电越少。

CPU 内核电压的高低主要取决于 CPU 的制造工艺，也就是平常所说的 14nm、7nm 等。制造芯片时的 nm 值越小，表明 CPU 的制造工艺越先进，CPU 运行时所需要的内核电压越低，CPU 相对消耗的能源就越小。

8. 地址总线宽度、数据总线宽度

1）地址总线宽度

地址总线宽度决定了 CPU 可以访问的物理地址空间。对于 486 以上的微机系统，地址总线的宽度为 32 位，最多可以直接访问 409MB 的物理空间。目前，主流 CPU 的地址总线宽度为 64 位，可以访问 8GB 的物理地址空间。

2）数据总线宽度

数据总线宽度决定了 CPU 与二级高速缓存、内存及输入输出设备之间的一次数据传输的宽度。80386、80486 为 32 位，Pentium 以上的 CPU 数据总线宽度为 2×32 位＝64 位，一般称为准 64 位。目前，主流 CPU 的数据总线宽度为 64 位。

9. 超线程技术

超线程(hyper-threading)技术是 Intel 公司的创新技术。在一个实体处理器中放入两个逻辑处理单元，让多线程软件可在系统平台上平行处理多项任务，并提升处理器执行资源的使用率。使用这项技术，处理器的资源利用率平均可提升 40%左右，大大增加了处理器的可用性。

对支持多处理器功能的应用程序而言，超线程处理器被视为两个分离的逻辑处理器。应用程序无须修正就可使用这两个逻辑处理器。同时，每个逻辑处理器都可独立响应中断，第一个逻辑处理器可追踪一个软件线程，而第二个逻辑处理器则可同时追踪另一个软件线程。另外，为了避免 CPU 处理资源冲突，负责处理第二个线程的那个逻辑处理器，其使用的仅是运行第一个线程时被暂时闲置的处理单元，因此不会产生一个线程执行的同时，另一个线程闲置的状况。这种方式将会大大提升每个实体处理器中的执行资源使用率。

通过此技术，Intel 公司实现了在一个实体 CPU 中提供两个逻辑线程。超线程的未来发展，是提升处理器的逻辑线程。Intel 公司于 2016 年发布的 Core i7-6950X 便是将 10 核处理器加上超线程技术，使之成为 20 个逻辑线程的产品。

虽然采用超线程技术能够同时执行两个线程，但它并不像真正的两个处理器那样，每个处理器都具有独立的资源。当两个线程都同时需要某一个资源时，其中一个要暂时停止，并让出资源，直到这些资源闲置后才能继续。因此超线程的性能并不等于两个处理器的性能。需要注意的是，含有超线程技术的处理器需要软件支持，才能比较理想地发挥该项技术的优势。

10. 内存控制器

内存控制器是集成在 CPU 内部的，控制内存与 CPU 之间数据交换的一项重要技术。内存控制器决定了计算机系统所能使用的最大内存容量、内存 BANK 数、内存类型和速度、内存颗粒、数据深度和数据宽度等重要参数，也就是说内存控制器决定了计算机系统的内存性能，从而也对计算机系统的整体性能产生较大影响。

传统计算机系统的内存控制器位于主板芯片组的北桥芯片内部。CPU要和内存进行数据交换,需要经过CPU→北桥→内存→北桥→CPU共5个步骤,在此模式下数据经由多级传输,延迟比较大,从而影响计算机系统的整体性能。AMD公司首先在其K8系列CPU内部整合了内存控制器,CPU和内存之间的数据交换简化为CPU→内存→CPU 3个步骤,这种模式具有更小的数据延迟,有助于提高计算机系统的整体性能。CPU内部集成内存控制器可以使内存控制器同频于CPU的工作频率,而北桥的内存控制器一般就要大大低于CPU工作频率,这样系统延时就更少了。CPU内部集成内存控制器后,内存数据不再经过北桥,这就有效降低了北桥的工作压力。与AMD公司相反,Intel公司坚持把内存控制器放在北桥芯片中,同时对处理器本身的调整更多地依赖于缓存容量的增减。虽然Intel公司曾经列举了多项理由,表示不集成内存控制器好处很多,但随着形势的发展变化,Intel公司终于在酷睿i5、酷睿i7系列CPU中引入了整合内存控制器的方案。

但是在CPU内部整合内存控制器也有缺点,就是只能使用特定类型的内存,并且对内存的容量和速度也有限制。例如,AMD公司早期的K8系列CPU只支持DDR内存,而不能支持更高速的DDR2内存。因此,Socket AM2以前的CPU都不能使用DDR2内存。

11. 虚拟化技术

虚拟化(virtualization)是一个广义的术语,计算机方面通常是指计算机元件在虚拟的基础上而不是在真实的基础上运行。虚拟化技术可以扩大硬件的容量,简化软件的重新配置过程。CPU的虚拟化技术可以将单个CPU模拟为多个CPU,允许一个平台同时运行多个操作系统,并且应用程序可以在相互独立的空间内运行而互不影响,从而显著提高计算机的工作效率。

虚拟化技术与多任务及超线程技术完全不同。多任务是指在一个操作系统中多个程序同时并行运行,而在虚拟化技术中,则可以同时运行多个操作系统,而且每一个操作系统中都有多个程序运行,每一个操作系统都运行在一个虚拟的CPU或者是虚拟主机上;而超线程技术只是单CPU模拟双CPU来平衡程序运行性能,这两个模拟出来的CPU是不能分离的,只能协同工作;而虚拟化技术是一种硬件方案,支持虚拟技术的CPU用带有特别优化的指令集来控制虚拟过程,通过这些指令集,很容易提高系统性能,比软件的虚拟实现方式提高性能的程度更大。

虚拟化有传统的纯软件虚拟化方式(无需CPU支持VT技术)和硬件辅助虚拟化方式(需CPU支持VT技术)两种。纯软件虚拟化运行时会造成系统运行速度较慢,所以,支持VT技术的CPU在基于虚拟化技术的应用中,效率将会明显比不支持硬件VT技术的CPU的效率高出许多。CPU产品的虚拟化技术主要有Intel VT-x、Intel VT和AMD VT 3种。

CPU的VT技术就是为了提升Windows 7/10的兼容性,可以让用户运行于Windows XP等以前操作系统开发的软件。

12. DMI总线技术

目前,绝大部分处理器都将内存控制器做到了CPU内部,让CPU通过QP总线直接和内存通信,不再通过北桥芯片,有效加快了计算机的处理速度。后来发现,CPU通过北桥与显卡连接也会影响性能,于是将PCI-E控制器也整合进了CPU内部,这样一来,相当于整个北桥芯片都集成到了CPU内部,主板上只剩下南桥,这时CPU直接与南桥相连的总线就叫作DMI(Direct Media Interface,直接媒体接口)。

QPI(Common System Interface,公共系统接口)总线高达 25.6GB/s 的带宽已经远远超越了 FSB(Front Side Bus,前端总线)的频率限制,但 DMI 总线却只有 2GB/s 的带宽。这是因为 QPI 总线用于 CPU 其内部通信,数据量非常大。而南桥芯片与 CPU 间不需要交换太多数据,因此连接总线采用 DMI 已足够了。所以,看似带宽降低的 DMI 总线实质上是彻底释放了北桥压力,换来的是更高的性能。

经过 FSB QPI-DMI 总线的发展,CPU 内部集成了内存控制器和 PCI-E 控制器,实现了直接和内存及显卡进行数据传输,而南桥则整合了几乎所有的 I/O 功能,因此 DMI 总线有多高频率意义已经不大了,因为磁盘之类的设备其速率无法跟上,再高的 DMI 总线也都没有用。

2.2 CPU 及风扇的选购

视频讲解

2.2.1 CPU 的选购

1. 盒装与散装

盒装 CPU 拥有漂亮的包装盒,内有详细的说明书与质保书等,但是价格要比散装的贵。一般要买盒装的 CPU,其售后服务有保障,并且不容易有假货。散装 CPU 的对象主要是成批进货且不需要精美包装或说明的计算机厂商,但是也有不少 DIY 族为了减少开支而选择散装 CPU。散装和盒装没有本质区别,质量都是一样的,主要差别是质保时间的长短以及是否带散热风扇。一般而言,盒装 CPU 保修期要长一些,通常为 3 年,而且附带有一台质量比较好的散热风扇;散装的 CPU 质保时间一般是 1 年,不带风扇。Intel 盒装 CPU 如图 2-9 所示。

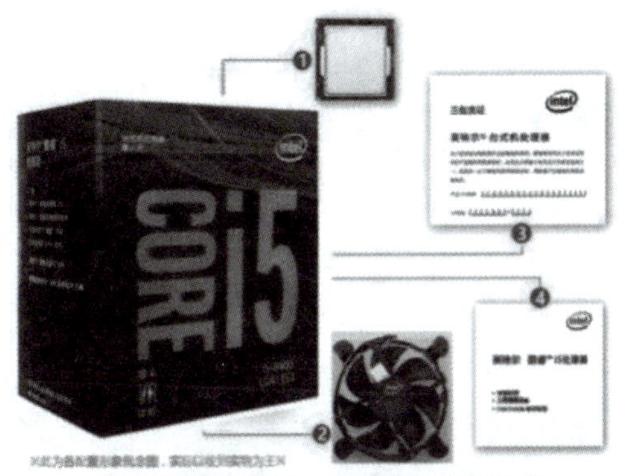

图 2-9 Intel 盒装 CPU

2. 选购标准

在购买 CPU 时应注意以下 4 点。

首先,要明确购机的目的。购机是用来玩游戏还是进行三维图形处理,是仅仅用来打字、上网还是另有其他特殊的用途。

其次,要根据经济条件来选购。

再次,主板 CPU 插槽应与 CPU 接口类型一致。

最后,对自己的计算机水平要有清醒的认识。CPU 降价很快,对于初学者主要是学习如何使用计算机,中低档的 CPU 足矣,如果购机者精通计算机,CPU 可以选择购高档一些的。

3. CPU 真伪验证

不同厂商生产的 CPU 的防伪设置是不同的,但基本上是大同小异。由于 CPU 的主要生产厂商只有 Intel 和 AMD 两家,识别 CPU 的真伪主要有 3 个步骤:看包装、识别 CPU 表面的信息和使用软件进行测试。

盒装正品CPU的包装盒上印有原厂防伪标志和密封标签；包装盒内有原厂质量保证书；包装盒表面还有可通过电话或上网查询产品真伪的防伪序列号。而散装的CPU表面贴的只是经销商的质保标签，其质量保证由经销商提供。图2-10所示为盒装CPU的包装图。

图2-10 盒装CPU的包装图

1）通过网站验证

访问Intel或AMD公司的产品验证网站，填入零售产品序列号，网站将提供与之匹配的处理器产品序列号，请检查是否与处理器产品序列号一致，如图2-11所示。

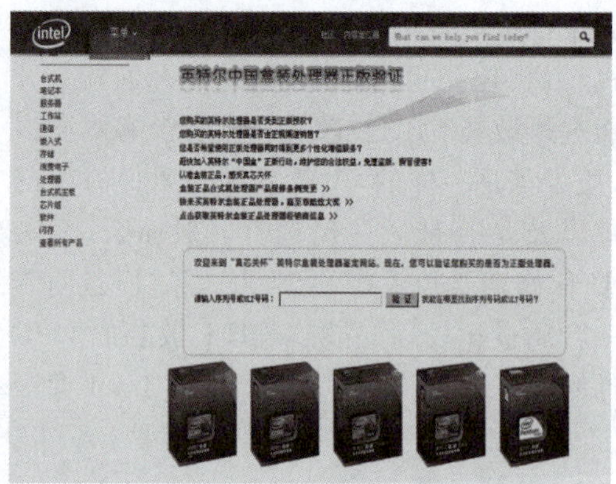

图2-11 互联网验证图示

2）产品序列号验证

正品CPU的产品序列号通常打印在包装盒的产品标签上，该序列号应该与CPU参数面激光刻入的序列号一致或与盒内保修卡中的序列号一致，或处理器产品上的激光印制编号和产品标签上打印一致，如图2-12和图2-13所示。

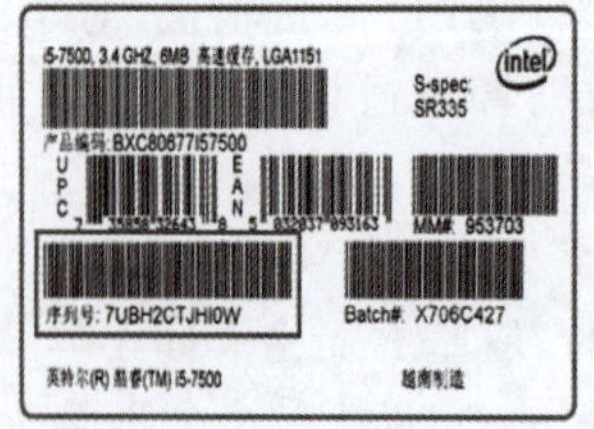

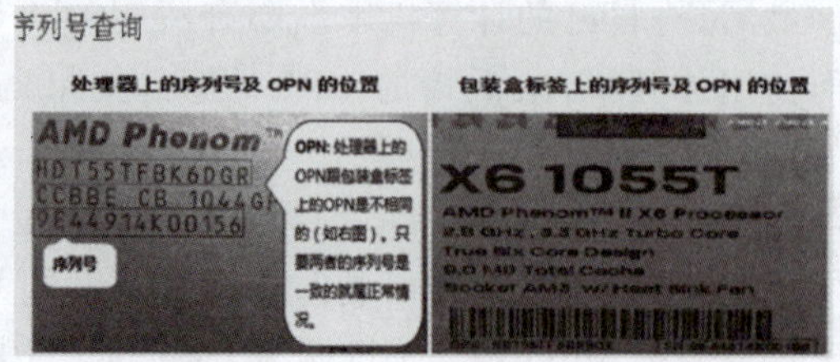

图2-12 CPU产品序列号图示

图 2-13　CPU 产品标识图示

3）软件测试

使用 CPU 频率测试软件对 CPU 进行测试是最保险的识别真伪的方法。频率测试软件的工作原理是通过读取 CPU 内部寄存器中的数据，以识别并显示该 CPU 的频率以及其他特性。可以利用 CPU-Z 软件检测 CPU 型号以及参数和官方的参数对比。图 2-14 为软件测试示意图。

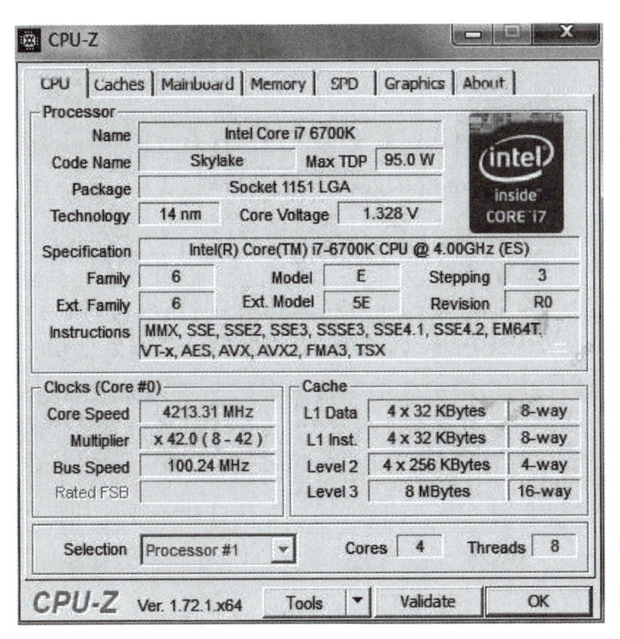

图 2-14　软件测试示意图

CPU 虽然没有假货，但是很多翻新产品。淘宝很多 DIY 主机廉价，都是搭载了几年前的老型号 CPU，通常都是回收的二手 CPU。很多商家为了防止买家看出是二手的，直接打磨掉 CPU 上面的文字，然后再打印上作假的型号，俗称翻新。建议装机用户不要贪图小便宜，带来没有必要的损失。

2.2.2　CPU 风扇的选购

CPU 在运行过程中产生的热量，传导给紧贴其背面的散热片，然后经 CPU 风扇的转动而将冷空气灌入散热片表面，从而降低 CPU 的温度。如果没有散热风扇或其他散热装置

图 2-15 CPU 风扇

散热,大量热量积存会造成死机,严重时可能会烧坏 CPU。

在购买盒装 CPU 时,一般都有与之匹配的 CPU 风扇。CPU 风扇由散热片和散热风扇组成,如图 2-15 所示。为了更好地发挥散热功能,有时还在散热片上涂上一层硅脂。散装 CPU 一般不带散热风扇,购买 CPU 风扇时,一定要注意搭配使用,选用符合型号的专用风扇,可以使 CPU 风扇最大地发挥作用,起到散热的目的。

视频讲解

2.3 CPU 及风扇的故障与排除

CPU 作为计算机系统的核心部件,在计算机系统中占有很重要的地位,是影响计算机系统运行速度的重要因素之一。由于 CPU 的集成度很高,因此其可靠性非常高,所以正确使用计算机的情况下出现 CPU 损坏的概率很低,但也不可排除人为原因引起的 CPU 损坏、烧毁等现象。

1. CPU 散热故障

CPU 出现散热故障,会导致 CPU 温度过高而出现各种问题,如黑屏、自动关机、系统报警、系统变慢等。CPU 出现散热故障的原因有风扇损坏、导热硅脂干枯、散热片需要清洁或者散热风扇安装过松或过紧等。

在处理 CPU 散热故障时,要查找导致 CPU 温度过高的原因。打开机箱,观察 CPU 的散热风扇是否正常转动。如果在黑屏或自动关机时,散热风扇停止转动,则将风扇拆卸下来,用手转动风扇;如果风扇无法转动,表明风扇已经损坏,需要更换一台新的风扇。

如果风扇未损坏,则使用防静电软毛刷将上面的灰尘清除,并在转轴处滴几滴润滑油,然后,散热风扇重新安装到主板上,开机测试,如果故障依然存在,则更换一台新的风扇。

检查完风扇,然后查看 CPU 表面的导热硅脂是否干枯,如果 CPU 表面的导热硅脂干枯,则除去旧的硅脂,重新涂抹。需要注意的是,导热硅脂不要涂抹得过多或过少,过多或过少都不利于 CPU 散热。

2. CPU 物理损坏故障

CPU 物理损坏故障一般是指因为外界因素,如氧化、击沉、腐蚀和引脚折断等造成的故障。如 CPU 引脚的韧性很大,不容易脱落,但如果在安装 CPU 时,没有对准 CPU 插槽上的插孔而强行插入,就容易导致 CPU 引脚弯曲或损坏,在拆卸 CPU 时不小心也会造成引脚脱落,从而损坏 CPU。

3. CPU 频率自动下降

正常使用中的计算机,开机后本来 1.6GHz 的 CPU 变成 1GHz,并显示有“Defaults CMOS Setup Loaded”的提示信息,在重新进入 CMOS Setup 中置 CPU 参数后,系统又正常显示为 1.6GHz 主频,但过一段时间后又出现了同样故障。这种故障常见于设置 CPU 参数的主板上,由于主板上的电池电量供应不足,使 CMOS 的设置参数不能长久有效的保存所导致的,一般出现此故障时,将主板上的电池更换即可解决。

另外，温度过高时也会造成CPU性能的急剧下降。如果计算机在使用初期表现异常稳定，但后来性能大幅度下降，偶尔伴随死机现象，使用杀毒软件查杀未发现病毒，用Windows的磁盘碎片整理程序进行整理也没用，格式化重装系统仍然不行，那么请打开机箱更换新散热器。

配备了热感式监控系统的处理器，会持续检测温度。只要核心温度到达一定水平，该系统就会降低处理器的工作频率，直到核心温度恢复到安全界限以下，这就是系统性能下降的真正原因。同时，这也说明散热器的重要，推荐优先考虑一些品牌散热器，不过它们也有等级之分，在购买时应注意其所能支持的CPU最高频率是多少，然后根据自己的CPU进行选择。

4. 开机自检后死机

计算机开机后在内存自检通过后便死机，这是典型的因超频引起的故障。由于CPU频率设置过高，造成CPU无法正常工作，并造成显示器点不亮且无法进入BIOS中进行设置。这种情况需要将CMOS电池放电，并重新设置后即可正常使用。还有种情况是开机自检正常，但在进入操作系统的时候死机，这种情况只需重新启动计算机，进入BIOS将CPU改回原来的频率即可。

5. 工作参数设置错误

CPU工作参数设置发生错误，例如CPU工作电压外频、倍频等参数设置错误，会导致计算机无法开机。针对这种情况，先清除CMOS设置，再重新设置CPU工作参数即可。如在BIOS中设置的CPU警戒温度过低，实际温度超出警戒温度时，系统会自动降低CPU速度，从而导致系统变慢，通常在BIOS中把“CPU Warning Temperature”的设置值提高。

除了CPU自身参数设置错误之外，其他设备如果与CPU工作参数不匹配也会导致CPU故障，最常见的就是内存的工作频率达不到CPU的工作外频，导致CPU主频异常。处理此类故障的方法就是更换内存。

6. CPU使用率高达100%

经常出现CPU占用率达100%的情况，主要问题可能发生在下面几种原因中的某些方面。

(1) 防杀毒软件造成故障。很多杀毒软件都加入了对网页、插件和邮件的随机监控功能，这无疑增大了操作系统的负担，造成CPU占用率达到100%的情况。只能尽量使用最少的实时监控服务，或升级硬件配置，如增加内存或使用更好的CPU来排除。

(2) 驱动没有经过认证造成故障。现在网络中有大量测试版的驱动程序，安装后会造成难以发现的故障原因，尤其是显卡驱动特别要注意。排除这种故障，建议使用Microsoft认证的或由官方发布的驱动程序，并且严格核对型号和版本。

(3) 病毒或木马破坏造成故障。如果大量的蠕虫病毒在系统内部迅速复制，很容易就造成CPU占用率居高不下的情况。解决办法是用可靠的杀毒软件彻底清理系统内存和本地硬盘，并且打开系统设置软件，查看有无异常启动的程序。

(4) svchost进程造成故障。svchost.exe是Windows操作系统的一个核心进程，如果该进程过多，很容易造成CPU占用率的提高。

7. CPU风扇噪声过大

要降低CPU风扇的噪声，可试着用以下办法解决。

(1) 为风扇注油或更换新的散热风扇。将风扇拆卸下来,用柔软的刷子将风扇上的灰尘清理掉,然后揭开风扇中间的商标,用牙签蘸取润滑油涂在轴承中。如果问题仍然存在,则需要更换风扇。

(2) 更换散热器。可使用新的热管技术散热器,热管技术的原理简单,是利用液体的气化吸热和气体的液化散热进行热量传递。

(3) 安装热敏风扇调速器。这是一种带有测温探头的自动风扇调速器,温度升高时,调速器控制风扇提高速度;温度降低时,调速器控制风扇降低速度,这样也相对减小了风扇的噪声。

8. 主板不能识别 CPU 风扇

把 CPU 风扇拆下来上油,装回去的时候开机提示"CPU Fan Error",需要按 F1 键才能进入系统,可是 CPU 风扇能正常运行,并没有出现问题。

CPU 风扇的电源线中,有一根是用来检测 CPU 风扇信息的。如果 CPU 风扇没有插好,开机时主板没有检测到正确的 CPU 风扇信息,就会提示"CPU Fan Error"。另外,很多主板的北桥芯片风扇的电源插头与 CPU 风扇电源插头是一样的,如果用户的 CPU 风扇电源插错了地方,也会导致上述问题。对照主板上的说明书,将 CPU 风扇的电源插头插到相应的位置(一般称为 CPU_FAN 或者 CFAN,在 CPU 插槽附近),即可解决上述问题。

9. CPU 风扇安装故障

CPU 风扇主要有普通风扇和涡轮风扇两种。一些 CPU 风扇设计不合理,在上紧风扇卡扣时需要用很大的力量,如果操作不当很容易压坏 CPU 的内核,从而导致 CPU 损坏,此类 CPU 故障都是无法维修的,只能更换新的 CPU。另外,CPU 与插槽接触不良也会造成计算机无法启动的故障,因此在安装 CPU 风扇时一定要谨慎操作。

国产 CPU 介绍

CPU 是信息产业的基础硬件底座,整个软件生态架构都建立在底层 CPU 架构之上。要推动国家信息产业的快速发展,必须掌握 CPU 核心技术和相关技术知识产权自主国产化。国家自 2001 年开始启动处理器设计项目,经历了 20 多年的发展,产生了以申威、龙芯、鲲鹏、飞腾、海光、兆芯等为代表的国产 CPU,并且产品的性能逐年提高,应用领域不断扩展,使中国长期以来无"芯"可用的局面得到了极大扭转,为构建安全、自主、可控的国产化计算平台奠定了基础。

申威:申威 CPU 早期采用 Alpha 架构,2006 年设计出具有自主微结构的申威 1,目前已推出自研的 SW-64 指令集和完全自主的指令集架构,申威 SW26010 是中国首个采用国产自研架构且性能强大的计算机芯片。2016 年,搭载了申威 SW26010 的"神威·太湖之光"超级计算机获得全球第一名,其软硬件均由申威自主设计。现已形成申威高性能计算处理器、服务器及桌面处理器、嵌入式处理器三个系列的国产处理器产品线,以及申威国产 I/O 套片产品线。2021 年 12 月成都申威科技有限责任公司推出神威 831 台式机,作为申威桌面新产品,申威 831 计算机以申威威焱 831 处理器作为核心处理单元,搭载全新"神威蜀山"BIOS 平台,可广泛应用于家用、办公、工业控制等各种应用场景。申威威焱 831 处理器是采用 SW-64 指令集的新一代国产 CPU，主频 2.5GHz，集成了 8 个 64 位 RISC 结构的申威处理器核心、64 位双通道 DDR4 存储控制器和 PCI-E 4.0 标准 I/O 接口(图 2-16)。

华为鲲鹏：鲲鹏 CPU 基于 ARMv8 架构(永久授权)，处理器核心、微架构和芯片均由海思半导体有限公司自主研发设计。目前鲲鹏系列已经实现量产的有 Kunpeng 912、Kunpeng 916、Kunpeng 920、Kunpeng 920s。2019 年 1 月发布的鲲鹏 920CPU 基于 ARM 架构授权，7nm 制造工艺，支持 32/48/64 个内核，主频可达 2.6GHz，支持 8 通道 DDR4 内存、双 10 万兆网口、PCIe 4.0 总线。目前从整体性能上看，鲲鹏 920 与芯片龙头 Intel 公司所生产的芯片相比，48 核鲲鹏 920 与 Intel 至强 8180 性能相当，而 64 核的鲲鹏 920 测试性能要远优于 Intel 至强 8180。鲲鹏 920 面向数据中心，主打低功耗强性能，性能达到业界领先水平(图 2-17)。

图 2-16　申威 CPU

图 2-17　鲲鹏 CPU

飞腾：飞腾系列处理器拥有 ARMv8 指令集架构的永久授权，包括 CPU 计算模块(内核)在内的代码部分均为自研发完成，已经实现芯片中所有模块的自主设计。目前主要包括高效能桌面 CPU、高性能服务器 CPU 和高端嵌入式 CPU 三大系列，为从端到云的各型设备提供核心算力支撑。2020 年 12 月发布腾锐 D2000CPU，主频可达 2.3GHz，集成 8 个飞腾自主研发的新一代高性能处理器内核 FTC663，采用乱序四发射超标量流水线，兼容 64 位 ARMv8 指令集，并支持 ARM64 和 ARM32 两种执行模式，支持单精度、双精度浮点运算指令和 ASIMD 处理指令，集成系统级安全机制，能够满足复杂应用场景下的性能需求和安全可信需求，支持商业档和工业档质量等级(图 2-18)。

海光信息：基于 AMD 技术授权独立研发，主营产品包括海光通用处理器(CPU)和海光协处理器(DCU)系列。公司 CPU 产品主要分为 7000、5000 和 3000 系列，主要应用于服务器和工作站。2022 年 6 月，海光发布了新一代高端通用处理器“海光三号”，“海光三号”系列芯片延续了 x86 64 位核心架构，最高规格具备 32 核心 64 线程，拥有多达 128 条 PCIe 4.0 通道，支持内存频率提升至 3200MHz，与国际主流产品相当(图 2-19)。

图 2-18　飞腾 CPU

图 2-19　海光 CPU

图 2-20 兆芯 CPU

兆芯：兆芯是由台湾威盛电子(VIA)授权而研发的 x86 处理器。2013 年上海国资委与威盛电子成立合资公司，兆芯由此获得了威盛电子的部分 x86 专利授权。兆芯 CPU 最新产品为开先 ZX-E 系列(即开先 KX-6000 和开胜 KH-30000 系列处理器)，采用 8 核 16nm 工艺，主频可达 3.0GHz，单芯片集成 4/8 个核心 CPU、内置双通道 DDR4 内存控制器、3D 图形加速引擎的自主 SoC 通用处理器产品(图 2-20)。

面对美国的技术封锁，国产 CPU 已经在不同领域开始大规模应用，虽然性能存在差距，但凭借逐步积累的研发经验，以及政府和行业市场的支持，国产 CPU 有望缩小与国外产品的差距，逐渐从“可用”向“好用”“爱用”发展。

2.4 思考与练习

一、选择题

1. 目前世界上 CPU 的主要生产厂商是 Intel 公司和________公司。

   A. 华硕　　B. 联想　　C. AMD　　D. Pentium

2. CPU 的主频由________和________决定。

   A. 外频　　B. 倍频　　C. 内频　　D. 前端总线频率

3. 前端总线是 CPU 和________通道。

   A. 北桥芯片　　B. 南桥芯片　　C. BIOS 芯片　　D. CMOS 芯片

4. CPU 缓存是位于 CPU 和________的一个称为 Cache 的存储区，主要用于解决 CPU 运算速度和内存读写速度不匹配的矛盾。

   A. 内存之间　　B. 硬盘之间　　C. 主板之间　　D. 显卡之间

二、填空题

1. CPU 又称为________，是一块超大规模的集成电路，它处于计算机的“大脑”中枢的控制器位，负责整个系统的指令执行、________，以及________系统的控制等工作。
2. CPU 主要包括________和________两大部件，以及若干个寄存器和实现它们之间联系的数据、控制及状态的________。
3. 一般情况下，CPU 的工作过程可分为________、解码、________和________。
4. 从计算机体系结构看，指令集可分为________和________两部分。
5. 睿频是一种智能提升________频率的技术。

三、简答题

1. 什么是 CPU 双核心技术？它与超线程技术有何不同？
2. 什么是 CPU 的缓存？
3. 简述 CPU 的选购方法。

第3章 认识和选购主板

CHAPTER 3

学习目标：

◆ 熟悉主板的类型、芯片和扩展槽。

◆ 掌握主板的性能指标和选购方法。

◆ 了解主板常见故障的排除方法。

技能目标：

◆ 掌握主板的性能指标和选购方法。

◆ 了解主板常见故障的排除方法。

素质目标：

◆ 培养科技创新精神。

◆ 提升自我改革创新能力。

3.1 认识主板

主板又称为主机板(main board)、系统板(system board)或母板(mother board)，它为计算机的其他部件提供了接入计算机系统的通道并协调各部件进行工作。主板是计算机系统最重要的部件之一，也是构成计算机系统的基础。主板的性能决定了接插在主板上各个部件性能的发挥。主板的可扩充性决定了整个计算机系统的升级能力。总之，主板在整个微机系统中扮演着举足轻重的角色。可以说，主板的类型和档次决定着整个微机系统的类型和档次。主板的性能影响着整个微机系统的性能。本章主要介绍主板类型、芯片、扩展槽、性能指标与检测方法，以及主板的选购和常见故障排除等相关知识。

主板一般为矩形电路板，上面安装了组成计算机的主要电路系统，一般有 BIOS 芯片、I/O 控制芯片、键盘/鼠标接口、指示灯插接件、各种扩充插槽、主板及插卡的直流电源供电接插件等元件，如图 3-1 所示。

3.1.1 主板类型

视频讲解

主板的类型有很多，分类方法也不同，如按主板结构、CPU 插槽、控制芯片组、主板上 I/O 总线类型分类等。

1. 按主板结构布局分类

最常用的是按照主板的尺寸和各种电器元件的布局与排列方式分类，可分为 AT、Baby-

图 3-1 主板示意图

AT、ATX、Micro ATX、LPX、NLX、Flex ATX、E-ATX、WATX、BTX 等结构。其中，AT 和 Baby-AT 是多年前的老主板结构，已经淘汰；而 LPX、NLX、Flex ATX 则是 ATX 的变种，多见于国外的品牌机，国内尚不多见；而 BTX 则是英特尔制定的最新一代主板结构，但尚未流行便被放弃，继续使用 ATX。目前市场上主要有 ATX、M-ATX、E-ATX、Mini-ITX 几种。

1）ATX(标准型)

ATX 是 Intel 公司于 1995 年推出的主板结构，能够更好地支持电源管理，由 Baby-AT 和 LPX 两种结构改进而来。ATX 全面改善了硬件的安装、拆卸和使用，支持现有各种多媒体卡和新型设备，全面降低了系统整体造价，改善了系统通风设计，降低了电磁干扰，机内空间更加简洁，如图 3-2 所示。尺寸为 305mm×204mm，是目前最常见的主板，即标准型主板，也是通常所说的“大板”。

2）Micro ATX(紧凑型)

Micro ATX(即 M-ATX)俗称紧凑型主板，Intel 公司 1997 年提出，是 ATX 主板的简化，其尺寸为 244mm×244mm，更小，电源电压更低，从而降低主板的制造成本并可节约能源，但也相应地减少了扩展槽的数量，最多支持 4 个扩充槽，使计算机升级较困难，也就是常说的“小板”，主要用于一些小机箱，目前很多品牌机都使用 M-ATX 主板，如图 3-3 所示。

图 3-2 ATX 主板

图 3-3 M-ATX 主板

3）E-ATX(加强型)

E-ATX 即 Extended ATX，尺寸为 305mm×330mm，如图 3-4 所示，主要用于高性能 PC 整机、入门式工作站等领域。它通常用于双处理器和标准 ATX 主板上无法胜任的服务器上。

4）Mini-ITX(迷你型)

Mini-ITX 俗称迷你型主板，由威盛电子主推的主板规格，主板能用于 M-ATX 或 ATX

机箱，尺寸为 170mm×170mm，如图 3-5 所示。由于扩充性不大，Mini-ITX 主要用于嵌入式系统、准系统及 HTPC 等而非普通主机，用来支持用于小空间的、成本相对较低的计算机，如用在汽车、置顶盒和网络设备的计算机中。

5）NLX

NLX 通过重置机箱内的各种接口，将扩展槽从主板上分割开，并把竖卡移到主板边上，从而为处理器留下了更多空间，使机箱内的通风散热更加良好，系统扩展、升级和维护也更方便，如图 3-6 所示。在许多情况下，所有的线缆（包括电源线）都被连在竖卡上，主板则通过 NLX 指定的接口插到竖卡上。因此，可以在不拆电缆、电源的情况下拆卸配件。

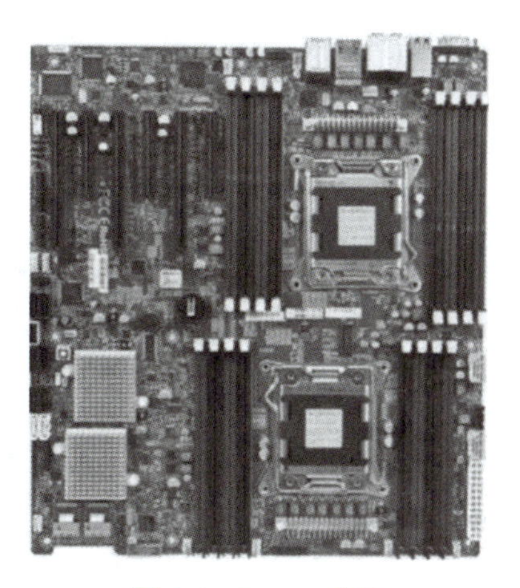

图 3-4 E-ATX 主板

图 3-5 Mini-ITX 主板

图 3-6 NLX 主板

2. 按照 CPU 接口类型分类

由于不同 CPU 在接口和电气特性等方面的差别，不同主板所支持的 CPU 也有一定的差别。按照 CPU 接口类型进行分类，主要是 Intel 和 AMD 两类。常见的有 Intel 平台的 LGA1700、LGA1200、LGA2066 和 AMD 平台的 Socket TR4、Socket AM5 等类型，部分 CPU 接口示意图如图 3-7 和图 3-8 所示。

图 3-7 LGA1700

图 3-8 Socket AM5

3.1.2 主板芯片

主板上的重要芯片很多,包括芯片组、BIOS芯片、I/O控制芯片、集成声卡芯片和集成网卡芯片等。

1. 芯片组

主板芯片组(chipset)是主板的核心组成部分,在BIOS和操作系统的控制下,通过主板为CPU、内存、显卡等部件建立可靠的运行环境,为各种接口设备提供便捷、可靠的数据传输通道。芯片组是CPU与其他硬件进行数据通信的枢纽。对于主板而言,芯片组几乎决定了这块主板的功能,进而影响到整个计算机系统性能的发挥,芯片组是主板的灵魂。芯片组性能的优劣,决定了主板性能的高低。目前CPU的型号与种类繁多,功能特点不一,如果芯片组不能与CPU良好的协同工作,将严重影响计算机的整体性能甚至不能正常工作。

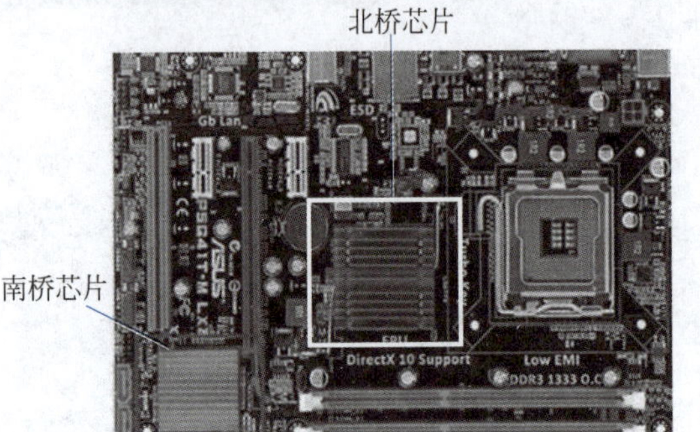

图 3-9 南北桥芯片

以前的主板芯片组通常由南桥(south bridge)芯片和北桥(north bridge)芯片组成,以北桥芯片为核心。通常南北桥芯片在主板上的位置如图3-9所示。

1) 北桥芯片

北桥芯片离CPU较近,表面积较大,一般配有散热片或风扇。北桥通过前端总线与CPU相连,主要负责处理CPU、内存和显卡三者间的数据交流。北桥在主板芯片组中起主导作用,也称为主桥。随着技术的发展,北桥芯片的主要功能已集成到CPU中,在主板上已经不存在北桥芯片。

2) 南桥芯片

南桥芯片离CPU较远,主要负责管理硬盘接口、USB接口、PCI总线、键盘控制器、实时时钟控制器等相对低速的部件。南桥比北桥速度慢,通常CPU的信息经过北桥才能到达南桥。目前,随着CPU技术的不断提高,越来越多的功能集成到了CPU中,南桥芯片的功能也越来越少。

随着CPU工艺的进步,集成度越来越高,北桥的绝大部分功能都被集成到了CPU里,变成了现在的单芯片设计。现在的主板芯片组其实就是原来的南桥芯片,当然性能也越来越强大。如今的主板芯片组主要是提供对各种高速传输接口的支持,像USB2.0/3.0/3.1、SATA2.0/3.0、M.2、显卡交火、磁盘阵列、无线网卡等,接口版本越高传输速率越快。

2. BIOS芯片

BIOS是一组固化到主板上一个ROM芯片上的程序,包括计算机最重要的基本输入输出程序、系统设置信息、开机后自检程序和系统自启动程序等。存储这些程序的芯片称为BIOS芯片,为计算机提供最底层、最直接的硬件设置和控制,负责从开始加电(开机)到完成操作系统引导之前各个部件和接口的检测、运行管理。操作系统工作时,BIOS在CPU的控制下完成对各种设备输入输出操作的控制以及各部件的能源管理等。BIOS芯片是可以写入的,可方便用户更新BIOS的版本。BIOS芯片的外观如图3-10所示。

3. CMOS 芯片

图 3-10 BIOS 芯片

互补金属氧化物半导体存储器(Complementary Metal Oxide Semiconductor,CMOS)是一种用于制造集成电路芯片的原料。主板 CMOS 是指一种用电池供电的可读写的 RAM 芯片。芯片内部保存计算机硬件的配置信息,以备下次启动机器时完成硬件自检。断电后 CMOS 芯片中存储内容会丢失,为保存 CMOS 芯片中的信息,关机后主板上的电池自动为其供电。正是由于电池的存在,计算机的内部时钟不会因为断电而停止,CMOS 中的硬件配置信息也不会因为断电而丢失。早期 CMOS RAM 是主板的一块独立芯片,现在 CMOS RAM 已经集成到南桥芯片中。

4. I/O 控制芯片

I/O 芯片的功能主要是为用户提供一系列输入输出接口,鼠标/键盘接口(PS/2 接口)、串口(COM 口)、并口、USB 接口等统一由 I/O 芯片控制。部分 I/O 芯片还能提供系统温度、风扇转速、CPU 核心电压以及硬件的健康情况检测功能。

5. 集成声卡芯片

芯片中集成了声音的主处理芯片和解码芯片,代替声卡处理计算机音频。

6. 集成网卡芯片

集成网卡芯片整合了网络功能的主板所集成的网卡芯片,不占用独立网卡需要占用的 PCI 插槽或 USB 接口,具有良好的兼容性和稳定性,不容易出现独立网卡与主板兼容不好或与其他设备资源冲突的问题。

3.1.3 扩展槽

视频讲解

扩展槽是主板上用于固定扩展卡并将其连接到系统总线上的插槽,也称为扩展插槽、扩充插槽。扩展槽为添加或增强计算机特性及功能提供了一种方法。例如,不满意主板整合显卡的性能,可以添加独立显卡,以增强显示性能;不满意板载声卡的音质,可以添加独立声卡,以增强音效;不支持 USB 3.1 或 IEEE 1394 的主板,可以通过添加相应的 USB 3.1 扩展卡或 IEEE 1394 扩展卡获得该功能;等等。主板上常见的扩展槽主要有以下几种。

1. CPU 插槽

用于安装和固定 CPU 的专用扩展槽,根据主板支持的 CPU 的不同而不同,其主要表现在 CPU 背面各电子元件的不同布局。CPU 的插槽通常由固定罩、固定杆和 CPU 插座三部分组成。在安装 CPU 前需通过固定杆将固定罩打开,将 CPU 放置在 CPU 插座上后,再合上固定罩,并用固定杆固定 CPU,最后安装 CPU 的散热片或散热风扇。另外,CPU 插槽的型号与 CPU 接口类型一致,如 LGA1700 接口的 CPU 需要对应安装在主板的 LGA1700 插槽上,如图 3-11 所示。

2. 内存插槽

内存插槽是指主板上用来插内存条的插槽。主板所支持的内存种类和容量都是由内存插槽决定的,不同的内存插槽在引脚数量、额定电压和性能方面有很大的区别。内存插槽通常最少有 2 个,最多的可有 8 个。内存插槽大多可以多插几根内存,某些芯片组+系统可以支持128GB或者更多的内存。内存插槽外观样式如图3-12所示。

图3-11　CPU插槽

图3-12　内存插槽

3. PCI-E插槽

PCI-Express(PCI-E)是一种高速串行计算机扩展总线标准。PCI-E插槽有X1、X2、X4、X8、X12、X16、X32共计7种版本,对应1/2/4/8/12/16/32通道。目前主板上主流的PCI-E插槽,基本集中在PCI-EX1/X4/X8/X16四种。X1插槽可为独立网卡、声卡、USB 3.0/3.1扩展卡等提供250MB/s以上的传输速率(PCI-E 5.0可达到3938MB/s);X16插槽常用于显卡。随着PCI-E版本的不同,其传输速率越来越高,如PCI-E 5.0版本的X16插槽其传输速率可达到63GB/s。其外观样式如图3-13所示。

4. SATA插槽

SATA(Serial ATA,串行ATA)主要用作主板和大量存储设备(如硬盘及光盘驱动器)之间的数据传输。由于采用串行方式传输数据而得名,还具有结构简单、支持热插拔的优点。SATA以连续串行的方式传送数据,减少了接口的引脚数目,理论传输速率可达到600MB/s,如图3-14所示。目前主流的SATA 3.0插槽(大多数机械硬盘和一些SSD都使用这个插槽),与USB设备一起通过南桥芯片与CPU通信,带宽为6Gb/s(折算成传输速率大约750MB/s)。

图3-13　PCI-E插槽

图3-14　SATA插槽

5. AGP插槽

AGP(Accelerated Graphics Port,图形加速端口)专门用于高速处理图像,AGP不是一种总线,因为它是点对点连接,即连接控制芯片和AGP显示卡。AGP在主内存与显示卡之间提供了一条直接的通道，使得 3D 图形数据越过 PCI 总线，直接送入显示子系统。

AGP 插槽的形状与 PCI 扩展槽相似，AGP 插槽只能插显卡，因此在主板上 AGP 接口只有一个，如图 3-15 所示。目前 AGP 端口标准已经由原来的 AGP 1X 发展到 AGP 8X，其对应的数据传输速率为 266MB/s、266MB/s×8。现在主板大都采用 AGP 8X 接口，配合 AGP 8X 的显示卡，大大提高了计算机的 3D 处理能力。现在市场上的主板已经不带 AGP 接口插槽了，它已经被 PCI-E 接口插槽所替代。

6. M.2 插槽(NGFF 插槽)

M.2 插槽是目前比较热门的一种存储设备插槽，由于其带宽大[M.2 Socket 3 可达到 PCI-E X4 带宽(32Gb/s)，折算成传输速率大约是 4GB/s]，可以更快速度地传输数据，并且占用空间小，厚度非常薄，主要用于连接比较高端的固态硬盘产品，如图 3-16 所示。

图 3-15 AGP 插槽

图 3-16 M.2 插槽

7. 主板跳线插槽

主板跳线插槽的主要用途是为机箱面板的指示灯和按钮提供控制连接，一般是双行引脚，包括电源开关(PWR-SW，2 个引脚，通常无正负之分)、复位开关(RESET，2 个引脚，通常无正负之分)、电源指示灯(PWR-LED，2 个引脚，通常为左正右负)、硬盘指示灯(HDD-LED，2 个引脚，通常为左正右负)和扬声器(SPEAK，4 个引脚)。

8. 各种电源插槽

电源插槽的主要功能是提供主板电能供应，通过将电源的供电插座连接到主板上，即可为主板上的设备提供正常运行所需要的电流。目前主板上的电源插槽主要有主电源插槽、辅助供电插槽和 CPU 风扇供电插槽 3 种。

9. USB 插槽

通用串行总线(Universal Serial Bus，USB)现已发展到 USB 4.0 版本，其最大传输速率为 40Gb/s，理论传输速率为 5000MB/s。USB 具有传输速率快、使用方便、支持热插拔、连接灵活、独立供电等优点，可以连接键盘、鼠标、大容量存储设备等多种外设，该接口也被广泛用于智能手机中。计算机等智能设备与外界数据的交互以网络和 USB 接口为主。

10. 机箱前置音频插槽

许多机箱的前面板都会有耳机和麦克风接口，使用起来更加方便，它在主板上有对应的跳线插槽。这种插槽中有 9 个引脚，上排右二缺失，既为“防呆设计”(以防止插接错误)，又可以与 USB 插槽区分开，一般被标记为 AAFP，位于主板集成声卡芯片附近。

视频讲解

3.1.4 主板的性能指标与检测

主板的性能指标是选购主板时需要认真查看的项目,主要有以下几方面。

1. 芯片组

主板芯片是衡量主板性能的主要指标之一,包含以下几方面的内容。

(1) 芯片厂商。主要有 Intel、AMD、VIA 等几家公司。

(2) 芯片组型号。主板芯片组型号不同,性能不同,价格也不同,支持的 CPU 也不同。

(3) 集成芯片。主板可以集成显示、音频和网络 3 种芯片。

2. CPU 规格

相对来说,CPU 越好计算机的性能就越好,但也需要主板的支持。如果主板不能发挥 CPU 的性能,就会严重影响计算机的性能,因此 CPU 的规格也是主板的主要性能指标之一,包含以下几方面的内容。

(1) CPU 平台。主要有 Intel 和 AMD 两种。

(2) CPU 类型。CPU 的类型很多,即便是同一种类型,其运行速度也会有差别。

(3) CPU 插槽。不同类型的 CPU 对应主板的插槽不同。

(4) CPU 数量。普通主板支持一个 CPU,也有支持两个 CPU 的主板,其性能也将提高。

(5) 主板总线。主板总线也叫前端总线(Front Side Bus,FSB),是 CPU 和外界交换数据的最主要通道,其传输能力对计算机整体性能影响很大。

3. 内存规格

主内存规格也是影响主板的主要性能指标之一,包含以下几方面的内容。

(1) 最大内存容量。内存容量越大,处理的数据就越多。

(2) 内存类型。现在的内存类型主要有 DDR4 和 DDR5 两种。

(3) 内存插槽。插槽越多,单位内存的安装就越多。

(4) 内存通道。通道技术其实是一种内存控制和管理技术,在理论上能够使两条同等规格内存所提供的带宽增长一倍。主板如果支持双通道、三通道,甚至是四通道,将大大提高主板的性能。

4. 扩展插槽

扩展插槽的数量也能影响主板的性能,包含以下两方面的内容。

(1) PCI-E 插槽。插槽越多,其支持的模式也就可能不同,能够充分发挥显卡的性能。

(2) SATA 插槽。插槽越多,能够安装的 SATA 设备也就越多。

5. 其他性能

除了这些主要性能指标外,还有以下一些主板性能指标需要注意。

(1) 对外接口。对外接口越多,能够连接的外部设备也就越多。

(2) 供电模式。主板多相供电模式能够提供更大的电流,可以降低供电电路的温度,而且,利用多相供电获得的核心电压信号也比少相供电获得的核心电压信号更稳定。

(3) 主板板型。板型能够决定安装设备的多少和机箱的大小,以及计算机升级的可行性。

(4) 电源管理。主板对电源的管理目的是节约电能,保证计算机的正常工作。具有电源管理功能的主板性能比普通主板更好。

(5) BIOS 性能。现在大多数主板的 BIOS 芯片采用了 Flash ROM,其是否能方便升级及是否具有较好的防病毒功能也是主板的重要性能指标。

(6) 多显卡技术。主板中并不是显卡越多,显示性能就越好,还需要主板支持多显卡技术,现在的多显卡技术主要有两大显示芯片厂商:NVIDIA 的 SLI 技术和 ATI 的 CrossFire 技术,另外还有主板芯片组厂商 VIA 的 DualGFX Express 技术和 ULI 的 TGI 技术。

主板集成显卡和 CPU 内置显示芯片的区别在于:内置显示芯片就是 CPU 里带的集成显卡,Intel 的酷睿二代和三代智能 CPU 中都内置有显示芯片,称为核心显卡;AMD 的则称为 APU。主板集成的显示芯片就是集成一个显卡模块,然后依靠共享内存来当显存;而现在的 APU 等于将一块独立显卡内置于 CPU 中,传输速率比集成显示芯片快很多。

6. 主板的性能检测

主板是计算机中最关键的部件,所有的配件都要依赖于主板。对于计算机的测试而言,主板测试的要求更全面,要涉及各个子系统。一般来说,对主板进行测试的软件都是测试整机的,然后通过各个子系统的性能来衡量主板的性能。可以使用专业检测工具"鲁大师"来检测主板信息,并安装或更新主板驱动。

操作步骤如下。

(1) 下载并安装"鲁大师"软件,启动该软件,在"硬件参数"选项卡中将显示计算机的整体信息,如图 3-17 所示。

图 3-17　查看计算机主要硬件信息

(2) 选择上方的"主板"选项,查看主板的详细信息,如图 3-18 所示。

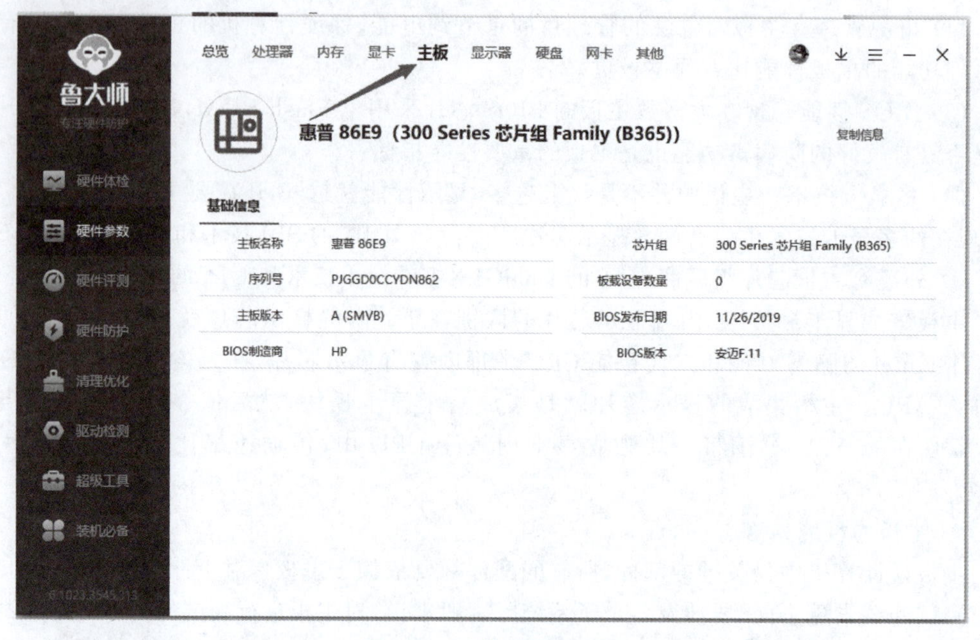

图 3-18　计算机主板信息

视频讲解

3.2 主板的选购

主板作为计算机各配件的神经中枢，主板的质量一方面关系着各配件能否正常工作，另一方面还影响着计算机的稳定运行。因此，在购买计算机时，用户在考虑 CPU 的同时也应该着重考虑主板购买类型，不但可以合适地搭配 CPU，而且可以极大地发挥主板的最高性能。

在选购主板时，应该根据实际需求，选择一些工作稳定、兼容性好、扩充能力强、功能完善、性价比高的主板类型。因此，对主板的选购绝不能马虎，可按照以下的方法进行选购。

3.2.1　主板品牌介绍

主板是一种集高科技、高工艺融为一体的集成产品，对用户来讲应该首先考虑品牌主板。知名品牌的主板无论是质量、做工还是售后服务都具有良好的口碑，其产品无论是在设计阶段，还是在选料筛选、工艺控制、包装运输阶段都经过严格把关。这样的主板必然能为计算机的稳定运行提供可靠保障。

主板的品牌很多，按照市场上的认可度，通常分为以下 3 种类别。

(1) 一类品牌。主要包括华硕(ASUS)、微星(MSI)和技嘉(GIGABYTE)。其特点是研发能力强，推出新品速度快，产品线齐全，高端产品过硬，市场认可度较高。

(2) 二类品牌。主要包括华擎(ASROCK)、精英(ECS)、映泰(BIOSTAR)和七彩虹(Colorful)等。其特点是在某些方面略逊于一类品牌，但都具备相当的实力，也有各自的特色。

(3) 三类品牌。主要包括梅捷(SOYO)、铭瑄(MAXSUN)、昂达(ONDA)、影驰(GALAXY)、翔升(ASL)等。特点是有制造能力，在保证稳定运行的前提下尽量压低价格。

3.2.2 主板选购注意事项

1. 考虑用途

选购主板的第一步是考虑用途,同时要注意主板的扩充性和稳定性,如游戏发烧友或图形图像设计人员,需要选择价格较高的高性能主板;如果平常计算机主要用于文档编辑、编程设计、上网、打字和看电影等,则可选购性价比较高的中低端主板。

2. 确定主板平台

根据市场主流 CPU 类型的不同,主板平台主要有支持 AMD 和 Intel 的两种类型。AMD 的 CPU 对应的是支持 AMD 主板,Intel 的 CPU 对应的则是支持 Intel 的主板,二者不可混搭。

3. 观察做工

主板做工的精细程度往往会直接影响到主板的稳定性,因此在选购主板时,可通过观察主板的做工情况来判断主板的质量和稳定性。

在观察做工时,首先,需要观察主板的印制电路板的厚度。普通主板大都采用 4 层 PCB,部分优质产品则使用电气性能更好的 6 层或 8 层板。其次,需要观察主板上各个焊点是否饱满有光泽,排列是否整齐。此时,还可以尝试按压扩展插槽内的弹片,了解弹片的弹性是否适中。最后,需要查看印制电路板走线布局是否合理,因为不合理的走线会导致邻线间相互干扰,从而降低系统的稳定性。

4. 注意细节

在选购主板时,还需要注意主板中的一些细节。下面介绍一些鉴别假冒主板的方法。

(1) 芯片组。正品主板芯片上的标识清晰、整齐,印刷规范,而假冒的主板一般由旧货打磨而成,字体模糊,甚至有歪斜现象。

(2) 电容。正品主板为了保证产品质量,一般采用名牌的大容量电容,而假冒主板采用的是杂牌的小容量电容。

(3) 产品标示。主板上的产品标识一般粘贴在 PCI 插槽上,正品主板标识印刷清晰,会有厂商名称的缩写和序列号等,而假冒主板的产品标识印刷非常模糊。

(4) 输入输出接口。每个主板都有输入输出(I/O)接口,正品主板接口上一般可看到提供接口的厂商名称,而假冒的主板则没有。

(5) 布线。正品主板上的布线都经过专门设计,一般比较均匀、美观,不会出现一个地方密集而另一个地方稀疏的情况,而假冒的主板则布线凌乱。

(6) 焊接工艺。正品主板焊接到位,不会有虚焊或焊锡过于饱满的情况。贴片电容是机械化自动焊接的,比较整齐。而假冒的主板则会出现焊接不到位、贴片电容排列不整齐等情况。

5. 注意增值服务

由于主板的技术含量和价格都比较高,所以在选购主板时还需要注意主板的售后服务。例如,是否可以提供 3 年质保服务,以及维修周期的长短等(通常应在一周之内,但不同地区距离维修点的距离长短会影响该时间)。

6. 注意扩展性

由于不需要主板的升级,所以应把扩展性作为首要考虑的问题。扩展性也就是通常所说的给计算机升级或增加部件，如增加内存、显卡和更换速度更快的CPU等，这就需要主板上有足够多的扩展插槽。

视频讲解

3.3 主板常见故障排除

主板是计算机的基础部件之一，犹如一个桥梁，担负着CPU、内存、硬盘、显卡等各种设备的连接，其性能直接关系到整台计算机的稳定运行。人们在日常生活中遇到主板的故障并不少见，此时，用户根据所出现的故障，需要自行判断和简单维修。除此之外，还需要了解并熟悉一些主板日常使用的注意事项。

1. 主板使用注意事项

主板属于计算机中的5大部件之一，在使用之前除了正确安装之外，还需要为其安装厂商提供的主板驱动，以便可以最大地发挥主板的性能。而当启动计算机中遇到一些小的主板故障时，则可以通过主板电池放电的方法来解决一般的小故障，以保证主板的正常运行。

1）主板驱动

主板驱动是厂商所提供的、用于计算机可以识别硬件的一种驱动程序。一般情况下，在安装操作系统时，会连带一起安装主板驱动。对于一些集成声卡和显卡的主板，则需要安装主板驱动，以发挥主板以及主板集成声卡和显卡的最大性能。

主板是计算机的核心，其驱动程序主要包括芯片组驱动、集成显卡驱动、集成网卡驱动、集成声卡驱动、USB驱动等驱动系统。用户在购买计算机时，其配件中便有一个主板驱动光盘，将光盘放入光驱中，根据提示进行安装即可。

2）电池放电

主板使用一段时间之后，会保存一些CMOS设置，这些设置中包括日常中的密码设置、CPU超频设置、启动顺序、PC时间等，上述设置可通过电池放电对其进行清空，使主板恢复到出厂设置。一般情况下，当计算机出现无法启动或频繁死机的现象时，则可能是由于主板中静电而导致的，此时可通过电池放电的方法来消除主板中的静电，解决上述小故障。

一般情况下，用户可通过使用CMOS放电跳线、取出CMOS电池和短接电池插座的正负极等方法来对主板中的电池进行放电。

（1）CMOS放电跳线。该方法是最常用的电池放电方法，CMOS放电跳线一般为3针，位于CMOS电池插座附近。放电时，首先使用镊子或其他工具将跳线帽从“1”和“2”的引脚上拔出，然后再套在标识为“2”和“3”的引脚上，经过短暂接触后，便可以恢复到出厂默认设置。放电完毕之后，还需要将跳线帽恢复到最初的“1”和“2”的引脚上。

（2）取出CMOS电池。在主板中，将连接插座上用来卡住CMOS电池的卡扣压向一侧，CMOS电池则会自动弹出，将电池取出即可。此时，启动计算机，当系统中提示BIOS中的数据已被清除，则表示已成功对CMOS放电。

（3）短接电池插座的正负极。当取出CMOS电池而没有达到放电效果，且主板中找不到CMOS放电跳线时，则可以先将主板上的CMOS电池取出，然后使用具有导电性能的物品（螺丝刀、镊子等）短接电池插座上的正负极，便可以造成短路，从而达到为CMOS放电的目的。

2. 主板故障的原因

主板所集成的组件和电路多而且复杂,因此产生故障的原因也会相对较多。常见主板故障可以分为主板运行环境和人为操作导致的故障。

1)主板运行环境导致的故障

主板上积聚大量灰尘而导致短路,使其无法正常工作;如果电源损坏,或者电网电压瞬间产生尖峰脉冲,就会使主板供电插头附近的芯片损坏,从而引起主板故障;主板上的CMOS电池没电或者BIOS被病毒破坏;主板各板卡之间的兼容性导致系统冲突;静电造成主板上芯片被击穿,从而引起故障。

2)人为操作导致的故障

很多主板故障都是人为操作不当造成的。例如带电插拔板卡造成主板插槽损坏;在插拔板卡时,用力不当或者方向错误,造成主板接口损坏。

3. 主板常见故障

1)开机无显示

出现此类故障一般是因为主板损坏或BIOS被病毒破坏造成的。一般BIOS被病毒破坏后硬盘里的数据将全部丢失,可以通过检测硬盘数据是否完好来判断BIOS是否被破坏。如果硬盘数据完好无缺,还有以下三种原因会造成该现象。

(1)板卡故障导致。由于外界的一些原因,主板扩展槽或扩展卡有问题,导致插上诸如声卡等扩展卡后主板没有响应而无显示。另外,如果新插入一些有问题的板卡,也会出现上述故障。

(2)设置的CPU频率不对。对于现在的免跳线主板而言,如若在CMOS里设置的CPU频率不对,可能会引发不显示故障,对此,只要清除CMOS设置即可解决。

(3)内存问题导致。当主板无法识别内存,内存损坏或内存不匹配时,也会引起开机不显示故障。另外,当用户为扩充内存而插入不同品牌和类型的内存条时,也会引起该故障。

2)计算机频繁死机

当计算机频繁死机时,一般为主板或CPU故障。出现该故障时,一般通过CMOS设置Cache为禁止状态。除此之外,用户还需要检查一下CPU风扇是否出现故障,当CPU风扇出现故障时,会造成CPU过热而导致死机现象。如果上述方法仍然无法解决计算机频繁死机故障,则需要更换主板或CPU。

3)CMOS设置不能保存

CMOS设置不能保存,大致是因为主板电路故障、CMOS跳线设置错误和CMOS电池电压不足造成的。如果是因为主板电路故障,导致CMOS设置不能保存,则需要找专业的维修人员进行故障排除;如果是CMOS跳线设置错误,可将主板上的CMOS跳线设置为清除,或者设置成外接电池;如果是CMOS电池电压不足导致CMOS设置不能保存,只需要更换一块CMOS电池,并重新设置CMOS即可。

4)COMS电池故障

计算机中的时钟常常会恢复到默认的起始时间,这主要是CMOS电池供电不足引起的。电池的使用时间与电池的质量和跳线设置有关。如果所设置的BIOS信息在重启计算机后就会恢复,计算机的显示时间变慢,可更换新的CMOS电池;如果电池的使用寿命不长,一般使用1个月就没电了,可检查CMOS跳线设置(设置错误会消耗电能),参照主板说明书进行正确的设置；检查主板的CMOS电池插座，CMOS芯片或主板电路是否有短路或漏电等现象，如果主板有问题，应找专业的主板维修部门维修。

5）BIOS程序的故障

计算机加电后需按F1键才能启动。每次在按计算机的电源开关时，显示器屏幕都会显示“Press F1 to Continue，Del to Enter Setup”的提示，需要按F1键才能正常启动。出现该情况的主要原因是主板BIOS程序被重置或出现故障，如BIOS程序设置被恢复到出厂设置、主板电池没电等。

国产主板

中国国产计算机主板在性能方面已经取得了非常显著的进步，甚至还有一些品牌的主板已经可以与国际一线品牌的主板相媲美，如七彩虹、昂达等。目前，与龙芯、兆芯、鲲鹏、飞腾等国产CPU配套的100%国产技术的主板已经上市，如华为主板、天创者主板和GITSTAR主板，在台式机、服务器和工控机等方面都具有很好的性能表现，只是相对没有Intel和AMD的那么多而已。

1. 华为主板

华为鲲鹏台式机主板是基于华为鲲鹏920处理器开发的办公应用主板，鲲鹏台式机主板兼容业界主流的内存、硬盘、网卡等硬件，支持Linux桌面操作系统，提供机箱、散热、供电等参考设计指南，具有高性能、接口丰富、高可靠性、易用性等特点，有D920L11和D920S10(图3-19)两种型号。

2. 天创者主板

天创者主板推出了支持龙芯3A5000 CPU的天创者L5A1和L5A2(图3-20)两款台式机主板，如天创者L5A2主板支持龙芯3A5000四核、主频2.3～2.5GHz，内存DDR4 3200、内存容量最大可达32GB，板载龙芯7A2000独显，可搭载统信、麒麟、Loongix等国产系统。

图3-19 D920S10主板

图3-20 天创者L5A2主板

3. GITSTAR主板

GITSTAR根据龙芯、飞腾、海光等国产不同型号的CPU推出了相应的配套主板，如GM9-3651是一款采用龙芯3A5000+7A1000芯片组的Micro-ATX主板，GM9-2665是一款支持飞腾 D2000 处理器的国产化 Micro-ATX 主板，GM9-5601 是一款采用海光 HG3250 处理器的主板。

(1) 集特 GM9-3651 是一款采用龙芯 3A5000+7A1000 芯片组设计的 4 核 Micro-ATX 主板，主频可达 2.5GHz，支持双条 DDR4 内存，最大可支持 32GB。集成龙芯核心显卡，支持 VGA、HDMI 显示输出，提供 1 个 RS232 外部串口，内部提供 3 个 PCIE 插槽，可支持独立显卡等主流 PCIe 设备。主板内部还提供 M.2 接口，可支持 SSD、WiFi(选配)模块(图 3-21)。

(2) 集特 GM9-2665 主板采用飞腾 D2000 处理器的 Micro ATX 主板，主频可达 2.6GHz，支持双条 DDR4 内存，最大可支持 32GB。搭载 PCIE 独立显卡，支持 VGA、HDMI 显示输出，提供 1 个 RS232 外部串口，内部提供 3 个 PCIE 插槽，可支持独立显卡等主流 PCIE 设备。主板内部还提供 M.2 接口，可支持 SSD、WiFi(选配)模块(图 3-22)。

图 3-21　集特 GM9-3651 主板

图 3-22　集特 GM9-2665 主板

(3) 集特 GM9-5601 采用海光 HG3250 处理器设计的 8 核 16 线程的 Micro-ATX 主板，主频最高可达 2.8GHz，丰富的 I/O 接口，主板内部提供 M.2 接口，可支持 SSD、WiFi 模块，可搭配 Windows 10、统信、麒麟等操作系统(图 3-23)。

图 3-23　集特 GM9-5601 主板

3.4 思考与练习

一、填空题

1. 主板上面安装了组成计算机的主要电路系统，包括 BIOS 芯片、________、键盘/鼠标接口、________、电源供电插座以及________等多种元器件。

2. BIOS包括计算机最重要的基本输入输出程序、________、开机后自检程序和系统自启动程序等。

3. 主板CMOS是一种用电池供电的________RAM芯片。

4. CPU插槽通常由固定罩、固定杆和________三部分组成。

5. 依照支持CPU类型的不同,主板产品有________和________平台之分,不同的平台决定了主板的不同用途。

二、选择题

1. CPU经过这么多年的发展,采用的接口方式有引脚式、卡式、触点式和________等。

A. 芯片式　　B. 卡扣式　　C. 针脚式　　D. 散热式

2. 按照I/O总线类型划分,比较常见的类型主要有ISA总线、EISA总线、________、PCI Express总线等。

A. PC总线　　B. PCI总线　　C. PCG总线　　D. PCE总线

3. 一般情况下,当计算机出现无法启动或频繁死机的现象时,可通过CMOS放电跳线、取出CMOS电池和________方法,对主板中的电池进行放电。

A. 安装主板驱动　　B. 更改内存条

C. 短接电池插座的正负极　　D. 更换CPU风扇

4. 按照主板的设计结构来划分,当前主要有________、M-ATX主板、EATX主板和Mini ITX主板4种类型。

A. BTX主板　　B. BT主板　　C. AT主板　　D. ATX主板

5. ________可以说是主板的灵魂,它决定着主板的性能。

A. 南桥芯片　　B. 芯片组　　C. BIOS芯片　　D. 中央处理器

三、简答题

1. 简述南北桥芯片的作用。

2. 主板是按照哪些类型进行划分的?

3. 主板的芯片组包括哪些芯片?

第4章 认识和选购内存

CHAPTER 4

学习目标：

◆ 熟悉内存的结构和发展过程。

◆ 掌握内存的性能指标和检测方法。

◆ 掌握内存的选购注意事项。

◆ 熟悉内存常见故障的排除方法。

技能目标：

◆ 掌握内存的性能指标和检测方法。

◆ 掌握内存的选购注意事项。

◆ 了解内存常见故障的排除方法。

素质目标：

◆ 培养团队协作能力和团队精神。

◆ 培养自信、自强意识观念。

内存(memory)又称为内部存储器或主存储器，主要用于暂时存放 CPU 中的运算数据以及与硬盘等外部存储器交换的数据。只要计算机在运行中，CPU 就会把需要运算的数据调到内存中进行运算，当运算完成后，CPU 再将结果传送出来，内存的运行也决定了计算机的稳定运行。内存是计算机中重要的部件之一，是与 CPU 进行沟通的桥梁。计算机中所有程序的运行都是在内存中进行的，因此内存的性能对计算机的影响非常大。

4.1 认识内存

视频讲解

4.1.1 内存的结构

1. 内存的构成

内存一般采用半导体存储单元，包括随机存储器(Random Access Memory，RAM)、只读存储器(Read Only Memory，ROM)和高速缓存(Cache)。因为 RAM 是其中最重要的存储器，整个计算机系统的内存容量主要由它的容量决定，所以人们习惯将 RAM 直接称为内存，而后两种，则仍称为 ROM 和 Cache。

(1) 随机存储器。表示既可以从中读取数据，也可以写入数据。由于 RAM 内的信息随着计算机关闭或突然断电而自动消失，所以只能用于存放临时数据。

(2) 只读存储器。在制造ROM时,信息(数据或程序)就被存入并永久保存。这些信息只能读出,一般不能写入,即使机器停电,这些数据也不会丢失。ROM一般用于存放计算机的基本程序和数据,如BIOS ROM。

根据计算机所使用RAM工作方式的不同,可以将其分为SRAM和DRAM两种类型。两者间的差别在于,DRAM需要不断地刷新电路,否则便会丢失其内部的数据,因此速度稍慢;SRAM无须刷新电路即可持续保存内部存储的数据,因此速度相对较快。

(3) 高速缓冲存储器。位于CPU与内存之间,是一个读写速度比内存更快的存储器,一般分为一级缓存(L1 Cache)、二级缓存(L2 Cache)和三级缓存(L3 Cache)。当CPU向内存中写入或读出数据时,这个数据也被存储进高速缓冲存储器中。当CPU再次需要这些数据时,CPU就从高速缓冲存储器读取数据,而不是访问较慢的内存。当然,如需要的数据在Cache中没有,CPU会再去读取内存中的数据。

2. 内存的外观结构

内存主要由内存芯片、内存散热片、金手指等组成,其外观构造如图4-1所示。

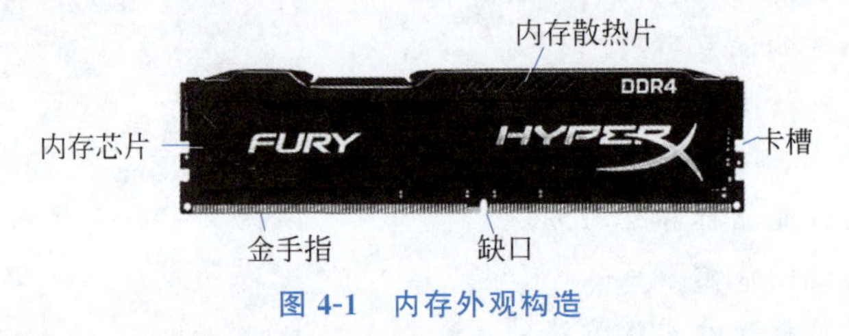

图 4-1 内存外观构造

(1) 内存芯片。用来临时存储数据,是内存上最重要的部件。

(2) 内存散热片。内存散热片则安装在芯片外面,帮助改善内存工作温度,提高工作性能。

(3) 金手指。金手指是内存与主板进行连接的桥梁。目前很多DDR4内存的金手指采用曲线设计,接触更稳定,插拔更方便。

(4) 卡槽。与主板上内存插槽上的塑料夹角配合,将内存固定在内存插槽中。

(5) 缺口。与内存插槽中的防凸起设计配对,防止内存插反。

视频讲解

4.1.2 内存的发展历史

内存作为一种具备数据输入输出和数据存储功能的集成电路,最初是以芯片的形式直接集成在主板上的。之后,为了便于更换和扩展,内存才逐渐成为独立的计算机配件。按内存技术标准可分为SDRAM、DDR、DDR2、DDR3、DDR4、DDR5等类型。

1. SDRAM

SDRAM(Synchronous DRAM,同步动态随机存储器)曾经是计算机上使用最为广泛的一种内存类型,采用168引脚金手指设计,其带宽为64位,工作电压为3.3V。根据工作速率的不同,SDRAM分为PC66、PC100和PC133这3种不同的规格,其差别在于这些内存所能正常工作的最大的系统总线速度。例如当内存符合PC133规格时,表示该内存最大能够以133MHz的速度进行工作,后被更高速的DDR内存所替代。SDRAM内存如图4-2所示。

2. DDR

DDR SDRAM(Double Data Rate SDRAM,双倍速率同步动态随机存储器)是 SDRAM 的更新换代产品,在时钟脉冲的上升沿和下降沿传输数据,不需要提高时钟的频率就能加倍提高内存的速度,数据传输速率为传统 SDRAM 的两倍。DDR 频率有工作频率和等效频率两种表示方式。工作频率是内存颗粒实际的工作效率,由于 DDR 可以在脉冲的上升沿和下降沿都传输数据,因此传输数据的等效频率是工作频率的两倍。

DDR 为 184 引脚,比 SDRAM 多 16 引脚,包含新的控制、时钟、电源和接地等。DDR 内存采用 2.5V 电压。DDR 运行频率主要有 100MHz、133MHz、166MHz、200MHz 等。由于 DDR 内存具有双倍速率传输数据的特性,因此在 DDR 内存的标识上采用了工作频率×2 的方法,也就是 DDR200、DDR266、DDR333、DDR400。用户可以通过内存条的金手指的"缺口"进行辨别,DDR 只有一个卡口,而 SDRAM 有两个卡口。DDR 内存如图 4-3 所示。

图 4-2 SDRAM

图 4-3 DDR

3. DDR2

DDR2(Double Data Rate 2 SDRAM)是由 JEDEC(电子设备工程联合委员会)进行开发的新生代内存技术标准。它与上一代 DDR 技术标准最大的不同就是,虽然同是采用了在时钟的上、下沿同时进行数据传输的基本方式,但 DDR2 的预读取位数为 4 位,两倍于 DDR 的预读取能力。也就是说,同样在 100MHz 的工作频率下,DDR 的实际频率为 200MHz,而 DDR2 则可以达到 400MHz。DDR2 标准规定所有 DDR2 内存均采用 FBGA 封装形式,不同于以前广泛采用的 TSOP/TSOPⅡ封装形式。FBGA 封装可以提供更为良好的电气性能与散热性,为 DDR2 内存的稳定工作与未来频率的发展提供了坚实的基础。DDR2 内存工作电压为 1.8V,相对于 DDR 的 2.5V 降低了不少,从而提供了更低的功耗与更小的发热量。采用 240 引脚 DIMM 接口标准,与 DDR 内存不兼容。DDR2 内存如图 4-4 所示。

图 4-4 DDR2 内存

双通道内存技术始于 DDR2,如图 4-5 所示,这项技术需要主板芯片组的支持,并且组成双通道的两条内存的 CAS 延迟、容量需要相同。不过,有些芯片组支持弹性双通道,这使得双通道的形成条件更加宽松,不同容量的内存也能组建双通道。DDR2 内存主要有 400Mz、533MHz、667MHz、800MHz、1066MHz 等不同的规格,相应的工作频率分别是 200Hz、266Hz、333Hz、400Hz、533MHz。为了加强散热效果,个别厂家在内存条上加了散热器。

图 4-5 双通道 DDR2 内存

4. DDR3

DDR3(Double Data Rate 3 SDRAM)内存于 2006 年进入市场，采用 CSP、FBGA 封装方式。与 DDR2 引脚数相同，但缺口位置不同。

DDR2 的预读取位数为 4 位，而 DDR3 增至 8 位。从技术指标上看，DDR3 的最低频率是 1066MHz，后期推出的 1600MHz、1800MHz、2000MHz 等产品的内存带宽大幅度超过 DDR2。以 DDR3 2000MHz 为例，其带宽可以达到 16GB/s(双通道内存方案则可以达到 32GB/s 的理论带宽值)。DDR3 CSP 封装方式，除了延续 DDR2 SDRAM 的 ODT、OCD、Posted CAS 方式外，另外新增了更为精进的 CWD、Reset、ZQ、SRT、RASR 等功能。

点对点连接是 DDR3 为了提高系统性能而进行的重要改动，也是 DDR3 与 DDR2 的一个关键区别。在 DDR3 系统中，一个内存控制器只与一个内存通道打交道，而且这个内存通道只能有一个插槽，因此，内存控制器与 DDR3 内存模组之间是点对点的关系，从而大大地减轻了地址/命令/控制与数据总线的负载。此外，DDR3 具备了根据温度自动自刷新、局部自刷新等新功能，在功耗方面也要出色得多，其工作电压从 DDR2 的 1.8V 降至 1.35V。相对于 DDR 变更到 DDR2，DDR3 对 DDR2 的兼容性更好。由于引脚、封装等关键特性不变，这对厂商降低成本大有好处。DDR3 内存如图 4-6 所示。

图 4-6 DDR3 内存

三通道内存技术始于 DDR3。在使用双通道 DDR2 800 内存(内存带宽为 800MHz×128b/s=12.8GB/s)的情况下，如果前端总线频率仍为 800MHz，那么前端总线需要两个时钟周期才能传送完 12.8GB 的数据。三通道将内存总线位宽扩大到了 64b×3=192b，如果采用 DDR3 1333 内存，内存总线带宽可以达到 1333MHz×192b/s，约 31.2GB/s，内存带宽得到了巨大的提升。DDR3 内存三通道套装如图 4-7 所示。

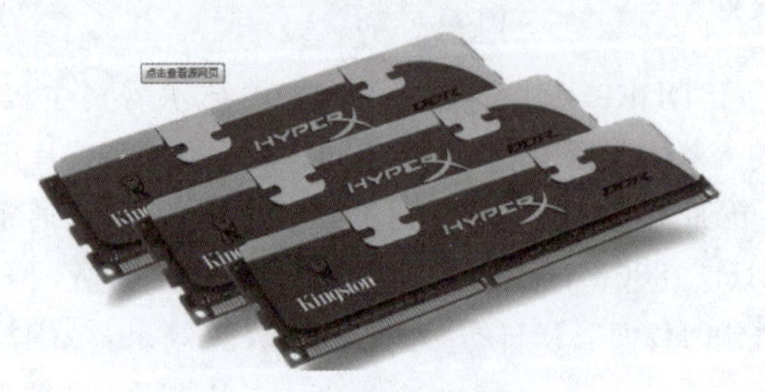

图 4-7 三通道 DDR3 内存

5. DDR4

2011 年 1 月，三星电子公司发布第一款 DDR4 内存条。DDR4 又称为双倍速率 SDRAM 第四代。DDR4 内存条外观变化明显，金手指变成弯曲状。DDR4 将内存下部设计为中间稍突出、边缘收矮的形状，在中央的高点和两端的低点以平滑曲线过渡。这样的设计既可以保证 DDR4 内存的金手指和内存插槽触点有足够的接触面，确保信号传输稳定的同时，让中间凸起的部分和内存插槽产生足够的摩擦力，以稳定内存。

相比 DDR3，DDR4 性能有了重要改进：DDR4 采用 16 位预取机制(DDR3 为 8 位)，即在相同内核频率下的理论传输速率是 DDR3 的两倍；利用更可靠的对等保护和错误恢复等技术，数据可靠性进一步提升；工作电压降为 1.2V，甚至更低，功耗明显降低。

DDR4 内存的每个引脚都可以提供超过 2Gb/s(256MB/s)的带宽，内存频率提升明显，可达 4266MHz。DDR4 使用 3DS(3-Dimensional Stack，三维堆叠)封装技术，单条内存的容量最大可以达到目前产品的 8 倍之多。目前常见的大容量内存单条容量为 8GB(单颗芯片 512MB，共 16 颗)，而 DDR4 则完全可以达到 64GB，甚至 128GB。另外，DDR4 使用 20nm 以下的工艺来制造，电压从 DDR3 的 1.35V 降低至 DDR4 的 1.2V，移动版电压还会降得更低。DDR4 还提供用于提高数据可靠性的循环冗余校验(Cyclic Redundancy Check，CRC)，并可对链路上传输的"命令和地址"进行完整性验证的芯片奇偶检测。此外，它还具有更强的信号完整性及其他强大的 RAS 功能。DDR4 内存如图 4-8 所示。

6. DDR5

2020 年 10 月，韩国存储巨头 SK 海力士发布全球第一款 DDR5 内存(图 4-9)。DDR5 相比于 DDR4 向前迈出了一大步，不仅在频率和带宽方面进步巨大，而且加入了 ECC 纠错、XMP3.0 和 PMIC 电源管理芯片等技术。相比 DDR4 内存，DDR5 具有以下特点。

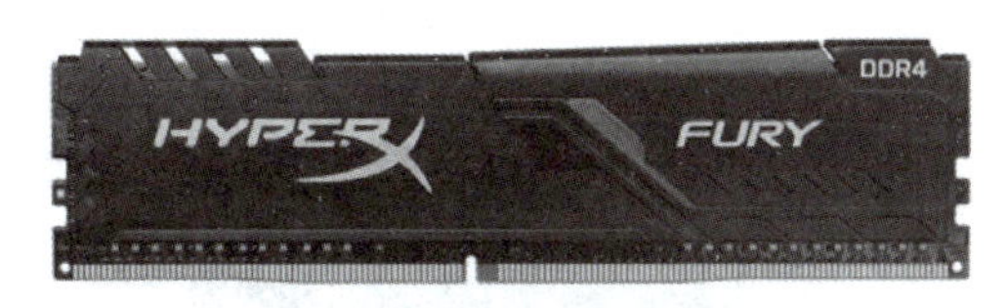

图 4-8 DDR4 内存

图 4-9 DDR5 内存

(1) 内存频率更高。DDR4 起步一般只有 2133MHz 或 2400MHz，目前旗舰级 DDR4 内存也才 4266MHz，4800MHz 几乎是 DDR4 内存频率的极限。而 DDR5 内存起步频率为 4800MHz，基本达到了 DDR4 内存极限，DDR5 内存主流选择一般是 5200～6000MHz，现阶段旗舰级已经达到了 8000MHz。

(2) 内存带宽更大。DDR5 内存带宽传输速率更快，以 DDR4 3200MHz 频率为例，带宽为 25.6GB/s，DDR5 4800 频率的带宽为 38.4GB/s。DDR5 内存比 DDR4 内存的带宽更大，因此在进行数据的读写时，DDR5 内存会更加高效。

(3) 工作电压更低。DDR4 的工作电压为 1.2V，DDR5 的工作电压为 1.1V，功耗降低 8%，更加省电节能。

(4) 单芯片密度更高。DDR5 内存单芯片密度达到 16GB，而 DDR4 单颗粒只有 4GB 容量，随着技术的发展，DDR5 单根内存容量达到 256GB 甚至 512GB 将成为可能。

(5) 集成 ECC 内存纠错机制。DDR5 内存新增 On-die Ecc 纠错机制，从而可以更好地规避风险，提高可靠性并降低缺陷率。

(6) 双32位寻址通道。DDR5把64位的数据带宽分成两个32位可寻址通道,能有效提高内存控制器数据访问的效率并减少延时。

7. 笔记本电脑内存

由于笔记本电脑整合性高,设计精密,对于内存的要求比较高。笔记本电脑内存必须符合小巧的特点,需采用优质的元件和先进的工艺,拥有体积小、容量大、速度快、耗电低、散热好等特性。出于追求体积小巧的考虑,大部分笔记本电脑最多只有两个内存插槽。由于内存扩展槽很有限,因此单位容量大一些的内存会显得比较重要。此外,单位容量大的内存在保证相同容量的时候会有更小的发热量,这对笔记本电脑的稳定也是大有好处的。

笔记本电脑内存规格也分为DDR、DDR2、DDR3、DDR4、DDR5几种,与台式机内存的区别主要有以下几点。

(1) 外观不同。笔记本电脑由于便携需要,所有部件尽量体积小,所以笔记本内存条在设计时即为窄条,而台式机内存条考虑成本及制造工艺,选用宽条。

(2) 引脚数不一样。相同工作频率的笔记本电脑内存条比台式机内存条引脚数要少。

(3) 相同工作类型、相同工作频率的笔记本电脑内存条和台式机内存条,在性能上完全相同,通过特定设备,笔记本电脑的内存条可用于台式机。图4-10是台式机内存与笔记本电脑内存的对比图。

8. 套装内存

内存套装就是指各内存厂家把同一型号的两条或多条内存以搭配销售的方式组成的套装产品。内存套装的价格通常不会比单独购买几条相同规格、型号内存的价格高出很多,但组成的系统却比相同几条单内存组成的系统稳定许多。所以在很长一段时间内,受到商业用户和超频玩家的青睐。四通道DDR4内存套装如图4-11所示。

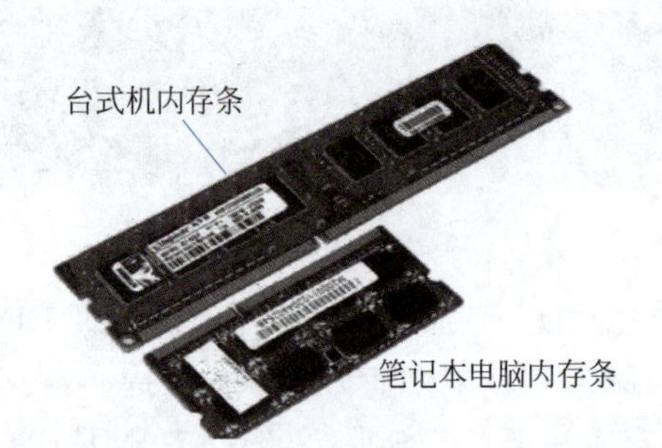

图4-10 台式机内存条与笔记本电脑内存条的对比图

图4-11 四通道DDR4内存套装

1) 套装内存的优势

与单条内存相比,套装内存的优势主要体现在以下几方面。

(1) 优良的兼容性。两条内存要组建双通道,首先要确保内存是同一品牌、同一类型内存颗粒,这样才能保证内存的兼容性,保证系统稳定运行,否则可能出现蓝屏、死机等一系列不兼容问题。

(2) 同批次同一类型内存颗粒。套装的内存条在出厂时都经过测试,兼容性良好,可以保证是同一批次、同一类型内存颗粒。

(3) 优良的稳定性。从根本上说,套装和两根单条内存,关键在于内存颗粒是否能保证一致，一致就决定了内存的稳定性，这点上套装内存明显强过单条内存。

(4) 技术的支持。现在大多数的主板都支持多通道内存模式，既然主板支持，就可以用内存套组成多通道系统。

2) 普通用户是否需要套装内存

现在，很多组装计算机的普通用户对多通道系统的追求不如从前那般狂热，基于以下两点原因，内存套装渐渐地已经变成了超频发烧友的专属产品。

(1) 运行效果。从实际运行的效果来看，双通道内存并不比单通道内存快很多，相反差距非常有限。而如果使用单通道，也就是单条大容量内存，可以在价格上实惠不少。

(2) 兼容性。现在很多主板随着技术水平的提升，对于通道内存组建的要求越来越低，不再需要相同容量，甚至可以采用不同品牌。只要能够工作在同频率上的两条内存都可以组成双通道。

4.1.3 内存的性能指标与检测

视频讲解

内存对计算机的整体性能影响很大，计算机在执行很多任务时的效率都会受到内存性能的影响。选购内存时，不仅要选择主流类型的内存，还要更深入地了解内存的各种性能指标。

1. 内存容量

内存容量是指内存条的存储容量，是内存的关键性参数。容量是选购内存时优先考虑的性能指标，因为它代表了内存存储数据的多少，通常以 GB 为单位。单根内存容量越大越好。目前市面上主流的内存容量多为 16GB、32GB。一般情况下，内存容量越大，越有利于系统的稳定运行。

主板中内存插槽的数量决定了内存的数量，而系统中的内存容量则等于所有插槽中内存条容量的总和。由于主板的芯片组决定了单个内存插槽所支持的最大容量，因此主板内存插槽的数量在一定程度上限制了内存的容量。用户在选择内存条时，还应考虑主板内存插槽的数量。

2. 内存频率

内存频率一般指内存主频，代表该内存可以达到的最高工作频率，以 MHz(兆赫)为单位进行计量。内存频率越高，则该内存所能达到的速度通常也越快。DDR4 的内存频率主要有 2133、2400、2666、3000、3200、3600 等，其中 DDR4 2133、2400 这样的低频内存已经比较少见了；DDR5 的内存频率主要有 4800、5200、5600、6000、6400 等。通常来说内存频率越高，速度越快。

3. 内存延时

内存延时表示系统进入数据存取操作就绪状态前等待内存响应的时间。它通常用 4 个连着的阿拉伯数字来表示，例如“3-4-4-8”。一般而言，4 个数中越往后值越大，这 4 个数字越小，表示内存性能越好。但也并非延时越小内存性能越高，因为 CL-tRCD-tRP-tRAS 这 4 个数值是配合使用的，相互影响的程度非常大，并且也不是数值最大时其性能最差。因此，合理的配比参数是很重要的。

(1) CL。CL 在内存的 4 项延时参数中最为重要，表示内存在收到数据读取指令到输出第一个数据之间的延时，即指内存存取数据所需的延时，也就是内存接到 CPU 的指令后的反应速度。一般的参数值是 2 和 3 两种。数字越小，代表反应所需的时间越短。CL 的单位是时钟周期，即纵向地址脉冲的反应时间。

(2) tRP。该项用于标识内存行地址控制器预充电的时间，即内存从结束一个行访问到重新开始的间隔时间。

(3) tRCD。该项所表示的是从内存行地址到列地址的延时。

(4) tRAS。该数字表示内存行地址控制器的激活时间。

4. 内存带宽

内存是内存控制器与CPU之间的桥梁与仓库。内存的容量决定“仓库”的大小，内存的带宽决定“桥梁”的宽窄，两者缺一不可，这也就是常常说到的“内存容量”与“内存速度”。提高内存带宽，在一定程度上可以快速提升内存的整体性能。

1) 内存带宽的重要性

内存带宽之所以具有一定的重要性，是因为计算机在运行过程中会将指令反馈给CPU，而CPU接收到指令后，首先会在一级缓存中寻址相关的数据，当一级缓存中没有所需寻址的数据时，便会向二级缓存中寻找，以此类推到三级缓存、内存和硬盘。由于目前系统处理的数据量都非常巨大，因此几乎每步都需要经过内存来处理。如此一来，内存带宽(内存速度)的大小则直接影响了内存的运行性能，带宽越大表示内存的运行能力越高，反之越低。由于内存的性能在一定程度上直接决定了系统的整体性，内存带宽又直接决定了内存的整体性能，由此可见内存带宽的重要性也是不言而喻的。

2) 提高内存带宽

内存的带宽直接受总线宽度、总线频率和一个时钟周期内交换的数据表数量的影响，其计算公式为

带宽＝总线宽度×总线频率×一个时钟周期内交换的数据包个数

影响内存带宽的总线频率因素在当前发展中已属于比较高的技术，而且受到制作工艺的限制，在短暂时期内不会有太大的提高，因此该因素对内存带宽的影响不是很大。

总线宽度和数据包交换个数则直接影响到内存带宽的提升速度。DDR技术便是通过提高数据包个数的方法，来使内存带宽疯狂地提升了一倍。而当前最新的内存技术则是通过多个内存控制器并行工作的方法，在提高总线宽度的同时提升内存的带宽。例如，双通道DDR芯片组等。

5. 内存性能测试

在计算机中，内存扮演着极其重要的角色，由于所有程序的运行都是在内存中运行，所以它影响着计算机的稳定性。目前有很多工具软件可以对内存性能进行测试，下面对MemTest64软件的使用进行简单介绍。

MemTest64是一款测试计算机内存稳定性的测试软件，软件同时支持32位和64位运行环境，这个纯绿色软件体积轻巧，可以选择测试内存容量、CPU线程、测试循环次数/时间(默认无限测试)，然后使用各种不同检测算法来检验内存的稳定性，遇到错误还可以自动停止。

(1) 打开软件。在计算机可以开机的状态下可以直接下载MemTest64使用。打开MemTest内存检测工具，软件主界面如图4-12所示。

(2) 设定使用模式。可打开任务管理器查看内存和CPU使用情况，选择合适内存值；设定好结束条件也就是设置循环次数和运行时长；“无限制运行”建议慎用；最后单击“开

始测试”按钮。MemTest 模式设定操作如图 4-13 所示。

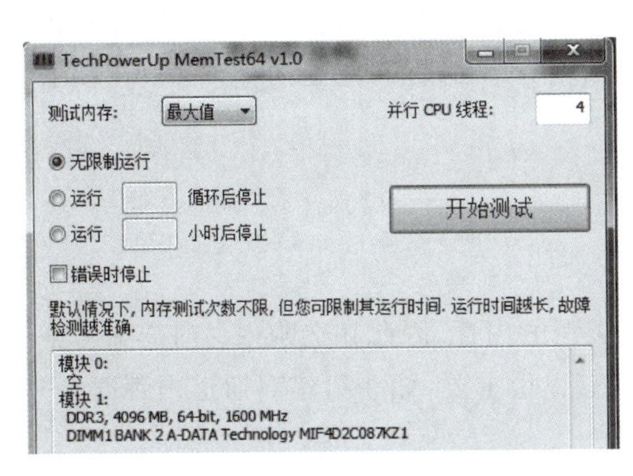

图 4-12　MemTest 软件主界面

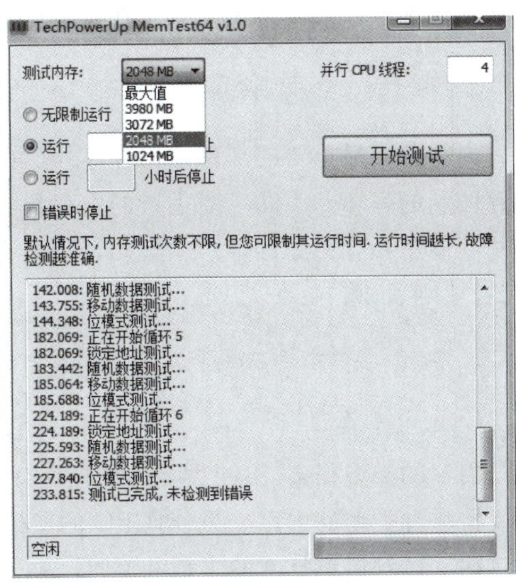

图 4-13　MemTest 模式设定

(3) 测试完成。测试完成会具体显示出检测情况,如图 4-14 所示。

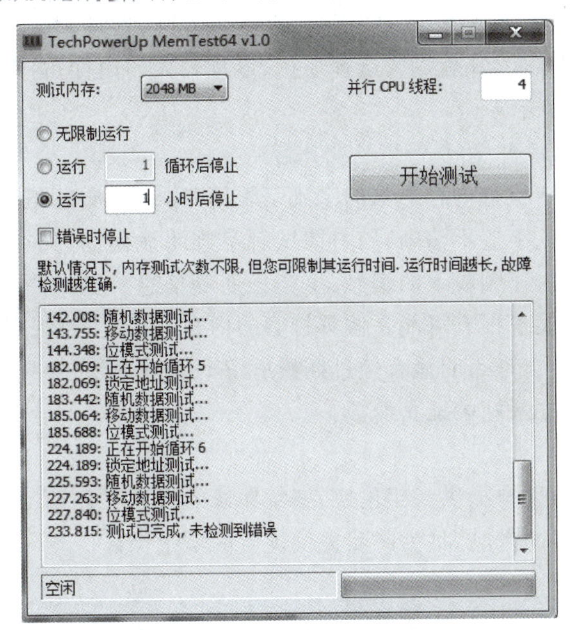

图 4-14　MemTest 测试结果

4.2 内存的选购

视频讲解

品质好的内存性能稳定,与主板兼容性好,可长时间、稳定、可靠地运行。实际上计算机的性能瓶颈不在于 CPU 或者其他部件,而在于内存存取速度的快慢。由于操作系统应用软件功能越来越复杂,对计算机硬件的要求也越来越高,升级内存是计算机硬件升级中最有效、最实用的提升速度的方法。在选购内存时,除了应当了解内存的主要技术指标之外,还需要从其他硬件的支持和辨别真伪等方面进行综合考虑。

4.2.1 内存常见品牌

内存条中最重要的部件是内存芯片(也称内存颗粒),它直接关系到内存容量的大小和内存体制的好坏。不同厂商生产的内存颗粒体制、性能都存在一定的差异,一般常见的内存芯片厂商主要有三星、海力士、美光、南亚、茂矽、长鑫等。目前,市场上内存条品牌主要有金士顿、威刚、宇瞻、金泰克、光威等。

4.2.2 内存选购注意事项

1. 硬件支持

内存的类型很多,不同类型的主板支持不同类型的内存,因此在选购内存时需要考虑主板支持哪种类型的内存。另外,CPU 的支持对内存也很重要,如在组建双通道内存时,一定要选购支持双通道技术的主板和 CPU。

2. 明确用途

选购内存前一定要明确用途,如果只是做一些简单的文字处理或是其他不需处理大量数据的工作,可选择价廉、容量较小的内存。若需要上网、处理大量数据,运行一些大型软件、数据库及图像处理软件,那就需要选择质优、容量较大的内存,否则计算机会经常"死机"或出现一些莫名其妙的错误。

3. 认清标识、鉴别质量、防止假冒伪劣产品

首先,购买时要仔细检查内存颗粒的字迹是否清晰,有无质感,这是一个非常重要也是最基本的一步,如果感觉字迹不清晰,用力擦拭后字迹明显模糊,那么就很有可能是经过打磨的内存。其次,观察内存颗粒上的编号、生产日期等信息。如果是旧内存,生产日期会比较早,而编号如果有错误也很有可能是假冒打磨的内存。再次,要观察电路板印制质量是否整洁,有无毛刺等,金手指是否明显有经过插拔所留下的痕迹,如果有,则很有可能是二手内存。最后,通过内存官方网站验证真伪。

4. 售后服务

许多品牌内存都为用户提供一年包换、三年保修的售后服务,有的甚至提供终生包换的承诺。购买售后服务好的产品,将为产品提供优质的质量保证。

视频讲解

4.3 内存常见故障排除

内存如果出现问题,会造成系统运行不稳定、程序出错或操作系统无法安装等故障,因此用户必须掌握一些引发内存故障的原因和常用的排查方法。

4.3.1 产生内存故障的原因

由于内存的使用频率高,因此导致内存故障的发生率也较高。常见内存故障产生的原因有以下几种。

1. 内存金手指损坏

一般情况下，主要是内存插反或内存没有完全插入插槽，或是带电插拔内存，造成内存的金手指因为局部大电流放电而烧毁。另外，内存在正常使用过程中，因为瞬间电流过大，也会造成内存和主板等同时被烧毁，因此在插拔各类板卡时一定要小心谨慎。

2. 接触不良

接触不良是导致内存故障最常见的一种原因，内存与插槽接触不良，通常是因为内存的金手指氧化或内存插槽中有污垢引起的。

3. 内存插槽簧片损坏

内存插槽内的簧片因非正常安装而损坏脱落，以及变形、烧灼等造成内存接触不良，或是有异物掉入内存插槽内，都是导致内存故障的常见原因。另外，内存反插被烧毁的同时，内存插槽相对应部位的金属簧片也会被烧熔或变形，会造成整个内存插槽报废。

4. 内存设置与本身问题

BIOS 的内存参数设置不正确、内存的兼容性差，也是造成内存故障的常见原因，如使用不同品牌或不同规格的内存。另外，内存本身质量有问题或可能存在的物理损伤也是造成内存故障的重要原因。

4.3.2 内存常见的故障

1. 两根同型号内存条无法同时使用

两根同型号的内存条同时插入计算机，用 MemTest 测试提示错误，会蓝屏，但只插入其中任意一根则正常。这是由于生产厂商不同时期生产的产品采用了不同的 IC 颗粒，而由于 IC 颗粒的不同性，使用户在使用双通道时很容易发生这种由于双通道的高速数据传输而引起的问题。解决办法是以其中一条为样品，找经销商换一条 IC 颗粒、容量、频率以及 CL 都一样的内存条，即可解决该问题。

2. 开机时多次执行内存检测

计算机在开机时总是多次执行内存检测。为避免多次检测内存，一种方法是在检测时按下键盘上的 Esc 键，跳过检测步骤；另一种方法是在 BIOS 中将多次检测的参数取消，具体方法：在开机后按 Del 键进入 BIOS 设置，在主界面中选择 BIOS FEATURS SETUP 项，将其中的 Quick Power On Self Test 设为 Enabled，完成后保存设置退出即可。

此类现象一般是由于主板与内存不兼容引起的，常见于高频率的内存条用于某些不支持此频率内存条的主板上，当出现这样的故障后，可以试着在 CMOS 中将内存的速度设置得低一点。

3. 屏幕出现错误信息后死机

计算机无法正常启动，打开主机电源后，机箱报警扬声器出现长时间的短声鸣叫，或是打开主机电源后，计算机可以启动但无法正常进入操作系统，屏幕出现“Error：Unable to Control A220 Line”的错误信息后死机。

出现上述故障多数是由于内存与主板的插槽接触不良引起的。处理方法是打开机箱后拔出内存，用酒精和干净的纸巾擦拭内存的金手指和内存插槽，并检查内存插槽是否有损坏的迹象，擦拭检查结束后将内存重新插入，一般情况下问题都可以解决。如果还是无法开机，则将内存条拔出插入另一条内存插槽中测试，如果问题仍存在，则说明内存条已经损坏，只能更换新的内存条。

4. 内存无法自检

计算机在升级内存条之后,开机时发现内存无法自检。此类故障一般是内存与主板不兼容造成的,可以升级主板的 BIOS 看看能否解决,否则只有更换内存条来解决该问题。

5. Windows 经常自动进入安全模式

计算机在使用过程中,Windows 系统经常自动进入安全模式,重装系统后故障依旧。此类故障一般都是由于主板与内存条不兼容,或内存条质量不佳引起的,将高频率的内存条用于某些不支持此频率内存条的主板上时多会发生这种情况。可以尝试在 CMOS 中降低内存读取速度,如果仍然无法解决问题,则需要更换内存条。

6. 开机无显示

出现该故障有可能是因为内存条与主板内存插槽接触不良而造成的,此时用户需要拔下内存条,用橡皮擦来回擦拭与插槽接触的部位即可。另外,该类故障也可能是内存损坏或主板内存插槽存在问题而造成的。

7. 操作系统产生非法错误

出现该故障一般是由于内存芯片质量问题或软件原因造成的,如果确定为内存条的质量问题,则需要更换内存条。

8. 注册表无故损坏

当 Windows 注册表经常无故损坏,并提示用户恢复注册表时,在很大程度上可以确定是内存条质量问题所造成的,需要更换内存条。

9. 随机性死机

该故障一般是由于用户同时使用了多条不同芯片的内存条导致的。此时,可尝试在 CMOS 中降低内存读写速度来解决;如果仍然无法解决故障,则需要检查主板与内存的兼容性,以及内存与主板的接触不良性,或者使用相同类型的内存条。

10. 内存不足

当用户运行某些软件时,系统会经常提示内存不足。出现该故障一般是由于系统盘所剩余的空间不足而造成的,并非真正的内存问题。此时,用户可通过删除系统盘中一些无用文件的方法解决该故障。

11. 多次自动重新启动

当用户开启计算机后,启动 Windows 时系统会多次自动重新启动。出现该故障,一般是由内存条或电源质量问题造成的,如果已排除内存条或电源质量问题,则可能是 CPU 散热不良或其他人为故障造成的,需要进一步排除各个因素。

目前,国产内存品牌呈现出了百花齐放的良好态势,如光威(GLOWAY)、影驰、朗科(Netac)、十铨(Team)、紫光(Unis)、芝奇(G.SKILL)、威刚(ADATA)、宇瞻(Apacer)、金泰克、阿斯加特等。

近几年,国内内存芯片技术发展迅速,已经开始量产自研内存颗粒,如长鑫颗粒。合肥长鑫采用自主研发技术于 2019 年实现 8GB 颗粒的国内 DDR4 芯片的量产,2020 年 5 月京东上架首个纯国产 DDR4 内存(采用国产长鑫颗粒)——光威弈系列 Pro,打破了海外半导体巨头长期垄断的局面。目前国内很多内存品牌搭载的内存颗粒都来自国产长鑫颗粒,比如光威、金百达等。首款采用国产颗粒的纯国产 DDR4 内存——光威弈 Pro DDR4 3000MHz 8GB 内存如图 4-15 所示。

图 4-15 光威弈 Pro DDR4 3000MHz 8GB 内存

4.4 思考与练习

一、填空题

1. 内存又被称为________,主要用于暂时存放________中的运算数据和外部存储器交互数据,是计算机重要的组成部件之一。

2. 内存一般采用半导体存储单元,包括________、________,以及高速缓存(Cache)。

3. 内存从诞生到现在,其发展主要经历了 SDRAM、DDR、DDR2、DDR3、DDR4 和________几种规格。

4. 内存________是指该内存条的存储容量,是用户接触最多的内容性能指标之一,也是称为评判内存性能的一项主要指标。

5. 相对于外存,内存具有________、________、断电信息丢失等特点。

二、选择题

1. 内存________,表示该内存所能达到的最高工作频率。

 A. 外频 B. 主频 C. 传输速率 D. 传输标准

2. 内存的带宽直接受________、总线频率和一个时钟周期内交换的数据表数量的影响。

 A. 总线宽度 B. 传输速率 C. 一级缓存 D. 二级缓存

3. 下列选项中,描述错误的一项为________。

 A. 随机存储器中的内部信息不仅可以随意修改,而且还可以读取或写入新数据

 B. 只读存储器在制造时其信息便已经被存入并永久保存,这些信息只能读取,而不能修改或写入新信息

 C. 高速缓存通常分为一级缓存、二级缓存和三级缓存等

 D. SRAM 是高速缓冲存储器(Cache)的主要构成部分,而 DRAM 则是主存的主要构成部分

4. SDRAM 只能在时钟的上升沿进行数据传输,而 DDR 则能够在时钟的上升沿和________各传送一次数据,因此数据传输速率为传统 SDRAM 的 2 倍。

 A. 中间沿 B. 下降沿 C. 零沿间 D. 结束沿

5. 即使 DDR2 内存的核心频率只有 200MHz,其数据传输频率也能达到 800MHz,也就是所谓的________。

A. DDR2 200　　B. DDR2 800　　C. DDR2 400　　D. DDR2 1600

6. DDR3 使用________预取设计，从而导致 DDR3 800 的核心工作频率只有 100MHz。

A. 4 位　　B. 6 位　　C. 8 位　　D. 16 位

三、简答题

1. 内存条的发展经历了哪几代？
2. 什么是内存的带宽？
3. 什么是内存的延迟时间？
4. 什么是内存套装？

第5章 认识和选购外部存储器

CHAPTER 5

学习目标：

◆ 熟悉硬盘的发展过程和分类。

◆ 掌握硬盘的性能参数和选购注意事项。

◆ 了解光盘存储器的构成。

◆ 了解移动存储设备。

◆ 熟悉硬盘故障的排除方法。

技能目标：

◆ 掌握硬盘的性能参数。

◆ 掌握存储设备的选购注意事项。

◆ 熟悉硬盘故障的排除方法。

素质目标：

◆ 建立较强的组织观念和集体意识。

◆ 培养良好的职业道德观念。

外部存储器即外存，也称为辅存，作用是保存需要长期存放的系统文件、应用程序、各种电子文档和数据等。当 CPU 需要执行某些程序和数据时，由外存调入内存供 CPU 使用。与内存相比，外部存储器具有容量大、数据存取速度较慢、成本低、信息能够在断电状态下长久保存等特点。

常用的外存有机械硬盘（俗称硬盘）、固态硬盘（正逐步取代机械硬盘）、混合硬盘、软盘（已淘汰）、光盘和各种移动存储器（移动硬盘、U 盘、存储卡）等。

5.1 机械硬盘

视频讲解

5.1.1 硬盘概述

硬盘是计算机硬件系统中最重要的数据存储设备，具有存储空间大、数据传输速率较慢、安全系数较高等优点。计算机运行所必需的操作系统、应用程序、大量的数据等都保存在硬盘中。

机械硬盘（Hard Disk Drive，HDD）也称为硬盘驱动器，俗称硬盘，由盘体和硬盘驱动器构成。盘体由一至多个铝制或玻璃的圆形碟片组成，碟片外覆盖铁磁性材料，被密封固定在硬盘驱动器中,硬盘驱动器负责对盘体的读写操作。硬盘存储容量为内存的数百倍,能够永久保存数据,读写速度比光驱快,但远低于内存。

目前常见硬盘容量为 320GB~25TB,采用 SATA 3.0 接口,读写速度低于固态硬盘。

1. 硬盘的发展历史

1956 年 9 月,IBM 公司推出第一台磁盘存储系统 IBM350 RAMAC,如图 5-1 所示,是现代硬盘的雏形,容量为 5MB,体积相当于两个冰箱,质量超过 1t。

1973 年,IBM 研制成功全球第一块容量为 30MB 的 IBM 3340 硬盘,尺寸为 14 英寸(1 英寸=2.54 厘米),温切斯特硬盘诞生,奠定了当今机械硬盘的结构。如图 5-2 所示,温盘使用附有磁性介质的硬质盘片,盘片密封,盘片位置固定并高速旋转,磁头沿盘片径向移动,磁头悬浮在高速转动的盘片上方,不与盘片接触。

图 5-1　IBM350 RAMAC

图 5-2　温切斯特硬盘

1980 年,IBM 推出全球第一款 GB 级容量硬盘 IBM 3380,容量达 2.5GB,和现在的轻量级硬盘不同,IBM 3380 的重量超过 500 磅(约 227kg)。同年,两位前 IBM 员工创立的希捷(SEAGATE)公司,开发出 5.25 英寸规格的 5MB 硬盘,如图 5-3(a)所示,这是首款面向台式机的产品。

1983 年,3.5 英寸硬盘诞生。由于价格太贵,故 20 世纪 80 年代前中期 5.25 英寸硬盘依旧是主流。

20 世纪 80 年代末,IBM 公司推出 MR(Magneto Resistive,磁阻)技术令磁头灵敏度大大提升,使盘片的存储密度较之前的 20Mb/in^2(位/平方英寸[①])提高了数十倍,该技术为硬盘容量的巨大提升奠定了基础。1991 年,IBM 公司应用该技术推出了首款 3.5 英寸的 1GB 硬盘,如图 5-3(b)所示。

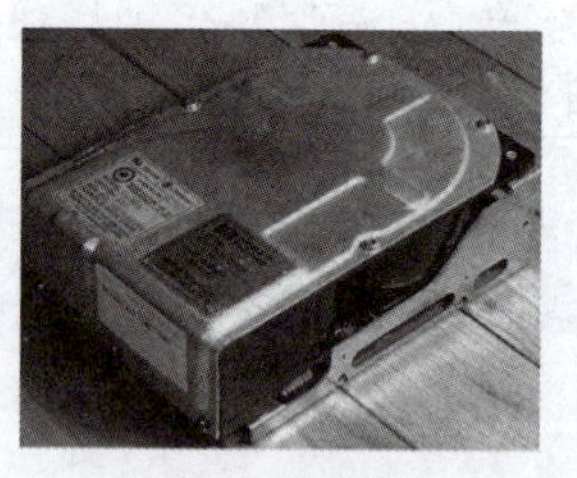

(a) 5.25英寸硬盘

(b) 3.5英寸硬盘

图 5-3　硬盘

1970—1991 年,硬盘盘片的存储密度以每年 25%~30%的速度增长;从 1991 年开始

---

① 1 平方英寸=0.000 645 16 平方米。

增长到60%～80%；至今，速度提升到100%甚至是200%。从1997年开始的惊人速度提升得益于IBM公司的GMR(Giant Magneto Resistive，巨磁阻)技术，它使磁头灵敏度进一步提升，进而提高了存储密度。

1995年，为了配合Intel公司的LX芯片组，昆腾(Quantum)与Intel携手发布UDMA 33接口——EIDE标准将原来接口数据传输速率从16.6MB/s提升到了33MB/s。同年，希捷开发出液态轴承(Fluid Dynamic Bearing，FDB)电机。所谓的FDB就是指将陀螺仪上的技术引进到硬盘生产中，用厚度相当于头发直径1/10的油膜取代金属轴承，减轻了硬盘的噪声与发热量。

2003年1月，日立公司宣布完成收购IBM硬盘事业部计划，并成立日立环球存储科技公司(Hitachi Global Storage Technologies，Hitachi GST)。

2005年日立环球存储科技和希捷都宣布将开始大量采用磁盘垂直写入技术(perpendicular recording)，该原理是将平行于盘片的磁场方向改变为垂直(90°)，更充分地利用存储空间。

2007年1月，日立环球存储科技公司宣布发售全球首只1TB的硬盘，售价为399美元，平均每美元可以购得2.75GB硬盘空间。

2012年，苹果公司在笔记本电脑上应用容量为512GB的固态硬盘。

到目前为止，机械硬盘体积、磁头和容量的变化，向人们展示了HDD的发展史中技术不断的迭代更新。如今，磁盘的碟片技术、磁头技术方面没有突破性进展，更多的只是在靠堆碟盘片来发展容量而已。反之SSD则在体积上、性能上还有容量上不断突破，相信在不远的未来，将全面代替HDD。

2. 机械硬盘的外观和内部结构

机械硬盘即传统普通硬盘，主要由盘片、磁头、传动臂、主轴电机和外部接口等几部分组成。硬盘的外形就是一个矩形的盒子，分为内外两部分。

1) 外观结构

硬盘的外部结构较简单，其正面一般是一张记录着硬盘相关信息的铭牌，背面是促使硬盘工作的主控芯片和集成电路，后侧是硬盘的电源线和数据线接口。硬盘的电源线和数据线接口都是L形的，通常长一点的是电源线接口，短一点的是数据线接口，该数据线接口通过SATA数据线与主板SATA插槽进行连接。机械硬盘的外观结构如图5-4所示。

图5-4 机械硬盘的外观结构

2) 内部结构

硬盘的内部结构比较复杂，主要由主轴电机、盘片、磁头和传动臂等部件组成，如图5-5所示。在硬盘中通常将磁性物质附着在盘片上，并将盘片安装在主轴电机上。当硬盘开始工作时，主轴电机将带动盘片一起转动，在盘片表面的磁头将在电路和传动臂的控制下进行移动，并将指定位置的数据读取出来，或将数据存储到指定的位置。

(1) 硬盘盘片。盘片是硬盘存储数据的载体，大都采用铝制合金或玻璃制作，其表面覆有一层薄薄的磁性介质，因而可以将信息记录在盘片上。目前的硬盘内大都装有两个以上

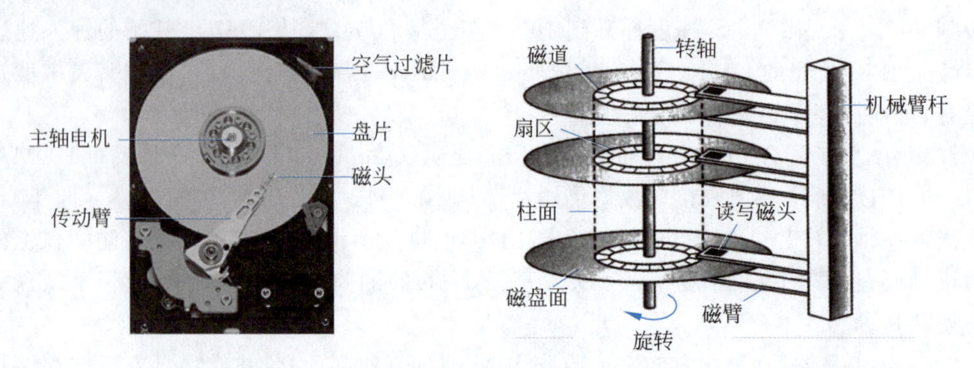

图 5-5 硬盘内部结构

的盘片，这些盘片被安装在硬盘内的主轴电机上，当电机旋转时所有的盘片会同步旋转。作为盘片旋转动力的主轴电机，由轴瓦和驱动电机等部件组成，其转速的高低也在一定程度上影响着硬盘的性能。硬盘的盘片一般有 1～10 片，在相同总容量的条件下，盘片数越少，硬盘的性能越好。

(2) 硬盘磁头。磁头是硬盘读取数据的关键部件，它的主要作用就是将存储在硬盘盘片上的磁信息转化为电信号向外传输。而它的工作原理则是利用特殊材料的电阻值会随着磁场变化的原理来读写盘片上的数据，磁头的好坏在很大程度上决定着硬盘盘片的存储密度。硬盘的磁头数与硬盘体内的盘片数目有关。由于每一盘片均有两个磁面，每面都应有一个磁头，因此，磁头数一般为盘片数的两倍。

(3) 磁道和扇区。当磁头旋转时，磁头若保持在一个位置上，则每个磁头都会在磁盘表面划出一个圆形轨迹，这些圆形轨迹叫作磁道。这些磁道用肉眼是看不到的，因为它们仅是盘面上以特殊方式磁化了的一些磁化区，磁盘上的信息便是沿着这样的轨道存放的。相邻磁道之间并不是紧挨着的，这是因为磁化单元相隔太近时相互之间的磁性会产生影响，同时也为磁头的读写带来困难。磁盘上的每个磁道被等分为若干个弧段，这些弧段便是磁盘的扇区，每个扇区可以存放 512B 的信息，磁盘驱动器在向磁盘读取和写入数据时，要以扇区为单位。

(4) 柱面。硬盘通常由重叠的一组盘片(盘片最多为 14 片，一般均为 1～10 片)构成，每个盘面都被划分为数目相等的磁道，并从外缘的“0”开始编号，具有相同编号的磁道形成一个圆柱，称为硬盘的柱面(cylinders)。磁盘的柱面数与一个盘面上的磁道数是相等的。

属于同一柱面的全部磁道同时在各自的磁头下通过，这意味着只需指定磁头、柱面和扇区，就能写入或读出数据。

硬盘系统在记录信息时将自动优先使用同一个或者最靠近的柱面，因为这样磁头组件的移动最少，既利于提高读写速度，也可减少运动机构的磨损。

磁盘格式化后的容量可用下式算出：

格式化容量(B)＝512B×每磁道扇区数×每面磁道数×磁头数(柱面数)

3. 机械硬盘的主流品牌

机械硬盘的品牌不多，常见的硬盘品牌有希捷、西部数据、东芝等。其中，希捷和西部数据是主流。

(1) 希捷公司。希捷公司成立于 1979 年，现为全球最大的硬盘、磁盘和读写磁头制造商，在设计、制造和销售硬盘领域居全球领先地位。3D 防护技术和 Soft Sonic 降噪技术是希捷硬盘的特色。希捷硬盘的性价比较高。

2006年希捷公司收购了迈拓(Maxtor)公司。迈拓公司主要生产IDE硬盘,产品质量好。迈拓是韩国现代电子美国公司的一个独立子公司,2001年并购了昆腾硬盘公司。

(2) 西部数据公司。美国西部数据公司始创于1970年,1988年开始设计和生产硬盘。

(3) 日立公司。日立(Hitachi)硬盘由日立环球存储科技公司生产。2003年年初,日立公司合并了IBM的硬盘部门后,便承继了IBM在硬盘方面的许多专利技术。2011年3月,日立硬盘业务被美国西部数据公司收购。

5.1.2 机械硬盘的分类

机械硬盘类型通常按照容量、转速、尺寸、接口等进行划分。

1. 按照硬盘容量分类

根据硬盘的容量大小区分为80GB、160GB、250GB、320GB、500GB、750GB、1TB、2TB、4TB、6TB、8TB、12TB、20TB等。目前主流(性价比高)的硬盘容量为1TB、2TB,服务器会相对选择较大些容量的硬盘。

2. 根据转速分类

转速(rotation speed)是硬盘内主轴电机的旋转速度,即盘片在一分钟内的最大转数,单位为RPM(Rotation Per Minute),即转每分钟。转速是决定硬盘内部数据传输速率的关键因素之一,也是区分硬盘档次的重要指标。

常见硬盘的转速有7200RPM和10 000RPM两种,为高转速硬盘。另外,希捷公司还推出了5900RPM低功耗硬盘;笔记本电脑硬盘的转速有4200RPM、5400RPM以及7200RPM;服务器对硬盘性能要求更高,使用的SAS(Serial Attached SCSI)硬盘转速为10 000RPM、15 000RPM。

3. 根据尺寸分类

根据盘片直径分为1.8英寸、2.5英寸、3.5英寸和5.25英寸硬盘。台式计算机一般用3.5英寸硬盘,笔记本电脑一般用2.5英寸硬盘,5.25英寸硬盘已被淘汰。

小于1.8英寸的硬盘称为微硬盘。同等容量的硬盘,体积越小价格越高。微硬盘可以用在数码相机等设备中。随着大容量U盘、存储卡的出现,微硬盘的优势逐渐丧失。

4. 根据接口分类

硬盘的接口方式直接影响硬盘的最大外部数据传输速率,进而影响计算机的整体性能。常见的硬盘接口主要有IDE、SATA、SCSI、SAS、FC等。

1) IDE接口硬盘

IDE(Integrated Drive Electronics)即电子集成驱动器,是把"硬盘控制器"与"盘体"集成在一起的硬盘驱动器。IDE代表着硬盘的一种类型,但在实际的应用中,人们也习惯用IDE来称呼最早出现的IDE类型硬盘ATA-1,这种类型的接口随着接口技术的发展已经被淘汰了,而其后发展分支出更多类型的硬盘接口,比如ATA、Ultra ATA、DMA、Ultra DMA等接口都属于IDE硬盘。

IDE接口的硬盘分为主盘(MASTER)和从盘(SLAVE)两种状态,一条数据线上能同时接一主一从两个设备,但必须通过跳线进行正确的设置,否则这条数据线上的两个设备都不能正常工作。硬盘IDE接口样式如图5-6所示。

2）SCSI 接口硬盘

SCSI 的英文全称为 Small Computer System Interface（小型计算机系统接口），是同 IDE（ATA）完全不同的接口。IDE 接口是普通 PC 的标准接口，而 SCSI 并不是专门为硬盘设计的接口，是一种广泛应用于小型机上的高速数据传输技术。SCSI 接口具有应用范围广、多任务、带宽大、CPU 占用率低，以及热插拔等优点，但较高的价格使得它很难如 IDE 硬盘般普及，因此 SCSI 硬盘主要应用于中、高端服务器和高档工作站中。硬盘 SCSI 接口样式如图 5-7 所示。

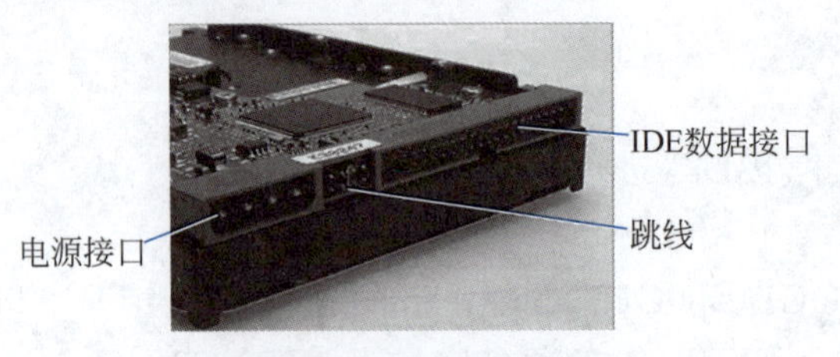

图 5-6　硬盘 IDE 接口

图 5-7　硬盘 SCSI 接口

3）光纤通道硬盘

光纤通道硬盘是为提高多硬盘存储系统的速度和灵活性才开发的，能满足高端工作站、服务器、海量存储子网络、外设等通过集线器、交换机和点对点连接进行双向、串行数据通信等系统对高数据传输速率的要求，它的出现大大提高了多硬盘系统的通信速度。光纤通道的主要特性有热插拔性、高速带宽、远程连接、连接设备数量大等。

4）SAS 接口硬盘

SAS（Serial Attached SCSI）即串行连接 SCSI，是新一代的 SCSI 技术。采用串行技术以获得更高的传输速率，和现在流行的 SATA 硬盘相同，都是采用串行技术以获得更高的传输速率，并通过缩短连接线改善内部空间。此接口的设计是为了改善存储系统的效能、可用性和扩充性，提供与串行 ATA 硬盘的兼容性。

SAS 的接口技术可以向下兼容 SATA，SAS 系统的背板（backplane）既可以连接具有双端口、高性能的 SAS 驱动器，也可以连接高容量、低成本的 SATA 驱动器。因为 SAS 驱动器的端口与 SATA 驱动器的端口形状看上去类似，所以 SAS 和 SATA 驱动器可以同时存在于一个存储系统之中。要注意的是，SATA 系统并不兼容 SAS，所以 SAS 驱动器不能连接到 SATA 背板上。

5）SATA 接口硬盘

SATA（Serial ATA）即串行 ATA，是一种完全不同于并行 ATA 的新型硬盘接口类型，主要用作主板和大量存储设备（如硬盘及光盘驱动器）之间的数据传输，由于采用串行方式传输数据而得名。SATA 总线使用嵌入式时钟信号，具备了更强的纠错能力，与以往相比其最大的区别在于能对传输指令（不仅仅是数据）进行检查，如果发现错误会自动矫正，这在很大程度上提高了数据传输的可靠性。串行接口还具有结构简单、支持热插拔、传输速率快的优点。硬盘 SATA 接口样式如图 5-8 所示。

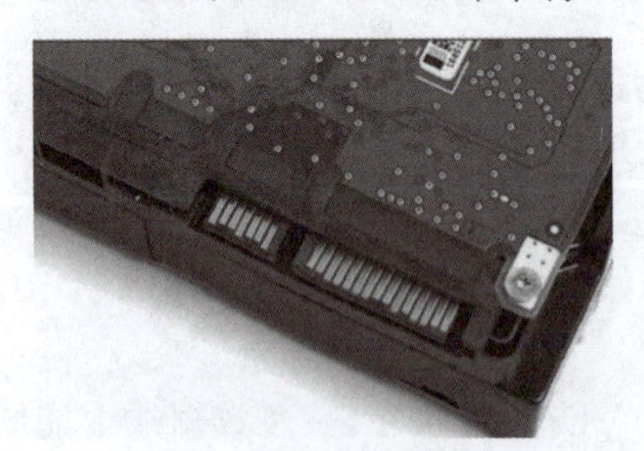

图 5-8　硬盘 SATA 接口

5.1.3　硬盘的主要性能指标与检测

1. 硬盘的主要性能指标

1）硬盘容量

（1）硬盘容量表示硬盘能够存储多少数据量，是硬盘最直观也是最重要的性能指标。硬盘容量的单位是GB或TB，目前主流的硬盘容量主要为1TB、2TB、4TB。对硬盘格式化后，系统显示的硬盘容量往往比硬盘的标称容量小，这是由不同的单位转换关系造成的。操作系统对容量的计算是以每1024B为1KB，硬盘厂商计算容量是以每1000B为1KB，两者进制上的差异造成了硬盘容量“缩水”。

（2）单盘容量是指每张硬盘盘片的容量。硬盘的盘片数是有限的，单盘容量可以提升硬盘的数据传输速率，其记录密度同数据传输速率成正比。单盘容量越大，硬盘内部数据传输速率也就越高。因此单盘容量才是硬盘容量最重要的性能参数，目前最大的单盘容量为2.2TB。增加硬盘容量有两种方法：一是增加盘片数量；二是提高单盘的容量。大容量硬盘采用GMR巨磁阻磁头，使记录密度大大提高，硬盘的单盘容量也相应提高。提高单盘容量已成为提高硬盘容量的主要手段，也是反映硬盘技术水平的一个主要指标。

2）转速

转速是指硬盘盘片每分钟转动的圈数，单位是转/分（r/min）。转速是决定硬盘内部传输速率的决定因素之一，它的快慢在很大程度上决定了硬盘的速度，同时也是区别硬盘档次的重要标志。硬盘的转速多为5400r/min、7200r/min、10 000r/min和15 000r/min。从目前的情况来看，7200r/min的硬盘已经取代5400r/min的硬盘成为主流，至于10 000r/min及以上的硬盘多是面对高档用户的。

3）平均访问时间

平均访问时间（average access time）是指磁头从起始位置到达目标磁道位置，并且从目标磁道上找到要读写的数据扇区所需的时间。平均访问时间体现了硬盘的读写速度，它包括硬盘的寻道时间和等待时间，即

$$平均访问时间=平均寻道时间+平均等待时间$$

（1）平均寻道时间。硬盘的寻道时间是指硬盘的磁头从初始位置移动到盘面指定磁道所需的时间，单位是ms（毫秒），是影响硬盘内部数据传输速率的重要技术指标。硬盘的平均寻道时间越小，硬盘的性能越高。目前主流硬盘的平均寻道时间为7～9ms。

（2）平均等待时间。硬盘的等待时间，又叫作潜伏期（latency），是指磁头已处于要访问的磁道，等待所要访问的扇区旋转至磁头下方的时间。这个时间当然越小越好。对圆形的硬盘来说，潜伏时间最多是转一圈所需的时间，最少则为0（不用转）。一般来说，平均等待时间多为旋转半圈所需时间。目前的硬盘转速多为7200r/min，故平均等待时间$(1/7200)\times60\times1000\div2\approx4.2$(ms)，以此类推，转速10 000r/min的硬盘，平均等待时间为3.0ms，平均访问时间通常为11～18ms。

4）传输速率

传输速率（data transfer rate）是指硬盘读写数据的速率，单位为兆字节/秒（MB/s）。硬盘数据传输速率包括了内部传输速率和外部传输速率。

（1）内部传输速率（internal transfer rate）也称为持续传输速率（sustained transfer rate),指磁头至硬盘缓存间的最大数据传输速率,单位为 MB/s。内部传输速率的高低取决于硬盘的盘片转速和盘片数据线性密度(指同一磁道上的数据间隔度)。硬盘转速相同时,单盘容量大的硬盘内部传输速率高;单盘容量相同时,转速高的硬盘内部传输速率高。一般情况下如果需要转换成 MB/s(兆字节/秒),就必须将 Mb/s 数值除以 8。但在硬盘的数据传输速率上二者就不能用一般的 MB 和 Mb 的换算关系(1B=8b)来进行换算。比如某款产品官方标称的内部数据传输速率为 683Mb/s,683÷8=85.375,此时不能简单地认为 85MB/s 是该硬盘的内部数据传输速率。因为在 683Mb 中还包含有许多 b 的辅助信息,不完全是硬盘传输的数据,简单地用 8 来换算,将无法得到真实的内部数据传输速率数值。目前主流家用级硬盘的内部数据传输速率在 100～200MB/s,而且在连续工作时会降到更低。因此硬盘的内部数据传输速率就成了整个系统瓶颈中的瓶颈,只有硬盘的内部数据传输速率提高了,再提高硬盘的接口速度才有实在的意义。

(2) 外部传输速率(external transfer rate)也称为突发数据传输速率(burst data transfer rate)或接口传输速率,是指从硬盘缓冲区读取数据的速率,单位为 MB/s。它代表的是系统总线与硬盘缓冲区之间的数据传输速率,外部数据传输速率与硬盘接口类型和硬盘缓存的大小有关。目前采用 SATA 3.0 技术的硬盘,外部数据传输速率 600MB/s,这只是硬盘理论上最大的外部数据传输速率,在实际的日常工作中是无法达到这个数值的,而是更多地取决于内部数据传输速率。

由于内部数据传输速率才是系统真正的瓶颈,因此在购买硬盘时要分清这两个概念。一般来讲,硬盘的转速相同时,单碟容量大的内部传输速率高;在单碟容量相同时,转速高的硬盘的内部传输速率高。应该清楚的是只有内部传输速率向外部传输速率接近靠拢,有效地提高硬盘的内部传输速率才能对磁盘子系统的性能有最直接、最明显的提升。目前各硬盘生产厂家努力提高硬盘的内部传输速率,除了改进信号处理技术、提高转速以外,最主要的就是不断地提高单碟容量以提高线性密度。由于单碟容量越大的硬盘线性密度越高,磁头的寻道频率与移动距离可以相应减少,从而减少了平均寻道时间,内部传输速率也就提高了。

5) 硬盘缓存

缓存(cache memory)是硬盘控制器上的一块内存芯片,具有极快的存取速度,是硬盘内部存储单元和外界接口之间的缓冲器。由于硬盘的内部数据传输速率和外界传输速率不同,缓存起缓冲的作用。缓存的大小与速度是直接关系到硬盘传输速率的重要因素,能够大幅度地提高硬盘整体性能。当硬盘存取零碎数据时需要不断地在硬盘与内存之间交换数据,如果有大缓存,则可以将那些零碎数据暂存在缓存中,减小外系统的负荷,也提高了数据的传输速率。常见的硬盘缓存有 32MB、64MB、128MB、256MB 等规格。

6) 数据保护新技术

SMART(Self-Monitoring Analysis and Reporting Technology)是硬盘自动监测分析报告技术,这项技术使得硬盘可以监测和分析自己的工作状态和性能,并将其显示出来。用户可以随时了解硬盘的运行状况,遇到紧急情况时,可以采取适当措施,确保硬盘中的数据不受损失。采用这种技术以后,硬盘的可靠性得到了很大的提高。

如 Data Lifeguard(数据卫士)技术,西部数据用于硬盘数据保护与自动监测的技术,它利用硬盘空闲的时间对硬盘的数据进行安全性检查,并转移濒危数据。同时,可以通过外部专用工具软件对硬盘进行检测和诊断。数据卫士可以通过检测、隔离和修复硬盘上的故障区域，并可以主动地保护数据从而免遭丢失数据。

7）平均故障间隔时间

平均故障间隔时间（Mean Time Between Failure，MTBF），也称为连续无故障工作时间，指硬盘从开始运行到出现故障的最长时间，单位为小时（h）。一般硬盘的 MTBF 至少在 30 000h 以上。MTBF 是衡量产品可靠性的重要指标。

8）每秒的输入输出量

每秒的输入输出量（或读写次数）（Input Output Per Second，IOPS）是指单位时间内系统能处理的 I/O 请求数量，I/O 请求通常是指读或写数据操作请求。IOPS 是衡量硬盘性能的主要指标之一。

2. 硬盘性能测试

硬盘性能的优劣直接影响着计算机存储和读取数据的能力。HD Tune Pro 是一款小巧易用的硬盘工具软件，其主要功能有硬盘传输速率检测、健康状态检测、温度检测及磁盘表面扫描等。另外，还能检测出硬盘的固件版本、序列号、容量、缓存大小以及当前的 Ultra DMA 模式等。

（1）了解磁盘信息。启动 HD Tune Pro，单击“信息”选项卡，查看当前磁盘的分区状况，以及所支持的技术特性和部分硬盘信息，如图 5-9 所示。

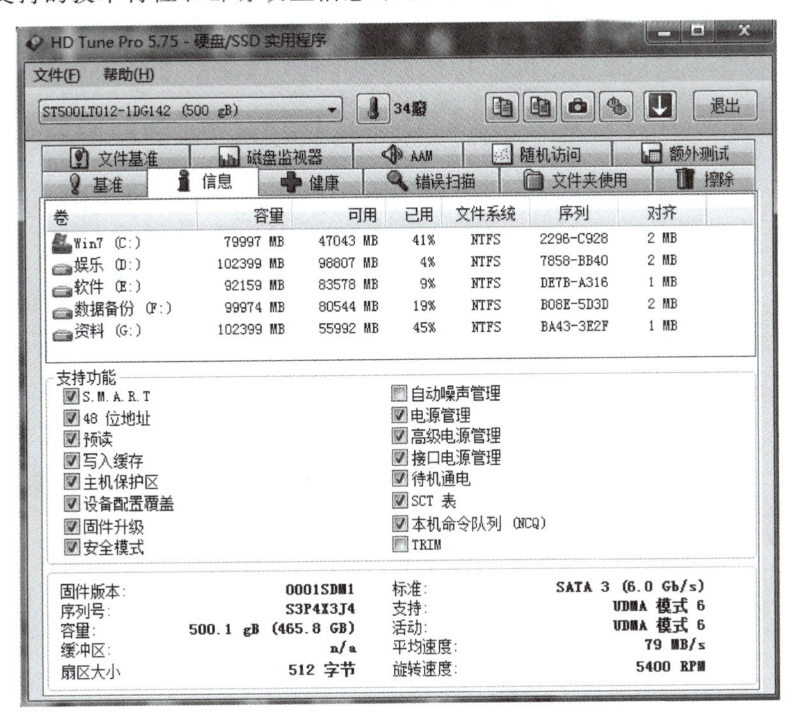

图 5-9　硬盘信息

（2）掌握硬盘的数据读写速度。可以通过基准功能测试一下硬盘的读写速度，单击“基准”选项卡，接着单击“开始”按钮，可以综合检测硬盘数据的读写速率。速率值越高，磁盘性能越好，如图 5-10 所示。

（3）了解磁盘的健康状况。单击“健康”选项卡，如图 5-11 所示，可以查看磁盘当前运行状况与工作记录累计数据等信息。

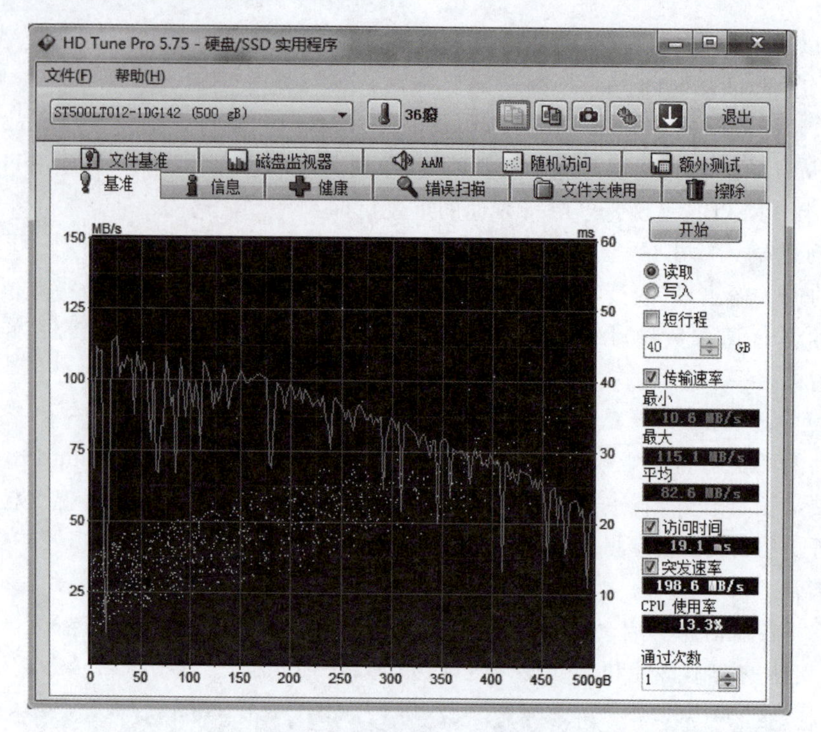

图 5-10 硬盘读写速度测试

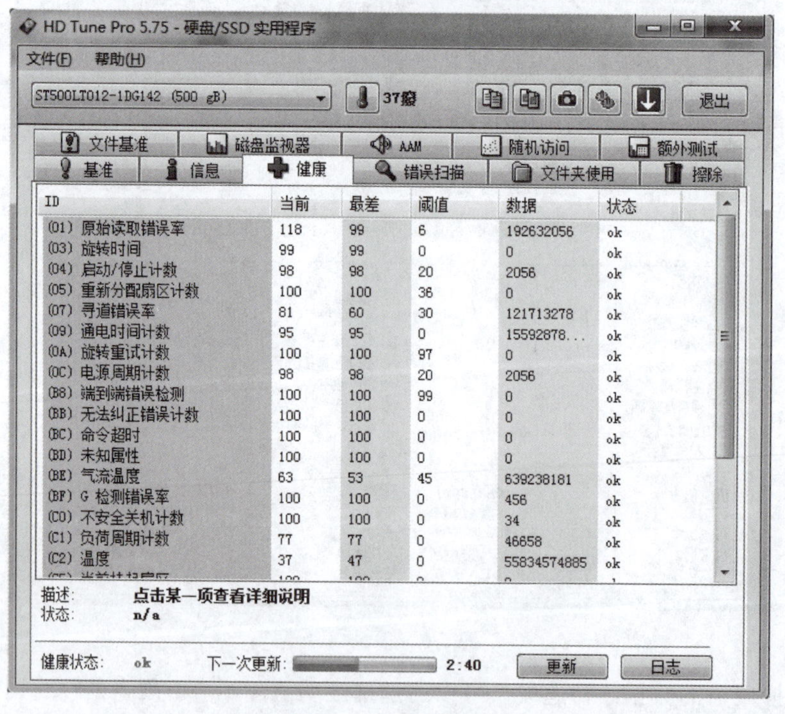

ID	当前	最差	阈值	数据	状态
(01) 原始读取错误率	118	99	6	192632056	ok
(03) 旋转时间	99	99	0	0	ok
(04) 启动/停止计数	98	98	20	2056	ok
(05) 重新分配扇区计数	100	100	36	0	ok
(07) 寻道错误率	81	60	30	121713278	ok
(09) 通电时间计数	95	95	0	15592878...	ok
(0A) 旋转重试计数	100	100	97	0	ok
(0C) 电源周期计数	98	98	20	2056	ok
(B8) 端到端错误检测	100	100	99	0	ok
(BB) 无法纠正错误计数	100	100	0	0	ok
(BC) 命令超时	100	100	0	0	ok
(BD) 未知属性	100	100	0	0	ok
(BE) 气流温度	63	53	45	639238181	ok
(BF) G 检测错误率	100	100	0	456	ok
(C0) 不安全关机计数	100	100	0	34	ok
(C1) 负荷周期计数	77	77	0	46658	ok
(C2) 温度	37	47	0	55834574885	ok

图 5-11 硬盘状况

(4) 磁盘坏道扫描。单击“错误扫描”选项卡,接着单击“开始”按钮,就可以对磁盘坏道情况进行扫描检测。错误扫描就是扫描硬盘有没有坏道,如果硬盘上有坏道会导致系统卡顿死机这一类的现象,在 HD Tune Pro 表现就是显示红色的小方块,正常会显示绿色的方块,如图 5-12 所示。

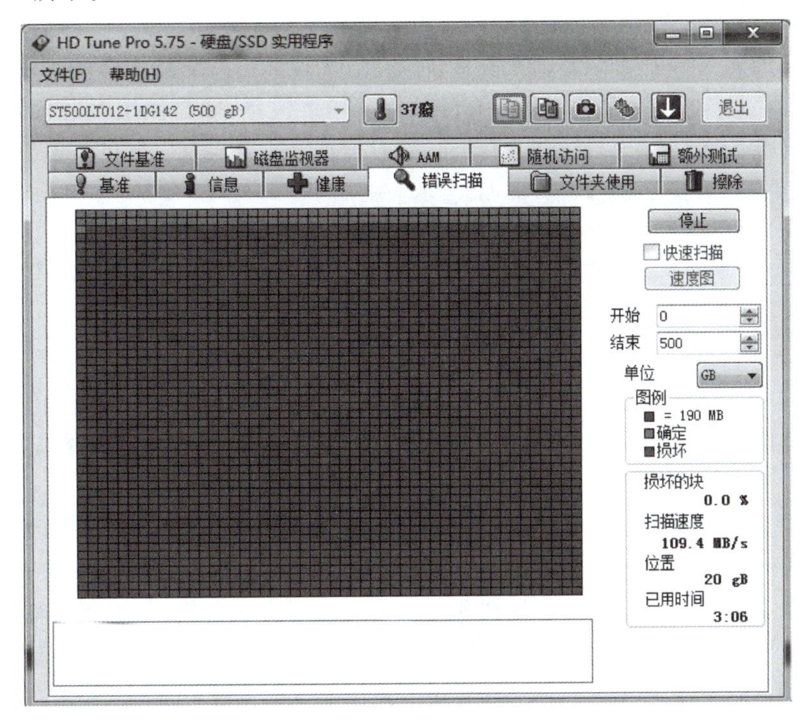

图 5-12　磁盘坏道扫描

(5) 了解对不同文件块的传输速率。单击“文件基准”选项卡,设置驱动器和文件长度,单击“开始”按钮,就可以检测硬盘对不同大小文件块的数据传输速率,如图 5-13 所示。

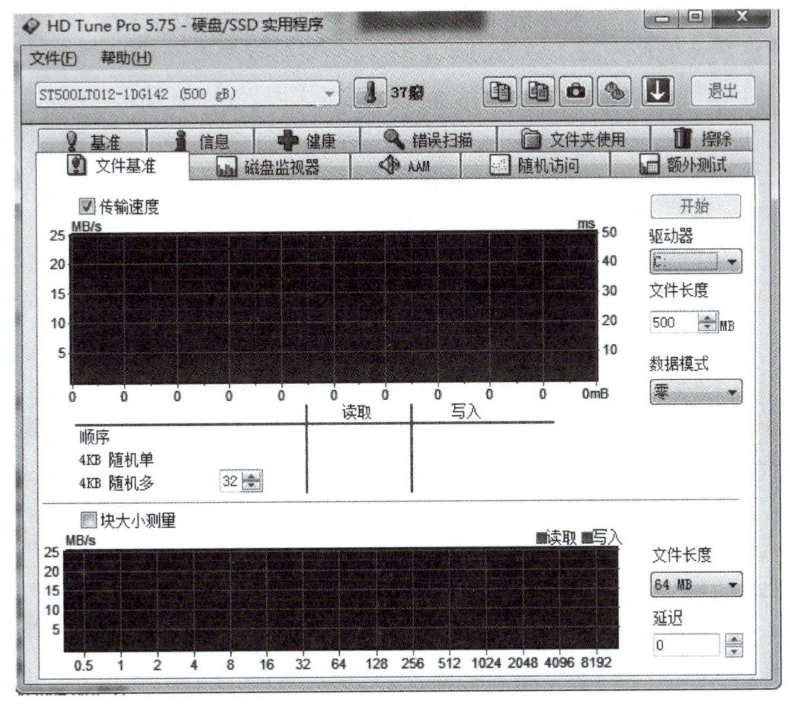

图 5-13　文件传输速率测试

5.1.4 机械硬盘的选购

机械硬盘的购买主要考虑的因素有接口、容量、转速、缓存、售后服务等。硬盘是计算机中的重要物理存储设备,保存着用户所有的数据资料。但是,硬盘使用时间长了,便会出现各种各样的问题。所以,在开始选购硬盘前,需对硬盘选购方法有一定的了解。

1. 按需选择适合的容量

选购机械硬盘,首先要考虑的就是容量的大小,它直接决定了用户使用存储空间的大小,所以在机械硬盘的容量选择上主要看用途而定。如今,1TB 机械硬盘已经是主流首选,如果存储量大,可以按需搭配适合自己的容量,如 2TB、3TB、4TB 等。

2. 机械硬盘转速

RPM 值越大,那么内部传输速率就越快,访问时间就越短,机械硬盘的整体性能也就越好。机械硬盘的转速越高,机械硬盘的寻道时间就越短,数据传输速率就越高,机械硬盘的性能就越好。目前市面上的机械硬盘主流转速为 7200RPM。

3. 机械硬盘缓存大小

除了转速影响机械硬盘的速度以外,机械硬盘的缓存大小也是影响速度的重要参数。机械硬盘存取零碎数据时需要不断地在硬盘与内存之间交换数据,如果机械硬盘具备大缓存,可以将零碎数据暂时存储在缓存中,减小对系统的负荷,也能够提升数据传输速率。

目前市场中的主流 1TB、2TB、3TB 容量的机械硬盘一般缓存容量为 64～256MB,缓存越大,速度越快。

4. 单碟容量越大性能越高

单碟容量(storage per disk)是硬盘相当重要的参数之一,一定程度上决定着硬盘的档次高低。同时,硬盘单碟容量的增加不仅仅可以带来硬盘总容量的提升,而且也有利于提高硬盘工作的稳定性。单碟容量的增加意味着在同样大小的盘片上建立更多的磁道,盘片磁道密度(单位面积上的磁道数)提高,也代表着数据密度的提高,这样在硬盘工作时盘片每转动一周,磁头所能读出的数据就越多,所以在相同转速的情况下,硬盘单碟容量越大,其内部数据传输速率就越快;另外单碟容量的提高,使单位面积上的磁道条数也有所提高,这样硬盘寻道时间也会有所下降。

5. 机械硬盘接口类型

机械硬盘的接口是与主板连接的部件,作用是机械硬盘缓存与内存之间的传输数据,机械硬盘的接口决定了与计算机的连接速度。目前的机械硬盘主流接口是 SATA 3。一般来说,无论是 SATA1、SATA2 还是 SATA3 接口,都可以相互兼容。在外观上,SATA1、SATA2、SATA3 是没区别的,接口外观相同,线也相同,主要是传输速率不一样,控制芯片不一样。SATA1、SATA2 和 SATA3 的理论传输速率分别为 1.5Gb/s、3Gb/s 和 6Gb/s。此外,IDE 接口属于老式的硬盘接口,IDE 接口理论传输速率为 100MB/s 或 166MB/s,传输速率较慢,因此已被淘汰,目前的主板都不支持 IDE。

6. 发热问题

若硬盘散发的热量不能及时地传导出去,硬盘就会急剧升温。一方面会使硬盘的电路工作处在不稳定的状态,另一方面硬盘的盘片与磁头长时间在高温下工作也很容易使盘片出现读写错误和坏道,而且对硬盘使用寿命也会有一定影响。发热量越小的硬盘质量越好。

7. 保修问题

硬盘这类产品标准的保修期都应该是 3 年，低于 3 年质保的硬盘产品是不应购买的。有些商家是从非正规渠道进的货，如水货等，提供的质保期限很短，价格相比正规渠道产品要便宜一些。从产品品牌来讲，当然还是尽量去购买名牌大厂的产品，购买它们的产品就意味着能享受到更好的售后服务。

5.2 固态硬盘

视频讲解

固态硬盘(Solid State Disk 或 Solid State Drive，SSD)，又称固态驱动器，是用固态电子存储芯片阵列制成的硬盘。SSD 由控制单元和存储单元(Flash 芯片、DRAM 芯片)组成(图 5-14)。与传统硬盘相比，固态硬盘具有速度快、可靠性较高、功耗低、无噪声、抗震动、热量低的特点，正在逐步取代传统机械硬盘。

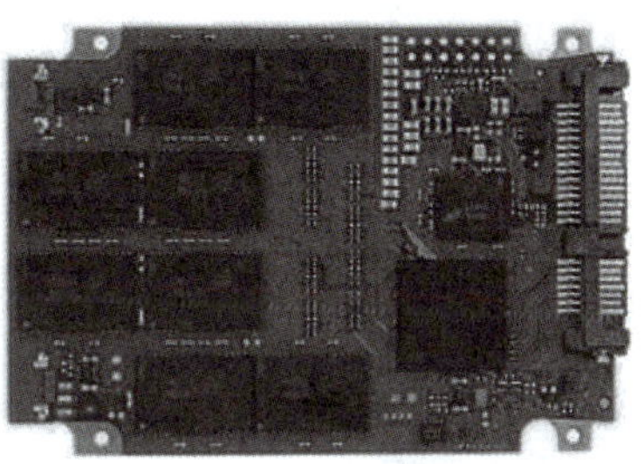

图 5-14　固态硬盘外观

5.2.1 固态硬盘的基本结构

固态硬盘在接口的规范和定义、功能及使用方法上与普通硬盘的完全相同，在产品外形和尺寸上基本与普通硬盘一致(新兴的 U.2、M.2 等形式的固态硬盘尺寸和外形与 SATA 机械硬盘完全不同)。

SSD 的主体是一块印制电路板，其上主要有控制芯片、缓存芯片(部分低端硬盘无缓存芯片)和用于存储数据的闪存芯片。

1. 主控芯片

SSD 中最重要的是主控芯片，市面上比较常见的固态硬盘有 LSISandForce、Indilinx、JMicron、Marvell、Phison、Sandisk、Goldendisk、Samsung 以及 Intel 等多种主控芯片。主控芯片是固态硬盘的“大脑”，作用是调配数据在各个闪存芯片上的负荷、承担数据中转、连接闪存芯片和外部接口。不同的主控之间性能相差很大，在数据处理能力、算法，对闪存芯片的读取写入控制上会有非常大的不同，直接会导致固态硬盘产品在性能上差距高达数倍。

2. 缓存颗粒

主控芯片旁边是缓存颗粒，固态硬盘和传统硬盘一样需要高速的缓存芯片辅助主控芯片进行数据处理。这里需要注意的是，有一些廉价固态硬盘方案为了节省成本，省去了这块缓存芯片，这样对于使用时的性能会有一定的影响，尤其是小文件的读写性能和使用寿命上。

3. 闪存芯片

除了主控芯片和缓存芯片外，印制电路板上其余大部分位置都是 NAND Flash 闪存芯片。闪存芯片根据内部架构分为SLC、MLC、TLC等,闪存颗粒是由多层闪存芯片构成的方形体。闪存芯片颗粒直接影响着固态硬盘的存取速率、使用寿命、生产成本等。

图5-15为目前常见的SSD结构与机械硬盘对比图。

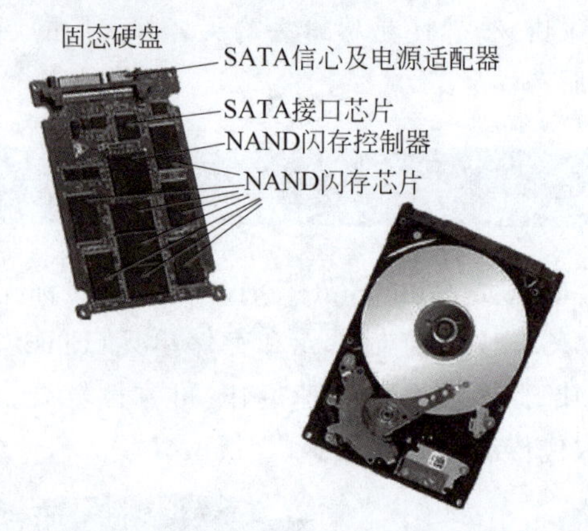

图5-15 SSD结构与机械硬盘对比图

5.2.2 固态硬盘的分类

根据存储介质的差异,固态硬盘的存储介质分为两种:一种是采用闪存(Flash)作为存储介质;另一种是采用DRAM作为存储介质。最新的还有Intel公司的XPoint颗粒技术。

1. 基于闪存的固态硬盘

基于闪存的固态硬盘(Flash Disk)采用Flash作为存储介质,这也是通常所说的SSD。它的外观可以被制作成多种模样,如笔记本硬盘、存储卡和U盘等样式。这种SSD最大的优点是可以移动,携带方便,数据保护不受电源控制,能适应各种环境,适合于个人用户使用;寿命较长,根据不同的闪存介质有所不同。但是使用年限不高,适合个人使用。SLC闪存普遍达到上万次的PE,MLC可达到3000次以上,TLC也达到了1000次左右,最新的QLC也能确保300次的寿命,普通用户一年的写入量不超过硬盘的50倍总尺寸,即便最廉价的QLC闪存,也能提供6年的写入寿命。SSD可靠性很高,高品质的家用固态硬盘可轻松达到普通家用机械硬盘十分之一的故障率。

2. 基于DRAM的固态硬盘

采用DRAM作为存储介质,应用范围较窄。它仿效传统硬盘的设计,可被绝大部分操作系统的文件系统工具进行卷设置和管理,并提供工业标准的PCI和FC接口用于连接主机或者服务器。应用方式可分为SSD硬盘和SSD硬盘阵列两种。它是一种高性能的存储器,理论上可以无限写入,美中不足的是需要独立电源来保护数据安全。DRAM固态硬盘属于比较非主流的设备。

3. 基于3D XPoint的固态硬盘

基于3D XPoint的固态硬盘原理上接近DRAM,但是属于非易失存储。读取延时极低,可轻松达到现有固态硬盘的百分之一,并且有接近无限的存储寿命。缺点是密度相对NAND较低,成本极高,多用于发烧级台式机和数据中心。

5.2.3 固态硬盘的特点

相对传统机械硬盘,固态硬盘具有以下优缺点。

1. 固态硬盘的优点

(1) 存取速度方面。SSD固态硬盘采用闪存作为存储介质，启动时没有电机加速旋转的过程，运行时没磁头，寻道时间几乎为0，读取速率相对机械硬盘要快很多，近年来的NVMe固态硬盘读取速率可达到3000MB/s左右，甚至7000MB/s以上。因此，固态硬盘在作为系统盘时，可以明显加快操作系统启动速度和软件启动速度。基于DRAM的固态硬盘写入速率也极快。此外，由于寻址时间与数据存储位置无关，因此盘碎片不会影响读取时间。

(2) 抗震性能方面。SSD固态硬盘由于完全没有机械结构，所以不用担心因为震动造成无可避免的数据损失。即使在高速移动甚至伴随翻转倾斜的情况下也不会影响到正常使用，而且在笔记本电脑发生意外掉落或与硬物碰撞时能够将数据丢失的可能性降到最低。

(3) 发热功耗方面。SSD固态硬盘不同于传统硬盘，不存在盘片的高速旋转，所以发热也明显低于机械硬盘。而且闪存芯片的功耗极低，这对于笔记本电脑用户来说，意味着电池续航时间的增加，但高端或大容量产品能耗会较高。

(4) 使用噪声方面。SSD固态硬盘没有盘体机构，不存在磁头臂寻道的声音和高速旋转时的噪声，所以SSD工作时完全不会产生噪声。

(5) 工作温度方面。传统硬盘只能在5～55℃内工作，而大多数固态硬盘可在－10～70℃内工作，一些工业级的固态硬盘还可在－40～85℃内工作，而军工级产品工作温度可以达到－55～135℃。

(6) 轻便。固态硬盘在质量方面更轻，与常规1.8英寸硬盘相比，质量轻20～30g。

2. 固态硬盘的缺点

(1) 容量问题。目前固态硬盘最大容量远低于传统硬盘。虽然市场上已有4TB的固态硬盘产品，但传统硬盘的容量仍在迅速增长，虽然低容量的固态硬盘比同容量传统硬盘体积小、质量轻。但这一优势随容量增大而逐渐减弱。

(2) 使用寿命问题。闪存芯片是有寿命的，其平均工作寿命要远远低于传统机械硬盘，这给固态硬盘作为存储介质带来了一定的风险。基于闪存的固态硬盘一般写入寿命为1万～10万次，特制的可达100万～500万次，然而计算机寿命期内文件系统的某些部分(如文件分配表)地写入次数仍将超过这一极限。

(3) 数据恢复问题。固态硬盘中的数据损坏后难以恢复。当硬件发生损坏时，传统硬盘通过数据恢复也许还能挽救一部分数据。但是对于固态硬盘来说，一旦芯片发生损坏，要想在碎成几瓣或者被电流击穿的芯片中找回数据几乎就是不可能的。当然这种不足是可以通过牺牲存储空间来弥补的，如使用RAID技术来进行备份。但是由于固态硬盘成本较高，这种方式的备份价格不菲。

(4) 其他问题。固态硬盘更易受到某些外界因素的不良影响，如断电(基于DRAM的固态硬盘尤甚)磁场干扰、静电等。基于DRAM的固态硬盘在任何时候的能耗都高于传统硬盘，尤其是关闭时仍需供电，否则数据会丢失。

固态硬盘与传统硬盘特性比较如表5-1所示。

表 5-1 固态硬盘与传统硬盘特性比较

项 目	固态硬盘	传统硬盘
容量	小	大
价格	高	低
随机存取	极快	一般
写入次数	SLC 为 10 万次,MLC 为 1 万次	无限制
盘内阵列	可以	极难
工作噪声	无	有
工作温度	－55～135℃	5～55℃
防震	很好	较差
数据恢复	难	容易
质量	轻	重

5.2.4 固态硬盘的选购

1. 需求容量

选择合适的容量取决于你的存储需求。如果你需要存储大量数据,那么选择高容量的硬盘可能更合适。一般情况下不小于 512GB,如果不想频繁扩容或者数据需求量比较大,可以考虑 1TB 或者 2TB 的产品。

2. 看品牌和颗粒

通常固态硬盘使用的颗粒为 NADA 闪存颗粒,有三种类型,SLC 好于 MLC,MLC 好于 TLC。主流的闪存颗粒厂家有:长江存储、三星、铠侠、海力士、西部数据、美光等。

固态硬盘寿命很重要,其实大多数固态硬盘的寿命远远比你的计算机寿命还长,所以不用担心寿命问题,当然,不担心的前提是购买品牌固态硬盘,而不是那些杂牌产品。

目前 SSD 固态硬盘常见品牌有致态、宏碁、光威、阿斯加特、铭瑄、三星、浦科特、闪迪、英特尔、东芝、英睿达、金士顿、西部数据、联想等品牌。

3. 看接口类型

主流 SSD 接口类型有三种:SATA3、M.2 和 PCI-E。但是接口只是表面的,如果要比较固态硬盘性能的好坏,主要还得看传输协议。协议分为两种:AHCI 协议和 NVMe 协议。而 NVMe 协议的固态硬盘读写速度要远远高于 AHCI 协议。

SATA 接口的固态硬盘一定是 AHCI 协议,而 M.2 接口二者都有,如果是 NVMe 协议,走 PCI-E 通道,一般会标明,因为这是一大卖点,没有标注的全是 AHCI 协议,走 SATA 通道。

4. 读写速度

读写速度是衡量硬盘性能的一个重要指标。更快的读写速度可以提高系统的运行速度和响应时间。一般来说,读取速度越快,启动应用程序和文件传输的速度就越快。在读写速度上一般有低端、中端、高端、超高端三个档次。低端档次指传输速率在 500MB/s 左右,这种一般都是 SATA 接口的;中端档次指传输速率在 2000MB/s 左右,基本都是 M.2 接口的;高端档次指传输速率在 3000MB/s 以上。超高端档次指传输速率超过 7000MB/s,当然价格也是比较贵的。

5. 缓存类型

固态硬盘缓存有两种：一种是SLC缓存，主要是利用TLC模拟SLC来加快写入速度，当写满SLC缓存后，传输速率会呈现断崖式下滑；另一种是用DRAM芯片（也就是内存颗粒）作为缓存的DRAM缓存，后者基于芯片成本原因，在高端SSD上应用较多。固态硬盘缓存是为了平衡高速设备和低速设备之间的速度差异而存在的。缓存可以提高固态硬盘的读写性能和稳定性，但并不是越大越好，还要看主控和闪存颗粒的匹配程度。

5.3 光盘存储器

视频讲解

光盘存储器是一种采用光存储技术存储信息的存储器。它采用聚焦激光束在盘式介质上非接触地记录高密度信息，以介质材料的光学性质（如反射率、偏振方向）的变化来表示所存储信息的"1"或"0"。由于光盘存储器容量大、价格低、携带方便及交换性好等特点，不仅是计算机中一种重要的辅助存储器，也是现代多媒体计算机的一种存储设备。

光盘存储器由光盘和光盘驱动器组成。光盘的存取是通过光盘驱动器进行的，早期光盘驱动器与老式硬盘一样采用IDE接口，连接时位置可以互换。目前流行的光盘驱动器采用SATA接口。

5.3.1 光盘

光盘是以光信息作为存储的载体并用来存储数据的一种物品。光盘是利用激光原理进行读、写的设备，可以存放各种文字、声音、图形、图像和动画等多媒体数字信息。

1. 光盘概述

光盘即高密度光盘（compact disc），是近代发展起来不同于完全磁性载体的光学存储介质（如磁光盘也是光盘），用聚焦的氢离子激光束处理记录介质的方法存储和再生信息，又称激光光盘。图5-16所示为12cm CD-ROM光盘的外形结构，中心直径为15mm，圆孔向外13.5mm区域内不保存信息，再向外38mm区存放数据，最外侧1mm为无数据区。

图5-16 12cm CD-ROM光盘

2. 光盘的分类

光盘技术经历了多年的发展，种类较多，标准不一，光盘只是一个统称，它可以分为很多种，通常按照其物理格式或者读写权限进行简单的划分。

1）按照读写限制划分

按照读写限制，光盘大致可分为只读式、一次写入多次读出式和可读写式3种类型。

（1）只读式光盘的特点是只能读取光盘上的已有信息，但无法对其进行修改或写入新的信息，如常见的DVD-ROM、CD-DA、VCD、CD-ROM等类型的光盘都属于只读式光盘。

（2）一次写入多次读出式光盘的特点是本身不含有任何数据，但可以通过专用设备和软件永久性地改变光盘的数据层，从而达到写入数据的目的，因此也称"刻录光盘"，相应的设备和软件则分别称为光盘刻录机，简称刻录机和刻录软件。目前，常见的刻录光盘主要有CD-R和DVD-R两种类型，分别对应CD光盘系列和DVD光盘系列。

（3）可读写式光盘则是一种采用特殊材料和设计构造所制成的光盘类型，其特点是可以通过专用设备反复修改或清除光盘上的数据。因此,可读写式光盘也称“可擦写光盘”,以CD-RW和DVD-RW光盘为代表。

2) 按照物理格式划分

所谓物理格式是指光盘在记录数据时采用的格式,大致可分为CD系列、DVD系列、蓝光光盘(Blu-ray Disc,BD)和HD-DVD这4种不同的类型。

(1) CD光盘。CD代表小型激光盘,是一种用于所有CD媒体格式的术语,包括音频CD、CD-ROM、CD-ROM XA、照片CD、CD-I和视频CD等多种类型。

(2) DVD光盘。DVD系列是目前最为常见的光盘类型,如DVD-Video、DVD-ROM、DVD-RAM、DVD-Audio这5种不同的光盘数据格式,被广泛应用于高品质音、视频的存储以及数据存储等领域。

(3) 蓝光光盘。蓝光光盘是一种利用波长较短(405nm)的蓝色激光读取和写入数据的新型光盘格式,其最大的优点是容量大,非常适于高画质的影音及海量数据的存储。目前,一个单层蓝光光盘的容量已经可以达到22GB或25GB,能够存储一部长达4h的高清电影,双层蓝光光盘更可以达到46GB或54GB的容量,足够存储8h的高清电影。

(4) HD-DVD光盘。它是一种承袭了标准DVD数据层的厚度,却采用蓝光激光技术,以较短的光波长度来实现高密度存储的新型光盘。与目前标准的DVD单层容量4.7GB相比,单层HD-DVD光盘的容量可以达到15GB,并且延续了标准DVD的数据结构(架构、指数、ECC、Blocks等)。唯一不同的是,HD-DVD需要接收更多用于错误校对的ECC Blocks。

BD和HD-DVD都是近年来兴起的大容量光存储技术,其共同点在于都采用了光波较短的蓝色激光来读取和存储数据,但由于两者的设计构造及各种标准并不相同,因此不能将两者混为一谈。

3. 光盘的结构

光盘的结构如图5-17所示。

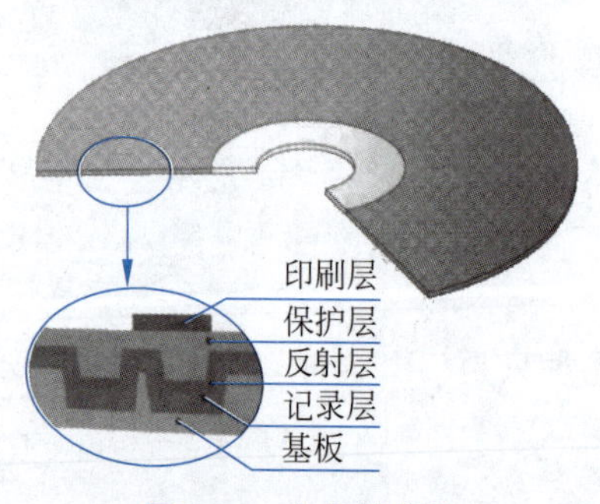

图5-17 光盘的结构

(1) 基板。它是各功能性结构(如沟槽等)的载体,其使用的材料是聚碳酸酯(PC),冲击韧性极好,适用温度范围大,尺寸稳定性好,耐候性,无毒性。一般来说,基板是无色透明的聚碳酸酯板。在整个光盘中,它不仅是沟槽等的载体,更是整个光盘的物理外壳。

(2) 记录层。该层又被称为“染料层”,是烧录时刻录信号的地方,其主要工作原理是在基板上涂抹上专用的有机染料,以供激光记录信息。由于烧录前后的反射率不同,经由激光读取不同长度的信号时,通过反射率的变化形成0与1信号,借以读取信息。市场上存在三类有机染料:花菁(Cyanine)、酞菁(Phthalocyanine)和偶氮(AZO)。

(3) 反射层。光盘的第三层,它是反射光驱激光光束的区域,借反射的激光光束读取光盘片中的资料。其材料为纯度为99.99%的纯银金属。它就如同经常用到的镜子一样,此层就代表镜子的银反射层,光线到达此层,就会反射回去。一般来说,光盘可以当作镜子用,就是因为有这一层的缘故。

(4) 保护层。它是用来保护光盘中的反射层及染料层防止信号被破坏,材料为光固化丙烯酸类物质。市场使用的 DVD+/-R 系列还需在以上的工艺上加入胶合部分。

(5) 印刷层。印刷盘片的客户标识、容量等相关信息的地方，这就是光盘的背面。其实，它不仅可以标明信息，还可以起到一定的保护光盘的作用。

5.3.2　光盘驱动器

光盘驱动器简称光驱，是一个结合光学、机械及电子技术的产品，是一种读取光盘信息的设备，也是在台式机和笔记本电脑中比较常见的一个部件。光驱可分为 CD-ROM 驱动器、DVD 光驱(DVD-ROM)、康宝(COMBO)、蓝光光驱(BD-ROM)和刻录机等。

(1) CD-ROM 光驱。又称为致密盘只读存储器，是一种只读的光存储介质。它是利用原本用于音频 CD 的 CD-DA(Digital Audio)格式发展起来的。

(2) DVD 光驱。它是一种可以读取 DVD 碟片的光驱，除了兼容 DVD-ROM、DVD-VIDEO、DVD-R、CD-ROM 等常见的格式外，对于 CD-R/RW、CD-I、VIDEO-CD、CD-G 等都能很好的支持。

(3) COMBO 光驱。"康宝"光驱是人们对 COMBO 光驱的俗称。而 COMBO 光驱是一种集合了 CD 刻录、CD-ROM 和 DVD-ROM 为一体的多功能光存储产品。

(4) 刻录光驱。它包括了 CD-R、CD-RW 和 DVD 刻录机等，其中 DVD 刻录机又分 DVD+R、DVD-R、DVD+RW、DVD-RW(W 代表可反复擦写)和 DVD-RAM。刻录光驱主要有 CD-RW 和 DVD-RW 两种。CD-RW 刻录光驱不仅是一种只读光盘驱动器，而且还能将数据以 CD-ROM 的格式刻录到光盘上，具有比 CD 光驱更强大的功能。DVD-RW 刻录光驱综合了前面几种光驱的性能，不仅能读取 DVD 格式和 CD 格式的光盘，还能将数据以 DVD-ROM 格式或 CD-ROM 格式刻录到光盘上。刻录机的外观和普通光驱差不多，只是其前置面板上通常都清楚地标识着写入、复写和读取 3 种速度。

(5) 蓝光光驱。蓝光光驱本质上也算是 DVD 光驱，不过蓝光光驱是用蓝色激光读取光盘上的数据，它是下一代 DVD 光驱的标准之一。

(6) HD-DVD 光驱。HD-DVD 光驱是另一种下一代 DVD 光驱的标准。它用蓝色激光读取光盘上的文件，尽管在 HD-DVD 光盘中数据密度得到了大幅提升，但其结构和当前使用的 DVD 光驱还是非常相似的。

1. 外部结构

光驱的正面一般包含下列部件：防尘门和 CD-ROM 托盘、耳机插孔、弹出键、读盘指示灯、手动退盘孔，光驱的背面包括电源线接口和数据线接口，图 5-18 所示为光驱的外观结构。

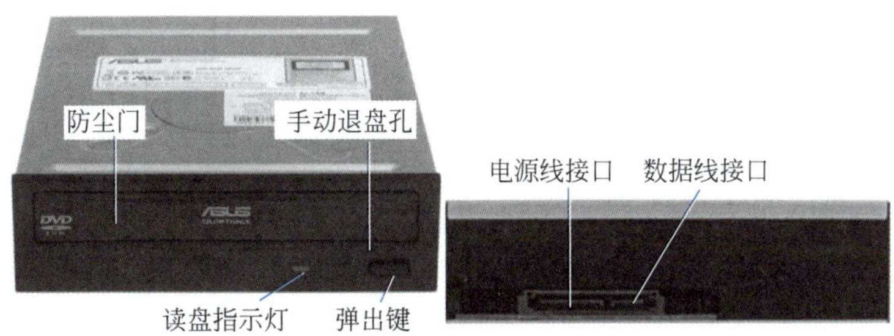

图 5-18　光驱的外观结构

2. 内部组成

(1) 激光头组件。激光头组件包括光电管、聚焦透镜等组成部分,配合运行齿轮机构和导轨等机械组成部分,在通电状态下根据系统信号确定、读取光盘数据并通过数据带将数据传输到系统。

(2) 主轴电机。光盘运行的驱动力,在光盘读取过程的高速运行中提供快速的数据定位功能。

(3) 光盘托架。在开启和关闭状态下的光盘承载体。

(4) 启动机构。控制光盘托架的进出和主轴电机的启动,通电运行时,启动机构将使包括主轴电机和激光的头组件的伺服机构都处于半加载状态中。

3. 光驱分类

(1) 读取分类。光驱按所能读取的光盘类型分为CD/VCD光驱和DVD光驱两类。一般DVD光驱既可以读取DVD光盘,也可以读取CD/VCD光盘,但CD/VCD光驱只能读取CD/VCD光盘,而不能读DVD光盘。

(2) 读写分类。光驱按读写方式又可分为只读光驱和可读写光驱两类。可读写光驱又称为刻录机,它既可以读取光盘上的数据也可以将数据写入光盘;只读光驱只有读取光盘上数据的功能,而没有将数据写入光盘的功能。

(3) 传输分类。光驱按其数据传输速率分为单倍速、4倍速、8倍速、16倍速、24倍速、40倍速、48倍速、52倍速光驱等。

(4) 接口分类。光驱按其接口方式不同分为ATA/ATAPI接口、SCSI接口、USB接口、IEEE 1394接口、并行接口光驱等。SCSI接口光驱因需要专用的SCSI卡与它相配套使用,所以,一般计算机都采用IDE接口光驱。USB接口、IEEE 1394接口和并行接口光驱一般为外置式光驱,其中并行接口光驱因数据传输速率较慢,已被淘汰。

4. 光驱的主要性能指标

光驱的性能指标主要包括接口类型、数据传输速率、平均寻道时间、内部数据缓冲、支持光盘的格式等。

1) 数据传输速率

数据传输速率即通常所说的倍速,表示光驱传输数据的速度大小,是光驱最基本的性能指标。最早出现的CD光驱数据传输速率为150KB/s,当时国际电子工业联合会规定该速率为单速,随后出现的光驱速度与单速标准是一个倍率关系,如2倍速光驱的数据传输速率为300KB/s,CD-ROM光驱有4倍速、8倍速、24倍速、48倍速、52倍速等。DVD-ROM光驱的单速是1385KB/s,约为CD-ROM的9倍。倍速越高的光驱,它的传输数据的速度也就越快,当然它的价格也是越来越昂贵的。

CD-R刻录机标称倍速有3个:写/复写/读。如CD-R刻录机面板标出40×/10×/48×,表示刻录CD-R时速度为40倍速,复写CD-RW速率为10倍速,读取CD-RM时为48倍速。康宝光驱的标称速率有4个,如48×/16×/48×/24×,表示读取CD-ROM时为48倍速,读取DVD-ROM时为16倍速,刻录CD-R时速度为48倍速,复写CD-RW速率为24倍速。

2) 平均读取时间

平均读取时间指标也叫平均寻道时间,该指标是指激光头移动定位到指定的预读取数据(时间为 rotation-latency)后,开始读取数据,之后到将数据传输至电路上所需的时间,也即是光驱查找一位数据所花费的平均时间,单位为 ms。平均寻道时间是衡量光驱性能的一个重要指标,平均寻道时间越短越好。

3) 高速缓存

高速缓存指标对光驱的整个性能也起着非常重要的作用。缓存配置得高不仅可以提高光驱的传输性能和传输速率,而且对于光驱的纠错能力也有非常大的帮助。目前绝大多数驱动器缓存为 256KB~1MB,根据驱动器速度和制造商的不同而稍有差异。缓存主要用于临时存放从光盘中读取的数据,然后再发送给计算机系统进行处理。这样就可以确保计算机系统能够一直接收到稳定的数据流量。使用缓存缓冲数据可以允许驱动器提前进行读取操作,满足计算机的处理需要,缓解控制器的压力。

4) 容错性

该指标通常与光驱的速度有相当关系,通常速度较慢的光驱,容错性要优于高速产品,对于 40 倍速以上的光驱,大家应该选择具有人工智能纠错功能的光驱。尽管该技术指标只是起到辅助性的作用,但实践证明容错技术的确可以提高光驱的读盘能力。

5) 数据接口

常见的光驱接口有 IDE、SCSI、SATA 和 USB 接口,其中 USB 接口主要用于外置光驱。

6) 光头系统

光头系统中有一个很重要的部件,那就是激光头,通过它来发射激光,寻找光盘上的指定位置,感应电阻接收到反射出的信号并输出成电子数据。

光头系统又可以分为单光头和双光头。单光头是指采用一个激光头来读取光驱中的数据,它又可以分为切换双镜头和变焦单镜头,其中切换双镜头技术采用两个焦距不同的透镜来获得不同的激光波长,但激光的发射以及接收部分还是公用的;变焦单镜头利用液晶快门技术选择对应的激光头焦距,从而正确地读取光盘中的数据。至于双光头,它将两个不同波长的激光发射管和物镜焦距不同的激光头连为一体,相当于整个系统整合了两套读取系统。

5.3.3 光驱和光盘的选购

1. 光驱的选购

(1) 接口类型。光驱常见的接口有 IDE、SATA 和 USB 接口。如果主板较老,没有 SATA 接口,那么只能选择老式的 IDE 接口光驱了;SATA 接口光驱价格便宜,传输速率高,是目前市场的主流;USB 接口光驱一般是外置光驱。

(2) 数据传输速率的高低。光驱的数据传输速率越高越好。高速刻录机的价格相对普通刻录机要高一些。

(3) 数据缓存的大小,光驱的缓存通常为 512KB~2MB,一般建议选择缓冲区不少于 512KB 的光驱。大容量缓存既有利于刻录机的稳定工作,同时也有利于降低 CPU 的占用率。

(4) 兼容性的好坏。由于产地不同,各种光驱的兼容性差别很大,有些光驱在读取一些质量不太好的光盘时很容易出错,所以,一定要选兼容好的光驱。刻录机的技术指标中会标明所能识别的盘片类型,类型范围越广,则兼容性越好。理论上讲,BD 刻录机系统可以兼容此前出现的各种光盘产品。

(5) 常见品牌。在选购光驱时品牌也是个很重要的因素,一个好的品牌就意味着良好的质量、完善的售后服务及技术支持。大品牌如先锋、华硕、三星、索尼等。

2. 光盘的选购

购买光盘主要考虑以下几点。

(1) 光盘的格式。先弄清楚自己的刻录机支持哪种格式的光盘,再购买相应的光盘。尽管已经出现了全兼容刻录机,但有时还是存在着对不同规格盘片支持上的问题。

(2) 光盘的倍速。光盘本身是区分速度的,目前 DVD－/＋R 已经达到了这个格式支持的极限速度——16 倍速。DVD＋RW 也已经达到了 8 倍速,DVD-RW 则为 6 倍速。DVD＋R DL 最高为 8 倍速,DVD-R DL 最高为 6 倍速。在光盘上看到的标有 4×、8×、16×等字样就是光盘的刻录速度。一般来说,光盘刻录速度越高,价格也就越贵。不过,如果倍速低的 DVD 强行以高速刻录,则往往会影响刻录质量,拿到普通光驱上往往不能顺利读出。现在大多数刻录机的固件都能自动识别盘片等级,并采用与之相应的刻录速度,无须干涉。要想最大限度地发挥刻录机的潜力,必须使用相应的盘片,如 16 倍速的 DVD 刻录机,最好使用 16 倍速的 DVD 光盘。

(3) 常见品牌。在选购光盘时品牌也是个很重要的因素。品牌如索尼、威宝、紫光、明基、联想、华硕等,主流的 DVD 都已经十分便宜,尤其是普通 50 片桶装的 DVD,每片 DVD 平均价格只有 1 元左右。

视频讲解

5.4 移动存储设备

近年来,随着人们对随身存储能力的需求,移动存储设备以其存储容量大、便于携带等特点逐渐发展并成为用户较为认可的外部存储设备。目前,市场上的移动存储设备类型众多,但总体来说可以分为移动硬盘、U 盘和存储卡 3 种类型。

U 盘体积小、速度快、抗震性高、便于携带,已经取代软盘;存储卡容量与 U 盘近似,主要用在数码相机等设备中;移动硬盘能够提供更大的存储空间,随着固态硬盘价格的降低,固态硬盘将取代移动硬盘。

5.4.1 移动硬盘

1. 移动机械硬盘

移动机械硬盘实际上是由普通硬盘外加一个移动硬盘盒组装而成,图 5-19 为常见移动硬盘的外观样式。移动硬盘有 1.8 英寸、2.5 英寸和 3.5 英寸 3 种。2.5 英寸移动硬盘较常见,笔记本电脑用的是 2.5 英寸移动硬盘。3.5 英寸移动硬盘使用的就是台式机硬盘,体积较大,一般自带外置电源和散热风扇,便携性相对较差,已不多见。

相对于普通硬盘,新型移动硬盘的盘片以及盘盒采用防震设计,抗震性较高,多采用 USB 接口或 eSATA 接口。不需要单独的供电系统,支持热插拔。

移动硬盘的读写速度主要由盘体、读写控制芯片、缓存容量、接口类型 4 种因素决定。在容量相同情况下,缓存大的移动硬盘读写速度较快。常见的 2.5 英寸硬盘品牌有日立、希捷、西部数据、三星等。目前移动硬盘容量主要有 320GB、500GB、1TB、2TB 和 4TB,接口为 USB 3.0。

图 5-19　移动硬盘外观

2. 移动固态硬盘

移动固态硬盘(Portable Solid State Drives,PSSD)是用固态电子存储芯片制成的移动硬盘,由主控制器、存储单元(Flash 芯片/DRAM 芯片)以及桥接芯片组成(图 5-20)。也就是把原来装在计算机里的固态硬盘,做成了传统移动硬盘的形式。其兼具固态硬盘(SSD)的超快读写速度,以及逼近 U 盘体型的便携易用性,支持 SATA 或 NVMe 协议。对比传统的机械移动硬盘来说,PSSD 内部有主控制器和存储颗粒,没有传统的磁盘、激光头等机械结构。相比传统移动机械硬盘,PSSD 的优势:性能好,读写速度快(至少快 5 倍,最多快 30 多倍);防震抗摔;发热低,零噪声;体积小,重量轻;功耗低,移动固态硬盘的功耗约是传统机械移动硬盘功耗的五分之一,甚至更低。

图 5-20　移动固态硬盘

(1) PSSD 分为 SATA 3.0 PSSD 和 NVMe PSSD。SATA 3.0 PSSD 的读写速度可达 500MB/s,而 NVMe PSSD 的读写速度可轻松达到 1000MB/s 以上,目前高端 NVMe PSSD 可达到 2000MB/s 以上。

(2) 移动固态硬盘没有机械马达和风扇,工作时噪声值为 0dB。内部不存在任何机械活动部件,不会发生机械故障,也不怕碰撞、冲击、振动。

(3) 普通的移动硬盘只能在 5～55℃范围内工作,而移动固态硬盘可在 −10～70℃工作。

(4) 市面上移动固态硬盘主要的存储容量有 500GB、1TB、2TB、4TB 等。

5.4.2 U 盘

1. 普通 U 盘

U 盘(USB Flash disk,USB 闪存盘)是一种使用 USB 接口且无须物理驱动器的微型高容量移动存储产品,通过 USB 接口与计算机连接,实现即插即用。由于其体积小巧,使用方便,并且以其低廉的价格而成为目前最为普及的移动存储设备。图 5-21 为常见 U 盘的外观样式。

1）U 盘的组成

U 盘由硬件和软件两部分组成。硬件主要有 Flash 存储芯片、控制芯片、USB 接口、PCB 等，其内部结构样式如图 5-22 所示。软件包括嵌入式软件和应用软件。嵌入式软件嵌入在控制芯片中，是 U 盘核心技术所在，它直接决定了 U 盘是否支持 USB 接口标准等，因此 U 盘的品质首先取决于控制芯片中嵌入式软件的功能。

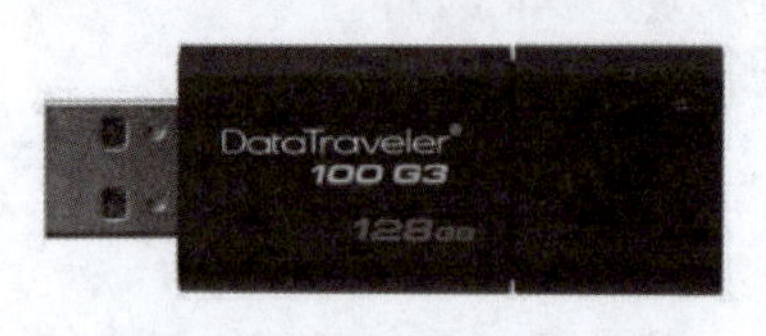

图 5-21　常见 U 盘的外观样式

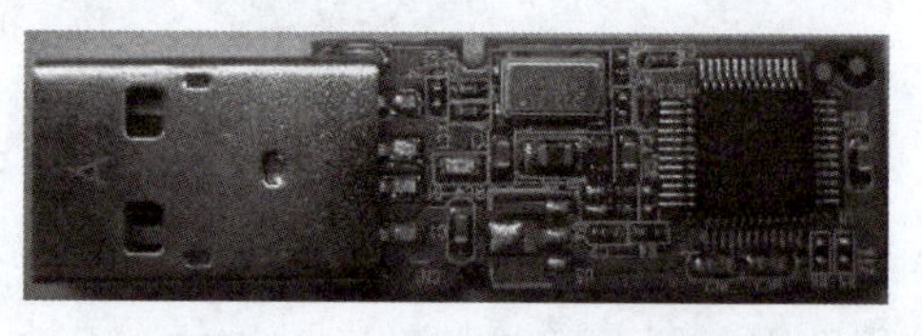

图 5-22　U 盘内部结构样式

2）U 盘的优点

(1) 无须驱动器，无须外接电源。

(2) 容量大，最高已达 4TB。当前主流 U 盘存储容量一般为 128GB、256GB 和 512GB，除此之外还有 1TB、2TB、4TB 等。

(3) 体积小、质量轻，质量一般在 15g 左右。

(4) USB 接口，使用简便，兼容性好，即插即用，可带电插拔。

(5) 存取速度快，多数采用 USB 3.0 以上标准。

(6) 可靠性好，可反复擦写 100 万次，数据至少可保存 10 年。

(7) 抗震，防潮，耐高低温，携带方便。

(8) 带写保护功能，防止文件被意外抹掉或受病毒感染。

(9) 无须安装驱动程序(Windows XP 及以上的操作系统)。

2. 固态 U 盘

固态 U 盘(图 5-23)简称 USSD，主要是采用固态电子存储芯片制作而成的 U 盘。普通 U 盘和固态 U 盘在主要结构部件上没有太大的差异，都采用了主控芯片加闪存的结构，主要区别在于固态 U 盘采用了更加优秀的 SSD 主控芯片，以及更高性能的闪存颗粒，因此固态 U 盘的读写速度要远快于普通 U 盘。

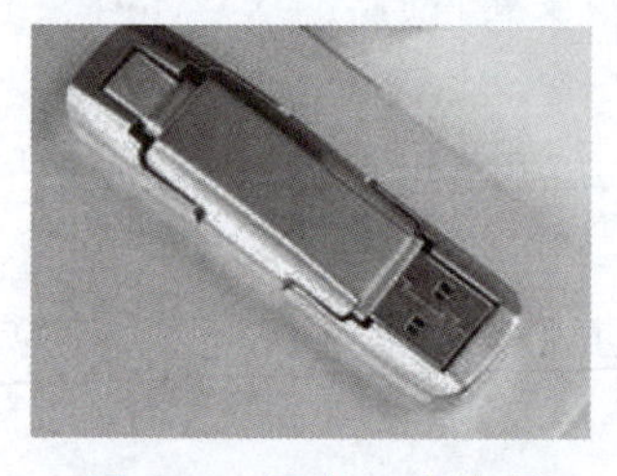

图 5-23　固态 U 盘外观

除了速度，在安全性和稳定性方面固态 U 盘也有优势。上面说到，固态 U 盘都会采用优秀的 SSD 主控芯片，性能更强，算法也更复杂、更先进，不仅具备磨损均衡技术，而且在垃圾回收机制方面也更合理，带来的优势就是寿命更长，安全性和稳定性更好。

下面是固态 U 盘和普通 U 盘的区别。

(1) 存储方式不同：普通 U 盘的存储方式是通过内存芯片和控制芯片实现，而固态 U 盘的存储方式是通过 NAND 闪存芯片和控制器组成的。

(2) 传输速率不同：固态 U 盘采用高速的 USB 3.0 以上标准接口，每秒读取和写入速度高达几百兆字节，比普通 U 盘更快。

(3) 容量不同：固态 U 盘的容量比普通 U 盘更大。

(4) 耐用性：固态 U 盘的耐用性更高，因为它没有机械运动的部件。而普通 U 盘的闪存芯片和控制芯片需要通过电路板和连接器进行传输，这些部件容易受到机械性的损坏。

闪存芯片的寿命是通过其读写次数来考量的，由于固态硬盘的容量更大，故所需要的闪存芯片更多，主控芯片就可以根据文件的大小进行分配，在提高速度的同时，也延长了闪存寿命。

(5) 价格：固态 U 盘的价格相对较高，比普通 U 盘贵。

1999 年发生了一件大事儿，中国企业朗科发明了全球第一个 U 盘，启动了全球闪存盘业务。然后随着 USB 技术的提升，U 盘的读取速度越来越快，容量越来越大，价格却越来越低。一直到现在，U 盘都还是最流行的移动存储介质之一。

5.4.3 存储卡和读卡器

存储卡是用于手机、数码相机、便携式计算机、MP3 等数码产品上的独立存储介质，一般是卡片的形态，故称存储卡，也称为数码存储卡、数字存储卡、存储卡等。存储卡种类较多，与闪存盘类似，存储卡具有良好的兼容性，便于在不同的数码产品之间交换数据。随着数码产品的不断发展，存储卡的存储容量不断提升，应用范围也越来越广。存储卡主要有 MMC 卡、SD 卡、记忆棒、 PCIe 闪存卡、XQD 卡、CF 卡、XD 图像卡、SM 卡、M2 卡等。

(1) MMC 卡(Multimedia Card，多媒体卡)是一种快闪存储器卡标准，主要针对数码影像、音乐、手机、PDA、电子书、玩具等产品，其尺寸只有 32mm×24mm×1.4mm，质量只有 1.5 克。不过，由于缺乏消费数码厂商的支持，在数码产品市场上可以使用 MMC 存储卡的产品并不是很多。图 5-24 为常见 MMC 卡的外观样式。

(2) SD 卡(Secure Digital)由松下、东芝及 SanDisk 共同开发研制，尺寸为 32mm×24mm×2.1mm，质量只有 2g，但却具有容量大、数据传输速率高、灵活性好的特点。SD 卡的结构能保证数字文件传送的安全性，也很容易重新格式化，所以有广泛的应用领域。很多数码相机都采用 SD 卡作为存储介质，这也使得 SD 卡成为目前应用最为广泛的存储卡。主要有 miniSD、microSD、SDHC、SDXC 等系列产品。图 5-25 为常见 SD 卡的外观样式。

(3) CF 卡是市场上历史悠久的存储卡之一。存储容量大，成本低，兼容性好，这些都是 CF 卡的优点，缺点则是体积较大，图 5-26 为常见 CF 卡的外观样式。它是由 SanDisk、日立、东芝、Ingentix、松下等 5C 联盟在 1994 年率先推出的，已经拥有佳能、LG、爱普生、卡西欧、美能达、尼康、柯达、NEC、Polaroid、松下、Psion、HP 等众多的 OEM 用户和合作伙伴，厂商根基十分牢固。

图 5-24 MMC 卡的外观样式

图 5-25 SD 卡的外观样式

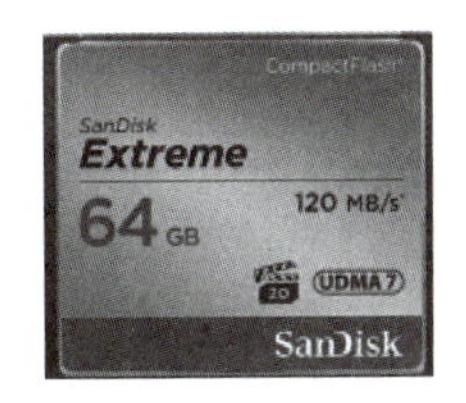

图 5-26 CF 卡的外观样式

CF 卡由控制芯片和存储模块组成，接口采用 50 针设计，它有 CF Ⅰ与 CF Ⅱ型之分。只支持 CF Ⅰ卡的数码相机是不支持 CF Ⅱ卡的，CF Ⅱ卡相机则可向下兼容 CF Ⅰ。佳能和尼康的数码相机都是 CF 存储卡的坚定拥护者，而数码单反相机几乎都使用 CF 卡作为存储介质。数码相机采用的 CF 存储卡中，存取速度的标志为×，其中“1×”=150KB/s，如 4×(600KB/s)、8×(1.2MB/s)、10×(1.5MB/s)、12×(1.8MB/s)，现在已经有了最高 40×的 CF 存储卡。

(4) 读卡器是读取存储卡的设备，有插槽可以插入存储卡，有端口可以连接计算机。把适合的存储卡插入插槽，端口与计算机相连并安装所需的驱动程序之后，计算机把存储卡当作一个可移动存储器，通过读卡器读写存储卡。按所兼容存储卡的种类可以分为 CF 卡读卡器、SM 卡读卡器、PCMICA 卡读卡器以及记忆棒读写器等，还有双槽读卡器可以同时使用两种或两种以上的卡；按端口类型可分为串行口读卡器(速度很慢，极少见)、并行口读卡器(适用于早期主板的计算机)、USB 读卡器。为便于使用，读卡器一般采用多合一设计，称为多功能读卡器，可以连接不同的闪存卡。读卡器分为内置和外置两种。外置的读卡器便于携带，使用 USB 接口，图 5-27 为常见的读卡器。

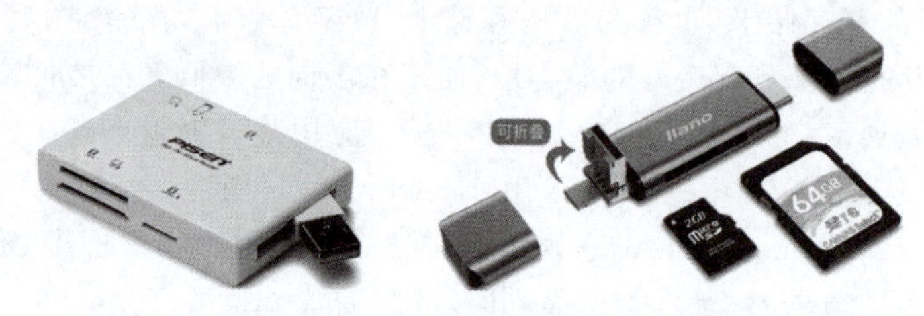

图 5-27 常见的读卡器

视频讲解

5.5 硬盘故障排除

硬盘是计算机中重要的存储设备，硬盘一旦出现故障，对用户来说损失会很惨重。

1. 硬盘故障的主要原因

(1) 接触不良。这类故障往往是因为硬盘数据线或电源线没有接好、硬盘跳线设置错误或 BIOS 设置错误引起的。

(2) 硬盘分区表被破坏。产生这种故障的原因较多，如使用过程中突然断电、带电插拔、工作时强烈撞击、病毒破坏和软件使用不当等。

(3) 硬盘坏道。硬盘坏道有物理坏道和逻辑坏道两种。物理坏道是由盘片损伤造成的，这类坏道一般不能修复，只能通过软件将坏道屏蔽；逻辑坏道是由软件因素(如非法关机等)造成的，因此可以通过软件进行修复。

(4) 硬盘质量问题。这种故障是由制造商造成的，因为硬盘是比较精密的计算机硬件，对制造技术要求极高，所以选购时应该选择品牌产品。

2. 硬盘常见故障

1) 系统无法从硬盘启动

计算机在启动自检时出现 HDD Controller Failure 提示，无法正常进入操作系统，重新启动后故障依旧。

这个故障是系统检测不到硬盘，可能是硬盘接口与硬盘连接的电缆线未连接好，这在 SATA 硬盘的连接中经常遇到。因为这类接口由于设计的原因就容易导致接触不良，如果硬盘连接线或接口出现断裂，也会出现这种现象。

如果以上的部件经过检查或更换后问题还是没有好转，就要考虑硬盘的电源了，有可能电源线损坏或接触不良，注意检查硬盘电源与箱电源的连接情况。如果在自检时还会听到硬盘有周期性的噪声，则表明硬盘的机械控制部分或者传动臂有问题，可能出现了物理故障。

2）BIOS 检查不到硬盘

计算机启动时，发现 BIOS 无法找到硬盘，通常有下面 4 种原因。

（1）硬盘未正确安装。这时首先要做的是检查硬盘的数据线及电源线是否正确连接。一般情况下可能是虽然已插入相应位置，但却未到位所致，这时当然检测不到硬盘了。

（2）跳线未正确设置。如果计算机安装了双硬盘，那么需要将其中的一个设置为主硬盘（master），另一个设置为从硬盘（slave），如果两个都设置为主硬盘或两个都设置为从硬盘，又将两个硬盘用一根数据线连接到主板的 IDE 插槽，这时 BIOS 就无法正确检测到硬盘信息。最好是将两个硬盘用两根数据线分别连接到主板的两个 IDE 插槽中，这样还可以保证即使硬盘接口速率不一致，也可以稳定工作。

（3）硬盘与光盘驱动器接在同一个 IDE 接口上。一般情况下，只要正确设置，将硬盘和光盘驱动器接在同一个 IDE 接口上也会相安无事，但可能有些新式光盘驱动器会与老式硬盘发生冲突，因此还是分开接比较保险。

（4）硬盘或 IDE 接口发生物理损坏。如果硬盘已经正确安装，而且跳线正确设置，光盘驱动器也没有与硬盘接到同一个 IDE 接口上，但 BIOS 仍然检测不到硬盘，那么最大的可能是 IDE 接口发生故障，可以换一个 IDE 接口试试，如仍不行，则可能是硬盘出现问题了，必须接到另一台计算机上试一试，如果能正确识别，那么说明 IDE 接口存在故障，假如仍然识别不到，表示硬盘有问题；也可以用一个新硬盘或能正常工作的硬盘安装到计算机上，如果 BIOS 也识别不到，表示计算机的 IDE 接口有故障，如果可以识别，说明原来的硬盘确实有故障。

3）出现 S. M. A. R. T 故障提示

这是硬盘厂家内置在硬盘里的自动检测功能在起作用，出现这种提示说明硬盘有潜在的物理故障，最好用硬盘厂家提供的专用检测工具为硬盘做一次全面的检测。

4）系统检测不到硬盘

在系统正常运行的情况下，突然黑屏死机，然后重新启动，结果系统检测不到硬盘，经过更换硬盘，以及重新连接数据线、电源线等，还是出现同样的问题。

由于这类情况是在系统正常运行的情况下突然间出现的，因此造成这种情况的原因是机箱内的温度过高，导致主板上的南桥芯片烧坏。南桥芯片一旦出现问题，计算机就会失去磁盘控制器功能，这和没有硬盘的情况一样，如果南桥芯片烧坏了，只能送回原厂修理。

5）屏幕显示 HDD Controller Failure

开机后，WAIT 提示停留很长时间，最后出现 HDD Controller Failure。

造成该故障的原因一般是硬盘线接口接触不良或接线错误。先检查硬盘电源线与硬盘的连接，再检查硬盘数据信号线与微机主板及硬盘的连接，如果连接松动或连线接反都会有上述提示，硬盘数据线的一边会有红色标志，连接硬盘时，该标志靠近电源线，在主板的接口上有箭头标志，或者标号 1 的方向对应数据线的红色标记。

6）整理磁盘碎片时出错

在整理磁盘碎片时，如果出现提示“因为出错 Windows 无法完成驱动器的整理操作……ID 号 DEFRAG0205”信息，按提示对磁盘进行扫描(完全选项)又说磁盘无坏道。这是因为磁盘碎片整理实际上是调整磁盘文件在磁盘上的物理位置，为了保证磁盘碎片整理完成之后所有的文件都能够正常工作，必须保证文件存入的新位置中的柱面和扇区没有缺陷。因此一般在进行磁盘碎片整理之前，最好做一次磁盘扫描，以便剔除或修复有缺陷的磁盘区域。

7) 固态硬盘不识别

通常情况下，计算机 BIOS 系统默认开启的是 IDE 选项，在这种情况下是无法识别固态硬盘的。特别是由机械硬盘升级为固态硬盘时，往往在安装系统时会找不到固态硬盘的型号和容量。或者是安装系统使用过一段时间后，由于计算机自动放电等，也有可能导致计算机 BIOS 系统恢复默认开启的是 IDE 选项，故而出现无法识固态硬盘的故障情况。

解决方法就是进入 BIOS 开启 AHCL 选项：需要在重启计算机之后，连续按 Delete 键进入 BIOS，找到 Integrated Peripherals 选项，然后选择 SATA RAID/AHCI Mode 选项，把其中的参数更改为 AHCI 即可。

随着科技的进步和市场的需求，SSD 已经成为计算机存储领域的主流产品，广泛应用于个人计算机、服务器、数据中心等领域。然而，中国在 SSD 领域的发展并不顺遂，长期受制于国外厂商的技术垄断和市场控制。从机械硬盘到固态硬盘，中国经历了 20 年的风雨历程，目前已拥有自主可控的纯国产 SSD。2018 年 5 月，嘉合劲威集团携手国科微电子推出第一款国产固态硬盘——光威“弈”系列 SSD 搭载国科微 GK2301 主控和紫光存储 3D NAND 颗粒，从主控芯片、产品品牌到生产制造均由中国企业完成。

固态硬盘最主要的两大要素是主控芯片和 NAND Flash，如今两者都已经实现了国产化。在闪存领域，长江存储不仅填补了国内在 3D NAND 闪存芯片领域的空白，而且通过自研 X-tacking 架构实现弯道超车，量产的 232 层 3D TLC 颗粒已达到了世界顶级技术水平。在 SSD 主控芯片领域，联芸科技、忆芯科技、嘉合劲威、国科微、华澜微、江苏华存等知名厂商都推出了具有自主知识产权的数据存储主控芯片。如 2018 年江苏华存发布的国内第一颗 40nm 移动存储芯片 HC5001 并实现量产，成功打破国外垄断；2020 年 6 月，联芸科技联合 11 家一线 SSD 品牌，面向全球发布 NVMe 主控芯片及解决方案，为固态存储生态带来更多样性的选择。

目前在国内市场中，国产固态硬盘品牌种类繁多，每个品牌都有其优点和适用场景。在这些品牌中，如致态、宏碁、光威、阿斯加特、达墨、梵想等品牌的固态硬盘均采用长江存储颗粒，具有较高的性能和性价比，是用户值得信赖和选择的品牌。

5.6 思考与练习

一、填空题

1. 硬盘(Hard Disk Drive，简称________，全名为温切斯特式硬盘)是目前最为主要的________之一，也是现阶段计算机不可或缺的组成部件之一。

2. 根据存储介质的差异，固态硬盘分为两种：一种采用________作为存储介质；另一种采用________作为存储介质。

3. 光盘按照物理格式大致可以分为________系列、________系列、________和________这4种不同的类型。

4. 光盘驱动器大致可分为________、________、________、________和________等几种。

5. 目前，市场上的移动存储设备类型总体上可以分为________、________和________3种类型。

二、选择题

1. 一般情况下，硬盘可分为固态硬盘、________、混合硬盘3种类型。

A. 容量硬盘　　B. 机械硬盘　　C. 缓存硬盘　　D. 液态硬盘

2. 从外观上来看，硬盘是一个全密封的金属盒，由电源接口、数据接口、________和固定基板等部分所组成。

A. 引脚　　B. 跳线　　C. 控制电路　　D. 电路板

3. 硬盘的内部结构中，除________和接口裸露在硬盘外部能够被人们看到外，其他部件都被密封在硬盘内部。

A. 控制电路　　B. 电路板　　C. 盘头　　D. 主轴

4. 硬盘总容量的大小与硬盘的性能无关，真正影响硬盘性能的是________。

A. 碟片　　B. 缓存　　C. 单碟容量　　D. 磁头

5. 在众多硬盘数据接口类型中，外部传输速率最快的数据接口类型为________。

A. SATA 1.0　　B. Ultra 160 SCSI(16位)

C. SATA 2.0　　D. SATA 3.0

三、简答题

1. 简述硬盘的内部和外部结构。
2. 简述固态硬盘的优点。
3. 如何维护硬盘？
4. 简述光盘驱动器结构。

第6章 认识和选购显卡与显示器

CHAPTER 6

学习目标：

◆ 了解显卡和显示器的分类和工作原理。

◆ 掌握显卡和显示器的性能参数及选购注意事项。

◆ 熟悉显示系统故障的排除方法。

技能目标：

◆ 掌握显卡和显示器的性能参数及选购注意事项。

◆ 熟悉显示系统故障的排除方法。

素质目标：

◆ 培养接受新思想的开放意识。

◆ 培养自我反思的能力。

显卡可以将系统所需要的显示信息转换成数字、字符、图形图像等，并向显示器提供转换后的数字信号，以控制显示器可以正确地显示计算机中的各类信息，是连接显示器和计算机的重要部件。计算机中的显卡和显示器是人机对话的重要设备，为用户了解计算机的工作状态和正常使用计算机提供了可靠的保障。

视频讲解

6.1 显卡

显卡(video card，graphics card)全称显示接口卡，又称显示适配器。显卡作为计算机的一个重要组成部分，是计算机进行数模信号转换的设备，同时显卡还具有图像处理能力，可协助 CPU 工作，提高整机的运行速度。对于从事专业图形设计来说，显卡非常重要。

6.1.1 认识显卡

1. 显卡工作原理

显卡是显示器与计算机主机间的桥梁，能够通过专门的总线接口与主板进行连接，并接收各种二进制图形数据。在经过计算后，显卡将转换后的数据信号通过专用的数据接口和线缆传输至显示器，使显示器能够生成各种美丽的画面。显卡作为计算机主机里的一个重要组成部分，承担输出显示图形的任务，对于从事专业图形设计来说显卡非常重要。在计算机整个运行过程中，数据离开 CPU 之后，需要经过 4 个步骤，才会到达显示器。

(1) 从总线到 GPU(Graphics Processing Unit,图形处理器)。数据离开 CPU 之后,首先需要从总线进入 GPU。其具体路径是系统将 CPU 送来的数据送到北桥(主桥)芯片,再转送到 GPU 中进行加工处理。

(2) 从 video chipset(显卡芯片组)进入 video RAM(显存)。数据到达 GPU 之后,会将从 video chipset 处理完的数据送到显存中,以便进行下一步的运算。

(3) 从显存进入 DAC。从显存读取出数据再送到 DAC(Digital Analog Converter,数/模转换器)或 RAMDAC(Random Access Memory Digital-to-Analog Converter,随机存取内存数/模转换器)中进行数据转换的工作(数字信号转模拟信号)。在该步骤中,如果是 DVI 接口类型的显卡,则不需要经过该步骤,会直接输出数字信号。

(4) 从 DAC 进入显示器。数据运行的最后一个步骤是将转换完的模拟信号送到显示器,完成图形图像的显示。

2. 显卡的分类

显卡可划分为集成显卡、独立显卡和核心显卡等类型。

1) 集成显卡

集成显卡是将显示芯片、显存及其相关电路都集成在主板上,与其融为一体。集成显卡的显示芯片有单独的,但大部分都集成在主板的北桥芯片中。一些主板集成的显卡也在主板上单独安装了显存,但其容量较小。集成显卡的显示效果与处理性能相对较弱,不能对显卡进行硬件升级,但可以通过 CMOS 调节频率或刷入新 BIOS 文件实现软件升级来挖掘显示芯片的潜能。图 6-1 为主板上集成显卡的外观样式。

(1) 集成显卡的优点:功耗低、发热量小,部分集成显卡的性能已经可以媲美入门级的独立显卡,所以不用花费额外的资金购买独立显卡。

(2) 集成显卡的缺点:性能相对略低,且固化在主板或 CPU 上,本身无法更换。

2) 独立显卡

独立显卡是指将显示芯片、显存及其相关电路单独做在一块电路板上,自成一体,且作为一块独立的板卡存在,它需占用主板的扩展插槽(ISA、PCI、AGP 或 PCI-E)。图 6-2 为常见独立显卡的外观样式。

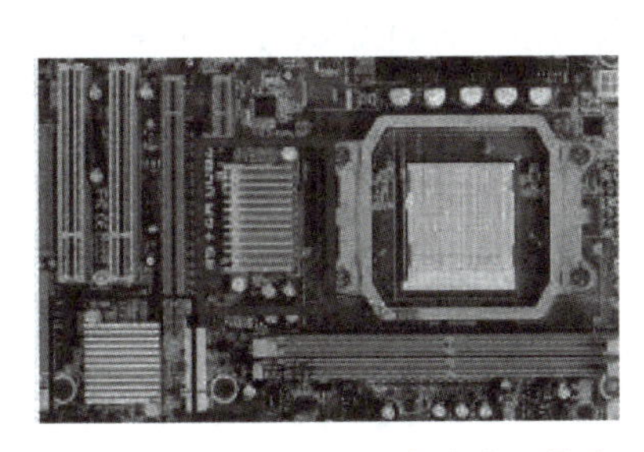

图 6-1　主板上集成显卡的外观样式

图 6-2　独立显卡的外观样式

(1) 独立显卡的优点:单独安装显存,一般不占用系统内存,在技术上也较集成显卡先进得多,比集成显卡得到更好的显示效果和性能,容易进行显卡的硬件升级。

(2) 独立显卡的缺点:系统功耗有所加大,发热量也较大,需额外花费购买显卡的资金,同时(特别是对笔记本电脑)占用更多空间。

由于显卡性能的不同,对于显卡要求也不一样,所以现在独立显卡实际分为两类:一类是专门为游戏设计的娱乐显卡;另一类则是用于绘图和3D渲染的专业显卡。

3)核心显卡

核心显卡是新一代的智能图形核心。它整合在智能处理器当中,依托处理器强大的运算能力和智能能效调节设计,在更低功耗下实现同样出色的图形处理性能和流畅的应用体验。

核心显卡是Intel产品新一代图形处理核心。和以往的显卡设计不同,Intel凭借其在处理器制程上的先进工艺以及新的架构设计,将图形核心与处理核心整合在同一块基板上,构成一颗完整的处理器。这种设计上的整合大幅缩减了处理核心、图形核心、内存及内存控制器间的数据周转时间,有效提升处理效能并大幅降低芯片组整体功耗,有助于缩小核心组件的尺寸,为笔记本电脑、一体机等产品的设计提供了更大的选择空间。

相对于集成显卡,核心显卡把集成显卡中的"处理器+南桥+北桥(图形核心+内存控制+显示输出)"三芯片解决方案精简为"处理器(处理核心+图形核心+内存控制)+主板芯片(显示输出)"的双芯片模式,有效降低了核心组件的整体功耗。

(1)核心显卡的优点:①低功耗是核心显卡的最主要优势。由于新的精简架构及整合设计,核心显卡对整体能耗的控制更加优异,高效的处理性能大幅缩短了运算时间,进一步缩减了系统平台的能耗。②高性能也是它的主要优势。核心显卡拥有诸多优势技术,可以带来充足的图形处理能力,相较前一代产品其性能的进步十分明显。核心显卡可支持DX10/DX11、SM4.0、OpenGL 2.0以及全高清Full HD MPEG2/H.264/VC-1格式解码等技术,即将加入的性能动态调节更可大幅提升核芯显卡的处理能力,令其完全满足于普通用户的需求。

(2)核心显卡的缺点:配置核心显卡的CPU通常价格较高,同时其难以胜任大型游戏。

3. 显卡的结构

1)显示芯片

显示芯片(GPU)相当于专用于图像处理的CPU,有些高档GPU的晶体管数量甚至超过了普通CPU,但它是专为复杂的数学和几何计算而设计的,不能代替CPU。GPU决定了显卡的档次和大部分性能,同时也是2D显卡和3D显卡的主要区别。2D显示芯片在处理3D图像和特效时主要依赖CPU的处理能力,称为"软加速"。3D显示芯片是将三维图像和特效处理功能集中在显示芯片内,即所谓的"硬加速"。每一块显卡上都会有一个大散热片或一个散热风扇,它的下面就是显示芯片。

显卡的核心频率是指显示芯片的工作频率,在一定程度上可以反映出显示核心的性能。但显卡的性能是由核心频率、处理器单元、显存频率、显存位宽等多方面因素所决定的,因此在显示核心不同的情况下,核心频率高并不代表此显卡性能强劲。

图6-3 显示芯片

显示芯片的制造工艺是指在生产GPU的过程中,连接各个元器件的导线宽度,以纳米(nm)为单位,数值越小,制造工艺越先进,导线越细,在单位面积上可以集成的电子元件就越多,芯片的集成度就越高,芯片的性能就越出色。图6-3为常见的显示芯片。

2）显示内存

显示内存简称显存，也是显卡的重要组成部分。它的主要功能是暂时存储显示芯片将要处理的数据和已经处理好的数据。显示芯片的档次越高，分辨率越高，在屏幕上显示的像素点也就越多，所需的显存容量也就越大。显存的类型有 GDDR2、GDDR3、GDDR4、GDDR5 和 GDDR6，目前主流的是 GDDR5 和 GDDR6。

显卡中衡量显示内存性能指标的有工作频率、显存位宽、显存带宽和显存容量等。

（1）工作频率。显存的工作频率直接影响显存的速度。显存的工作频率以 MHz（兆赫兹）为单位，工作频率的高低和显存类型有非常大的关系。

（2）显存位宽。显存位宽是显存在一个时钟周期内所能传送数据的位数，位数越大则相同频率下所能传输的数据量越大。目前大部分显卡的显存位宽是 128 位、192 位、256 位、384 位、512 位和 1024 位。

（3）显存带宽。显存带宽指的是图形处理芯片与显存之间的交换速度，所以，显存接口总线的位数越宽，交换速率也就越高，而显存的速度越快，当然带宽也就越高。在显存工作频率相同的情况下，显存位宽将决定显存带宽的大小。

（4）显存容量。显存容量指的是显卡上本地显存的容量大小。显存容量决定着显存临时存储数据的能力，直接影响显卡的性能。目前主流的显存容量为 4～8GB，而高档显卡的显存容量可达到 48GB。一款显卡应该配备多大的显存容量是由其所采用的显示芯片数所决定的。显示芯片性能越高，处理能力越强，所配备的显存容量相应也就越大，而低性能的显示芯片配备大容量显存对其性能提升是没有任何帮助的。

3）显示 BIOS 芯片

显示 BIOS 芯片主要用于存放显示芯片的控制程序，还有显示卡的型号、规格、生产厂家及出厂时间等信息。打开计算机时，显示 BIOS 芯片通过内部的控制程序，将这些信息显示在屏幕上。早期的显示 BIOS 固化在芯片中，不可以修改，而现在多数显示卡都采用了大容量的 EPROM，即所谓的 Flash BIOS，可以通过专用的程序进行改写或升级。图 6-4 为 BIOS 芯片在主板上的焊接样式。

4）总线接口

显卡需要与主板进行数据交换才能正常工作，所以就必须有与之对应的总线接口，图 6-5 为显卡总线接口样式。早期的显卡总线接口为 AGP，而目前常见的显卡总线接口是 PCI Express。

图 6-4　显示 BIOS 芯片

图 6-5　显卡总线接口

5) I/O 接口

计算机所处理的信息最终只有输出到显示器上才能被人们看见，显卡的 I/O 接口就是显示器与显卡之间的桥梁，它负责向显示器输出图像信号。目前主要的显卡 I/O 接口有 VGA 接口、DVT 接口、HDMI 接口和 Display Port 接口。

(1) VGA 接口。VGA(Video Graphics Array，视频图形阵列)是 IBM 公司在 1987 年推出的一种使用模拟信号的视频传输标准，具有分辨率高、显示速率快、颜色丰富等优点，在彩色显示器领域得到了广泛的应用。这个标准对于现在的个人计算机市场已经十分过时。即使如此，VGA 仍然是很多制造商所共同支持的一个最低标准，其接口形式如图 6-6 所示。

图 6-6 VGA 接口

(2) DVI 接口。DVI(Digital Visual Interface，数字视频接口)是 1999 年由 Intel、Compaq、IBM、HP、NEC 等公司共同组成 DDWG(Digital Display Working Group，数字显示工作组)推出的数字接口标准。DVI 接口主要有两种：一种是 DVI-D 接口，只能接收数字信号，不兼容模拟信号；另一种是 DVI-I 接口，可同时兼容模拟和数字信号。兼容模拟信号并不意味着 VGA 接口可以连接在 DVI-I 接口上，必须通过一个转换接头才能使用，一般采用这种接口的显卡都会带有相关的转换接头。

(3) HDMI 接口。HDMI(High Definition Multimedia Interface，高数字多媒体接口)是 2002 年由日立、松下、飞利浦、Silicon Image、索尼、东芝、汤姆逊 7 家公司共同组建的 HDMI Founders(HDMI 论坛)推出的全新数字化视频/音频接口。HDMI 是适合影像传输的专用型数字化接口，可同时传送视频和音频信号。HDMI 可以支持所有的 ATSC HDTV 标准，不仅能够满足目前最高画质 1080p 的分辨率，还可以支持 DVD Audio 等最先进的数字音频格式，支持 8 声道 96kHz 或立体声 192kHz 数码音频传递。HDMI 可搭配宽带数字内容保护(HDCP)，以防止具有著作权的影音内容遭到未经授权的复制。与 DVI 相比，HDMI 接口的体积更小，DVI 线缆的长度不能超过 8m，否则将影响画面质量，而 HDMI 最远可传输 15m。一条 HDMI 线缆最多可以取代 13 条模拟传输线，能有效解决家庭娱乐系统背后连线杂乱的问题。

(4) Display Port 接口。Display Port 是 2006 年由 VESA(视频电子标准组织)推出的一种针对所有显示设备开放的数字标准。和 HDMI 一样，Display Port 也允许音频与视频信号共用一条线缆传输，支持多种高质量数字音频。但比 HDMI 更先进的是，Display Port 在一条线缆上还可实现更多的功能，如可用于无延迟的游戏控制等，可见，Display Port 可以实现对周边设备最大限度的整合和控制。Display Port 问世之初就能够提供高达 10.8Gb/s 的带宽。2019 年推出的 Display Port 2.0 接口协议传输带宽高达 80Gb/s，是 HDMI 2.1 的 1.6 倍，可单屏输出 16K 60Hz(DSC)、10K 60Hz 无损、4K 240Hz 等画面，支持双屏 4K 144Hz 无损。

DVI、HDMI 和 Display Port 接口如图 6-7 所示。

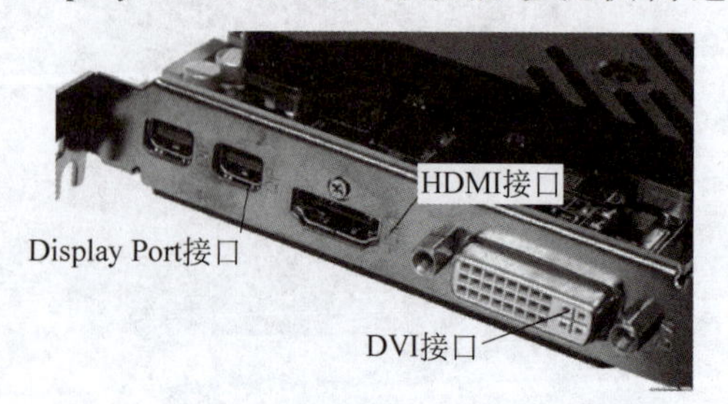

图 6-7 DVI、HDMI 和 Display Port 接口

6）数/模转换器

RAMDAC 的作用是将显存中的数字信号转换为显示器能够显示的模拟信号，转换速率以 MHz 表示。

RAMDAC 的数/模转换速率直接影响显卡的刷新频率和最大分辨率。刷新频率越高，图像越稳定；分辨率越高，图像越细腻。分辨率和刷新频率与 RAMDAC 转换速率之间的关系为

RAMDAC 的转换速率＝刷新频率×分辨率×1.344（折算系数）÷1.06

要在 1024×768 的分辨率下达到 85Hz 的刷新频率，RAMDAC 的速率至少是 1024×768×85×1.344÷1.06≈87MHz。

4. 显卡的性能指标

显卡的综合性能是由 GPU 型号、分辨率、色深、刷新频率、显存容量、显存位宽等多方面的情况所决定的。

1）分辨率

分辨率是指显卡在显示器屏幕上所能描绘的像素数目，用“横向像素点数×纵向像素点数”表示，典型值有 1280×1024、1600×1200 等。分辨率越高，图像像素越多，图像越细腻。

2）色深

色深也称为颜色数，是指在一定分辨率下每一像素能够表现出的色彩数量，用颜色的数量或存储每一像素信息使用的二进制位数表示。例如，设置显卡在 1024×768 分辨率下的色深为 24 位，每个像素点可以表示的颜色数为 2^{24}，即 16M 种颜色。16M 种颜色基本能够表示自然界中的各种色彩，因此也称色深为 24 位真彩色。

3）刷新频率

刷新频率是指图像在屏幕上的更新速率，即每秒钟图像在屏幕上出现的次数，也称为帧数，单位为 Hz。刷新频率越高，屏幕图像越稳定。

4）显存容量

显卡的分辨率越高，屏幕上显示的像素点就越多，颜色数越多，所需的显示内存（显存）也就越多。显卡至少需要具备 512KB 的显存，显存随着显卡的进步而不断的跟进。目前主流显存容量为 2GB 和 4GB。

5）显存位宽

显存位宽对于显卡数据处理能力的影响比较大。显存位宽是显存在单位时间内所能传输数据的位数，单位为 bit。显存位宽越大，数据的瞬间传输数量也就越大，直接表现为显卡传输速率的增加。显存位宽的计算公式为

显存位宽＝单颗显存位宽×显存颗数

6）显存频率

显存频率是指默认情况下显存在显卡上工作时的频率，该指标直接决定了显存带宽，是显卡较为重要的指标之一，以 MHz 为单位。显存频率一定程度上反映显存的速度。显存频率与显存时钟周期（显存速度）相关，二者呈倒数关系，即

显存频率＝1/显存时钟周期

以 2ns 的 GDDR3 显存为例，通过计算可知其显存频率为 1/（2ns）＝500MHz。

7）显卡核心频率

显卡的核心频率是指 GPU 的工作频率，单位为 MHz，该指标决定了显示芯片处理图形

数据的能力。不过,由于显卡的性能受到核心频率、显存、像素管线、像素填充率等多方面因素的影响,因此在显卡核心频率不同的情况下,核心频率的高低并不代表显卡性能的强弱。

8) 显存带宽

显存带宽是指显示芯片与显存之间的数据传输速率,以 GB/s 为单位。显存带宽是决定显卡性能和速度的重要因素之一,要得到高分辨率、高色深、高刷新率的 3D 画面,就要求显卡具有较大的显存带宽。显存带宽的计算公式为

显存带宽=显存工作频率×显存位宽/8

6.1.2 显卡的选购与性能测试

1. 显卡选购注意事项

目前,显示芯片的主要生产厂商有 NVIDIA、AMD、Intel 三家,但显卡产品却种类繁多。在了解显卡的主要性能指标前提下,选购显卡时还应当注意以下事项。

1) 确定显卡需求

在购买显卡之前,用户需要先确定显卡的实际用途,以便可以根据相应的档次进行筛选,避免造成不必要的浪费。对于普通用户所需要的运行中小型游戏、上网和多媒体播放等需求,一般主流显卡都可以满足;但对于大型游戏或 3D 制图来讲,需要选购一款高档次的显卡。

2) 购买品牌显卡

目前市场中的显卡商品较多,往往不同品牌的产品,即使具有相同的商品规格、参数、型号,但价格也不尽相同。因此,在选购显卡时,尽量选购有研发能力的知名公司的产品,如华硕、七彩虹、技嘉等。

3) 尽量选购主板厂商生产的显卡

因为同品牌的主板和显卡兼容性相对较好,而主板厂商能及时拿到新的甚至还未正式公布的主板芯片,生产的显卡对主板兼容性问题较少,发生问题也容易解决。

4) 注意显卡显存

显存是显卡的重要组成部件,直接影响显卡的整体性能。显存位宽决定了显卡带宽,目前市场中的显存位宽一般为 64 位、128 位和 256 位等。用户在选购显卡时,还需要认真查看显卡的基本规格和鉴定显卡位宽。

5) 注意散热器和风扇

在购买显卡时,还需要注意显卡的散热器和风扇。一般显卡的风扇分为 4pin、3pin 和 2pin 等类型,4pin 表示风扇接线为 4 根。一般情况下,4pin 和 3pin 类型的风扇支持温控,比较安全,噪声也小。对于散热器,需要选购一些做工细致、无毛刺、散热片面积大以及铝制材料的显卡。

2. 测试显卡性能

通过显卡的测试,可以对显卡的性能进行全面的了解。当前网上提供了多种免费的显卡性能测试软件,如 3DMark 11、FurMark、鲁大师、GPU-Z 等。下面通过使用显卡测试软件 GPU-Z 来介绍显卡性能的操作方法。

(1) 启动 GPU-Z 软件,在 Graphics Card 选项卡中显示了显卡名称、图形处理器、生产工艺、现场类型、显存大小等显卡的基本信息,图 6-8 为软件界面。

(2) 单击 Sensors 选项卡,在该选项卡中显示了 GPU 频率、显存频率、GPU 温度等相关

信息，如图 6-9 所示。

（3）单击 GPU Clock 下拉按钮，可以选择“显示当前读数”“显示最低读数”“显示最高读数”“显示平均读数”等选项，显示 GPU 频率的当前读数、最低读数、最高读数和平均读数，了解当前显卡 GPU 状态，如图 6-10 所示。

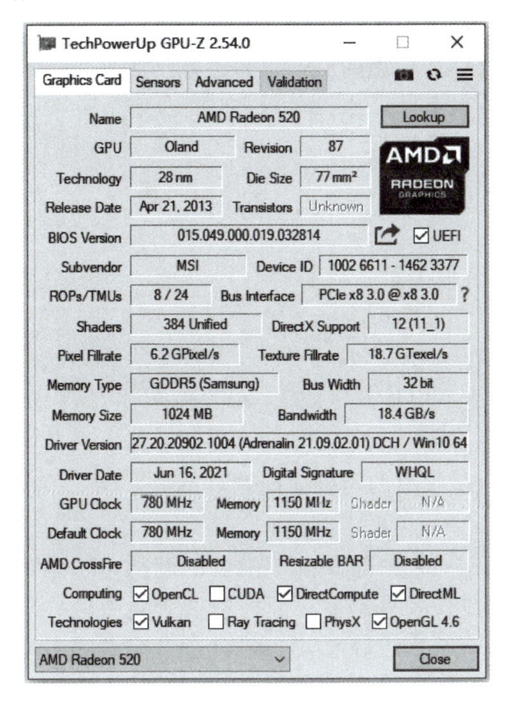

图 6-8　软件界面

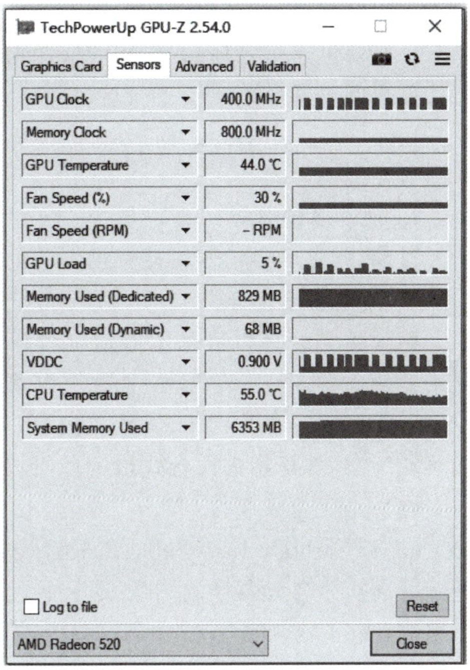

图 6-9　显卡相关信息

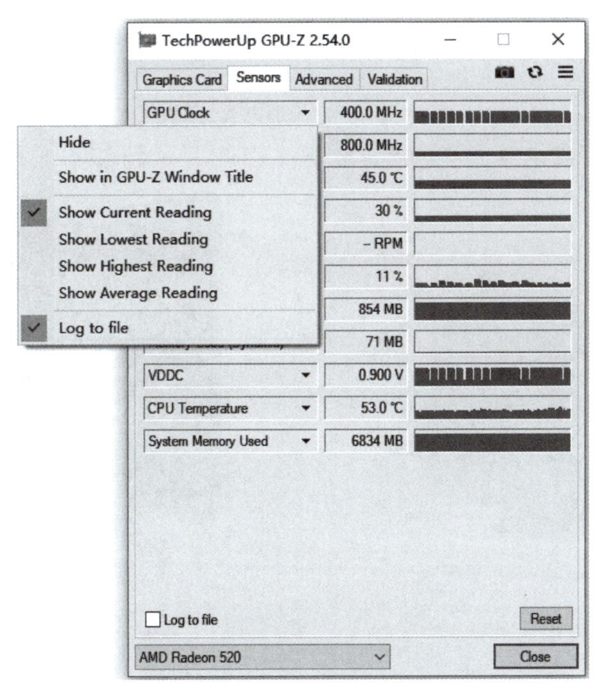

图 6-10　显卡 GPU 状态信息

视频讲解

6.2 显示器

显示器(display)通常也称为监视器,是用户与计算机进行人机交互时必不可少的重要设备,其功能是将计算机中的电信号转换为人类能够识别的图形图像信息。早期的计算机没有任何显像设备,但随着用户的使用需求,以显示器为代表的显示设备逐渐产生并发展成为计算机的重要设备。

6.2.1 认识显示器

1. 显示器的分类

目前,常见的显示器可以根据不同的标准分为多种类型。

1)按显示原理分类

显示器是计算机最基本的输出设备,根据显示原理的不同可分为CRT显示器和液晶显示器两大类。液晶显示器主要分为两类:一类是采用传统CCFL(冷阴极荧光灯管)的LCD;另一类是采用LED(发光二极管)背光的液晶显示器,也是当前主流显示器。液晶显示器从1998年开始进入台式机领域,目前已全面取代笨重的阴极射线管显示器。

(1)CRT显示器。

CRT(Cathode Ray Tube,阴极射线管)显示器是一种依靠高电压激发的游离电子轰击显示屏而产生各种各样的图像,是一种使用阴极射线管的显示器。阴极射线管主要由5部分组成:电子枪(electron gun)、偏转线圈(deflection coils)、荫罩(shadow mask)、荧光粉层(phosphor)及玻璃外壳。图6-11为CRT纯平显示器,具有可视角度大、无坏点、色彩还原度高、色度均匀、可调节的多分辨率模式、响应时间极短等优点。其价格比LCD显示器便宜,但具有较强的电磁辐射,长时间使用很容易损害人的眼睛。

(2)液晶显示器。

LCD显示器即液晶显示器,具有机身薄、体积小、质量轻、工作电压低、无辐射、无闪烁等特点。但LCD显示器的画面颜色逼真度不及CRT显示器,其外观样式如图6-12所示。

图6-11 CRT纯平显示器

图6-12 LCD显示器

(3)LED显示器。

LED是LCD显示器的一种类型,它在亮度、功耗、可视角度和刷新速率等方面更具优势。LED与LCD的功耗比大约为1∶10,而且更高的刷新速率使得LED在视频方面有更好的性能表现，能提供宽达160°的视角，尤其LED显示屏的单个元素反应速度是LCD屏的1000倍，在强光下也可清楚显现并且适应−40℃的低温。现在市面上的LCD显示器背光类型几乎都是LED，其外观样式如图6-13所示。

LED和LCD从根本上讲是两种不同的显示技术。LCD是由液态晶体组成的显示屏，而LED则是由发光二极管组成的显示屏；LCD的背光类型为CCFL，LED的背光类型为LED。LED在亮度、功耗、可视角度和刷新速率等方面都更具优势，但其分辨率一般较低，且价格比较昂贵。

2）按尺寸和屏幕比例划分

根据尺寸对显示器进行划分是最为直观、简洁的分类方法。目前市场上常见的显示器屏幕尺寸以23英寸、24英寸、25英寸、27英寸、28英寸、29英寸为主，除此之外还有其他尺寸的显示器产品，其外观样式如图6-14所示。

图6-13 LED显示器

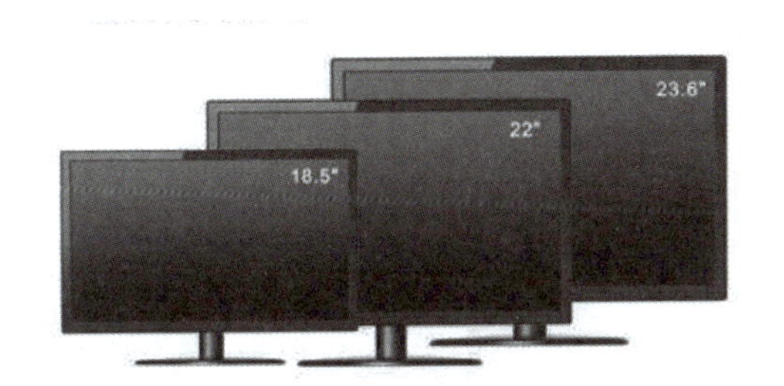

图6-14 不同屏幕大小的显示器

另外，屏幕比例即屏幕宽度和高度的比例，又名纵横比或者长宽比。根据类型的不同，不同显示器的屏幕比例也都有所差别。目前主流LCD显示器的屏幕比例则分为4∶3、5∶4、16∶9和16∶10等类型，标准的屏幕比例一般有4∶3和16∶9两种。

2. 液晶显示器的工作原理

在电场的作用下，利用液晶分子的排列方向发生变化，使外光源透光率改变（调制），完成电-光变换，再利用R、G、B三基色信号的不同激励，通过红、绿、蓝三基色滤光膜，完成时域和空间域的彩色重显。

彩色液晶显示器必须具备专门处理彩色显示的色彩过滤层，即所谓的彩色滤光片（color filter），又称“滤色膜”。在彩色LCD面板中，每一个像素通常都是由3个液晶单元格构成的，其中每一个单元格前面都分别有红色、绿色或蓝色（RGB）的三色滤光片。这样，通过不同单元格的光线就可以在屏幕上显示出不同的颜色。

3. 液晶显示器的技术指标

1）分辨率

分辨率是指显示器所能显示的点数的多少。由于屏幕上的点、线和面都是由点组成的，显示器可显示的点数越多，画面就越精细，同样的屏幕区域内能显示的信息也越多。通常用一个乘积来表示，它标明了水平方向上的像素点数（水平分辨率）与垂直方向上的像素点数（垂直分辨率）。例如，分辨率为1280×1024，表示这个画面的构成在水平方向（宽度）有1280点，在垂直方向（高度）有1024点。所以，一个完整的画面总共有1 310 720点。

2）屏幕尺寸

液晶显示器的屏幕尺寸是指液晶面板的对角线尺寸，以英寸为单位。目前市场上常见显示器规格有23英寸、24英寸和27英寸等。显示器的屏幕尺寸与实际可视尺寸并不一致，屏幕尺寸减去显示器四边的不可显示区域才是实际的可视区域。

3）可视角度

液晶显示器的可视角度就是指能观看到可接收失真值的视线与屏幕法线的角度，这是评估液晶显示器的重要指标之一，数值当然是越大越好。液晶显示器的可视角度左右对称，而上下则不一定对称。一般来说，上下角度要小于或等于左右角度。但是，由于人的视力范围不同，如果没有站在最佳的可视角度内，所看到的颜色和亮度将会有误差。当前市场上大部分液晶显示器的可视角度在178°左右。而随着科技的发展，有些厂商开发出各种广视角技术，试图改善液晶显示器的视觉特性。

4）响应时间

响应时间指的是液晶显示器对于输入信号的反应速度，也就是液晶由暗转亮或由亮转暗的反应时间，通常是以毫秒(ms)为单位。此值当然是越小越好。如果响应时间太长了，就有可能使液晶显示器在显示动态图像时，有尾影拖曳的感觉。一般的液晶显示器的响应时间为2～5ms。

5）色彩数

色彩数就是屏幕上最多显示多少种颜色的总数。对屏幕上的每个像素来说，256种颜色要用8位二进制数表示，即2的8次方，因此也把256色图形叫作8位图；如果每个像素的颜色用16位二进制数表示，那就叫作16位图，即2的16次方，即65 536种颜色；还有24位彩色图，可以表达16 777 216种颜色。液晶显示器一般都支持24位真彩色。色彩数越高，显示器显示的画面色彩越丰富，层次感越好。

6）屏幕坏点

液晶显示器是靠液晶材料在电信号控制下改变光的折射效应来成像的。如果液晶显示屏中某一个发光单元有问题或者该区域的液晶材料有问题，就会出现总不透光或总透光的现象，这就是所谓的屏幕"坏点"。这种缺陷表现为，无论在任何情况下都只显示为一种颜色的一个小点。按照行业标准，坏点在3个以内都是合格的。

7）亮度和对比度

亮度指画面的明亮程度，单位是坎德拉每平方米(cd/m^2)或称nits。目前提高亮度的方法有两种：一种是提高LCD面板的光通过率；另一种是增加背景灯光的亮度，即增加灯管数量。亮度是影响视觉效果的一个因素，不仅要注意亮度的均匀性，而且也要注意亮度的适当性，较亮的产品可能会引起眼部疲劳。

对比度是屏幕上同一点最亮时(白色)与最暗时(黑色)的亮度的比值，直接体现显示器能否体现丰富色阶的参数，对比度越高，还原的画面层次感就越好，即使在观看亮度很高的照片时，黑暗部位的细节也可以清晰体现。目前主流液晶显示器的对比度大多集中在1000∶1的水平上。

8）刷新频率

刷新频率指图像在屏幕上更新的速度，即屏幕上的图像每秒钟出现的次数，它的单位是赫兹(Hz)。刷新频率越高，屏幕上图像闪烁感就越小，稳定性也就越高，换言之对视力的保护也越好。一般人的眼睛不容易察觉 75Hz 以上刷新频率带来的闪烁感，因此最好将显卡刷新频率调到 75Hz 以上。

9）点距

点距是指屏幕上相邻两个同色像素单元之间的距离，即两个红色（或绿、蓝）像素单元之间的距离，点距的单位为毫米（mm）。人们看到的画面是由许多的点所形成的，而画质的细腻度就是由点距来决定的，点距的计算方式是以面板尺寸除以解析度所得的数值。举例来说，一般 14 英寸 LCD 的可视面积为 285.7mm×214.3mm，它的最大分辨率为 1024×768，那么点距就等于：可视宽度/水平像素（或者可视高度/垂直像素），即 285.7mm/1024＝0.279mm（或者是 214.3mm/768＝0.279mm）。

10）HDR

HDR 即指高动态光照渲染，是一种提高影像亮度和对比度的处理技术。与普通图像相比，HDR 可以提供更多的动态范围和图像细节，利用每个曝光时间相对应最佳细节的 LDR 图像来合成最终 HDR 图像，能够更好地反映出真实环境中的视觉效果。常见的显示器 HDR 参数有 HDR400、HDR600、HDR1000 等。

11）面板类型

显示器面板类型就是显示器面板所用的材质，例如 TN、IPS、VA、ADS 和 PLS，每种面板各有特色。从显示的效果来说，ADS、IPS 和 PLS 三种面板视觉效果差不多，都优于 VA 和 TN，而 TN 屏的观感要略逊于 VA。液晶面板是决定液晶显示器亮度、对比度、色彩、可视角度的材料，液晶面板价格走势直接影响到液晶显示器的价格，液晶面板质量、技术的好坏关系到液晶显示器整体性能的高低。

12）曲率

曲率指的是屏幕的弯曲程度，是确定曲面显示器视觉效果和画面覆盖范围的核心指标。曲率决定着曲面显示器的画质和现场感。曲率的数值越小，弯曲的幅度越大。从实际产品市场价格看，曲率越小，制造成本越高，价格也就越贵。但并不是说曲率越小越好，还要考虑到液晶显示器屏幕的尺寸大小以及用户的最佳视听距离，因为曲率过小的话，整个画面看上去就会是变形的，观看不舒服。曲面屏的作用是提高沉浸感体验，目前曲面屏显示器市场中常见的主要有 1500R、1800R、3000R、4000R 等几种曲率，如 1500R 就是半径为 1.5m 的圆所弯曲的程度。

13）接口

显示器的显示接口众多，目前计算机显示器常见的显示接口主要有 4 种类型，分别为 DVI、HDMI、VGA、DP 接口。显示器视频线排名：DP＞HDMI＞DVI＞VGA，其中 DP 等级是最高的，而 VGA 是模拟信号，等级最低，已被主流所淘汰，DVI、HDMI、DP 属于数字信号也是主流接口。

6.2.2 显示器的选购

选购显示器除了考虑相应的技术指标外，还要注意以下问题。

1. 选购目的

如果是一般家庭和办公用户，建议购买 LCD，环保无辐射，性价比高；如果是游戏或娱乐用户，可以考虑曲面显示器，颜色鲜艳，视觉清晰；如果是图形图像设计用户，最好使用大屏幕4K显示器,图像色彩鲜艳,画面逼真。

2. 测试坏点

坏点数是衡量LCD液晶面板质量好坏的一个重要标准,而目前的液晶面板生产线技术还不能做到显示屏完全无坏点。检测坏点时,可将显示屏显示全白或全黑的图像,在全白的图像上出现的黑点,或在全黑的图像上出现的白点都被称为坏点,通常超过3个坏点就不能选购。

3. 显示接口的匹配

指显示器上的显示接口应该和显卡或主板上的显示接口至少有一个是相同的,这样才能通过数据线连接在一起。如某台显示器有VGA和HDMI两种显示接口,而连接的计算机显卡上却只有VGA和DVI显示接口,虽然能够通过VGA进行连接,但明显显示效果没有DVI或HDMI连接的好。

4. 选购技巧

在选购显示器的过程中应该买大不买小,通常16∶9比例的大尺寸产品更具有购买价值,是用户选购时最值得关注的显示器规格。

5. 主流品牌

常见的显示器主流品牌有三星、AOC(冠捷)、飞利浦、明基、长城、戴尔、惠普、联想、爱国者、大水牛、NEC和华硕等。

视频讲解

6.3 常见显示故障排除

显卡作为计算机中的专业图像处理和输出设备,一旦出现故障,将直接导致显示器不能显示。

1. 显卡故障的主要原因

一般显卡的故障主要来源于独立显卡,集成显卡由于集成于主板,所以除非芯片损坏,一般不会有太大问题,引起显卡故障的原因通常有以下几种。

1)接触不良

独立显卡与主板上的插槽接触不良,会导致故障发生。如开机不正常但断电后再开机又正常、显示器黑屏等,此类故障也是排查工作的首要排查点。

2)设置不当

显卡的驱动程序没有安装正确或驱动程序出错,利用超频软件对显卡进行超频而造成显卡无法正常工作。另外,现在的主板提供的高级电源管理功能有很多,如节能、睡眠等,但是有些显卡和主板的某些电源功能有冲突,如果设置不当就会导致进入Windows时,出现花屏等故障。

3)升级显卡BIOS

显卡厂商都会在网上发布最新的BIOS供用户升级更新,以获得新功能和修正BIOS和BUG。但也有人在升级后,发生计算机在运行某些游戏时死机或者自动跳回桌面的情况。因此应按照品牌厂商的官方说明升级显卡BIOS,采用厂商自带的升级工具或其他专业工具来进行,并注意正确下载相应的显卡BIOS版本。

2. 显示常见故障

1）显卡驱动程序丢失

显卡驱动程序安装并运行一段时间后丢失，此类故障一般是由于显卡质量不佳或显卡与主板不兼容，使得显卡温度过高，从而导致系统运行不稳定或出现死机，此时只能更换显卡。

此外，还有一类特殊情况，以前能载入显卡驱动程序但在显卡驱动程序载入后，进入Windows时出现死机。解决此问题的办法为在载入其驱动程序后，插入其他型号显卡或旧显卡予以解决。如若还不能解决此类故障，则说明注册表故障，对注册表进行恢复或重新安装操作系统即可。

2）显卡风扇转速频繁变化

新安装超频显卡风扇后，显卡风扇转速很不稳定，一直在3000～6000RPM内频繁变化，但没有听见异常的声音，显卡温度也正常。

市场上有部分显卡风扇，可以根据GPU温度或负载的高低实时调节风扇转速，使得风扇可在散热与静音之间取得一个良好的平衡。不过这类风扇通常采用4pin电源接口，分别负责接地、供电、测速、控制风扇转速。而超频显卡风扇采用的是3pin电源接口，其转速为3200RPM±10%，风扇噪声为25dB±10%，如果转速真的达到6000RPM以上，其产生的噪声也会急剧升高，不可能听不见异常声音。由此判断，很可能是检测结果出现错误，建议更换检测软件后再进行测试。此外，只要不影响显卡的正常使用，也不必太在意。

3）显卡接上外部电源出现花屏

显卡接上外部电源后，计算机开机后显示器出现花屏（彩竖线），如果显卡不接外部电源，计算机能正常使用，但系统运行时一直报告显卡供电不足并且把显卡插在其他计算机中，接上外部电源又能正常使用。这可能是主板电压输出不稳造成的，可以在开机后进入BIOS中的Advanced BIOS Features设置界面进行设置，其中有一个AGP VDDQ Voltage选项，是控制主板AGP端口电压输出的选项，设置为1.50V（AGP8×标准），若默认值即为1.50V，可尝试增加电压到1.60V。

4）更换显卡后经常死机

在更换新的显卡以后，经常出现黑屏然后死机，重新启动后再次死机的情况。这可能是因为新的显卡与原来的主板不兼容，或者BIOS设置有误造成的。如果是前者，可以升级驱动程序或者更换兼容的硬件；对于后者，如果新的显卡不支持快速写入或不了解是否支持，建议将BIOS里的Fast Write Supported选项设置为No Support，以求得最大的兼容。

5）开机之后屏幕连续闪烁

从开机到欢迎画面十几秒的时间里，屏幕闪烁4次，也就是显卡通断4次，并且每次都是这样。一般来说，在安装ATI的显卡驱动时，第一次重启后进入Windows，机器会短时间内失去响应，屏幕会黑屏一下马上变亮，然后就一切正常了，驱动算是安装成功了。但是如果碰上了有故障的显卡或者某些不太稳定的驱动版本，很容易出现屏幕闪烁的问题，所以建议首先更换驱动的版本，如果换了几个版本仍然无效，有可能是显卡和主板存在兼容性问题，只能更换其他型号。也有可能是显卡散热不好所引起的，建议查看机箱内部的散热环境。

6）显示器出现不规则色块

显示器出现色块，可以通过显示器自带的消磁功能进行消磁处理。如果消磁处理以后还有色块,则要检查显卡,如果显卡长期处于超频状态,导致显卡工作不稳定,可将显卡频率恢复默认值。如果将显卡恢复到默认频率,显示器仍然有色块,则有可能是显卡芯片损坏,建议找专业人士维修或者更换显卡。

7) 开机后屏幕上显示乱码

开机启动后,屏幕上显示的全是乱码,这种情况通常有以下几方面的原因。

(1) 显卡的质量不好。特别是显示内存质量不好,这样只有换显卡。

(2) 系统超频。特别是超了外频,导致PCI总线的工作频率由默认的33MHz超频到44MHz,这样就会使一般的显卡负担太重,从而造成显示乱码。把频率降下来即可解决问题。

(3) 主板与显卡接触不良。解决办法为重新插好显卡。

(4) 刷新显卡BIOS后造成的。因为刷新错误,或刷新的BIOS版本不对,都会造成这个故障,只能找一个正确的显卡BIOS版本,再重新刷新即可。

8) 计算机运行时出现VPU重置错误

计算机在运行大型3D游戏时,出现花屏或者黑屏,接着退出游戏,提示"vpu. recovr已重置了你的图形加速卡"信息。出现这一信息,多数是ATI显卡的问题,是显卡与主板兼容性不好,或者早期的主板对显卡供电不足造成的。遇到这个问题可以采用以下两个方法解决。

(1) 对于VIA芯片的显卡,可以安装4合1驱动包,或者升级驱动程序解决此问题。

(2) 对于AGP插槽的显卡,因为比较旧,可以提高工作电压。

9) 显示颜色不正常

显示颜色不正常一般有以下几种原因,用户针对其中的原因进行处理即可。

(1) 显示卡与显示器信号线接触不良。

(2) 显示器原因。

(3) 在某些软件里面颜色显示不正常,则开启BIOS中的校验颜色功能的选项即可。

(4) 显卡损坏。

(5) 显示器被磁化。此类现象一般是由于与有磁性的物体过近所致,磁化后还可能会出现显示画面偏转的现象。

国产显卡现状

随着计算机技术的不断发展,显卡作为计算机重要的组成部分之一,也在不断地发展和进步。国产显卡的发展也是一个不断探索和创新的过程,经历了从无到有、从小到大的发展过程。1992年,中国科学院计算技术研究所成立了显卡研究室,开始了国产显卡的研发工作。1994年,中国科学院计算技术研究所研制出了国内第一款显卡——天河一号,标志着国产显卡的诞生;1997年,中国科学院计算技术研究所与中兴通讯合作研制出了第三代显卡——天河三号,也是国内第一款商用显卡;2002年,中兴通讯推出第一款支持DirectX 9.0的显卡——中兴FX5200,是国内第一款支持DirectX 9.0的显卡。2004年,华硕推出了第一款支持SLI技术的显卡——华硕A8N-SLI Deluxe,是国内第一款支持SLI技术的显卡。此后,国内显卡市场逐渐形成了以华硕、技嘉、微星、映泰、七彩虹等为代表的一批显卡品牌,但显卡芯片组多选用的是 NVIDIA、AMD 和 Intel。

目前，国内厂商景嘉微、摩尔线程、华为海思、芯动科技、壁仞科技、紫光国芯等企业在 GPU 和 GDDR 核心技术研发方面，已拥有自主知识产权的技术产品。如景嘉微推出的支持国产 CPU 和国产操作系统的自主知识产权 GPU——JM5400、JM7201 和 JM92 系列 GPU，摩尔线程在 3D 图形计算和高性能并行计算方面推出 MTT S60、S80、S2000、S3000 等系列 GPU，芯动科技推出自研高性能 4K 级显卡 GPU 芯片——风华 1 号、风华 2 号系列产品；壁仞科技于 2022 年推出的自主原创 GPU 芯片架构——BR100GPU，创出全球算力纪录，16 位浮点算力达到 1000T 以上、8 位定点算力达到 2000T 以上，单芯片峰值算力达到 PFLOPS 级别。BR100GPU 的正式发布标志着中国企业第一次打破了此前一直由国际巨头保持的通用 GPU 全球算力纪录，GPU 芯片领域我国再次实现了弯道超车，真正做到了自主可控。

集成电路与新型显示并称“一芯一屏”，在高端制造业中具有重要地位。过去很长一段时间里，“缺芯少屏”难题限制了我国显示产业发展。如今，在 MiniLED、激光显示、QLED、MicroLED 技术上中国已经排到了世界前列。2021 年，中国在全球显示市场销售额为 648 亿美元，总份额达 41.5%。无论是技术实力、产业规模还是市场占有率等，中国显示产业都已位居全球引领者地位。

6.4 思考与练习

一、填空题

1. ________是计算机系统必备的装置，负责将 CPU 送来的影像资料处理成显示器可以识别的格式，再送到屏幕上形成影像。

2. 在计算机的整个运行过程中，数据(data)离开 CPU 之后，需要经过________、________、________、________ 4 步才会到达显示器。

3. 根据显卡的独立或集成情况以及显卡的性能，可以将显卡划分为________、集成显卡和 ________等类型。

4. ________是显卡上最大的芯片，是显卡的核心部件，主要负责图形数据的处理。它决定显卡的档次和部分性能，又称为________。

5. 显卡的基本作用是控制计算机内图形图像的显示输出，其主要部件包括________、显示内存、________和显卡插座等。

6. 按照显示器显示原理的不同，可以将显示器分为阴极射线管显示器(CRT 显示器)、________和________ 3 种类型。

7. ________是衡量画面清晰度的一个指标，以毫米为单位，指的是屏幕上两个相邻同色荧光点的距离。

8. ________显示器是一种采用液晶控制透光度技术来实现色彩的显示器。

二、选择题

1. 对于选购显示器的注意事项，下列选项中描述错误的一项为________。

A. 在购买显示器时，应该购买高对比度的显示器

B. 对比度需要跟亮度配合才能产生更好的显示效果，因此在选购显示器时，也应该

选择高亮度的显示器

C. 点距决定了同色像素单元之间的距离,需要购买点距比较大的显示器

D. 在购买显示器时,可以以 120°的可视角度作为衡量标准

2. LCD 显示器内部的液晶是一种介于固体和液体之间的物质,其参考参数包括点距、亮度、对比度、响应时间、可视角度、灰阶响应时间和________。

A. 颜色差　　B. 对比率　　C. 最高分辨率　　D. 最低分辨率

3. 等离子显示器与 LCD 显示器相比具有对比度高、________和接口丰富等特点。

A. 亮度高　　B. 可视角度大

C. 点距低　　D. 分辨率大

4. 显卡是计算机硬件系统中较为复杂的部件之一,其性能指标包括显卡核心频率、RAM DAC 频率、显存频率、显存位宽、显存带宽和________。

A. 3D 技术　　B. API 技术　　C. 3D API 技术　　D. API 3D 技术

5. 主流显卡大都提供两种以上的接口,分别用于连接多种不同的显像设备,其接口类型分别为 D-SUB 接口、DVI 接口、S-Video 和________接口。

A. CRT　　B. HDMI　　C. API　　D. GPU

6. 对于集成显卡无法升级的缺点,可以通过________调节频率或刷入新的 BIOS 文件,通过实现软件升级来挖掘显示芯片的潜能。

A. BIOS　　B. CMOS　　C. 软件　　D. 系统

三、简答题

1. 简述显卡的工作原理。

2. 独立显卡可分为几类?

3. 如何判断显卡的性能?

4. 显示器按照显像技术可分为哪几种?

第7章 声卡和音箱

CHAPTER 7

学习目标：

◆ 了解声卡和音箱的分类。

◆ 掌握声卡和音箱性能指标和选购注意事项。

◆ 熟悉声卡常见故障的排除方法。

技能目标：

◆ 掌握声卡和音箱性能指标和选购注意事项。

◆ 熟悉声卡常见故障的排除方法。

素质目标：

◆ 培养敢于探索的科学创新精神。

◆ 提升个人思想道德情操。

声卡是计算机多媒体系统中最基本的组成部件。它可以将来自话筒、磁带、光盘等介质的原始声音信号进行转换，并输出到耳机、扬声器、扩音机、录音机等声响设备中，或通过音乐设备数字接口(MIDI)发出合成乐器的声音，是实现声波/数字信号相互转换的一种硬件。

7.1 声卡

视频讲解

声卡(sound card)也叫音频卡，是计算机进行声音处理的适配器，是实现音频信号与数字信号相互转换的一种硬件设备。声卡处理的声音信息在计算机中以文件的形式存储。声卡工作应有相应的软件支持，包括驱动程序、混频程序(mixer)和CD播放程序等。

7.1.1 认识声卡

1984年，英国的Adlib Audio公司推出了世界上第一块声卡——魔奇声卡，当时这款声卡仅有FM合成音乐的能力，不能处理数字音频信号；1989年，新加坡创新公司(Creative)发明了SoundBlaster声卡，拥有8位的采样能力和单声道模拟输出能力，使声卡具备了处理数字信号的能力，当时被称为声霸卡。

声卡主要包括模数转换电路和数模转换电路两部分。模数转换电路负责将麦克风等声音输入设备采集到的模拟声音信号转换为计算机能处理的数字信号；而数模转换电路负责将计算机使用的数字信号转换为扬声器等设备能使用的模拟信号。声卡有3个基本功能：

图 7-1 声卡的外观

一是音乐合成发音功能；二是混音器(mixer)功能和数字声音效果处理器(DSP)功能；三是模拟声音信号的输入和输出功能。声卡的外观如图 7-1 所示。

1. 声卡的形式

声卡主要有两种形式：一种直接集成在主板上，称为板载声卡，俗称集成声卡；另一种是将声音处理芯片及其他元器件集成在一块印制电路板上，通过总线扩展接口与主板连接，称为独立声卡或插卡式声卡。除了上述两种声卡之外，还有一种外置式声卡，通过 USB 接口与计算机连接，主要用于特殊环境或对音质有特殊要求的用户，如连接笔记本电脑，实现更好的音质或支持高品质音箱。

1）集成声卡

集成声卡是指芯片组支持整合的声卡类型，比较常见的是 AC'97 和 HD Audio，使用集成声卡的芯片组的主板就可以在比较低的成本上实现声卡的完整功能。此类产品集成在主板上，具有不占用 PCI 接口、成本更为低廉、兼容性更好等优势，能够满足普通用户的绝大多数音频需求。以前集成声卡的音质比独立声卡差，但随着芯片制造技术的进步，集成声卡的音质也在不断改善。目前所有主板均配有集成声卡，如图 7-2 所示。

2）独立声卡

独立声卡是相对于现在板载声卡而言的，在以前本来就是独立的。随着硬件技术的发展以及厂商成本考虑，出现了把音效芯片集成到主机板上，这就是现在的所谓的板载声卡。如今的板载声卡音效已经很不错，独立声卡大都是针对音乐发烧友以及其他特殊场合而量身定制的，它对电声中的一些技术指标有更为严格的要求，如图 7-3 所示。

图 7-2 主板声音处理芯片

图 7-3 独立声卡

独立声卡拥有更多的滤波电容以及功放管，经过数次的信号放大和降噪电路，使得输出音频的信号精度提升，所以音质输出效果较好。集成声卡因受到整个主板电路设计的影响，电路板上的电子元器件在工作时容易形成相互干扰以及电噪声的增加，而且电路板也不可能集成更多的多级信号放大元件以及降噪电路，所以会影响音质信号的输出，最终导致输出音频的音质相对较差。

独立声卡有丰富的音频可调功能，因用户的不同需求可以调整，板载卡在主板出厂时给出的一种默认音频输出参数，不可随意调节，多数是通过软件控制的，所以不能达到一些对音频输出有特殊要求用户的需求。

独立声卡产品有高、中、低档次，售价从几十元至上千元不等。早期的独立声卡为 ISA

接口，已经淘汰。目前常见的普通独立声卡采用 PCI-E 接口。

3）外置声卡

外置声卡是在独立声卡的技术上发展起来的。它的外形通常是一个长方形的盒子，在外置声卡上一般具有 Speak 接口、Line in 接口等。外置声卡通过 USB 接口与 PC 连接，又称 USB 声卡，具有使用方便、便于移动等优势。外置声卡主要用于特殊环境或对音质有特殊要求的用户，如连接笔记本电脑，实现更好的音质或支持高品质音箱，如图 7-4 所示。

2. 声卡的组成

作为多媒体计算机的重要组成部分，声卡担负着对计算机中各种声音信息的运算和处理任务。从外形上看，类似于显卡，都是在一块 PCB 板卡上集成了众多的电子元器件，并通过金手指与主板进行连接。独立声卡主要由声音处理芯片（DSP 芯片、I/O 控制芯片）、Codec 芯片、总线接口、输入输出接口等部分组成。

1）声音处理芯片

DSP（Digital Signal Processor，数字信号处理器）是声卡的核心部件，相当于声卡的中央处理器。它可以处理有关声音的命令，执行压缩和解压程序，增加特殊声效等，其主要任务是负责数字音频解码、3D 环绕音效等运算的处理，一般配备在高档声卡中。DSP 决定了数字信号的质量，基本上决定了声卡的性能和档次，通常人们也按照此芯片的型号来称呼该声卡，如图 7-5 所示。

图 7-4 外置声卡

图 7-5 数字信号处理芯片

2）Codec 芯片

Codec（Coder-DECoder，编码-解码器）主要负责数/模信号转换（DAC）和模/数信号转换（ADC），决定了模拟输入输出的质量。

3）总线接口

总线接口用于连接声卡和主板，主要负责两者间的数据传输，是声卡与计算机交换信息的桥梁。根据总线的不同，可以把独立声卡分为两大类：ISA 声卡和 PCI 声卡。

4）输入输出接口

声卡有录音和放音功能。声卡上一般有 5 个或 6 个插孔：Speaker Out、Line In、Line Out、Mic In、MIDI 及游戏摇杆接口。有的声卡 Speaker Out 与 Line Out 共用一个插孔。

（1）Line In 接口是线性输入接口，它将品质较好的声音、音乐信号输入，通过计算机的控制将该信号录制成一个文件，通常该端口用于外接辅助音源。

（2）Line Out 接口是线性输出接口，它用于外接具有功率扩大功能的音箱。有些声卡有两个线性输出接口，第二个线性输出接口一般用于连接四声道以上的后端音箱。

(3) Speaker Out 接口是扬声器输出接口，有时标记为 SPK，它用于插外接音箱的音频线插头。Line Out 和 Speaker Out 虽然都提供音频输出，但是它们也是有区别的，如果声卡输出的声音通过具有功率扩大功能的音箱，使用 Line Out；如果音箱没有任何扩大功能，而且也没有使用外部的扩音器，就使用 Speaker Out，这是因为通常声卡会利用内部的功率扩大功能将声音从 Speaker Out 4 输出。

(4) Mic In 接口是话筒输入接口，它用于连接麦克风(话筒)。

(5) MIDI 及游戏摇杆接口标记为 MIDI。几乎所有的声卡上均带有一个游戏摇杆接口来配合模拟飞行、模拟驾驶等游戏软件，这个接口与 MIDI 乐器接口共用一个 15 针的 D 型连接器(高档声卡的 MIDI 接口可能还有其他形式)。该接口可以配接游戏摇杆、模拟方向盘，也可以连接电子乐器上的 MIDI 接口，实现 MIDI 音乐信号的直接传输。

3. 声卡的工作原理

麦克风和扬声器所产生和使用的都是模拟信号，而计算机所能处理的则是数字信号，因此声卡必须完成数字信号和模拟信号之间的相互转换。声卡从话筒中获取声音模拟信号，通过模数转换器将声波振幅信号采样转换成一串数字信号，并存储到计算机中。重放时，这些数字信号送到数模转换器，以同样的采样速度还原为模拟波形，放大后送到扬声器发声。

4. 声卡的技术指标

1) 采样位数和采样频率

声卡的主要作用之一是对声音信息进行录制与回放，在这个过程中采样位数和采样频率决定了声音采集的质量。

(1) 采样位数。可以将采样位数理解为声卡处理声音的解析度。这个数值越大，解析度就越高，录制和回放的声音就越真实。声卡的位是指声卡在采集和播放声音文件时所使用数字声音信号的二进制位数。声卡的位客观地反映了数字声音信号对输入声音信号描述的准确程度。8 位代表 2^8，即 256，16 位则代表 2^{16}，即 64K。比较一下，一段相同的音乐信息，16 位声卡能把它分为 64K 个精度单位进行处理，而 8 位声卡只能处理 256 个精度单位，造成了较大的信号损失，最终的采样效果自然是无法相提并论的。

(2) 采样频率。采样频率是指录音设备在一秒钟内对声音信号的采样次数，采样频率越高，声音的还原就越真实越自然。在当今的主流声卡上，采样频率一般分为 22.05kHz、44.1kHz、48kHz 三个等级，22.05kHz 只能达到 FM 广播的声音品质，44.1kHz 则是理论上的 CD 音质界限，48kHz 则更加精确一些。理论上讲，应该是采样频率越高音质越好，但由于人耳听觉分辨率毕竟有限，高于 48kHz 的采样频率已无法辨别出来。

2) 失真度

失真度是表征处理后信号与原始波形之间的差异情况，也就是声卡输入信号和输出信号的波形吻合程度，为百分比值。其值越小说明声卡的失真越小，性能也就越好。

3) 信噪比

信噪比是声卡抑制噪声的能力，单位是分贝(dB)，指有效信号与噪声信号的比值，由百分比表示。其值越高，则说明因设备本身原因而造成的噪声越小，声卡的滤波性能越好。

4) 声道

声道(sound channel) 是指声音在录制或播放时在不同空间位置采集或回放的相互独立的音频信号，所以声道数也就是声音录制时的音源数量或回放时相应的扬声器数量。声卡所支持的声道数是衡量声卡档次的重要指标之一。声道主要分为3种：单声道、双声道和多声道。

（1）单声道录制是非常原始的声音录制形式，即使通过两个扬声器回放单声道信息也会明显感觉声音是从两个音箱中间传过来的，缺乏位置感。

（2）双声道立体声技术在录制声音时将声音分配成两个声道，使回放达到很好的声音定位效果，欣赏音乐时很有用，可以清晰地分辨出各种乐器来的方向。双声道声卡可以轻松实现立体声效果。

（3）尽管双声道立体声的音质和声场效果大大好于单声道，但在家庭影院应用方面，只能再现一个2D平面的空间感，并不能让听众有置身其中的现场感。多声道环绕音频技术的出现则解决了这一问题，如四声道环绕音频技术能够实现3D音效，发音点分别为前左、前右、后左、后右；5.1声道为四声道的改进，即前置双声道、后置双声道、中置声道（5声道）和低音声道（1声道）构成5.1环绕声场系统；6.1声道比5.1音效系统多一个后中置音箱；7.1声道是在5.1音效系统基础上增加两个侧中置音箱，负责侧面声音的回放。

5）复音数

复音数是播放MIDI音乐时声卡在一秒钟内能发出的最多声音数量。复音数越大，音色越好，播放MIDI音乐时可以听到更多细腻的声音。

7.1.2　声卡的选购和性能测试

1. 声卡的选购

1）根据需求选购

现在声卡市场的产品很多，不同品牌的声卡在性能和价格上的差异也很大。一般说来，如果只是普通低端应用，听听CD、看看影碟、玩一些简单的游戏等，对声音系统要求不高，选购一款廉价的集成声卡就可以；如果是用来玩3D游戏，由于3D音效已经成为游戏发展的潮流，一定要选购带3D音效功能的声卡，不过这类声卡也有高中低档之分，用户可以根据实际需求选购；如果是音乐发烧友或个人音乐工作室选购声卡，对声卡都有特殊要求，特别是对声卡的信噪比、失真度、输出接口等要求非常高，要选择高端产品才能满足其要求。

2）要注意音效芯片

音效芯片是决定声卡性能的重要因素。不同声卡所采用的芯片不同，同一个品牌声卡的音频处理芯片也不一定完全相同。购买时要注意音频处理芯片，它是决定一块声卡性能和功能的关键。

3）挑选声卡时要注重品牌

大品牌的产品质量往往有保障，售后服务较好，生产工艺技术成熟，价格定位也合理，国家监管也比较严格，用户可根据自己的实际需求，选购合适的声卡。

2. 声卡的性能测试

RMAA（Right Mark Audio Analyzer）是一款功能相当不错的音频硬件测试软件，通过这款软件，可以对声卡、实时音频设备进行各种需要的电声性能测试，包括谐波失真、互调失真、动态范围、本底噪声等。该软件简单易用，国内大部分企业都用它作为对各类声卡及其他音频设备进行测评的基准测试软件。

（1）从网上下载RMAA软件，解压后双击RMAA55.exe运行软件，即可进入如图7-6

所示的软件主界面。若用户是第一次使用,可以单击功能栏上的“向导”按钮,通过向导来辅助用户进行操作。

(2) 单击“向导”按钮,弹出如图 7-7 所示的向导对话框。用户选择要执行的测试类型,该软件提供了环路测试、播放、录音、用一个测试型号生成 WAV 文件、分析录制的测试信号 WAV 文件等多种测试类型。

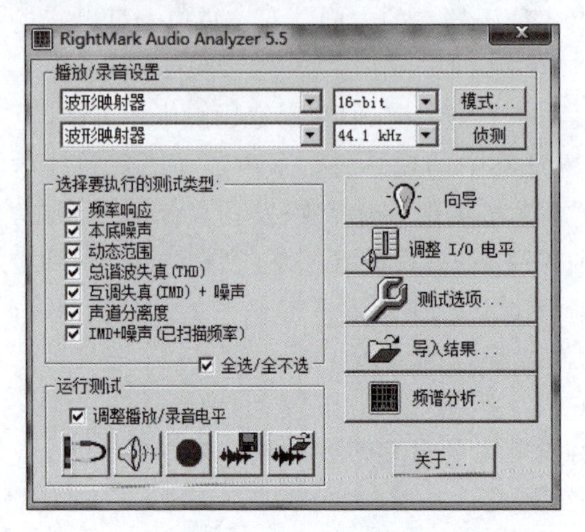

图 7-6 软件主界面　　图 7-7 向导对话框

(3) 在如图 7-7 所示的向导对话框中单击“下一步”按钮,进入了“声卡设置”对话框,如图 7-8 所示。用户可对播放、录音参数(设备、采样率、精度)进行设置,软件支持“使用 WDM 驱动”以及“使用 DirectSound”,设置完成后单击“确定”按钮即可。

(4) 其实该软件手动设置也十分简单,用户可以根据实际情况,在“播放/录音设置”一栏进行参数设置,在“选择要执行的测试类型”进行执行类型选择,如图 7-9 所示。

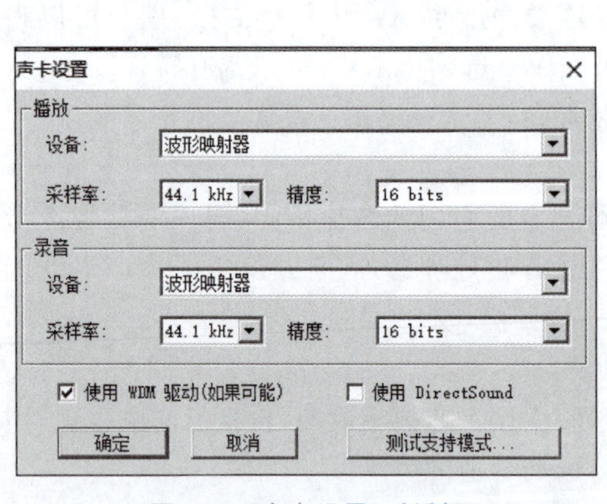

图 7-8 “声卡设置”对话框

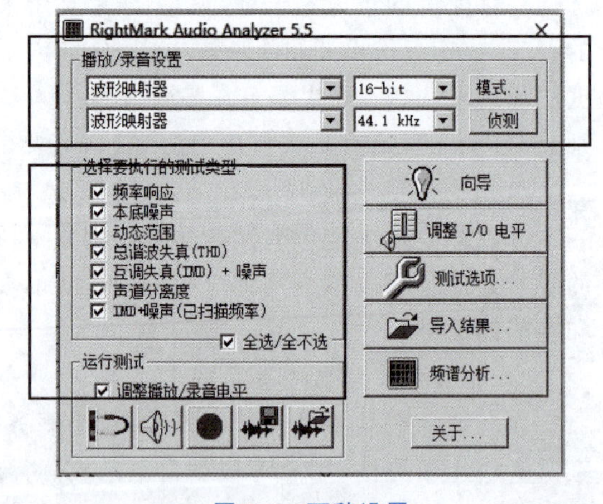

图 7-9 两种设置

(5) 单击“测试选项”按钮,弹出如图 7-10 所示的“测试选项”对话框。用户可以对常规、声卡、测试信号、声学测试、显示等参数进行设置,设置完成后单击“确定”按钮,即完成了测试选项设置。

(6) 运行测试提供了测试运行于环路模式等操作,用户可以根据需要选择,如图 7-11 所示。

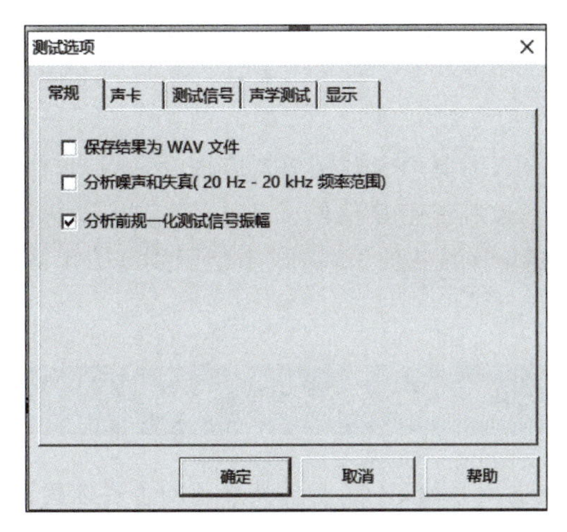

图 7-10 “测试选项”对话框

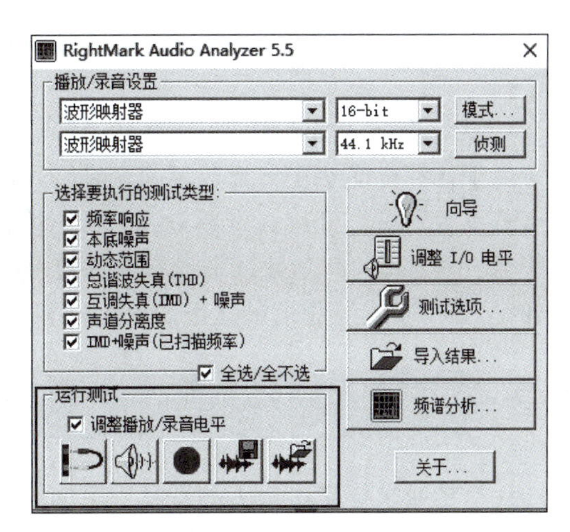

图 7-11 测试类型选择

7.1.3 声卡常见故障处理

声卡是计算机输出声音的重要设备，如果声卡出现故障，计算机将不会发出声音，甚至会影响计算机的正常运行。

1. 声卡发出的噪声过大

出现声卡发出的噪声过大故障常见的原因有以下几种。

1）插卡不正

由于机箱制造精度不够高、声卡外的挡板制造或安装不良等导致声卡不能与主板扩展槽紧密结合，目视可见声卡上的“金手指”与扩展槽簧片有错位。这种现象在 ISA 卡或 PCI 卡上都有，属于常见故障。一般可用钳子校正。

2）有源音箱接在声卡的 Speaker 输出端

对于有源音箱，应接在声卡的 Line Out 端，它输出的信号没有经过声卡上的功放，噪声要小得多。有的声卡上只有一个输出端，是接在 Line Out 还是 Speaker 端要靠卡上的跳线决定。厂家的默认方式常是 Speaker，所以要拔下声卡调整跳线。

3）Windows 自带的声卡驱动程序不好

在安装声卡驱动程序时，要选择“厂家提供的驱动程序”，而不要选“Windows 默认的驱动程序”。如果用“添加新硬件”的方式安装，要选择“从磁盘安装”的方式进行安装。

2. 声卡无声

如果安装声卡驱动过程一切正常，那么声卡出现故障的概率会很小，可以排查下面几项。

（1）音箱或者耳机连接机箱是否正确，检查是否接口有接触不良的现象。

（2）音箱或者耳机的性能是否完好，更换其他可以正常使用的计算机检查。

（3）音频线是否有损坏，通过更换其他可以使用的音频线检查。

（4）系统音量控制中是否屏蔽了相关项，打开系统音量控制查看。

如果上述问题都不存在，可以考虑安装最新的声卡补丁，或者升级声卡的驱动程序，以解决此问题。

3. 播放任何音频文件都产生类似快进的效果

此故障问题可能出在设置和驱动上，如果计算机正在超频使用，首先应该降低频率，然后关闭声卡的加速功能,如果还不能排除故障,应该寻找主板和声卡的补丁以及新的驱动程序。

4. 无法播放 WAV 和 MIDI 格式的音乐

由于计算机能够正常播放其他音频格式的音乐,因此声卡和播放器应该没有问题,估计是声卡设置不对。可检查音频设备,如果不止一个,则禁用其他的设备,一般就可以解决。不能播放 MIDI 的问题估计是没有在系统中添加声卡的软波表,造成不能识别 MIDI 格式的音符,只需要安装相应的软波表就可以了。

视频讲解

7.2 音箱

计算机必须依靠由声卡和音箱所组成的音频输出系统,才能实现其真正的多媒体价值。音箱属于计算机组件中的必备输出设备,又称为扬声器系统,是将音频信号还原成声音的设备。计算机的音箱也称为多媒体音箱,功能是将声卡送来的音频信号放大后驱动扬声器发声。音箱是整个音响系统的终端,其作用是把音频电能转换成相应的声能,并把它辐射到空间。它是音响系统极其重要的组成部分,担负着把电信号转变成声信号,供人的耳朵直接聆听的任务。

7.2.1 认识音箱

1. 音箱的分类

(1) 可以按照使用场合、放音频率、用途、箱体结构、扬声器个数以及箱体材质对音箱分类。根据使用场合分为专业音箱与家用音箱两大类;按照放音频率分为全频带音箱、低音音箱和超低音音箱;根据用途分为扩声音箱、监听音箱、舞台音箱、包房音箱等;按照箱体结构分为密封式音箱、倒相式音箱、迷宫式音箱和多腔谐振式音箱等;根据扬声器个数分为 2.0 音箱、2.1 音箱、5.1 音箱等,如图 7-12～图 7-14 所示;根据箱体材质,有木质音箱、塑料音箱、金属材质音箱等。

图 7-12 2.0 音箱

图 7-13 2.1 音箱

图 7-14 5.1 音箱

(2) 从电子学角度来看,音箱可以分为无源音箱和有源音箱两大类。

无源音箱(passive speaker)又称为"被动式音箱",即人们通常采用的内部不带功放电路的普通音箱。无源音箱是没有电源和音频放大电路的音箱,只是在塑料压制或木制的音箱中安装了两只扬声器,依靠声卡的音频功率放大电路输出直接驱动。这种音箱的音质和音量主要取决于声卡的音频功率放大电路,通常音量不大。无源音箱如图 7-15 所示。

图 7-15 无源音箱

有源音箱又称为“主动式音箱”，通常是指带有功率放大器的音箱。有源音箱是在普通的无源音箱中，加上功率放大器。优质的扬声器、良好的功率放大器、漂亮的外壳工艺构成了多媒体有源音箱的基本框架。有源音箱必须使用外接电源，但这个“源”应理解为功放，而不是指电源。有源音箱一般由一个体积较大的“低音炮”和两个体积较小的“卫星音箱”组成，如图 7-16 所示。

2. 音箱的组成

虽然音箱的种类繁多，但不论哪种音箱，大都由扬声器、箱体和分频器 3 部分组成。

1）扬声器

扬声器俗称喇叭，作用是将功率放大器输出的电信号转换成声音信号再辐射出去，其性能决定着音箱的优劣，如图 7-17 所示。一般木制音箱和较好的塑料音箱大都采用二分频的技术，即利用高、中音两个扬声器来实现整个频率范围内的声音回放；而 X.1（4.1、5.1 或 7.1）的卫星音箱采用的大都是全频带扬声器，即用一个扬声器来实现整个音域内的声音回放。

2）箱体

箱体用来消除扬声器单元的声短路，抑制其声共振，拓宽其频响范围，减小失真。音箱的箱体外形结构有书架式和落地式之分，还有立式和卧式之分。箱体内部结构又有密闭式、倒相式、带通式、空纸盆式、迷宫式、双腔双开口式、1/4 波长加载式、对称驱动式和号筒式等多种形式，使用较多的是密闭式、倒相式和带通式。

3）分频器

分频器有功率分频器和电子分频器之分，主要作用均是频带分割、幅频特性与相频特性校正、阻抗补偿与衰减等作用，如图 7-18 所示。

图 7-16　有源音箱

图 7-17　扬声器

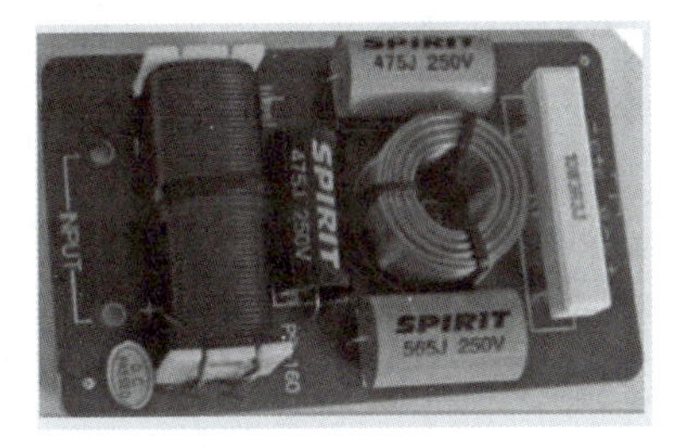

图 7-18　分频器

3. 音箱的性能指标

功率、频响范围、频率响应、灵敏度、失真度、信噪比及阻抗是音箱的主要性能指标。

1）功率

功率决定音箱发出的最大声音强度，分为额定功率与峰值功率。额定功率是在额定失真范围内音箱能够持续输出的最大功率。峰值功率是允许音箱在瞬间达到的最大功率。

2）频响范围

频响范围指的是音箱的最高有效回放频率与最低有效回放频率间的差值，单位为赫兹（Hz）。从理论上讲，音箱的频响范围应该是越宽越好，至少应该是 18Hz～20kHz。但是事实上并非如此，这主要受以下三方面的影响：一是受听音环境的限制，因为重播低频信号受到了房间容积的限制；二是受扬声器尺寸和音箱体积的限制；三是音箱的频响范围越宽对放大器的要求就越高。多媒体音箱的频率范围要求一般为70Hz～10kHz(－3dB)即可,要求较高的可为50Hz～16kHz(－3dB)。

3) 频率响应

将一个恒压音频信号输入音箱系统时,音箱产生的声音信号强度随频率的变化而发生增大或衰减、相位随频率而发生变化,声音信号强度和相位与频率相关联的变化关系称为频率响应,单位为分贝(dB)。一般只给声音信号强度的频率响应,值越小说明音箱的失真越小,性能越高。

4) 灵敏度

灵敏度是指在音箱输入端输入功率为1W、频率为1kHz的信号时,在距音箱扬声器平面垂直中轴前方1m处测得的声压级,单位为分贝(dB)。音箱的灵敏度越高则对放大器的功率需求越小,即其值越大,音箱灵敏度越高。

由于音箱灵敏度的提高是以增加失真度为代价的,因此对于高保真音箱来讲,要保证音色的还原程度与再现能力就必须降低一些对灵敏度的要求。普通音箱的灵敏度为85～90dB,多媒体音箱的灵敏度则稍低一些。

5) 失真度

失真度是指音频信号被功放放大前后的差异,用百分数表示。失真度在音箱与扬声器系统中尤为重要,直接影响到音质音色的还原程度,所以这项指标与音箱的品质密切相关。数值越小表示失真度越小,普通多媒体音箱的失真度以小于0.5%为宜,而通常低音炮的失真度都普遍较大,小于5%就可以接受。

6) 信噪比

信噪比是指音箱回放声音信号与噪声信号的比值。信噪比越小,噪声影响越严重,特别是输入音频信号较小时,声音信号会被噪声信号淹没。相反,信噪比越大表明混在音信号里的噪声越小,音质越好,音箱的性能也就越好。音箱的信噪比应大于80dB。

7) 阻抗

阻抗是指扬声器输入信号的电压与电流的比值。阻抗越高,音质越好,一般音箱输入阻抗为4～16Ω。虽然低阻抗的音箱可以获得较大的输出功率,但是阻抗太低又会造成低音劣化的现象,因此选择国际标准推荐的8Ω比较合适。

7.2.2 音箱的选购

选购音箱时,应注意以下几点。

(1) 选购时将音箱的声音调至最大或最小,查看音质如何。音量大并不代表音质好。调节各种旋转钮,注意重放声音变化,均匀为好,旋转时没有接触不良的噪声。音箱的功率不是越大越好,适用就是最好的,对于普通家庭用户的20m^{2}左右的房间来说,30W功率就足够了。

(2) 尽量选择有源音箱。因为有源音箱在重放的声效等方面起着关键的作用。无源音箱虽然比较便宜,但是没有功率放大电路,即使再好的声卡也得不到好的音响效果。

(3) 尽量选择木质音箱。低档塑料音箱因其箱体单薄,无法克服谐振,无音质可言;木制音箱降低了箱体谐振所造成的音染,音质普遍好于塑料音箱。木制的音箱能保证较好的清晰度和较小的失真度,价格略贵。

国产音频技术现状

我国音频产业从20世纪改革开放以来取得了巨大的成绩，全球70%的音频产品是中国制造，尤其是近年来国内众多企业在核心技术、关键元器件、智能制造领域取得了举世瞩目的进步，我国已经成为全球最大的音频制造国。目前，国内音频芯片厂商很多，在核心技术方面，芯片、软件、算法、设计等方面和先进国家差距正在逐渐缩小，部分领域技术已达到国际领先水平。如山景集成电路的SoC/DSP/MCU芯片及相关算法软件开发平台，广泛应用于音乐及人声的音频处理、语音识别及处理、智能设备控制、无线物联网等不同领域；在音响设备的制造方面，如漫步者已是国内领先、国际知名的音频设备企业，惠威音响已成为世界顶级的扬声器及音箱制造跨国公司。

在无线音频技术领域，目前我国已成为全球智能耳机第一大技术来源国，截至2021年9月，中国智能耳机专利申请量占全球智能耳机专利总申请量的65.93%，其次是美国，美国智能耳机专利申请量占全球智能耳机专利总申请量的16.42%。华为与产业合作伙伴联合中国电子音响行业协会，共同制定了全球首个统一架构的全码率高清无线音频编解码标准——L2HC；漫步者的EdiCall通话降噪技术，恒玄科技、炬芯科技等企业设计的智能音频SoC芯片，中科蓝讯设计的高性能无线音频SoC芯片，珠海杰理、博通集成等企业设计的无线通信链接系统芯片都已处于国际领先地位。

2022年7月，中国电子音响行业协会与中国电子技术标准化研究院发布HWA高清无线音频标准，标志着我国无线音频产业在技术研究、产品设计、品质评测等领域达到世界领先水平。

7.3 思考与练习

一、填空题

1. ________声卡的出现，使计算机拥有了真正的发声能力，而不再是计算机扬声器的“嘀嗒”声，它是名副其实的“声卡之父”，开创了计算机音频技术的先河。

2. 在声卡的发展过程中，根据所用数据接口的不同，可以划分为________、________和________3种类型，以应对不同的用户需求。

3. 声卡组成中的____________相当于声卡的中央处理器，它可以处理有关声音的命令、执行压缩和解压程序、增加特殊声效等。

4. 晶振称为____________，其作用在于产生原始的时钟频率，该频率在经过频率发生器的放大或缩小后便会成为计算机中各种不同的总线频率。

5. 声卡的性能指标主要包括________、________、________、________、________、________和________共7项。

6. 在音响工程中，根据音箱用途的不同可分为________和________两类。

二、选择题

1. 1989年，新加坡的Creative（创新）公司推出了一款Sound Blaster声卡，获得了“________”的称谓。

A. 讯声卡　　B. 波霸卡　　C. 声霸卡　　D. 声音卡

2. ________用于连接声卡和主板,主要负责两者间的数据传输。

A. CODEC　　B. 总线接口　　C. RCA 接口　　D. MIDI 接口

3. ________接口只能与接口转换设备进行连接,并通过扩展出的各种音频输入输出接口来完成声卡与音频设备间的数据传输。

A. CODEC　　B. IEEE 1394　　C. RCA 接口　　D. 总线接口

4. 虽然音箱的种类繁多,但不论是哪种类型的音箱,大都由扬声器、箱体和________3 部分所组成。

A. 分频器　　B. 音频芯　　C. 组装线　　D. 金手指

5. 影响音箱性能的指标主要包括功率、频响范围、频率响应、失真度、________等。

A. 电阻　　B. 电容　　C. 阻抗　　D. 音质

6. ________是指音箱回放的正常声音的信号强度与噪声信号强度的比值,单位为分贝(dB)。

A. 灵敏度　　B. 信噪比　　C. 电阻　　D. 频率

三、简答题

1. 声卡主要包括哪几种类型?
2. 简述声卡的工作原理。
3. 音箱的组成包括哪几部分?

第8章　键盘和鼠标

CHAPTER 8

学习目标：

◆ 了解键盘和鼠标的分类。

◆ 了解键盘和鼠标的工作原理。

◆ 掌握键盘和鼠标选购注意事项。

技能目标：

◆ 熟悉键盘和鼠标的分类。

◆ 掌握键盘和鼠标选购注意事项。

素质目标：

◆ 树立科学的人生观、价值观和世界观。

◆ 培养良好的审美能力和分辨是非的能力。

随着计算机技术的发展，输入设备也经历了极大的变化与发展，使得如今的计算机能够接收各种各样的数据，既可以是数值型的数据，也可以是各种非数值型的数据，如图形、图像、声音等都可以通过不同类型的输入设备输入计算机中进行存储、处理和输出，极大地丰富了用户与计算机进行交流的途径。本章主要对键盘、鼠标的相关知识和选购方法进行介绍。

8.1 键盘

视频讲解

键盘是最常用也是最主要的输入设备，通过键盘可以将英文字母、数字、标点符号等输入计算机中，从而向计算机发出命令、输入数据等。

8.1.1 认识键盘

目前键盘种类较多，主要根据按键数量、按键工作原理、键盘外形、键盘接口类型等进行分类。

1）根据按键数量

根据键盘按键数量的不同，有83键、87键、93键、96键、101键、102键、104键、107键和网络键盘，目前的标准键盘为107键，比104键增加了睡眠键、唤醒键、开机键。网络键盘比107键增加了上网快捷键、电子邮件快捷键等。

不管键盘形式如何变化,基本的按键排列还是保持基本不变的,可以分为主键盘区、Num 数字辅助键盘区、F 键功能键盘区、控制键区,对于多功能键盘还增添了快捷键区。常规键盘外观样式如图 8-1 所示。

图 8-1　键盘外观

键盘电路板是整个键盘的控制核心,它位于键盘的内部,主要担任按键扫描识别、编码和传输接口的任务。

2）根据按键工作原理

根据按键工作原理,键盘可以分为机械键盘、塑料薄膜键盘、导电橡胶键盘和静电电容键盘。

(1) 机械(mechanical)键盘采用类似金属接触式开关。其工作原理是使触点导通或断开,具有工艺简单、噪声大、易维护、打字时节奏感强、长期使用手感不会改变等特点。

(2) 塑料薄膜(membrane)键盘内部共分 4 层,实现了无机械磨损。其特点是低价格、低噪声和低成本,但是长期使用后由于材质问题手感会发生变化,已占领市场绝大部分份额。

(3) 导电橡胶(conductive rubber)键盘触点的结构是通过导电橡胶相连。键盘内部有一层凸起带电的导电橡胶,每个按键都对应一个凸起,按下时把下面的触点接通。这种类型的键盘是市场由机械键盘向塑料薄膜键盘的过渡产品。

(4) 静电电容(capacitive)键盘使用类似电容式开关的原理,通过按键时改变电极间的距离引起电容容量改变,从而驱动编码器。特点是无磨损且密封性较好。

3）根据键盘外形

根据键盘外形分为标准键盘和人体工程学键盘。人体工程学键盘是把普通键盘分成两部分,并呈一定角度展开,以适应人手的角度,输入者不必弯曲手腕,同样可以有效地减少腕部疲劳,微软公司命名为自然键盘(natural keyboard),如图 8-2 所示。

4）根据键盘接口类型

键盘接口有 AT 接口、PS/2 接口、USB 接口和无线键盘。AT 接口键盘已淘汰,PS/2 接口键盘已处于淘汰边缘,USB 接口键盘支持热插拔,使用越来越多。无线键盘与计算机之间没有物理连线,通过无线电波将输入信息传送给计算机,如图 8-3 所示。

图 8-2　人体工程学键盘

图 8-3　无线键盘

8.1.2　键盘的选购

1. 键盘的触感

判断一款键盘的触感如何，会从按键弹力是否适中、按键受力是否均匀、键帽是否松动或摇晃以及键程是否合适这几方面来测试。一款高质量的键盘在这几方面应该都能符合绝大多数用户的使用习惯，而按键受力均匀和键帽牢固也必须保证，否则就可能导致卡键或者让用户感觉疲劳。

2. 键盘的外观

键盘的外观包括键盘的颜色和形状。一款漂亮时尚的键盘会为用户的桌面添色不少，而一款古板的键盘会让用户的工作更加沉闷。因此，对于键盘，只要用户觉得漂亮、喜欢、实用就可以了。

3. 键盘的做工

做工好的键盘用料讲究，无毛刺，无异常凸起，无松动。好键盘的表面及棱角处理精致细腻，键帽上的字母和符号通常采用激光刻入，手摸上去有凹凸的感觉。

4. 键盘的噪声

一款好的键盘必须保证在高速敲击时也只产生较小的噪声，不影响别人休息。

5. 接口类型

目前键盘多为USB、无线两种接口类型。USB键盘支持即插即用，无线键盘省去了与计算机之间的连接线。

8.2　鼠标

视频讲解

鼠标是计算机的一种输入设备，也是计算机显示系统纵横坐标定位的指示器，因形似老鼠而得名。美国科学家道格拉斯·恩格尔巴特(Douglas Engelbart)于1968年在加利福尼亚制作了第一只鼠标，鼠标的使用使计算机的操作更加简便快捷。

8.2.1　认识鼠标

1. 按接口类型分类

鼠标按接口类型可分为串口鼠标、PS/2鼠标、总线鼠标、USB鼠标和无线鼠标，如图8-4～图8-7所示。串口鼠标是通过串行口与计算机相连，有9针接口、25针接口两种；PS/2鼠标通过一个6针微型DIN接口与计算机相连；总线鼠标的接口在总线接口卡上；USB鼠标通过一个USB接口，直接插在计算机的USB口上，由于支持热插拔，是当前主流鼠标类型；无线鼠标与主机无须连线。

2. 按工作原理及内部结构分类

鼠标按其工作原理及内部结构的不同可以分为机械式、光机式和光电式。

(1) 机械鼠标。装在辊柱端部的光栅信号传感器产生的光电脉冲信号，可以反映出鼠标器在垂直和水平方向的位移变化，再通过计算机程序的处理和转换来控制屏幕上光标箭头的移动。

图 8-4　串口鼠标

图 8-5　PS/2 鼠标

图 8-6　USB 鼠标

图 8-7　无线鼠标

(2) 光机鼠标。为了克服纯机械式鼠标精度不高、机械结构容易磨损的弊端,罗技公司在 1983 年成功设计出第一款光学机械式鼠标,一般简称为光机鼠标。与纯机械式鼠标一样,光机鼠标同样拥有一个胶质的小滚球,并连接着 X、Y 转轴,所不同的是光机鼠标不再有圆形的译码轮,代之的是两个带有栅缝的光栅码盘,并且增加了发光二极管和感光芯片。

(3) 光电鼠标。光电鼠标是通过检测鼠标器的位移,将位移信号转换为电脉冲信号,再通过程序的处理和转换来控制屏幕上的光标箭头的移动。这种光电鼠标没有传统的滚球、转轴等设计,其主要部件为两个发光二极管、感光芯片、控制芯片和一个带有网格的反射板(相当于专用的鼠标垫)。

3. 按外形分类

根据外形的不同,鼠标还可分为两键鼠标、三键鼠标、五键鼠标、滚轴鼠标、感应鼠标、无线鼠标和 3D 鼠标等类型。两键鼠标和三键鼠标的左右按键功能完全一致,一般情况下,用不到三键鼠标的中间按键,但在使用某些特殊软件时,这个键也会起一些作用。五键鼠标多用于游戏,4 键前进,5 键后退,另外还可以设置为快捷键。

8.2.2 鼠标的性能指标

目前,从实际使用的角度来看,能够反映鼠标性能的指标主要有分辨率、刷新率和回报率等。

1) 分辨率

一般采用 dpi(dots per inch,每英寸采样点数)指标来衡量,它所指的是鼠标在桌面上每移动 1 英寸距离所产生的脉冲数,脉冲数越多,鼠标的灵敏度也越高。光标在屏幕上移动同样长的距离,分辨率高的鼠标在桌面上移动的距离较短,给人感觉“比较快”。

2) 刷新率

刷新率,也叫采样率,是指鼠标引擎在 1s 内对其底部连续拍照的次数,单位为 FPS(帧每秒),刷新率越高,每秒钟帧数越多,就越容易辨别鼠标的运动轨迹,从而杜绝丢帧的现象。

需注意，与显示器的刷新率不同。

3）回报率

回报率也被称为轮询率，通常是指鼠标向计算机报告其位置的频率，单位为 Hz(赫兹)。比如一个鼠标回报率是 125Hz，那么它每秒会向计算机报告其位置 125 次。理论上来说，回报率越高，操作鼠标时的延时就会越低，鼠标移动也就更丝滑。

8.2.3　鼠标的选购

鼠标的选购需要在参照鼠标性能指标的基础上，根据自己的实际需求进行选购。

1. 接口

目前鼠标常采用的接口类型有 USB 接口和无线接口。USB 接口鼠标价格便宜，是当前主流产品；无线鼠标没有连接线，使用方便，价格相对 USB 接口鼠标稍贵些。

2. 手感

一款好的鼠标应该是具有人体工程学原理设计的外形，手握时感觉舒适、体贴，按键轻松而有弹性。一般衡量一款鼠标手感的好坏，试用是最好的办法：手握时感觉轻松、舒适且与手掌面贴合，按键轻松而有弹性，移动流畅。

3. 功能

一般的计算机用户选择普通的鼠标即可，而有特殊需求的用户，如游戏玩家，则可以选择按键较多的多功能鼠标。

4. 品牌质量

购买鼠标时，尽量选择品牌产品，好的品牌不仅做工细致，功能完善，而且手感舒服，质量能够保证，一般都提供一年以上的质保服务。目前主流的鼠标品牌有双飞燕、雷柏、罗技、明基、微软、华硕等。

汉字激光照排系统

中国第一个计算机中文信息处理系统——汉字激光照排，让汉字从计算机中“诞生”。

1975 年，王选用“参数表示规则笔画，轮廓表示不规则笔画”这种独一无二的方法，把几千兆字节的汉字字形信息，大幅压缩后存进了只有几兆字节内存的计算机，这是新中国在世界上首次把精密汉字存入了计算机。经过四年的连续攻关，王选团队又采用当时超前的激光照排技术，成功从计算机里输出了汉字。1981 年 7 月，我国第一台计算机激光汉字照排系统原理性样机华光Ⅰ型通过国家计算机工业总局和教育部联合举行的部级鉴定，达到了国际先进水平。随着研究工作的不断深入，“华光”激光照排系统日臻完善，1988 年推出华光系统。

之后，逐渐有了华光Ⅲ型机、Ⅳ型机、方正 91 系统、方正 93 系统及方正彩色出版系统。到 1993 年，这套国产照排系统迅速占领了国内报业 99%和书刊、黑白出版业 90%的市场，以及 80%的海外华文报业市场，并打入日本和韩国。

王选团队研制的字形信息压缩和快速复原技术，即“轮廓加参数描述汉字字形的信息压缩技术”，打开了计算机处理汉字信息的大门。与此同时，在世界上首次提出并实现用附加信息控制字形变大变小时敏感部分的质量,解决了汉字激光照排的关键难题。西方国家用了40年时间才从第一代照排机发展到第四代激光照排系统,而王选发明的汉字激光照排系统,却使我国印刷业从落后的铅字排版一步跨进了世界最先进的技术领域,发展历程缩短了近半个世纪,使印刷行业的效率提高了几十倍,使图书、报刊的排版印刷告别了"铅"与"火",进入了"光"与"电"的时代。

8.3 思考与练习

一、填空题

1. 根据按键工作原理,键盘可以分为________、________、________和静电电容键盘。
2. 美国科学家道格拉斯·恩格尔巴特于________年在加利福尼亚制作了第一只鼠标。
3. 鼠标按其工作原理及内部结构的不同可以分为________、________和________。

二、选择题

1. 按照键盘的外形一般可分为标准键盘和________。

   A. 人体工程学键盘　B. 机械键盘
   C. 薄膜键盘　D. 导电橡胶键盘

2. 当前主流键盘接口是________。

   A. AT 接口　B. PS/2 接口　C. USB 接口　D. 无线键盘

3. 鼠标按接口类型可分为串口鼠标、PS/2 鼠标、总线鼠标、________和无线鼠标。

   A. USB 鼠标　B. 并口鼠标　C. PS 接口　D. 光电鼠标

三、简答题

1. 简述键盘选购的注意事项。
2. 简述鼠标选购的注意事项。

第9章 机箱和电源

CHAPTER 9

学习目标：

◆ 了解机箱和电源的分类。

◆ 熟悉机箱和电源的选购方法。

◆ 熟悉 UPS 电源的作用和选购方法。

技能目标：

◆ 熟悉机箱和电源的选购方法。

◆ 熟悉 UPS 电源的作用和选购方法。

素质目标：

◆ 培养自我学习能力。

◆ 提升个人道德情操。

多数人眼中，机箱和电源只是 CPU、主板、内存及其他计算机部件的容身之所和能源供应中心，但事实上机箱与电源的优劣还决定着计算机能否稳定运行以及对使用者身体健康的影响。本章主要对机箱、电源、UPS 电源相关知识和选购方法进行介绍。

9.1 机箱

视频讲解

机箱作为计算机配件中的一部分，主要是放置和固定各种计算机配件，起到一个承托和保护作用。此外，计算机机箱还具有屏蔽电磁辐射的重要作用。

9.1.1 认识机箱

1. 机箱的结构

机箱为矩形框架结构，一般包括外壳、支架、面板上的各种开关、指示灯等。外壳用钢板和塑料制成，硬度高，主要起保护机箱内部元件的作用。支架主要用于固定主板、电源和各种驱动器。

从外面看，机箱的正面是面板，包含各种指示灯、开关按键。一般机箱最少要有电源开关、复位按钮等，指示灯要有电源灯、硬盘驱动器指示灯等。机箱背面有各种接口，用来连接键盘、电源线、显示器等。机箱的构成如图 9-1 所示。

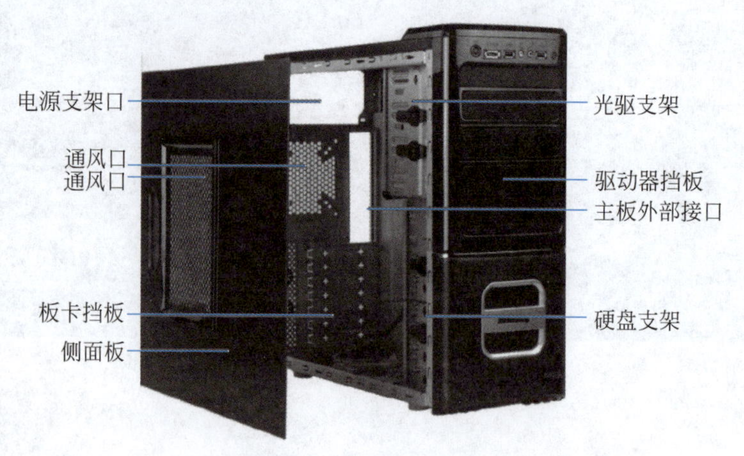

图 9-1　机箱的构成

2. 机箱的分类

1）按机箱样式分类

按机箱的样式，可以将机箱分为立式机箱和卧式机箱。

(1) 立式机箱。虽然立式机箱上市时间比卧式机箱晚，但其扩展性能和通风散热性能比卧式机箱要好得多。因此，从奔腾时代开始，立式机箱就得到了广大应用者的欢迎，其外观样式如图 9-2 所示。

图 9-2　立式机箱

(2) 卧式机箱。卧式机箱是计算机早期比较流行的机箱，其外形小巧，对于整台计算机外观的一体感也比立式机箱强，而且因为显示器可以放置于机箱上面，占用空间也少，其外观样式如图 9-3 所示。但与立式机箱相比，卧式机箱的缺点也非常明显：扩展性能和通风散热性能差。这些缺点导致在主流市场中卧式机箱逐渐被立式机箱所取代。

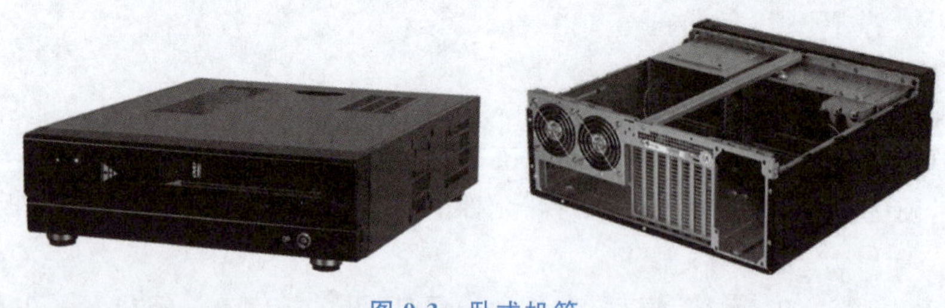

图 9-3　卧式机箱

2）按机箱结构分类

机箱结构是指机箱在设计和制造时所遵循的主板结构规范标准。每种结构的机箱只能安装该规范所允许的主板类型。机箱结构与主板结构是相对应的关系。机箱结构一般也可分为 AT、Baby-AT、ATX、Micro ATX、BTX、ITX 等。

ATX 是目前市场上最常见的机箱结构,扩展插槽和驱动器仓位较多,扩展槽数可多达7个,驱动器仓位多,现在的大多数机箱都采用此结构。Micro ATX 又称为 Mini ATX,是 ATX 结构的简化版,就是常说的"迷你机箱",扩展插槽和驱动器仓位较少,扩展槽数通常为4个或更少,而驱动器仓位也相对较少,多用于品牌机,其外观结构如图 9-4 所示。

ITX 是威盛公司推出的一种结构紧凑的主板结构,用于小空间、低成本的计算机。ITX 型机箱造型轻薄小巧,它只能装配 ITX 主板,不能使用 ATX 主板和 Micro ATX 主板,如图 9-5 所示。

图 9-4 ATX 机箱

图 9-5 ITX 机箱

3) 按机箱尺寸分类

按照机箱的尺寸划分,机箱可分为超薄、半高、3/4 高和全高机箱。超薄机箱主要是一些 AT 机箱,只有两个 5.25 英寸驱动器槽;半高机箱主要是 Micro ATX 机箱,拥有 2~3 个 5.25 英寸驱动器槽;3/4 高和全高机箱则拥有 3 个或者 3 个以上 5.25 英寸驱动器槽。

9.1.2 机箱的选购

一般选择 PC 机箱时,外观是首选因素。然而,选择服务器机箱,实用性就排在了更加重要的地位。一般来说主要应该从以下几方面进行考核。

1. 散热性

计算机运行时机箱内部会产生很大的热量,良好的散热性是机箱的必备条件。散热性能主要表现在三方面:一是风扇的数量和位置;二是散热通道的合理性;三是机箱材料的选择。

2. 冗余性

机箱冗余性方面的设计也非常值得关注。一是散热系统的冗余性,此类机箱一般必须配备专门的冗余风扇,当个别风扇因为故障停转的时候,冗余风扇会立刻接替工作;二是驱动器的冗余性,要求机箱有较多的驱动器位,可以方便地对部件进行扩充。

3. 设计精良

设计精良的机箱会提供方便的 LED 显示灯或易于维护的细节设计,便于及时了解机器的工作情况,并且方便硬件的拆卸、安装。同时,机箱的接口设计合理,便于满足用户需求。

4. 用料足

好机箱是镀锌双层钢板做成的。目前机箱的材质主要是钢材机箱与铝材机箱,钢材机箱为主流选择，而铝材机箱价格普遍偏高，一般定位高端机箱。目前主流机箱一般板材厚度不低于 1mm。

5. 便捷性

机箱作为计算机配件的载体，其使用设计是否方便在很大程度决定着机箱的档次。目前较为流行的便捷式设计主要包括 USB 和音频接口前置、免工具拆装、机箱安全锁、轨道式侧板、手动螺丝钉、条装卡式设备等。

视频讲解

9.2 电源

计算机电源也称为电源供应器，作用是将 220V 的交流电转换成直流电，并专门为计算机配件(如 CPU、主板、硬盘、内存条、显卡、光盘驱动器等)供电的设备，是计算机各部件供电的枢纽，是计算机的重要组成部分。

9.2.1 认识电源

1. 电源的分类

计算机所用的电源从适用范围上主要分为两类，即普通电源和小机箱电源。

1）普通电源

目前，台式机全部采用 ATX 电源。相对于已经被淘汰的老式 AT 电源，新的 ATX 电源不采用传统的市电开关来控制电源工作，可以实现软件开关机、键盘开机和网络唤醒等功能。普通电源与小机箱电源相比尺寸更大，并拥有更高的功率，一般都在 300W 以上，可以为耗电量越来越大的各种计算机硬件提供充足的电力。

2）小机箱电源

小机箱电源也属于 ATX 电源，常用于 Micro ATX 型机箱和 ITX 型机箱这两种小型机箱。小机箱电源一般功率较低，为 150～300W。小机箱内部空间较小，普通电源安装后可能会遮挡 CPU 散热风扇，影响散热。因此，这些电源为了迎合小机箱的特点，一般尺寸都较小，很多都采用了比较独特的造型。

2. 电源性能指标

1）电源功率

电源最主要的性能参数，一般指直流电的输出功率，单位是瓦特(W)。现在市场上常见的有 250W、300W、350W、450W 和 500W 等多种电源，台式机电源功率最大可达到 1500W。功率越大，代表可连接的设备越多，计算机的扩充性就越好。随着计算机性能的不断提升，耗电量也越来越大，大功率的电源是计算机稳定工作的重要保证。电源功率的相关参数在电源标识上一般都可以看到。

2）过压保护

若电源的电压太高，则可能烧坏计算机的主机及其插卡，所以市面上的电源大都具有过压保护的功能，即当电源一旦检测到输出电压超过某一值时，就自动中断输出，以保护板卡。过压保护对计算机的安全来说很重要，一旦电压过高，造成的损失将很大。

3）噪声和滤波

输入 220V 的交流电，通过电源的滤波器和稳压器变换成低压的直流电。噪声大小用于表示输出直流电的平滑程度，而滤波品质的高低代表输出直流电中包含交流成分的高低。噪声和滤波这两项性能指标需要专门的仪器才能定量分析。

4）瞬间反应能力

瞬间反应能力就是电源对异常情况的反应能力。它是指当输入电压在允许的范围内瞬间发生较大变化时输出电压恢复到正常值所需的时间。

5）电压保持时间

在微机系统中应用的UPS（不间断电源）在正常供电状态下一般处于待机状态，外部断电它会立即进入供电状态，不过这个过程需要2～10ms的切换时间，在此期间需要电源自身能够靠内部储备的电能维持供电。一般优质电源的电压保持时间为12～18ms，都能保证在UPS切换到位之前维持正常供电。

6）电磁干扰

电源在工作时内部会产生较强的电磁振荡和辐射，从而对外产生电磁干扰。这种干扰一般是用电源外壳和机箱进行屏蔽的，但无法完全避免这种电磁干扰。为了限制它，国际上制定了FCCA和FCCB标准，国内也制定了国标A（工业级）和国标B（家用电器级），优质电源都能通过B级标准。

7）开机延时

开机延时是为了向微机提供稳定的电压而在电源中添加的新功能。因为在电源刚接通电时，电压处于不稳定状态，为此电源设计者让电源延迟100～500ms再向微机供电。

8）电源效率和寿命

电源效率和电源设计电路有密切的关系，提高电源效率可以减少电源自身的损耗和发热量。电源寿命是根据其内部元器件的寿命确定的，一般元器件寿命为3～5年。

9）电源的安全认证

为了避免因电源质量问题引起的严重事故，电源必须通过各种安全认证才能在市场上销售，因此电源的标签上都会印有各种国内、国际认证标记。其中，国际上主要有FCC、UR、CSA、TUV、CE等认证，国内认证为中国安全认证机构CCEE。

9.2.2　电源的选购

电源是计算机中各设备的动力源泉，其品质好坏直接影响计算机的工作，一般都和机箱一同出售。因此选购电源时应考虑以下几点。

1. 电源的输出功率

除考虑到系统安全工作外，还要考虑到以后安装第二块硬盘、光盘或其他部件时使用功率的增加，最好购买功率在300W以上的电源。

2. 电源的质量

购买时应选择质量好的电源。应选择比较重的电源，因为较重的电源内部使用了较大的电容和散热片；查看电源输出插头线，质量好的电源一般用较粗的导线；插接件插入时应该比较紧，因为较松的插头容易在使用过程中产生接触不良等问题。

3. 电源风扇的噪声

选购电源时应注意电源盒中的风扇噪声是否过大，电源风扇转动时是否稳定。

4. 过压保护

在购买电源时应查看电源是否标有双重过压保护功能。

5. 安全认证

电源上除了标有生产厂家、注册商标、产品型号，还应有一些国家认证的安全标识，防止以次充好。

9.2.3 UPS 电源

UPS(Uninterruptible Power Supply，不间断电源)是将蓄电池(多为铅酸免维护蓄电池)与主机相连接，通过主机逆变器等模块电路将直流电转换成市电的系统设备。UPS 主要用于给单台计算机、计算机网络系统或其他电力电子设备(如电磁阀、压力变送器等)提供稳定、不间断的电力供应。UPS 电源如图 9-6 所示。

图 9-6 UPS 电源

1. UPS 类型

UPS 电源按其工作原理可分为后备式、在线式以及在线互动式三种。UPS 从结构上一般分为直流 UPS(DC-UPS)和交流 UPS(AC-UPS)两类。从备用时间分，UPS 分为标准型和长效型两种。

1) 按其工作原理分

UPS 电源按其工作原理可分为后备式、在线式以及在线互动式三种。

(1) 后备式 UPS。平时处于蓄电池充电状态，在停电时逆变器紧急切换到工作状态，将电池提供的直流电转变为稳定的交流电输出，因此后备式 UPS 也被称为离线式 UPS。后备式 UPS 电源的优点是运行效率高、噪声低、价格相对便宜，主要适用于市电波动不大，对供电质量要求不高的场合，比较适合家庭使用。然而这种 UPS 存在一个切换时间问题，因此不适合用在关键性的供电不能中断的场所。后备式 UPS 一般只能持续供电几分钟到几十分钟。

(2) 在线式 UPS。这种 UPS 一直使其逆变器处于工作状态，它首先通过电路将外部交流电转变为直流电，再通过高质量的逆变器将直流电转换为高质量的正弦波交流电输出给计算机。在线式 UPS 在供电状况下的主要功能是稳压及防止电波干扰；在停电时则使用备用直流电源(蓄电池组)给逆变器供电。由于逆变器一直在工作，因此不存在切换时间问题，适用于对电源有严格要求的场合。在线式 UPS 不同于后备式的一大优点是供电持续长，一般为几个小时至十几个小时，主要适用于交通、银行、证券、通信、医疗、工业控制等行业。

(3) 在线互动式 UPS。这是一种智能化的 UPS，所谓在线互动式 UPS，是指在输入市电正常时，UPS 的逆变器处于反向工作(即整流工作状态)，给电池组充电；在市电异常时逆变器立刻转为逆变工作状态，将电池组电能转换为交流电输出，因此在线互动式 UPS 也有转换时间。同后备式 UPS 相比，在线互动式 UPS 的保护功能较强，其最大的优点是具有较强的软件功能，可以方便地上网，进行 UPS 的远程控制和智能化管理；可自动侦测外部输入电压是否处于正常范围之内，而且它与计算机之间可以通过数据接口(如 RS-232 串口)进行数据通信，通过监控软件，用户可直接从计算机屏幕上监控电源及 UPS 状况，简化、方便管理工作,并可提高计算机系统的可靠性。这种 UPS 集中了后备式 UPS 效率高和在线式 UPS 供电质量高的优点,但其稳频特性能不是十分理想,不适合做常延时的 UPS 电源。

2）按备用时间分

UPS 按其备用时间分为标准型和长效型两种。一般来说,标准型机内带有电池组,在停电后可以维持较短时间的供电(一般不超过 25min);长效型机内不带电池,但增加了充电器,用户可以根据自身需要配接多组电池以延长供电时间,厂商在设计时会加大充电器容量或加装并联的充电器。

2. UPS 选购

选购 UPS 时应注意以下几点。

1）稳定性

UPS 是起保障作用的,因此它自身的稳定性更为重中之重。所以,当用户选购 UPS 产品的时候,不管是中小型企业用户还是其他用户,必须考虑 UPS 产品的质量。

2）后备时间

后备时间是很多用户在购买 UPS 产品的时候关注比较多的一个指标。

3）确定 UPS 的类型

根据负载对输出稳定度、切换时间、输出波形要求来确定 UPS 的类型是在线式、在线互动式或后备式等。在线式 UPS 的输出稳定度、瞬间响应能力比另外两种强,对非线性负载的适应能力也较强。对一些较精密的设备、较重要的设备要采用在线式 UPS。在一些市电波动范围比较大的地区,避免使用在线互动式 UPS 和后备式 UPS。如果要使用发电机配短延时 UPS,推荐用在线式 UPS。

国产化替代

国产化替代,是指用自主可控的国产技术产品替代被垄断的外国产品。近些年各种安全事件层出不穷,从 2010 年伊朗"震网"事件、2013 年"斯诺登"事件、勒索病毒肆虐,再到中兴事件、华为事件,网络信息安全以及工控安全现已上升到国家战略安全的地位,严重威胁到国家安全,根源在于部分核心技术和设备受制于人,近几年美国对中国的技术打压和制裁,明明白白告诉全世界"科技有国界",正如习近平总书记指出的,核心技术受制于人是最大的隐患,而核心技术靠化缘是要不来的,只有自力更生,加快推进国产自主可控替代计划,构建安全可控的信息技术体系。因此,中国自主可控国产化的路径是历史的必然。

经过多年的技术探索和积累,信息技术国产化替代在不同领域正在加速推进。包括:国产桌面计算机技术体系对 Wintel 体系的替代;高端服务器和数据库对 IOE 的替代。2020 年 6 月,我国首台搭载全部国产软硬件的"天玥"计算机成功下线,从芯片、操作系统到主板等全部核心元器件,完全实现了国产化生产。目前,市场上相继有华为、同方、联想等企业也推出了相应型号的纯国产计算机。

在计算机领域,虽然我国实现了处理器、操作系统、应用软件的自主可控,一定程度上摆脱了国外的限制,然而与主流的计算机仍然存在一定的差距,但只要我们团结奋进,不断地进行技术研发,中国国产计算机一定能够走向世界。

9.3 思考与练习

一、填空题

1. 机箱为矩形框架结构，一般包括外壳、________、面板上的各种开关、指示灯等。

2. 按机箱样式分类，机箱可以分为________机箱和________机箱。

3. 机箱的选购，一般来说主要应该从________、________、________和________ 4 方面进行考虑。

4. 计算机所用的电源从适用范围上主要分为两类，即________电源和________电源。

5. 电源性能指标一般包括________、________、________、________、________、________、________和________等。

二、选择题

1. 机箱作为计算机的主要配件，它起的主要作用是________各计算机配件，起到一个承托和保护作用。此外，计算机机箱还具有屏蔽电磁辐射的重要作用。

A. 放置和固定　　B. 放置　　C. 固定　　D. 容纳

2. 按照机箱的尺寸划分，机箱可分为超薄、半高、________和全高机箱。

A. 2/4 高　　B. 3/4 高　　C. 超高　　D. 加厚

3. 电源与机箱一样，根据环境不同而使用的电源类型也不相同，目前较常用的是________电源。

A. AT　　B. BTX　　C. ATX　　D. Micro-ATX

4. 优质的电源应具有________、美国 UR 和中国长城等认证标志，这些认证的专业标准包括生产流程、电磁干扰、安全保护等。

A. ECC　　B. CCC　　C. FCC　　D. FMC

5. UPS 电源按其工作原理分可分为后备式、在线式以及________三种。

A. 大容量　　B. 交流　　C. 直流　　D. 在线互动式

三、简答题

1. 简述机箱的功能。

2. 机箱按照不同的分类方法，具体可以分为哪几类？

3. 如何判断电源的性能？

第10章　组装计算机

CHAPTER 10

学习目标：

◆ 认识组装计算机常用的工具。

◆ 了解组装计算机的注意事项。

◆ 掌握组装计算机的流程和各部件的安装操作方法。

◆ 掌握各部件的线路连接方法。

技能目标：

◆ 熟悉组装计算机的流程。

◆ 熟悉计算机各部件的安装和连接方法。

素质目标：

◆ 培养团队合作意识。

◆ 培养良好的心理调试能力。

组装的计算机也称兼容机或DIY计算机，即根据个人需要，选择计算机所需要的兼容配件，然后把各种互相不冲突的配件安装在一起，就完成了一台组装的计算机。组装计算机需要的配件一般包括CPU、主板、内存、硬盘、光驱、显示器、机箱、电源、显卡、鼠标、键盘、外接音源(音响或耳麦)等。通过本章的学习，读者可以掌握组装计算机的方法。

10.1 组装计算机前的准备工作

视频讲解

组装计算机前进行适当的准备十分必要。首先需要将组装计算机需要的所有硬件都整齐地摆放在一张桌子上，并准备好所需的各种工具；其次要了解组装的步骤和流程；最后再确认相关的注意事项。

10.1.1 组装计算机常用的工具

通常情况下，组装计算机需要用到螺丝刀、尖嘴钳、镊子、导热硅脂和绑扎带等工具。

1. 螺丝刀

螺丝刀是计算机组装与维护过程中使用最频繁的工具，其主要功能是用来安装或拆卸固定计算机部件的螺丝钉。计算机中使用的螺丝钉通常都是十字接头的，但也可能会碰到一字接头的螺丝钉，建议准备两把螺丝刀，一把十字螺丝刀、一把一字螺丝刀，如图10-1所示。同时,螺丝刀顶端尽量带有磁性,以方便不好直接接触到的部位的螺丝钉安装。

2. 尖嘴钳

尖嘴钳用于拆卸机箱上的各种挡板或挡片,固定拧不紧的螺丝帽,还可以剪切一些较细的电线等,如图10-2所示。

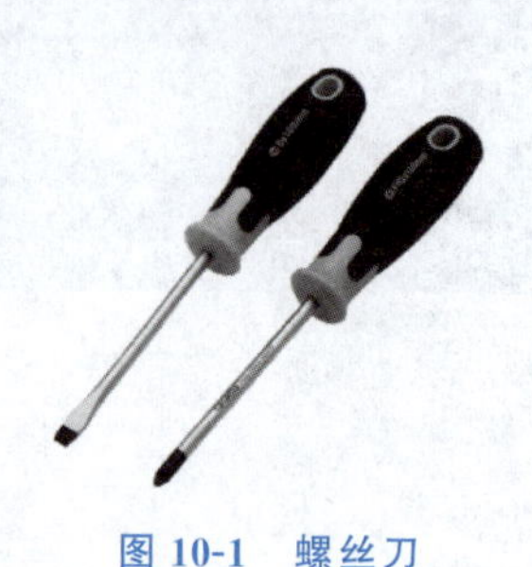

图10-1 螺丝刀

图10-2 尖嘴钳

3. 镊子

由于计算机机箱内的空间较小,在安装过程中,如果需要对较小的元件进行调整,或有东西掉入机箱中时,可以用镊子夹取这些零件,如图10-3所示。

4. 导热硅脂

导热硅脂具有良好的导热性和绝缘性,主要功能是填充在各种芯片与散热器之间,帮助芯片散热,也是安装CPU时必不可少的用品,如图10-4所示。

5. 绑扎带

绑扎带主要用来绑扎机箱内散乱的数据线,使机箱内干净整洁,如图10-5所示。

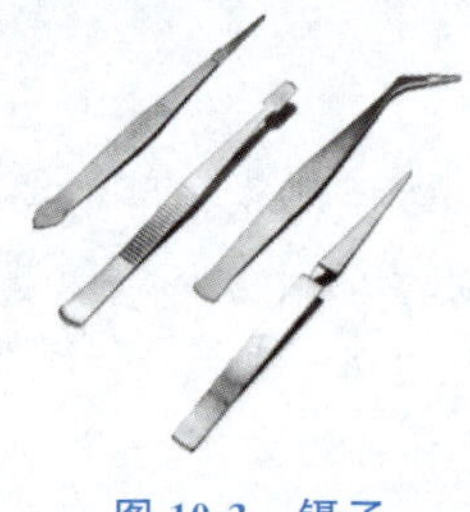

图10-3 镊子

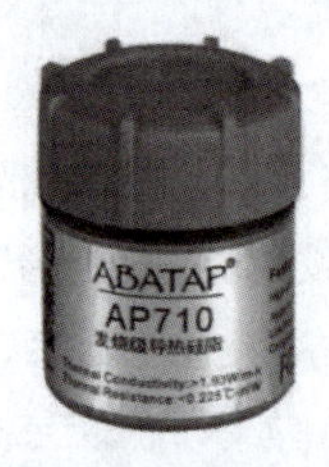

图10-4 导热硅脂

图10-5 绑扎带

10.1.2 组装计算机的注意事项

在组装计算机之前需要对其相应的注意事项进行了解,避免出现不必要的麻烦,如元件轻拿轻放、防静电等。

1. 释放静电

静电对电子设备的伤害极大,它可以将集成电路内部击穿,造成设备损坏。因此,在组装计算机之前,可通过洗手或触摸接地金属物体的方式释放身体所带的静电。

2. 轻拿轻放计算机部件

计算机中的有些部件比较脆弱,不抗震,如硬盘、CPU等部件,在组装过程中要轻拿轻放,以免损坏部件。

3. 避免粗暴安装

必须遵照正确的安装方法来组装各配件,对于不懂或不熟悉的地方一定要在仔细阅读说明书后再进行安装。严禁强行安装，以免因用力不当而造成配件损坏。此外，对于安装后位置有偏差的设备不要强行使用螺丝钉固定，以免引起板卡变形，严重时还会发生断裂或接触不良等问题。

10.1.3　组装计算机的一般步骤

计算机的组装包括硬件组装和软件安装两方面。组装计算机前应该梳理计算机组装的流程，以便于合理、方便、快捷地进行部件的组装，但计算机的组装流程并不是固定的，可以根据个人的组装习惯进行组装，不过大体流程都相似。

1. 计算机硬件的组装流程

(1) 拆开机箱。取出新机箱并拆下两侧的挡板。

(2) 安装电源。将电源安装到机箱中。

(3) 安装 CPU 和 CPU 风扇。先把 CPU 正确安装到主板 CPU 插槽上，并固定好；然后安装好 CPU 散热风扇。

(4) 安装内存。把内存条安装到主板上。

(5) 安装主板。把安装好 CPU、CPU 风扇和内存条的主板安装到机箱中。

(6) 安装板卡。将显卡、声卡和网卡等扩展板卡安装在主板上。

(7) 安装硬盘。把硬盘安装到机箱中的相应位置。

(8) 安装光驱。把光驱安装到机箱中的相应位置。

(9) 连接各种线路。连接电源开关、复位开关，以及硬盘、光驱的电源线和数据线等。

(10) 合上机箱。检查安装、连接正确无误后，整理机箱内的线材，然后把机箱挡板恢复原样。

(11) 连接外设。分别连接键盘、鼠标、显示器和音箱(或耳麦)，最后连接电源线。

2. 计算机软件的安装流程

完成计算机硬件的安装后，就可进行软件系统的安装，通常按照以下顺序进行。

(1) BIOS 设置。进入 BIOS 设置界面，对系统进行初始化设置，并设置正确的引导启动顺序。

(2) 硬盘分区/格式化。硬盘使用前必须先分区并格式化，该操作可以在安装操作系统时进行，也可以单独执行。

(3) 安装操作系统。在计算机中安装 Windows 7、Windows 10 或 Linux 等操作系统。

(4) 安装驱动程序。安装操作系统无法识别的硬件驱动程序，如显卡、声卡和网卡等硬件。

(5) 安装常用软件。安装常用的软件，如杀毒软件、系统保护软件、办公软件等。

(6) 拷机测试。对计算机进行性能和稳定性检测。

10.2　计算机部件的安装

组装一台计算机，其实最重要的就是组装机箱内部的各个部件。机箱内的各个部件安装完成后，其他外设部件，如显示器、鼠标、键盘等设备的连接就比较容易了。

10.2.1　安装 CPU 与内存

视频讲解

组装计算机时，应先将 CPU、CPU 风扇和内存安装到主板上，可以避免先将主板安装到机箱后,再安装 CPU、CPU 风扇和内存时操作空间较小、不方便操作的问题。

1. 安装 CPU 及散热风扇

(1) 将主板放置在平整干净的桌面上,在主板上找到 CPU 插槽,稍微用力将 CPU 插槽旁的拉杆压下并向外拉出,使其脱离固定卡扣,拉起 CPU 插槽拉杆,打开其上的固定罩,如图 10-6 所示。

图 10-6 打开 CPU 固定罩

(2) 将 CPU 的两个凹槽对应 CPU 插槽中凸点,CPU 金色三角标识与 CPU 插槽有三角标识的位置对应,将其垂直放入 CPU 插座中,即可正确安装,如图 10-7 所示。

图 10-7 CPU 插槽和 CPU 的对应位置图

(3) 确认将 CPU 正确安装后,将 CPU 插槽的固定罩与拉杆拉下,将其放入卡槽中,完成 CPU 的安装,如图 10-8 所示。

图 10-8 CPU 落入 CPU 插槽

(4) CPU 安装完成后，在 CPU 表面涂抹导热硅脂。一般购买导热硅脂时，都会附送注射管，用注射管将导热硅脂注射到 CPU 表面，并将导热硅脂抹平，如图 10-9 所示。

(5) 将 CPU 风扇的 4 个螺丝对准主板上的固定风扇的螺丝口，然后固定螺丝到主板上，并将风扇上的电源线插到 CPU 插槽旁边的风扇电源插座上，就完成了 CPU 风扇的安装，如图 10-10 所示。

图 10-9 CPU 涂抹导热硅脂

图 10-10 安装风扇

2. 安装内存

内存条原则上也是在主板放入机箱前进行安装。相对 CPU 的安装，内存条的安装比较简单。

(1) 选择要使用的内存插槽，将其两端的白色卡扣分别向左右水平掰开，如图 10-11 所示。

(2) 将内存条金手指处的缺口对准内存插槽中的凸起隔断，将内存垂直放入内存插槽中，如图 10-12 所示。双手同时均匀用力垂直向下压，直到两边白色(或其他颜色)卡扣自动弹起挂扣在内存条两边的卡槽内，即完成内存条安装。

图 10-11 掰开内存插槽两端的卡扣

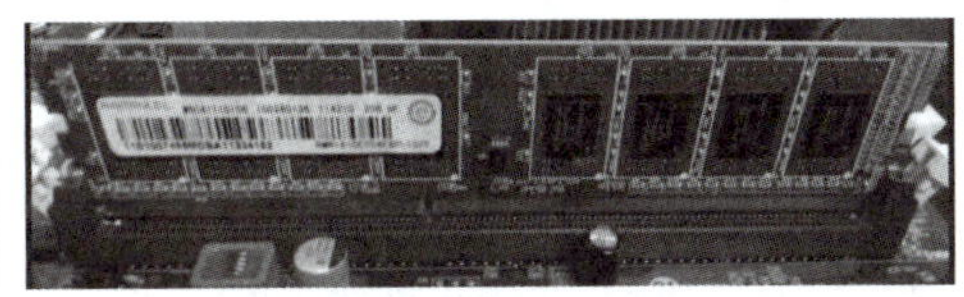

图 10-12 安装内存条

10.2.2 安装电源和主板

视频讲解

1. 打开机箱

要将计算机部件安装到机箱内，首先要打开机箱。在打开机箱时，使用螺丝刀拧开机箱后部的固定螺丝，将侧面板向后平移取下机箱侧面板，如图 10-13 所示。然后使用尖嘴钳将机箱背面主板外部的接口挡板拆掉，如果需要安装独立的声卡或网卡，还需要将机箱的条形挡片拆掉 1～2 个，如图 10-14 所示。

2. 安装电源

卸下机箱侧面板后，将机箱平放，并将电源摆放至机箱后侧左上角处的电源仓位处，然后使用螺丝钉将其与机箱固定在一起。在将电源放入机箱时，要注意电源放入的方向。部分电源拥有两个风扇或排风口，在安装此类电源时应将其中的一个风扇或排风口朝向主板，电源的安装如图 10-15 所示。

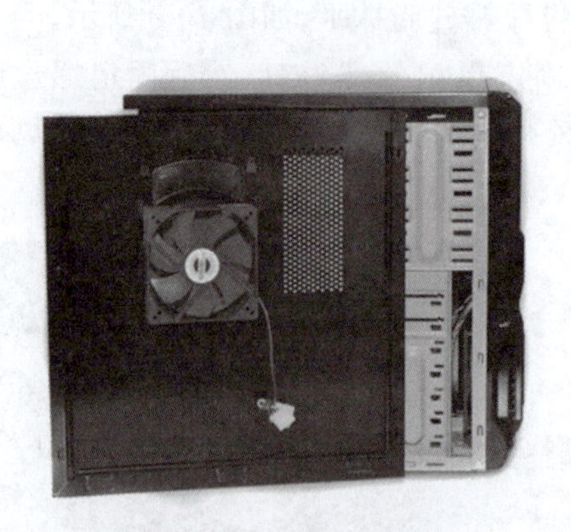
图 10-13　取下机箱侧面板

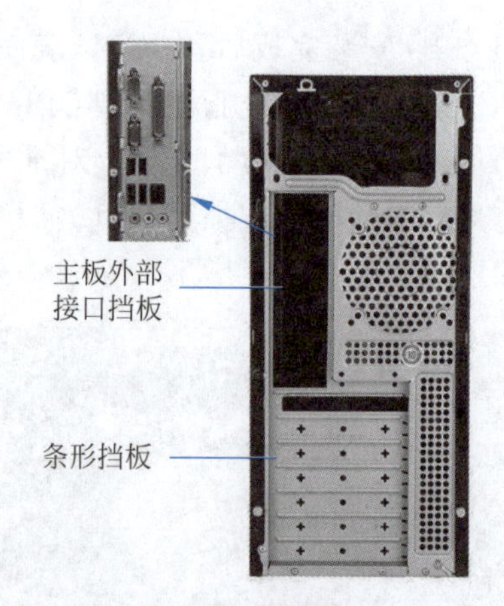

图 10-14　机箱背面挡板

图 10-15　安装电源

3. 安装主板

在主板上安装完 CPU、散热风扇及内存后，就可以将主板安装到机箱中了。主板的安装步骤如下。

（1）将机箱上的主板接口挡板拆掉，然后将主板配套的外部接口面板固定到接口处。

（2）将机箱平放，把主板平稳地放入机箱，在机箱的内面板上有主板定位孔，在放置主板时，使主板上的孔位与定位对齐，同时使主板接口与机箱背面留出的接口位置相对应。

（3）确认主板与定位孔及机箱背面预留接口对齐之后，使用螺丝钉固定到机箱上。主板的安装如图 10-16 所示。

图 10-16　安装主板

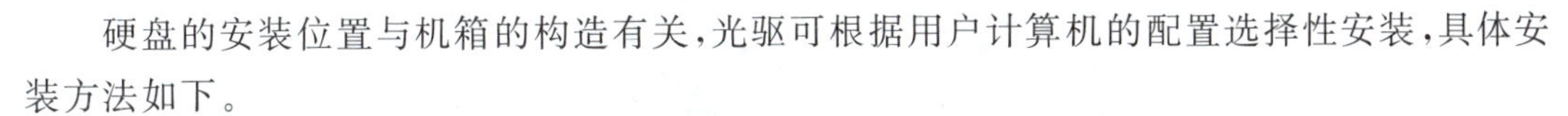

视频讲解

10.2.3 安装硬盘、光驱和板卡

硬盘的安装位置与机箱的构造有关，光驱可根据用户计算机的配置选择性安装，具体安装方法如下。

1. 安装硬盘

硬盘的安装是在机箱内部进行的，机箱内通常留有多个硬盘位置，用户根据需要选择使用的位置。

(1) 将硬盘由外向里放入机箱的硬盘支架上，在放置硬盘时，要保证硬盘的正面向上。

(2) 调整硬盘在支架上的位置，使硬盘两边的螺丝孔与支架上的螺丝孔对齐，用螺丝钉和螺丝刀将硬盘的两个侧面固定，即完成了硬盘的安装，如图 10-17 所示。

2. 安装光驱

目前，光驱已经不是计算机的必要设备，用户可根据实际需要情况选择是否安装光驱。光驱的安装比较简单，步骤如下。

(1) 安装光驱前需要拆除机箱前面板上的光驱挡板，然后将光驱从前面板上的缺口处推入光驱支架中，如图 10-18 所示。

图 10-17 硬盘固定到机箱硬盘支架

图 10-18 安装光驱

(2) 对齐光驱与机箱光驱支架上两侧的螺丝孔，拧紧螺丝，即完成了光驱的安装。

3. 安装板卡

目前很多主板已集成了音频、视频和网络芯片，但随着用户需求的不断增加，一些主板也需要独立安装显卡、声卡和网卡等部件。

1) 安装显卡

(1) 在主板上找到显卡对应的插槽，将插槽对应位置的机箱背部挡片取下。

(2) 主板上的 PCI-Express 显卡插槽上都设计有卡扣，首先需要向下按压卡扣将其打开，将显卡上的金手指对准主板上的 PCI-Express 显卡插槽，两手均匀用力将显卡插入插槽中。

(3) 完成后用螺丝将其固定在机箱上，即完成显卡的安装，如图 10-19 所示。

2) 安装网卡

(1) 在主板上找到网卡对应的插槽，将插槽对应位置的机箱背部挡片取下。

(2) 将网卡的金手指对准 PCI 插槽，向下均匀用力按压将网卡插入插槽中。

(3) 完成后用螺丝将其固定在机箱上，即完成网卡的安装。

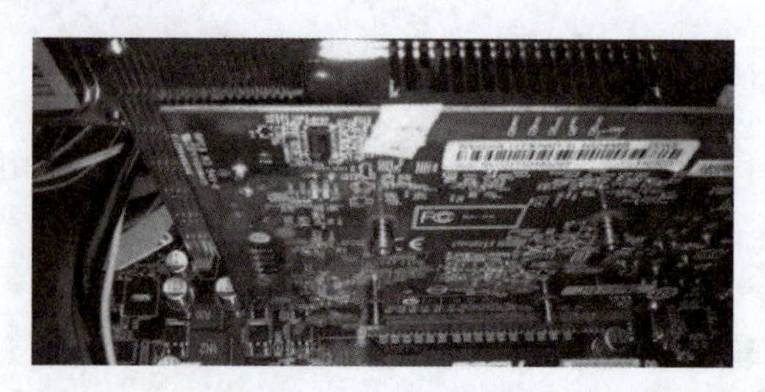

图 10-19　安装显卡

视频讲解

10.3 连接机箱内部各种部件线缆

机箱内各部件安装完成后,即可连接机箱内的各部件连线,只有正确地连接到主板上,才能使其正常工作,保证计算机系统稳定运行。

10.3.1 连接主板和CPU电源线

1. 连接主板电源

连接计算机的ATX电源,为24引脚,能够提供+12V、+5V、-5V电源。在连接主板电源时,在主板上找到电源插座,将主板电源插头有卡扣的一面对准插座上有卡扣的位置,用力压下插头上的卡扣,垂直插入插座中。主板电源接口如图10-20所示。

2. 连接CPU电源

为了给CPU提供更强更稳定的电压,目前主板上均提供一个给CPU单独供电的接口(有4针、6针和8针三种),如图10-21所示。在主板电源线附近找到CPU专用电源线插座,用上述插接主板电源的方法将CPU电源线插入。

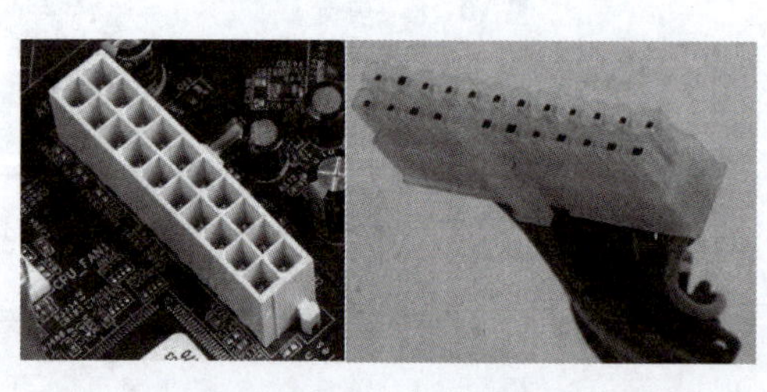

图 10-20　主板电源接口

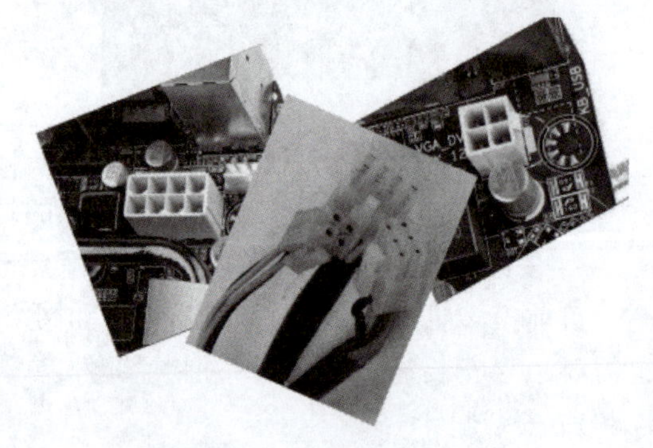

图 10-21　CPU电源接口

10.3.2 连接硬盘和光驱的数据线与电源线

1. 连接硬盘的数据线与电源线

SATA硬盘上有两个电缆插口,分别是7针的数据线插口和SATA专用的15针电源线插口,它们都是扁平形状的。这种扁平式插口的最大好处是具有防呆设计,不容易出现插错现象。

(1) 在主机电源的连线中,找出L形的电源线,将SATA专用电源接头插入SATA硬盘上的电源接口处,如图 10-22 所示。

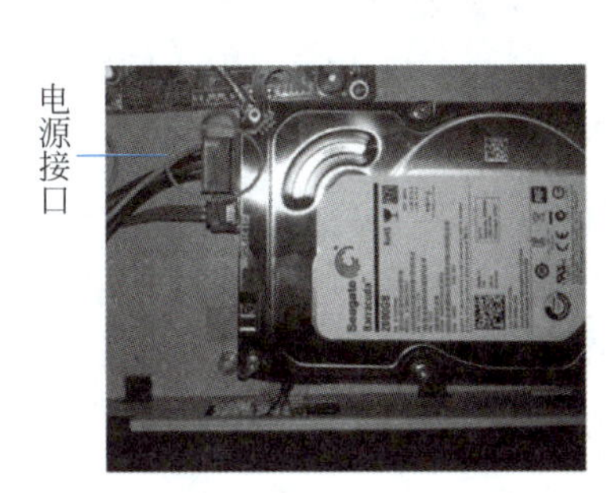

图 10-22　连接硬盘电源线

(2) SATA 硬盘的数据线两端接口都为 L 形,将 SATA 数据线的两端分别插入硬盘和主板上的 SATA 插座即可。

2. 连接光驱的数据线与电源线

(1) 目前很多光驱采用的是 IDE 接口,其电源线插头是一个 4 针的接口,将光驱电源线插入光驱对应接口中即可,如图 10-23 所示。

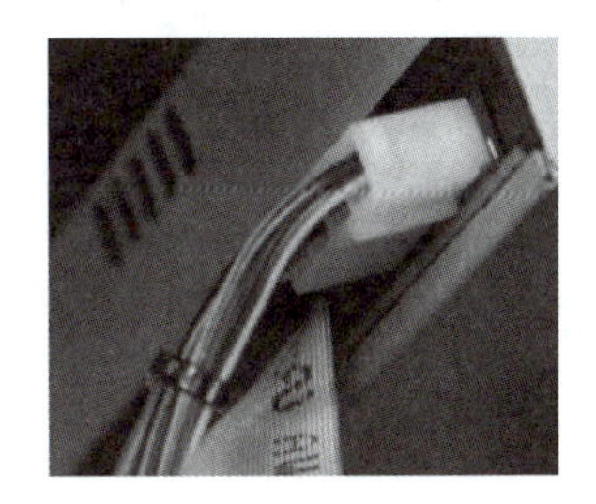

图 10-23　光驱电源线

(2) 光驱数据线一般是扁平的宽幅线,具有 IDE 接口。将光驱数据线的一端接到光驱上,然后在主板上找到相应的 IDE 接口,按照正确的方向将光驱数据线插入主板中。

10.3.3　连接内部控制线和信号线

除了电源线和数据线外,机箱内还有很多控制线和信号线,它们主要控制机箱面板上的按钮与信号灯,将它们分别连接到主板上,用户就可以通过机箱上的按钮来操控计算机。

控制线和信号线连接电源开关、复位开关、电源指示灯、前置 USB 接口等,通常情况下,每种数据线都有相应的标识,如图 10-24 所示。

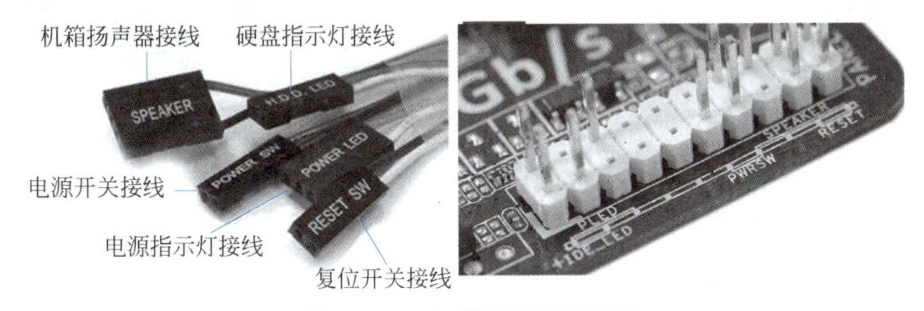

图 10-24　前置面板接口连线

(1) POWER SW 是电源开关接线。它连接机箱前置面板上的电源按钮,连接该线后,用户可以通过电源按钮开启和关闭计算机。

(2) RESET SW 是复位开关接线。它控制着机箱前置面板上的重启按钮。

(3) POWER LED+与 POWER LED−是电源指示灯接线。它分正负极,如果接错不会对计算机造成影响,但电源指示灯不亮。

(4) H. D. D. LED 是硬盘指示灯接线。它是一个两芯插头,连接该线之后,硬盘指示灯会亮。

(5) SPEAKER 是机箱扬声器接线,它可以控制机箱上的扬声器。

上述接线的接口都集中在主板上,只要将各接线依次插入相应接口,即可完成控制线与信号线的连接。

除此之外,机箱还提供了前置 USB 接口,需要将前置 USB 接口连接到主板上。

主板上相应地都会提供多个扩展的 USB 接口,找到这些接口,将 USB 接线插入对应接口中即可。

至此,机箱内的线路基本连接完毕,接下来将各种数据线整理整齐,使用绑扎带将数据线捆扎起来,这样机箱内就显得干净整洁了。

最后将机箱侧面板安装起来并拧紧螺丝,就完成了机箱内部硬件的组装。

10.4 连接外部设备

计算机主机组装完成后,还需要将主机与显示器、鼠标、键盘、音箱等设备进行连接,连接完成后,才能正常启动计算机。

1. 连接显示器

(1) 连接显示器时,将视频信号线的一端与显示器背部相应的接口进行连接,再将信号线的另一端插接到主机箱显卡接口上,并拧紧信号线接头上的固定螺丝,如图 10-25 所示。

(2) 连接好信号线后,将显示器电源线插到显示器后面的电源插口上,另一端插到电源插座上即可,如图 10-26 所示。

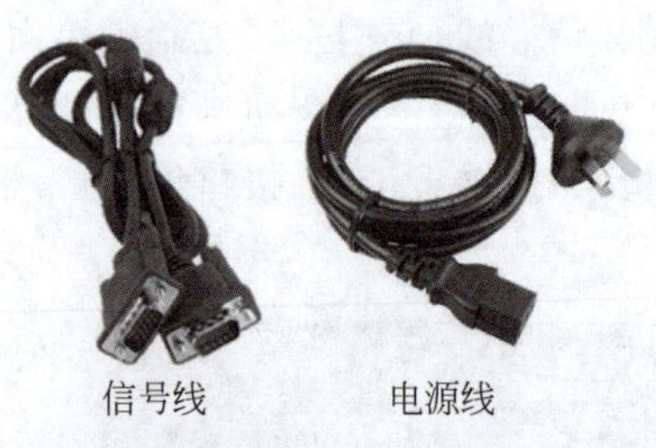

图 10-25 显示器信号线和电源线

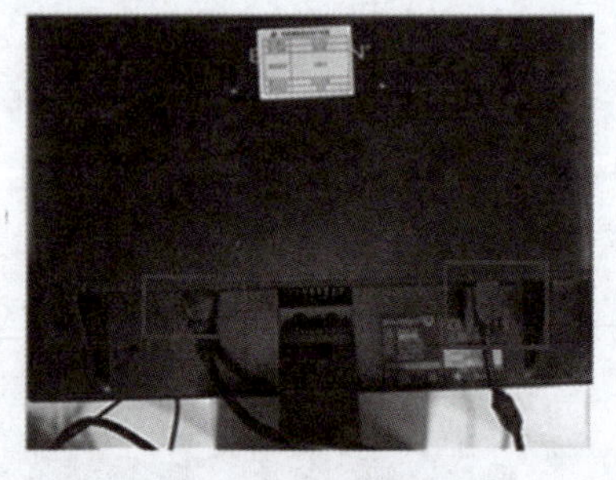

图 10-26 显示器连接

2. 连接键盘和鼠标

目前,键盘和鼠标都是采用 USB 接口,直接将键盘和鼠标连线的另一头插到机箱背部的 USB 接口上就行,操作非常简单。

3. 连接音箱

计算机的机箱前面板有 2 个小圆孔,机箱的后面板有 3 个小圆孔,是音箱接口,如图 10-27 所示。

(1) Line Out 接口(草绿色)。连接音箱,输出经过计算机处理的各种音频信号。

(2) Line In 接口(浅蓝色)。音频输入接口,需和其他音频专业设备相连,家庭用户一般闲置无用。

(3) Mic 接口(粉红色)。连接麦克风,用于聊天或者录音。

通常有源音箱接在 Speaker Out 端口或 Line Out 端口上,无源音箱接在 Speaker Out 端口上。连接有源音箱时,将有源音箱的 3.5mm 双声道插头插入机箱后侧声卡的线路输出插孔上。如果是 USB 接口的音响,直接插入 USB 插口即可。连接方法如图 10-28 所示。

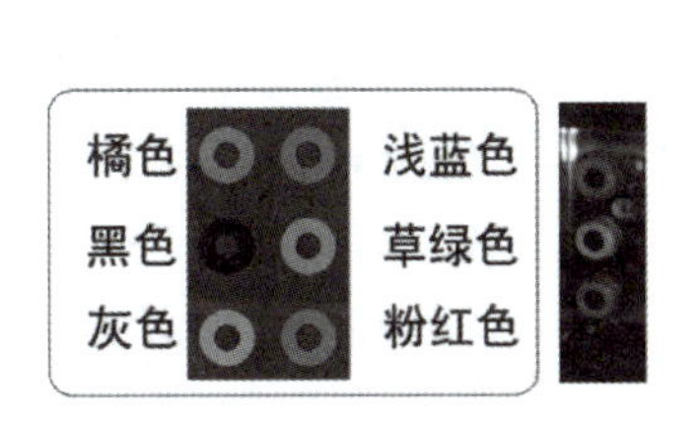

图 10-27　计算机音箱接口

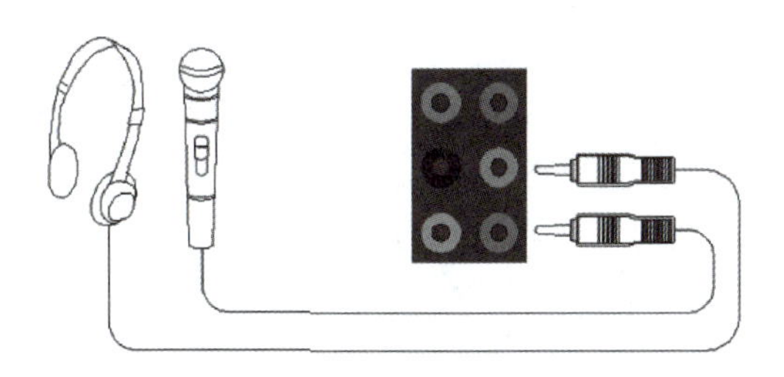

图 10-28　音箱连接方法

4. 连接网线

通常用的网线两端为 RJ-45 水晶接头的直通线双绞线,在连接网络时,将网线一头插入主机机箱背面面板上的 RJ-45 接口中,网线另一头接入网络设备接口,就完成了网线的连接,如图 10-29 所示。

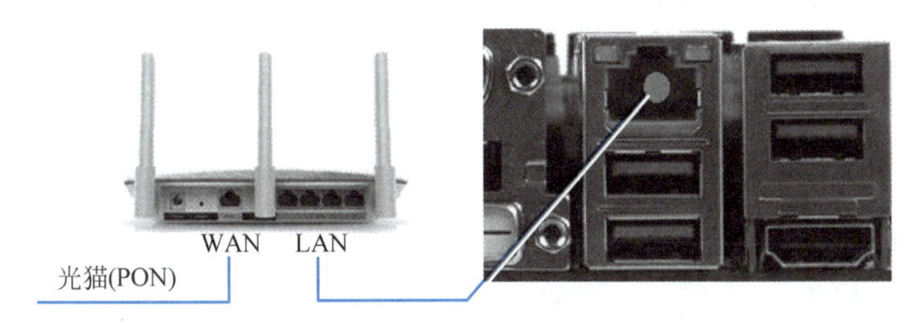

图 10-29　计算机连线到网络

组装好计算机之后,需要进行开机测试,检查组装是否正确。接通电源,按下主机电源按钮,计算机将自动启动,并进入自检界面。

笔记本电脑部件的安装

笔记本电脑部件的安装方法和台式机部件的安装相似。需要提前准备一把小的十字螺丝刀,由于笔记本电脑的螺丝很小,磁性螺丝刀操作起来很方便。

(1) 拆开笔记本电脑后盖和电池。将笔记本电脑正面朝上放置,用螺丝刀卸下后挡板,然后轻轻取出电池。

(2) 安装 CPU。笔记本电脑 CPU 的安装方式和台式机 CPU 的安装方法一样,将 CPU 插槽旁边的拉杆抬起至垂直位置,将 CPU 对应放入插槽,然后轻轻按下拉杆。

(3) 安装热管。与台式机不同之处就是笔记本电脑多了安装热管这一步,将热管散热器对准 CPU 放下,用螺丝固定。

(4) 安装风扇。将风扇电源与主板电源接口对应连接,然后将风扇放入凹槽内,用螺丝固定。

(5) 安装内存。将内存以约40°角斜插入卡槽,然后往里向下轻轻一按,内存就插入了合适的位置。

(6) 安装无线网卡。就像安装内存条一样,斜着插入卡槽,轻轻地往里向下按进去就可以,然后把无线网卡天线接好,最后用螺丝固定好。

(7) 安装硬盘。先将硬盘驱动器和支架安装在一起,然后将装有硬盘的支架安装在硬盘仓内,并用螺丝固定。

(8) 安装键盘和显示屏。将笔记本电脑面朝上放置,将键盘带状电缆连接到主板。然后,将键盘放入键盘槽并轻轻按下。显示屏也是如此。将排线连接到主板上,用胶带将显示屏固定在外壳上,并用螺丝加固。

(9) 将电池装回原位,并用螺丝固定外壳,完成笔记本电脑的组装。

10.5 实验二:网上模拟装配计算机

一、实验目的

(1) 熟练掌握网上购置计算机部件的方法。

(2) 熟练掌握配置计算机的方法。

二、实验设备

接入网络的计算机一台。

三、实验内容及步骤

(1) 做好配置计算机前的准备工作,明确选购计算机的用途和配置计算机的价位。

(2) 根据当前市场情况,根据特定的用户,制定一套装机方案,列出要购买部件的详细清单。

① 通过专业的计算机硬件销售网站,如中关村在线、京东在线装机等网站,了解计算机所需硬件。

② 通过网站模拟装机平台,选购计算机部件,并在线对比购置方案。

③ 通过选购清单对比,设计制定出符合自身需求的部件购买清单。

四、实验报告

写出装机部件购置清单的设计方案及其优缺点。

10.6 实验三:微型计算机的组装

一、实验目的

(1) 了解计算机的硬件配置和组装计算机的注意事项。

（2）了解组装一台计算机的一般步骤。
（3）学会自己动手配置、组装一台微型计算机。

二、实验设备

（1）常用计算机组装工具。
（2）计算机配件一套。

三、实验内容及步骤

（1）认真复习教材内容，了解组装计算机的注意事项和组装一台计算机的一般步骤。
（2）组装计算机。

① 先把CPU、散热风扇和内存安装在主板上，在安装时注意CPU与其插座上的安装方向标记，而内存条的金手指缺口应与内存插槽上的凸棱对齐。

② 把主板安装在机箱内。

③ 分别把光驱、硬盘安装在机箱的相应位置。

④ 在主板上插上诸如网卡、显卡等扩展卡，注意集成主板可能不需要安装声卡、网卡甚至显卡，要根据所购买集成主板内集成的情况而定。

⑤ 把光驱、硬盘和主板的电源线连接好，然后把光驱和硬盘的数据线连接好。

⑥ 连接机箱前面板上的各种指示灯以及开关的连线，要求根据主板说明书仔细逐个连接。

⑦ 把键盘、鼠标、显示器、音箱和网线等连接到机箱后端的相应接口上，然后让指导老师检查安装好的主机，没有问题以后，可以通电验机。如果能正常进入BIOS设置界面，则说明硬件安装基本成功，在关闭电源之后把机箱两侧挡板装上。

四、实验报告

写出组装步骤，并结合实际谈谈在每个操作步骤中的体会。

10.7 思考与练习

一、填空题

1. 主板电源线一般有________针或________针。
2. 通常，硬盘数据线为________接口，光驱数据线接口为________接口。
3. 机箱中的跳线POWER SW是________接线。
4. 机箱中的跳线H.D.D. LED是________指示灯接线。
5. 机箱中的跳线POWER LED+与POWER LED−是________接线。

二、选择题

1. 下列选项中，________不是组装计算机时需要准备的工具。

   A. 镊子　　B. 螺丝刀　　C. 吹气球　　D. 尖嘴钳

2. 关于CPU的安装，下列描述中错误的是________。

   A. 在安装CPU之前，要拉起CPU插槽拉杆，打开其上的固定罩

B. 在安装 CPU 时，将 CPU 与 CPU 插槽按引脚对应从 CPU 插槽一侧进行对齐，缓慢放入插槽中

C. CPU 与插槽上都有一个金色的三角，在安装 CPU 时要将这两处金三角对应起来

D. 在安装 CPU 时，要稍微用力将 CPU 推进插槽中

3. 关于机箱中各硬件设备的数据线与电源线，下列描述中错误的是________。

A. 主板电源接口为长方形，一般为 20 针或 24 针

B. CPU 专用电源线一般为 4 针或 8 针

C. 硬盘的电源线几乎全部采用 SATA 接口

D. 光驱数据线一般是扁平的宽幅线，具有 SATA 接口

4. 关于机箱中跳线，下列描述中错误的是________。

A. POWER SW 是电源开关接线，它连接机箱前置面板上的电源按钮

B. RESET SW 是复位开关接线，它控制着机箱前置面板上的重启按钮

C. POWER LED＋与 POWER LED－是电源指示灯接线，它分正负极，如果接错会烧坏电源

D. SPEAKER 是机箱扬声器接线，它可以控制机箱上的扬声器

5. 关于外部设备的连接，下列描述中正确的是________。

A. 显示器连接电源线就可以工作

B. 鼠标和键盘都需要连接到机箱后置面板的 USB 接口

C. 网线要连接到机箱后置面板上的网络接口

D. 音箱必须连接到机箱前置面板的音频接口

三、简答题

1. 简述计算机组装的流程。
2. 简述组装计算机时的注意事项。

第11章　BIOS设置与硬盘初始化

CHAPTER 11

学习目标：

◆ 了解 BIOS 的概念、功能与分类。

◆ 掌握 BIOS 的设置方法。

◆ 理解硬盘分区与格式化的概念。

◆ 掌握硬盘分区与格式化的操作方法。

技能目标：

◆ 掌握 BIOS 的设置方法。

◆ 掌握硬盘分区与格式化的操作方法。

素质目标：

◆ 培养良好的逻辑思维能力。

◆ 培养良好的人际沟通能力。

BIOS 是计算机最底层、最直接的硬件设置和控制，是安装操作系统、应用软件、更改计算机启动顺序等参数设置的载体，参数错误的 BIOS 将很有可能导致计算机硬件产生冲突，造成系统无法正常运行，或者某个硬件无法使用等多种情况，因此，了解并能够正确配置 BIOS 对于从事计算机组装与维修、维护方面的用户来讲是非常重要的一项技能。

11.1　BIOS 概述

视频讲解

11.1.1　BIOS 简介

BIOS(Basic Input Output System，基本输入输出系统)全称是 ROM-BIOS，是只读存储器基本输入输出系统的简写。它实际是一组被固化到主板的 ROM 芯片上的程序，固化了 BIOS 程序的只读存储器是主板上一块长方形或正方形的芯片，通常称为 BIOS 芯片，如图 11-1 所示。

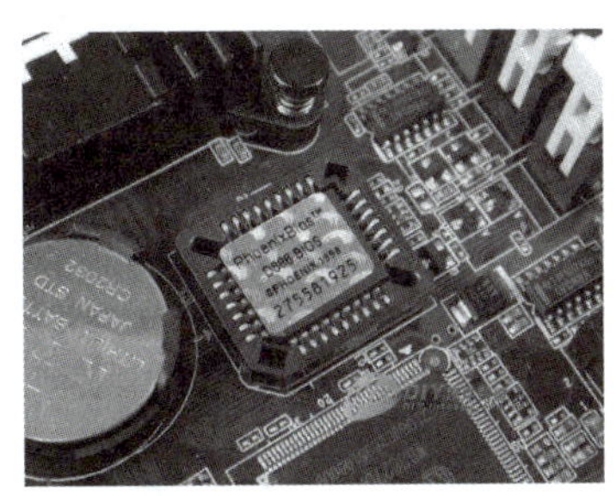

图 11-1　主板 BIOS 芯片

BIOS 程序主要包括 4 部分：基本输入输出程序、系统信息设置程序、开机加电自检程序和系统启动自检程序。由于 BIOS 程序存储在 ROM 中，因此它只能被读取不能被更改，并且断电后数据不会丢失。

BIOS主要是为计算机提供最底层、最直接的硬件设置和控制，是连通软件和硬件设备之间的枢纽。在开机时，BIOS程序自动运行，它会对计算机各硬件进行检测和初始化，以确保系统能够正常工作，如果硬件不能正常工作，则会立即停止工作并把错误设备信息反馈给用户。BIOS是主板的重要组成部分，现在的BIOS程序还加入了电源管理、CPU参数调整、系统监控、计算机病毒防护等功能，其管理功能的先进性直接决定了主板性能的高低。现在BIOS的功能变得越来越强大，而且许多主板厂商还不定期地对BIOS进行升级。

11.1.2 BIOS基本功能

BIOS的功能主要包括开机自检及初始化、系统设置程序、系统启动自举程序及硬件中断服务程序4项，但经常用的是开机自检、系统设置和系统启动自举这3项功能。

1. 开机自检及初始化

该部分又称加电自检(Power On Self Test，POST)，作用是在为硬件接通电源后检测CPU、内存、主板、显卡等设备的健康状况，以确定计算机能否正常运行。如果发现问题，分两种情况处理：一种是严重故障停机，不给出任何提示或信号；另一种是非严重故障则给出屏幕提示或声音报警信号，等待用户处理。如果未发现问题，则将硬件设置为备用状态，然后启动操作系统，把对计算机的控制权交给用户。

2. 系统设置程序

计算机在对硬件进行操作前必须先知道硬件的配置信息，这些配置信息存放在一块可读写的RAM芯片中，而BIOS中的系统设置程序主要用来设置RAM中的各项硬件参数，这个设置参数的过程就称为BIOS设置，通过BIOS系统设置程序可以设置CMOS的各项参数。在系统引导后，根据屏幕提示一般是按Delete键即可启动设置程序(CMOS SETUP)，进入设置状态。

3. 系统启动自举程序

在完成POST自检后，BIOS将先按照RAM中保存的启动顺序来搜寻硬盘、光盘驱动器和网络服务器等有效的启动驱动器，将操作系统引导记录读入内存，然后将系统控制权交给引导记录，由引导记录完成系统的启动。

4. 硬件中断服务程序

计算机开机时，BIOS会告诉CPU等硬件设备的中断号，操作时输入使用某个硬件的命令后，它就会根据中断号使用相应的硬件来完成命令的工作，最后根据其中断号跳回原来的状态。

11.1.3 BIOS和CMOS的区别

CMOS是主板上的一块可读写的RAM芯片，是用来保存BIOS的硬件配置和用户对某些参数的设定。它存储了微机系统的时钟信息和硬件配置信息等，共计128字节。系统加电引导时，要读取CMOS信息，用来初始化计算机各个部件的状态。它靠系统电源或主板电池供电，关闭电源信息不会丢失。

CMOS芯片只是一个计算机系统硬件配置及设置的信息存储器。用户可以根据当前计算机系统的实际硬件配置，通过修改CMOS中各项参数，调整、优化、管理计算机硬件系统。但要修改 CMOS 中的各项参数则必须通过 BIOS 设置程序来完成，因此 BIOS 设置也称为 CMOS 设置。

由上面的解释可以看出，BIOS 与 CMOS 既相关又有所不同。

(1) BIOS 是计算机的中断控制指令系统只读存储器；CMOS 是计算机硬件系统的配置及设置可改写的存储器。

(2) BIOS 中的系统设置程序是用来完成系统参数设置与修改的工具；CMOS RAM 是设定系统参数的存放场所，是设置的结果。

(3) 它们都和系统设置有密切的关系，因而也就有了笼统的 BIOS 设置和 CMOS 设置的说法。准确的说法应该是“通过 BIOS 设置程序对系统参数进行设置与修改，这些数据保存在 CMOS 中”。

BIOS 芯片在主板上的布局如图 11-2 所示，这是一块采用了双 BIOS 技术的主板，BIOS 芯片采用的是 8 引脚贴片封装形式。

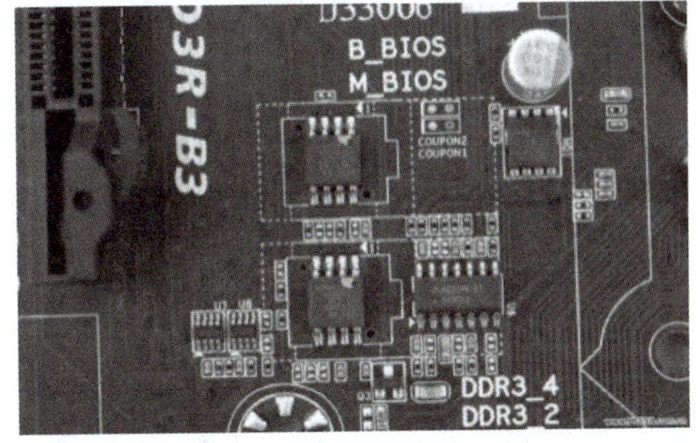

图 11-2 一块采用了双 BIOS 技术的主板

11.1.4 BIOS、EFI 与 UEFI 介绍

BIOS 采用 16 位汇编语言代码、1M 内存寻址，是在 16 位实模式下调用 INT 13H 中断执行的。自 1975 年诞生之后，虽然经各大主板厂商的不懈努力，BIOS 也有了 ACPI、USB 设备支持，PnP 即插即用支持等新技术，但是这在根本上没有改变 BIOS 的本质，而英特尔公司为了迁就这些旧技术，不得不在一代又一代处理器中保留着 16 位实模式，否则根本无法开机。直到 2001 年，英特尔开发出了全新的安腾处理器，采用 IA-64 架构，并推出了全新的 EFI。

EFI(Extensible Firmware Interface，可扩展固件接口)是采用模块化、高级语言(主要是 C 语言)构建的一个小型化系统。和 BIOS 一样，主要在启动过程中完成硬件初始化，但它是直接利用加载 EFI 驱动的方式，识别系统硬件并完成硬件初始化，彻底摒弃 BIOS 采用的中断执行处理方式。EFI 驱动并不是直接面向 CPU 的代码，而是由 EFI 字节码编写而成，在 EFI 驱动运行环境 DXE 下解释运行。EFI 完全是 32 位或 64 位，摒弃 16 位实模式，在 EFI 中就可以实现处理器的最大寻址，因此可以在任何内存地址存放任何信息。BIOS 上的 CMOS 设置程序在 EFI 上是作为一个个 EFI 程序来执行的。

当 EFI 发展到 1.1 时，英特尔决定把 EFI 公之于众，于是后续的 2.0 吸引了众多公司加入，EFI 也不再属于英特尔，而是属于 Unified EFI Form 国际组织，EFI 在 2.0 后也遂改称为 UEFI。UEFI 其中的 EFI 和原来是一个意思，U 则是 Unified(一元化、统一)的首字母，所以 UEFI 的意思就是“统一的可扩展固件接口”，与前身 EFI 相比，UEFI 主要有以下改进。

(1) UEFI 具有完整的图形驱动功能，之前的 EFI 虽然原则上加入了图形驱动，但为了保证 EFI 和 BIOS 的良好过渡，EFI 多数还是一种类 DOS 界面，图形分辨率很低，只支持 PS/2 键盘操作(极少数支持鼠标操作)，不支持 USB 键盘和鼠标。到了 UEFI，则拥有了完整的图形驱动，增加了对 USB 键盘、鼠标的支持，而且 UEFI 的画面分辨率非常高。

(2) UEFI具有安全启动(Secure Boot)的功能,这是EFI所没有的。安全启动可以解释为固件验证。开启UEFI的安全启动后,主板会根据TPM芯片记录的硬件签名对各硬件判断,只有符合认证的硬件驱动才会被加载,这在一定程度上降低了启动型程序在操作系统启动前被预加载造成的风险。

BIOS和UEFI启动计算机过程区别如下。

(1) BIOS先要对CPU初始化,然后跳转到BIOS启动处进行POST自检,此过程如有严重错误,则计算机会用不同的报警声音提醒,接下来采用读中断的方式加载各种硬件,完成硬件初始化后进入操作系统启动过程。

(2) UEFI则是运行预加载环境先直接初始化CPU和内存,CPU和内存若有问题则直接黑屏,其后启动PXE采用枚举方式搜索各种硬件并加载驱动,完成硬件初始化,之后同样进入操作系统启动过程。

11.1.5 BIOS的分类

市面的主板厂商多达数百家,不同主板所采用的BIOS也有不同类型和不同版本的区别。目前市面上的台式机主板基本使用的是AMI与AWARD两个品牌的BIOS程序,笔记本电脑则多采用Phoenix与Insyde的BIOS程序,一些知名大厂甚至自主研发BIOS程序。

1. AMI BIOS

AMI BIOS是由AMI公司所设计生产的,开发于20世纪80年代中期,早期的286、386大多采用AMI BIOS,它对各种软、硬件的适应性好,能保证系统性能的稳定。到20世纪90年代后,绿色节能计算机开始普及,AMI却没能及时推出新版本来适应市场,使得Award BIOS占领了大半壁江山。当然AMI也有非常不错的表现,新推出的版本依然功能强劲。图11-3所示为早期AMI BIOS设置程序主界面。

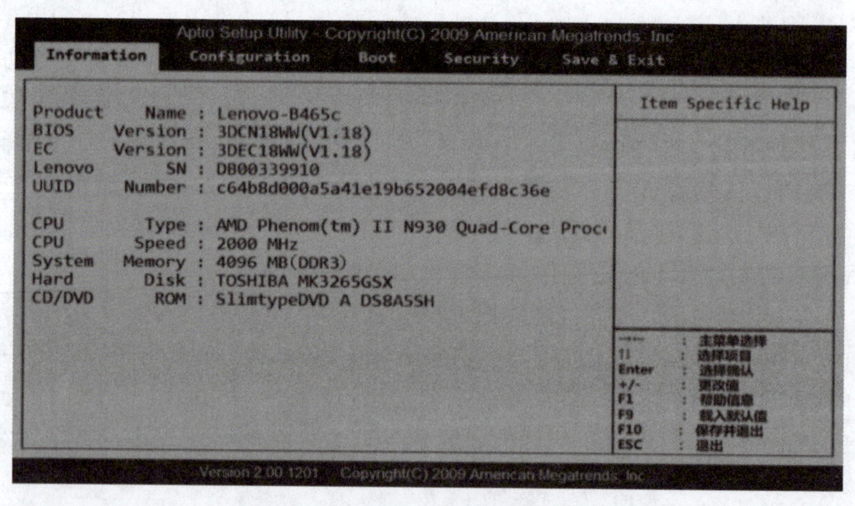

图11-3 AMI BIOS设置程序主界面

2. Award BIOS

Award BIOS是由Award Software公司开发的BIOS产品,在目前的主板中使用最为广泛。Award BIOS功能较为齐全,支持许多新硬件,市面上多数主机板都采用了这种

BIOS。在Phoenix公司与Award公司合并前，Award BIOS便被大多数台式机主板采用。两家公司合并后，Award BIOS也被称为Phoenix-Award BIOS。现在的计算机大多使用Phoenix-Award BIOS，其功能和界面与Award BIOS基本相同，因此可以将Phoenix-Award BIOS当作新版本的Award BIOS，如图11-4所示。

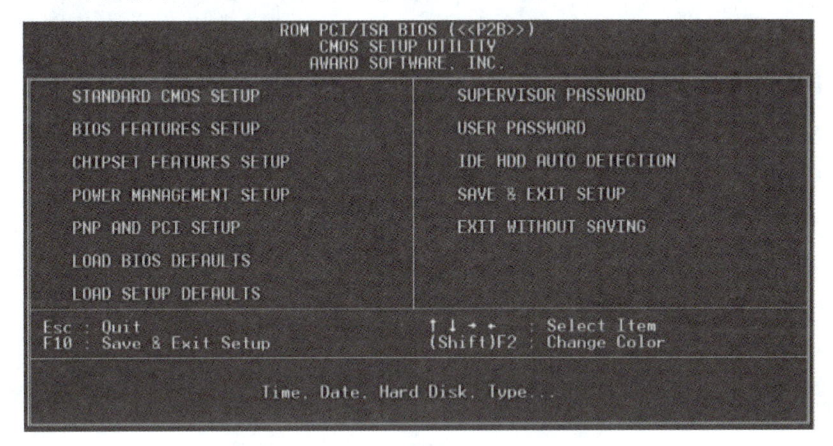

图11-4　Award BIOS设置程序主界面

3. Phoenix BIOS

Phoenix BIOS是Phoenix公司的产品。从性能和稳定性看，Phoenix BIOS要优于Award和AMI，因此被广泛应用于服务器系统、品牌机和笔记本电脑，如图11-5所示。

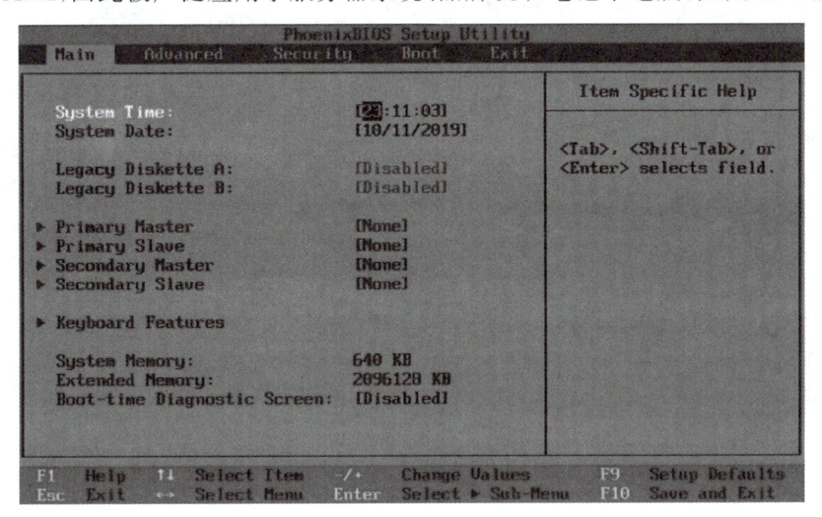

图11-5　Phoenix BIOS设置程序主界面

4. Insyde BIOS

Insyde BIOS是由台湾系微股份有限公司独自开发的BIOS，在以前其多用于嵌入式设备，后来逐渐在主板上也被广泛使用，一般用于笔记本电脑。图11-6所示为Insyde BIOS设置程序主界面。

5. 定制BIOS

一些品牌机或主板厂商为了更好地提升自己的整机创新能力，更好地把硬件、底层软件、操作系统深度融合，提高自身产品的竞争力，与BIOS厂家合作定制出具有品牌特性和特色性能的 BIOS。图 11-7 所示为联想定制 BIOS 设置程序主界面。

InsydeH20 Setup Utility Rev 5.0

Information Configuration Security Boot Exit

	Item Specific Help
Product Name	Lenovo Rescuer-14ISK
BIOS Version	0KCN23WW
EC Version	0KEC23WW
MTM	80RN0000CD
Lenovo SN	PF9003CN
UUID Number	9B93E04A-79F5-11E5-BA4C-F8A9632760E3
CPU	Intel(R) Core i7-6700HQ CPU @ 2.60GH
System Memory	8192 MB
Hard Disk 1	LITEON CV1-8B128
Hard Disk 2	HGST HTS541010A7E630
Preinstalled OS License	SDK0K09938 WIN
OA3 Key ID	3423308230594
OA2	N
Secure Boot Status	Enabled

F1 帮助信息 ↑↓ 选择列表内容 Fn+F5/F6 更改 F9 载入默认值
ESC 取消或返回 ↔ 选择BIOS菜单 Enter 确认 F10 保存并退出

图 11-6 Insyde BIOS 设置程序主界面

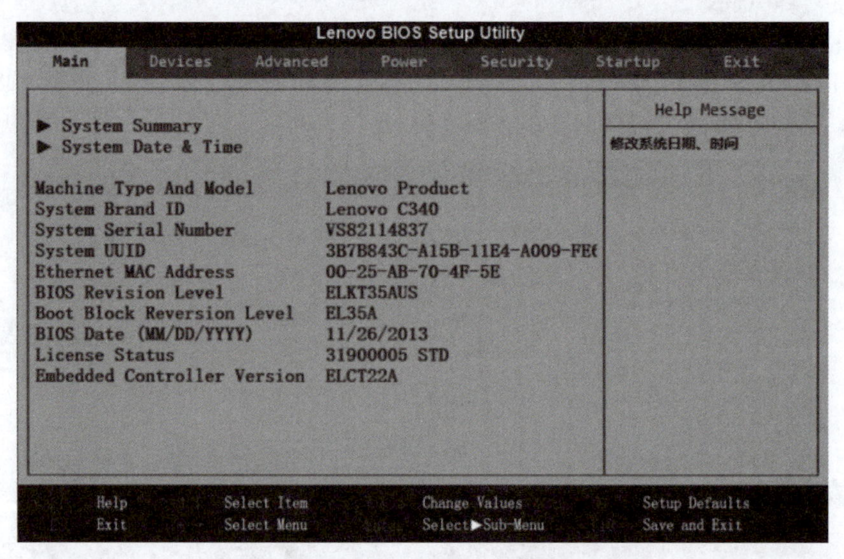

图 11-7 联想定制 BIOS 设置程序主界面

6. 图形界面 BIOS

传统 BIOS 存在界面不友好、兼容性低、扩展性差、编写和维护成本高以及让人诟病的安全性问题等缺点。新型的图形化 BIOS 界面更强大，具有弹性的 32/64 位模式，可以实现更大的寻址空间。此外还具有灵活的扩展能力，编写和维护的门槛更低，更强大易用，具有可选 UEFI Shell 系统来提供 BIOS 更新、系统诊断等各种功能，相当于一个迷你操作系统。图 11-8 为华硕 UEFI BIOS 设置程序的主界面，华硕的 BIOS 界面基本都是一样的，界面清晰，也比较简单，根据个人习惯可以选择语言类型。图 11-9 为微星 UEFI BIOS 设置程序简易模式的主界面，微星的 BIOS 界面基本也都类似，即使是高端系列，整体框架也是相同的，右上角有语言类型选择。

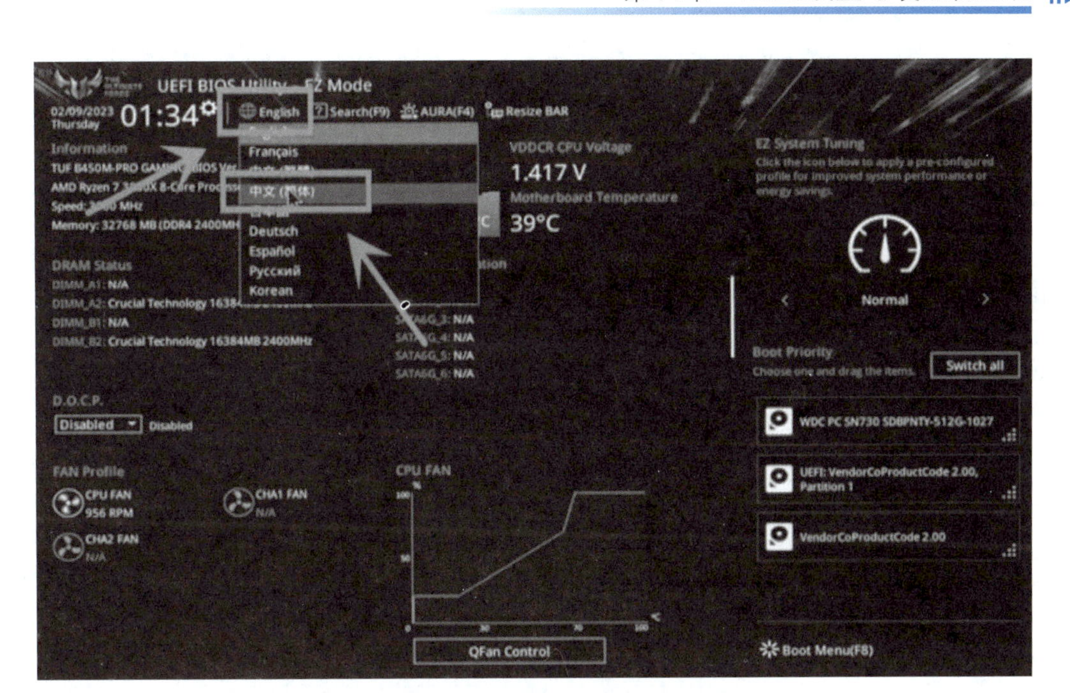

图 11-8　华硕 UEFI BIOS 设置程序的主界面

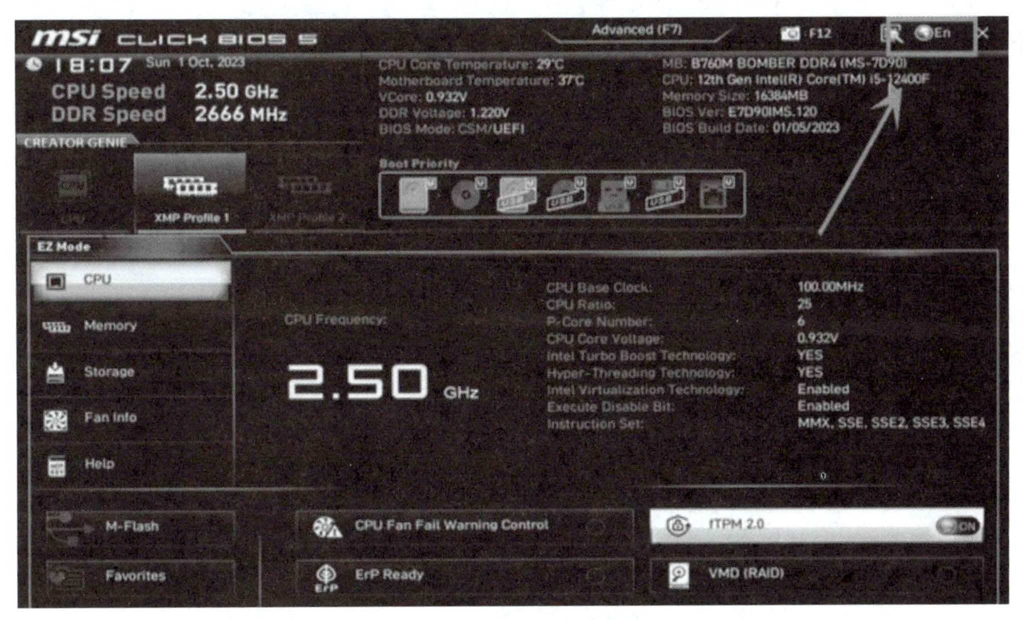

图 11-9　微星 UEFI BIOS 设置程序简易模式主界面

11.2 BIOS 设置

视频讲解

11.2.1　BIOS 进入方式

当系统崩溃或者要重新设定计算机系统以及对计算机某些参数进行设置时，通常会进入 BIOS 来设置。不同的品牌计算机或不同的主板进入方法也不尽相同，一般来说都是在启动计算机后,在开机屏幕出现Logo时按下进入BIOS的按键,即可进入BIOS的主界面。表11-1列出了一些主板和品牌计算机进入BIOS的按键。

表11-1 不同主板和品牌机进入BIOS的按键方式

组装机主板		品牌笔记本电脑		品牌台式机	
主板品牌	启动按键	笔记本电脑品牌	启动按键	台式机品牌	启动按键
华硕主板	F8	联想笔记本电脑	F12	联想台式机	F12
技嘉主板	F12	宏碁笔记本电脑	F12	惠普台式机	F12
微星主板	F11	华硕笔记本电脑	Esc	宏基台式机	F12
映泰主板	F9	惠普笔记本电脑	F9	戴尔台式机	Esc
梅捷主板	Esc或F12	联想Thinkpad	F12	神舟台式机	F12
七彩虹主板	Esc或F11	戴尔笔记本电脑	F12	华硕台式机	F8
华擎主板	F11	神舟笔记本电脑	F12	方正台式机	F12
斯巴达卡主板	Esc	东芝笔记本电脑	F12	清华同方台式机	F12
昂达主板	F11	三星笔记本电脑	F12	海尔台式机	F12
双敏主板	Esc	IBM笔记本电脑	F12	明基台式机	F8
翔升主板	F10	富士通笔记本电脑	F12		
精英主板	Esc或F11	海尔笔记本电脑	F12		
冠盟主板	F11或F12	方正笔记本电脑	F12		
富士康主板	Esc或F12	清华同方笔记本电脑	F12		
顶星主板	F11或F12	微星笔记本电脑	F11		
铭瑄主板	Esc	明基笔记本电脑	F9		
盈通主板	F8	技嘉笔记本电脑	F12		
捷波主板	Esc	Gateway笔记本电脑	F12		
Intel主板	F12	eMachines笔记本电脑	F12		
杰微主板	Esc或F8	索尼笔记本电脑	Esc		
致铭主板	F12	苹果笔记本电脑	长按Option键		
磐英主板	Esc				
磐正主板	Esc				
冠铭主板	F9				

注:上述未提到的计算机机型请尝试或参考相同的品牌常用启动热键。

11.2.2 BIOS基本设置

BIOS种类不同,各参数选项名称与设置方式在细节上略有差别,但一些基本的设置都类似。由于现在的BIOS智能化程度比较高,出厂的设置基本都是最佳设置,因此用户在设置BIOS时只需要设置很少的一部分,如设置密码、系统日期时间、设置启动顺序等。

1. 设置日期时间

在Phoenix BIOS主界面,前两项就是设置时间和日期。在设置时间时,直接在光标处输入时分秒的数值即可,在时分秒之间可以按Enter键进行切换,如图11-10所示。设置完时间之后,使用上下方向键将光标移动到日期设置框,以同样的方式设置日期。

2. 设置密码

在BIOS中设置密码可以防止其他人误入BIOS而造成无法开机或无法修复的问题。

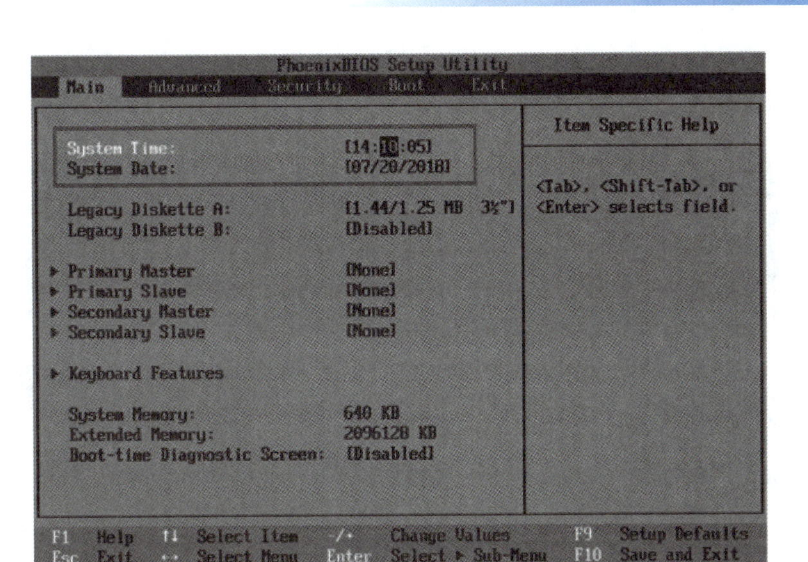

图 11-10　Phoenix BIOS 设置时间

在 BIOS 中可以为计算机设置两种密码——超级用户密码和用户密码。使用超级用户密码可以进入 BIOS 对各项参数进行查看和修改，而使用用户密码只能进入 BIOS 查看各项参数而无法进行修改。

1）设置超级用户密码

使用右方向键将光标移动到菜单栏中的 Security 选项卡，然后在 Security 界面找到 Set Supervisor Password 选项，按 Enter 键，弹出密码输入框，输入要设置的密码，如图 11-11 所示。

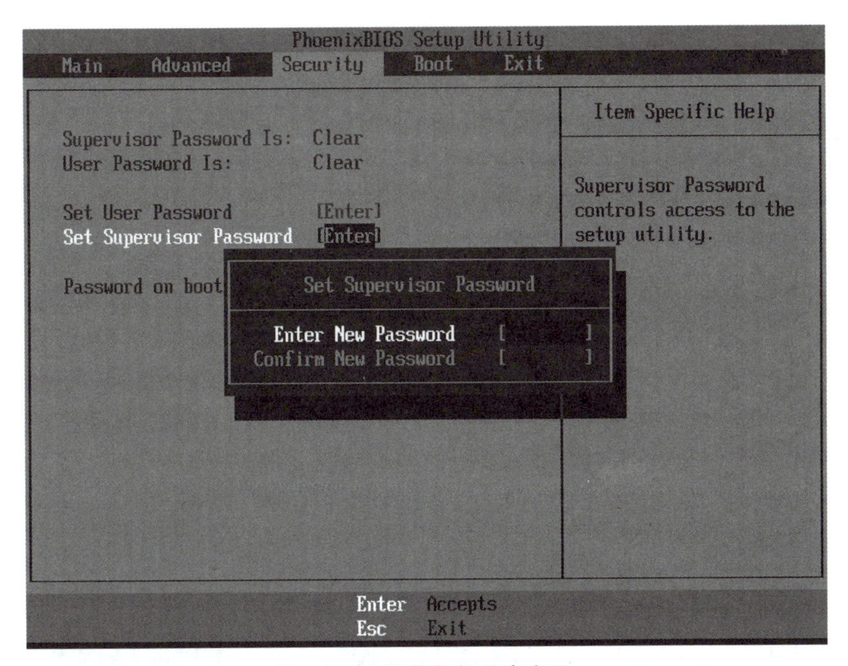

图 11-11　设置超级用户密码

在图 11-11 所示的界面中，输入超级用户密码，然后按 Enter 键，光标会跳至 Confirm

New Password 输入框，再次输入密码进行确认，输入完毕，按 Enter 键，弹出密码修改提示框，如图 11-12 所示。

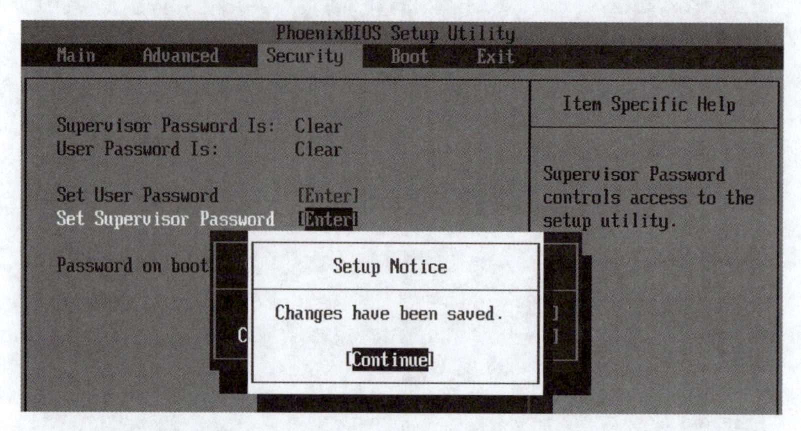

图 11-12 确认密码

在图 11-12 所示的界面中，按 Enter 键即可完成超级用户密码设置。需要注意的是，密码可以是英文字母、数字、符号和空格键，且字母区分大小写。

2）设置用户密码

用户密码选项为 Set User Password，一般在 Set Supervisor Password 选项上面或下面，其设置与超级用户密码相同，这里不再赘述。

如果要取消密码，则选择相应选项后，按下 Enter 键，BIOS 会弹出密码设置框，将密码框中的密码清空，按 Enter 键，这样即可取消密码。

3. 设置启动顺序

启动顺序的设置即设置计算机在启动时是从硬盘、U 盘还是光驱等设备启动。在 BIOS 主界面，使用左右方向键，将光标移动到菜单栏中的 Boot 选项，如图 11-13 所示。

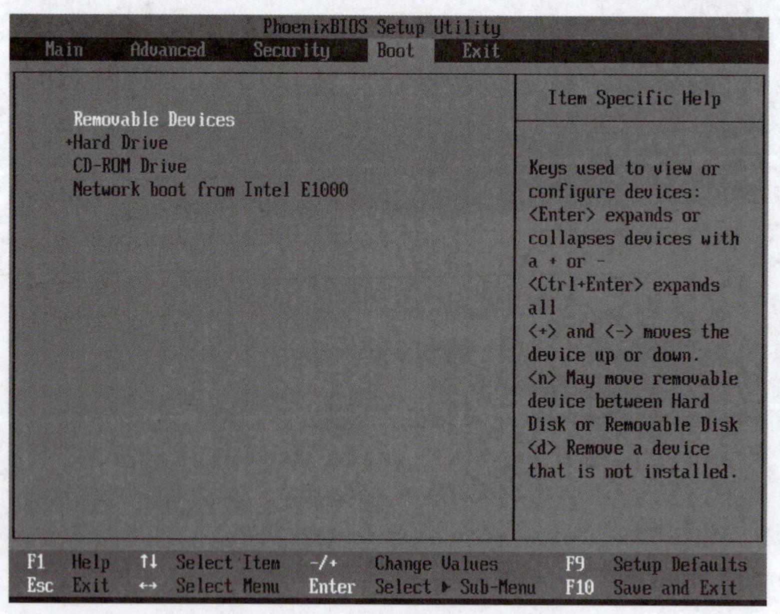

图 11-13 设置启动顺序

在 Boot 界面有 4 个选项，各选项含义如下。

(1) Removable Devices。从 U 盘启动。

(2) Hard Drive。从硬盘启动。

(3) CD-ROM Drive。从光驱启动。

(4) Network boot from Intel E1000。从网卡启动。

这 4 个选项的排列顺序就代表操作系统的启动顺序，如果要更改启动顺序，则使用方向键选中选项，然后使用“+”“-”符号使选项向上或向下移动。

4. 保存并退出 BIOS

对 BIOS 设置完成后，需要保存退出并重启计算机，相关的设置才会生效。使用左右方向键将光标移动至菜单栏中的 Exit 选项，如图 11-14 所示。

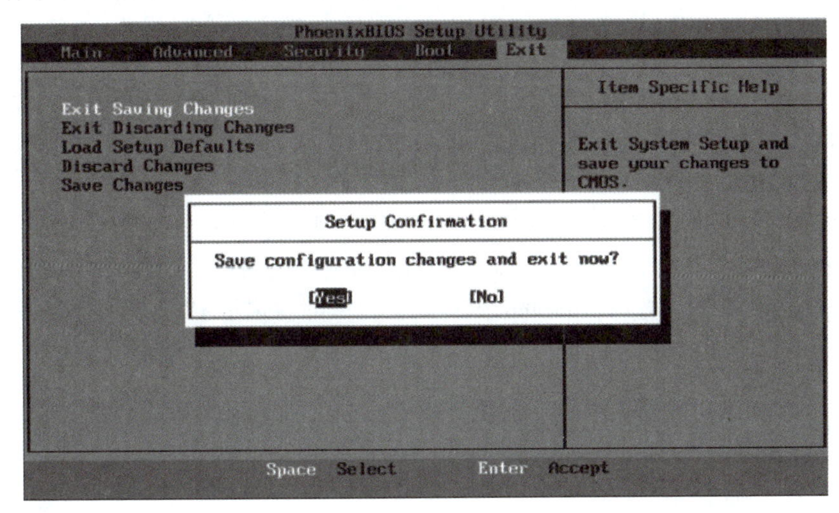

图 11-14 保存与退出

图 11-14 所示界面中各选项的含义如下所示。

(1) Exit Saving Changes：保存修改并退出。

(2) Exit Discarding Changes：不保存修改并退出。

(3) Load Setup Defaults：加载设置信息。

(4) Discard Changes：不保存修改。

(5) Save Changes：保存修改。

设置完 BIOS，一般都要保存退出，使用上下方向键将光标移动到 Exit Saving Changes 选项，然后按 Enter 键，弹出确认框，将光标移动到 Yes 选项上，按 Enter 键即可。

11.3 BIOS 有关故障排除

1. 超频造成不能开机

对 CPU 进行超频后，重启却出现了黑屏故障。一般可以采用两种方法来解决 CPU 超频后计算机不能启动的问题。

(1) 按下机箱上的 Power 按钮开启计算机的同时，按住键盘上中右侧控制键盘区上的 Insert 按键，大多数主板都将这个按键设置为让 CPU 以最低频率启动并进入 BIOS 设置程序。如果不奏效，可以按 Home 按键代替 Insert 按键试试。成功进入 BIOS 设置程序后，在主菜单中选择 Frequency/Voltage Control（频率/电压控制），将 CPU Host Clock Control（CPU 主频控制）设置成 Disabled，或将下级的 CPU Host Frequency（CPU 外频）调节成适当的频率。

（2）如果第一种方法无法实现，可按照主板说明书提示，打开机箱，找到主板上控制 CMOS 芯片供电的 3 针跳线，将跳线改插为清除状态，清除 CMOS 参数同样可以达到让 CPU 以最低频率启动的目的。启动计算机后可以进入 BIOS 设置程序，重新设置 CMOS 参数。

2. 计算机进入休眠状态后就死机

计算机只要进入休眠状态后就死机。这种情况一般出现在 BIOS 支持硬件电源管理功能的主板上，并且既在 BIOS 设置程序中开启了硬件控制系统休眠功能，又在 Windows 中开启了软件控制系统休眠功能，从而造成电源管理冲突。此时可在开机自检时，按 Del 按键进入 BIOS 设置程序，进入 Power Management Setup（省电功能设置）主菜单，将 PME Event Wake Up 设置成 Disabled，即可关闭 BIOS 的电源管理事件唤醒功能。

3. 开机按 F1 键才能继续

计算机在开机时必须要按一下 F1 键才能继续。遇到这种情况，一般是因为 BIOS 中的参数与实际的硬件不符造成的，进入 BIOS 中看看有哪些选项设置不当，例如计算机中没有安装软驱却在 BIOS 中设置为 Enabled，这样就会造成开机需按 F1 键的现象。另外也有可能是由于 CMOS 电池接触不良或电力耗尽所致。

视频讲解

11.4 制作 U 盘启动盘

11.4.1 启动盘的概念

启动盘（startup disk）又称紧急启动盘（emergency startup disk）或安装启动盘。它是写入了操作系统镜像文件的具有特殊功能的移动存储介质（U 盘、光盘、移动硬盘以及早期的软盘），主要用来在操作系统崩溃时进行修复或者重装系统。

早期的启动盘主要是光盘或者软盘，随着移动存储技术的成熟，逐渐出现了 U 盘和移动硬盘作为载体的启动盘，它们具有移动性强、使用方便等特点。近年来由于 U 盘的存储容量、存储速度等高速发展，已经逐步替代了光盘和移动硬盘，个人计算机已经不再把光驱作为标准配置了，因此现在的启动盘基本是用 U 盘来制作。

11.4.2 制作 U 盘启动盘的步骤

用来制作 U 盘启动盘的工具软件非常多，比较出名的有老毛桃、大白菜、深度、U 大师等 U 盘启动制作工具，这些工具制作的方法基本大同小异，在此以大白菜 U 盘启动工具为例讲解如何制作一个 U 盘启动盘。

（1）准备工具。需要准备一个容量不小于 8GB 的 U 盘，之所以要求 8GB 大小，是考虑把 Windows 系统的镜像文件也一并放入 U 盘中，这样就可以在不联网的情况下重装系统。

（2）下载大白菜 U 盘启动工具软件，如图 11-15 所示。

（3）双击进行安装，启动界面如图 11-16 所示。

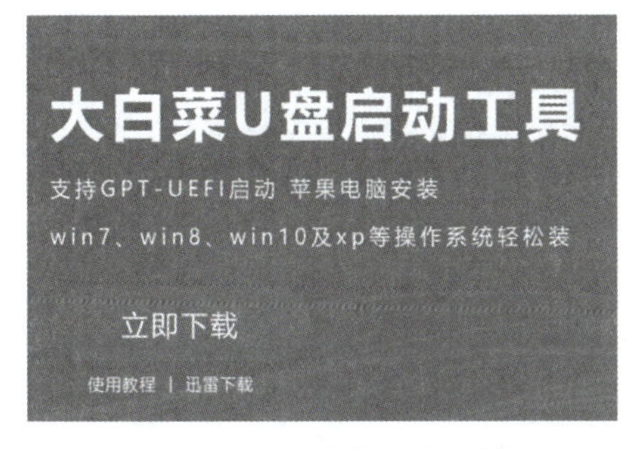

图 11-15　大白菜下载界面

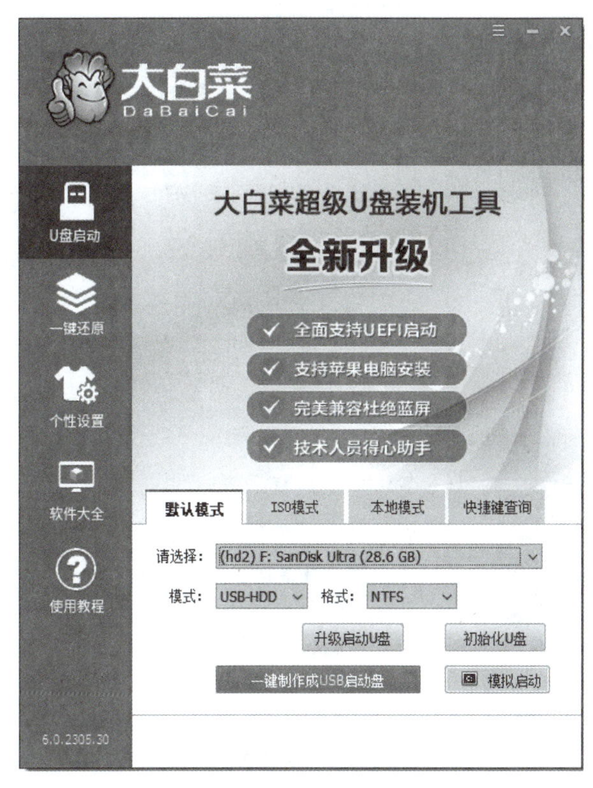

图 11-16　启动界面

(4) 在默认模式选项卡下选择要制作成启动盘的 U 盘盘符，模式选择启动模式，格式选择文件系统，单击“一键制作或 USB 启动盘”按钮，此时会弹出信息提示框，如图 11-17 所示。因为制作 U 盘启动盘会删除 U 盘的所有数据，因此在制作之前，应该提前备份 U 盘中的重要资料。

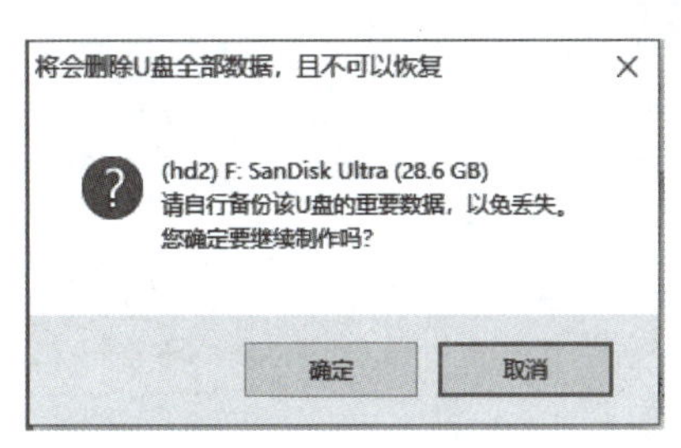

图 11-17　信息提示界面

(5) 单击“确定”按钮，软件开始向 U 盘写入相关文件以及 PE 系统，如图 11-18 所示。

(6) 等待进度达到 100%后，弹出信息提示框，如图 11-19 所示。

(7) 此时可以选择进行模拟测试，用来判断是否制作成功。如果制作过程中没有什么问题，模拟测试显示界面如图 11-20 所示。

可以看到，制作成功的 U 盘启动盘中集合了多种系统工具和功能，在 BIOS 中设置 U 盘为第一启动盘后，就可以使用这些工具了。

注意：制作完成的启动盘中并不包含 Windows 系统镜像文件，如果要安装系统，还需要到相关网站下载系统镜像文件。

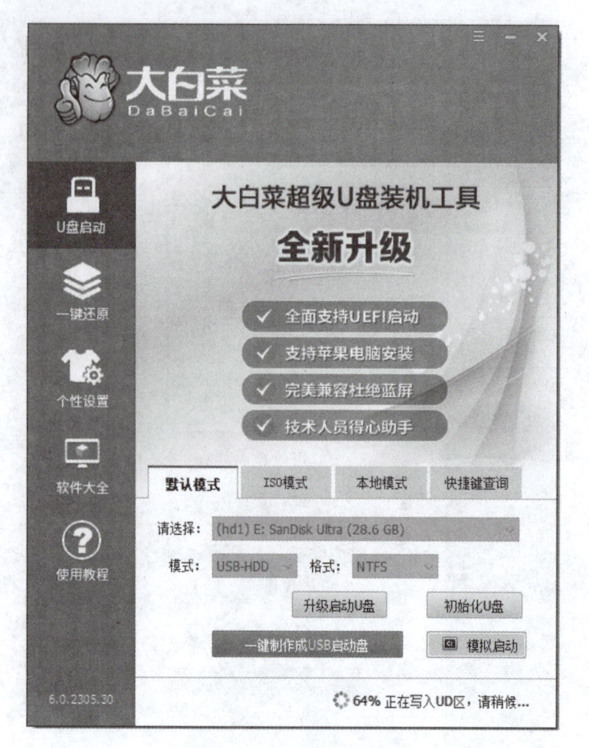

图 11-18　制作过程界面

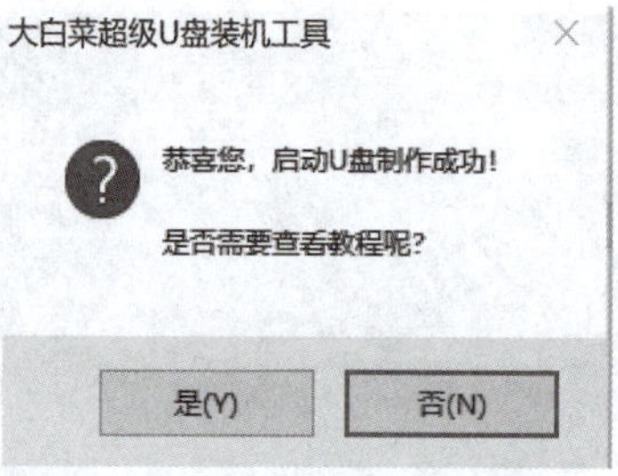

大白菜超级U盘装机工具

恭喜您，启动U盘制作成功!

是否需要查看教程呢?

是(Y)　否(N)

图 11-19　制作完成提示框

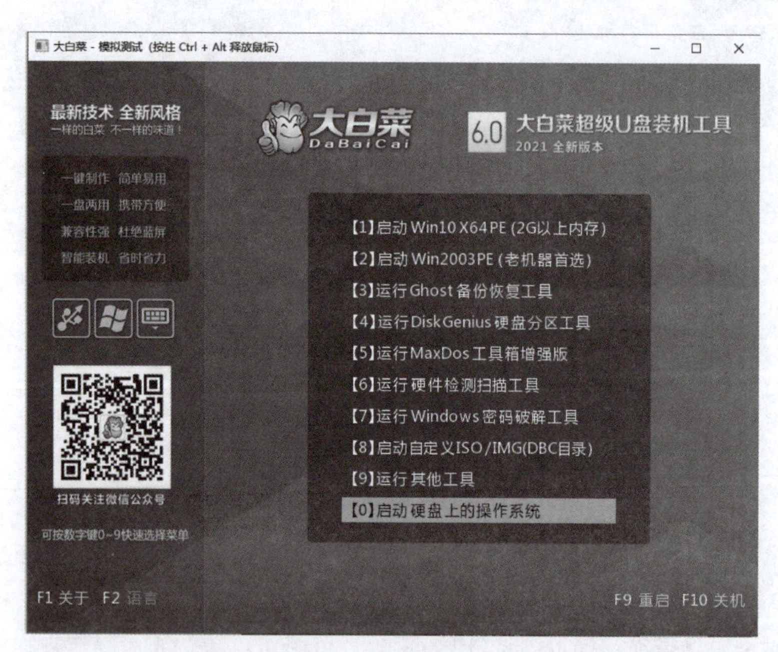

图 11-20　模拟测试界面

11.4.3　微软工具制作 U 盘启动盘

(1) 首先应该准备好 Windows 10 系统的官方安装工具，可以到微软官方网站 https://www.microsoft.com/zh-cn/software-download/windows10 下载，如图 11-21 所示。

Windows 10 2022 更新丨版本 22H2

更新助手可以帮助你更新到 Windows 10 的最新版本。若要开始更新，请单击“立即更新”。

立即更新

隐私

是否希望在您的电脑上安装 Windows 10?

要开始使用，您需要首先获得安装 Windows 10 所需的许可，然后下载并运行媒体创建工具。有关如何使用该工具的详细信息，请参见下面的说明。

立即下载工具

隐私

⊕ 使用该工具可将这台电脑升级到 Windows 10（单击可显示详细或简要信息）

⊕ 使用该工具创建安装介质（USB 闪存驱动器、DVD 或 ISO 文件），以在其他电脑上安装 Windows 10（单击可显示详细或简要信息）

图 11-21 微软官方下载界面

（2）下载完成后，打开该工具，单击“接受”按钮，如图 11-22 所示。

图 11-22 微软官方下载工具安装界面

(3) 此时出现如图 11-23 所示画面,可以选择对本地计算机的操作系统进行升级到 Windows 10,也可以选择制作 U 盘启动工具。在这里选择“为另一台计算机创建安装介质”,如图 11-23 所示。

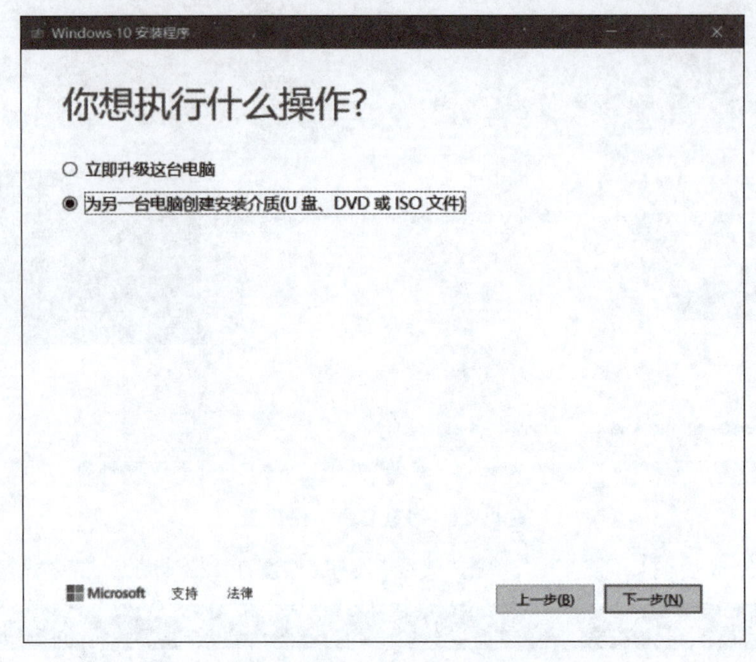

图 11-23 选择“为另一台计算机创建安装介质”

(4) 进入“选择语言、体系结构和版本”界面,默认即可,单击“下一步”按钮,如图 11-24 所示。

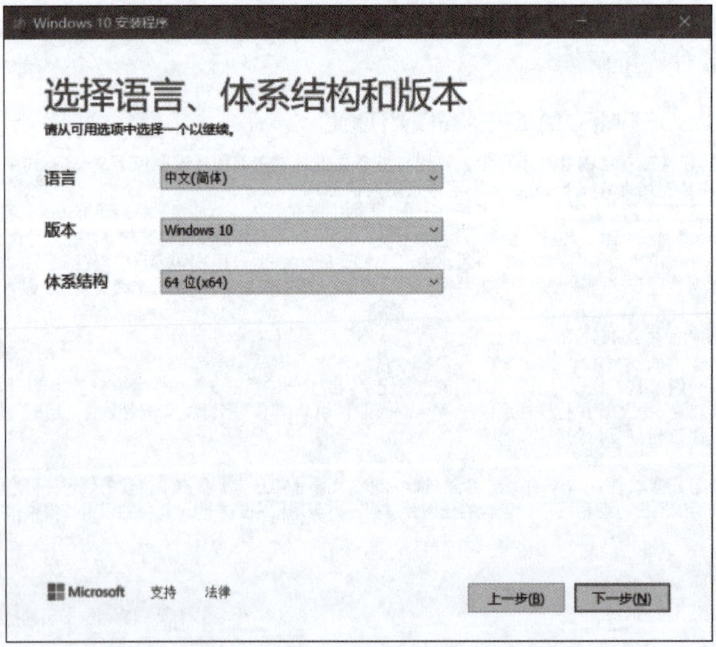

图 11-24 “选择语言、体系结构和版本”界面

(5) 选择"U盘"单选按钮,单击"下一步"按钮,如图 11-25 所示。

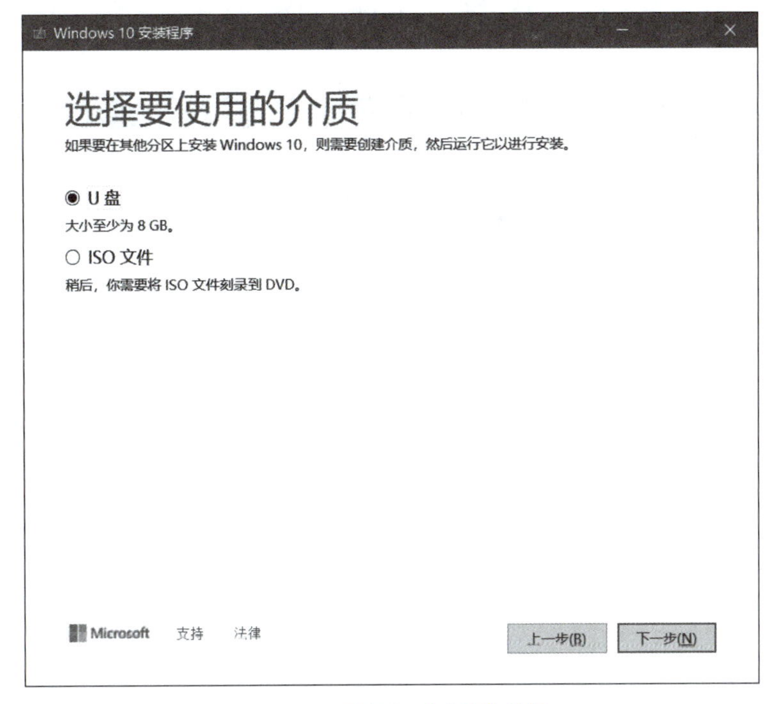

图 11-25　选择"U盘"单选按钮

(6) 进入"选择 U 盘"界面,单击要制作为启动盘的 U 盘盘符,然后单击"下一步"按钮,如图 11-26 所示。

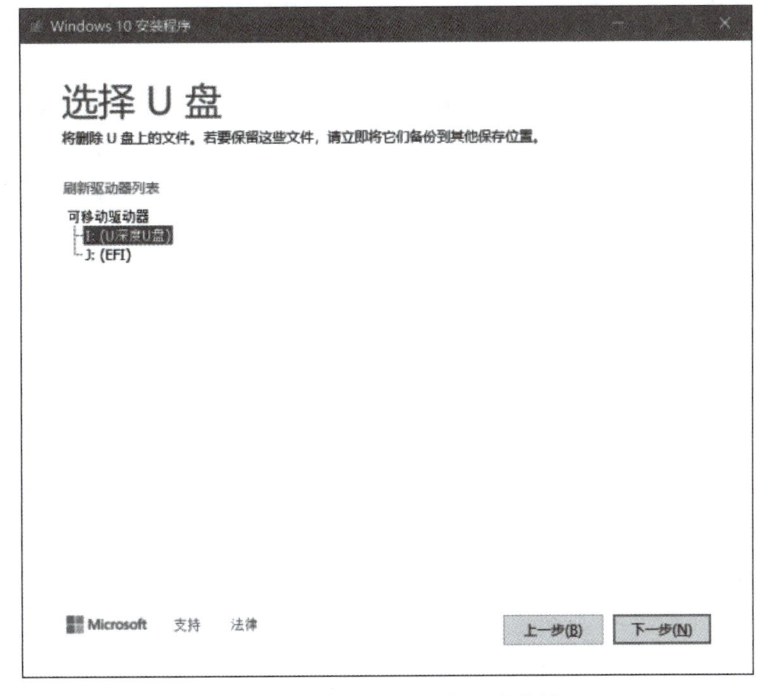

图 11-26　选择可使用的 U 盘盘符

（7）此时，进入下载 Windows 10 的界面，如图 11-27 所示，这一步需要联网，具体花费时长根据自身网络速度而定，下载结束后，弹出如图 11-28 所示的界面，U 盘启动盘制作完成。

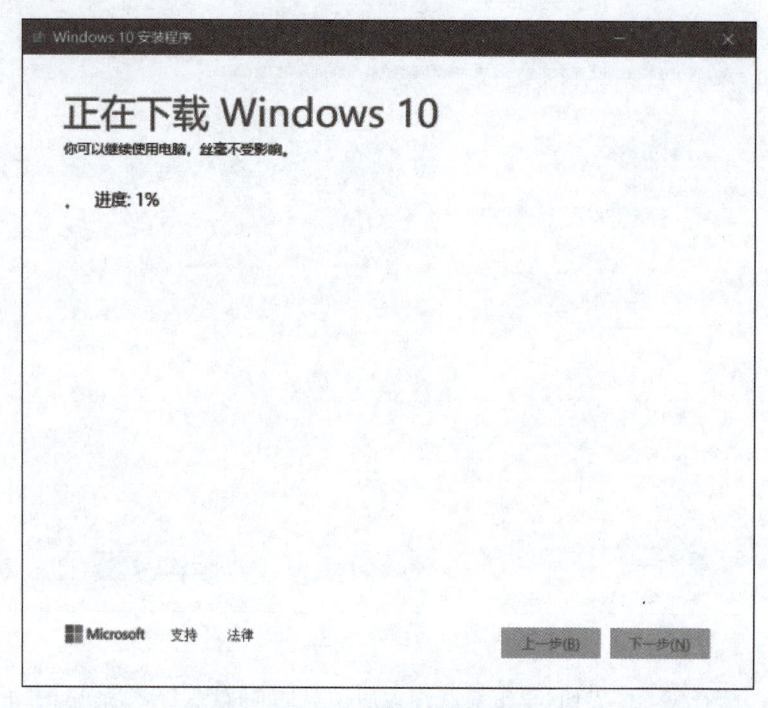

图 11-27 系统下载界面

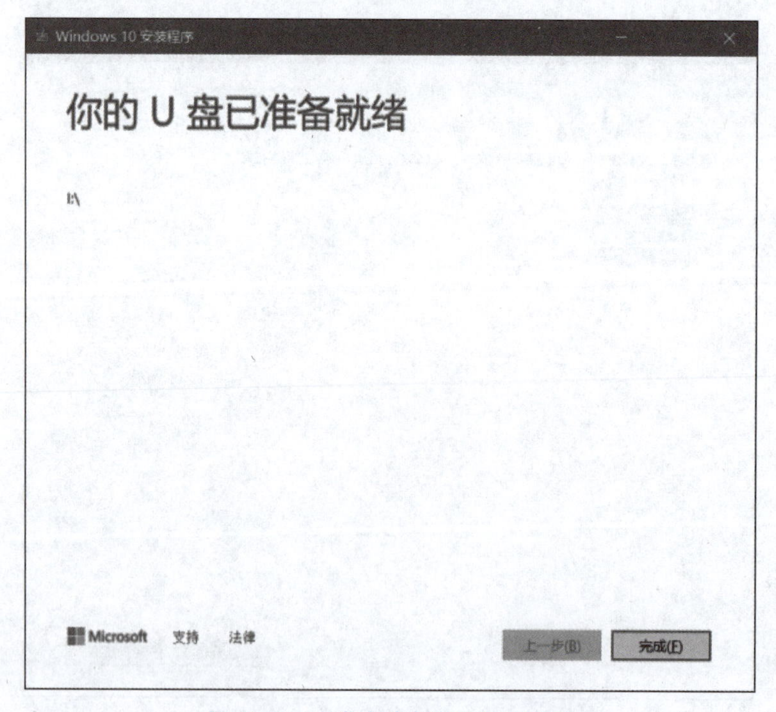

图 11-28 U 盘启动盘制作完成界面

11.5 硬盘分区与格式化

硬盘分区就是将硬盘的存储空间划分成相互独立的多个区域，即通常所说的 C 盘、D 盘、E 盘等，而格式化则是将这些区域进行格式化处理，让操作系统能够按照一定的格式来读写硬盘。硬盘必须经过低级格式化、分区和高级格式化（简称为格式化）3 个处理步骤后，才能真正用于存储数据。

11.5.1 硬盘的低级格式化

视频讲解

低级格式化就是将空白的硬盘划分出柱面和磁道，再将磁道划分为若干个扇区，每个扇区又划分出标识部分 ID、间隔区 GAP 和数据区 DATA 等。每块硬盘在出厂时，已由硬盘生产商进行低级格式化，因此通常使用者无须再进行低级格式化操作。

只有当硬盘出现逻辑坏道或者软性物理坏道时，用户可以使用低级格式化，以达到屏蔽坏道的目的。但屏蔽坏道并不等于消除坏道，低级格式化能把硬盘内所有分区都删除，但坏道依然存在，屏蔽只是将坏道隐藏起来，不让用户在存储数据时使用这些坏道，这样能在一定程度上保证用户数据的可靠性，但坏道却会随着硬盘分区、格式化次数的增长而扩散蔓延。

不推荐用户对硬盘进行低级格式化。低级格式化是对硬盘最彻底的初始化方式，经过低级格式化后的硬盘，原来保存的数据将全部丢失，所以在操作前一定要慎用，只有非常必要时才能进行低级格式化。

11.5.2 硬盘分区和高级格式化

通常所购买的硬盘都是已经完成低级格式化之后的硬盘，使用者面临的问题只有分区和高级格式化这两步。硬盘分区其实就是指在一块物理硬盘上创建多个独立的逻辑单元，以提高硬盘利用率并实现数据的有效管理，这些逻辑单元即通常所说的 C 盘、D 盘和 E 盘等。

1. 硬盘分区的原因

1）引导硬盘启动

新出厂的硬盘并没有进行分区激活，这使得计算机无法对硬盘进行读写操作。在进行硬盘分区时可为其设置好各项物理参数，并指定硬盘的主引导记录及引导记录备份的存放位置。只有主分区中存在主引导记录，才可以正常引导硬盘启动，从而实现操作系统的安装和数据的读写。

2）方便管理

未进行分区前的新硬盘只具有一个原始分区，但随着硬盘容量越来越大，一个分区会使硬盘中的数据存放没有条理性，不仅不利于计算机性能的发挥，而且应用软件和操作系统装在同一个分区里，容易造成系统的不稳定，因此有必要对硬盘空间进行合理分配，将其划分为几个容量较小的分区。

2. 硬盘分区的原则

硬盘分区关系到系统稳定和硬盘的规范管理，在分区时不可盲目进行，要遵守一定的原则——合理、实用、安全、适应操作系统。

1）合理分区

合理分区是指分区数量要合理，过多、过少都不合理。过多的分区数量会降低系统启动和读写数据的速度，并且也不方便磁盘管理；分区数量过少则浪费硬盘空间。

2）实用为主

根据实际需要来决定每个分区的容量大小，每个分区都有专门的用途，保存不同的数据，使各个分区之间的数据相互独立，不易产生混淆。常见的分区可分为系统、程序、数据和备份 4 个区，除了系统分区要考虑操作系统容量外，其余分区可平均进行分配。

3）安全性

为保证硬盘数据的安全，在分区时，要合理选择分区的文件系统。

4）操作系统适应性

由于同一种操作系统不能支持全部类型的分区格式，因此，在分区时应考虑安装何种操作系统，并根据操作系统选择合适的分区格式。

3. 硬盘分区的类型

分区类型是在最早的 DOS 操作系统中出现的，其作用是描述各个分区之间的关系。分区类型主要包括主分区、扩展分区和逻辑分区。

1）主分区

主分区是指包含操作系统启动时所需的文件和数据的硬盘分区，是硬盘上最重要的分区，在一般情况下系统默认 C 盘为主分区。启动操作系统的文件都放在主分区内，所以要在硬盘上安装操作系统，必须建立一个主分区。在一个硬盘上最多能创建 4 个主分区，但为避免发生启动冲突，通常只建立一个主分区。

2）扩展分区

扩展分区是指在主分区以外的空间上创建的分区，用来存放逻辑分区。扩展分区并不能直接使用，必须再创建能被操作系统直接识别的逻辑分区。

3）逻辑分区

逻辑分区从扩展分区中分配，只有逻辑分区的文件格式与操作系统兼容，操作系统才能访问它。逻辑分区的盘符一般默认从 D 盘开始(前提条件是硬盘上只存在一个主分区)。

4. 硬盘分区格式

硬盘分区格式即操作系统读取硬盘的方式，常用的硬盘分区格式有 FAT32 文件系统、NTFS 文件系统和 EXFAT 文件系统 3 种。

1）FAT32 文件系统

FAT32 分区格式允许用户将一块硬盘划分为一个分区，方便对硬盘管理。采用 FAT32 分区格式，硬盘分区容量越大，簇(能够保存一个文件的最小磁盘空间)越大，越不利于硬盘利用率的提高，会造成硬盘空间的浪费。另外，FAT32 分区格式不能支持单容量大于 4GB 的文件，但现在很多文件，单文件大小超过了 4GB，因此 FAT32 已慢慢不适用于计算机硬盘分区，而较多用于 U 盘、移动硬盘等设备的分区。

2）NTFS 文件系统

NTFS 分区格式支持的分区容量可高达 2TB，且簇大小一直保持 4KB 不变，这样就减少了硬盘空间浪费。此外，NTFS 分区格式安全性和稳定性较高，对使用者的权限控制比较严格,可以保护系统的安全。NTFS格式是现在Windows操作系统最常用的分区格式。

3) EXFAT文件系统

该分区格式主要用于闪存等设备,它可以增强台式机与移动设备之间的互动,支持访问控制等,采用EXFAT分区格式进行分区时,簇的大小可高达32MB。

11.5.3　硬盘分区操作

通常情况下,将每块硬盘(即硬盘实物)称为物理盘,将“磁盘C:”“磁盘D:”等各类“磁盘驱动器”称为逻辑盘。逻辑盘是系统为控制和管理物理硬盘而建立的操作对象,一块物理盘可以设置为一块或多块逻辑盘进行使用。而分区操作的实质便是将物理盘划分为逻辑盘的过程。

1. 分区前的准备工作

在创建分区前,用户需要首先规划分区的数量、容量以及每个分区使用的文件系统及安装的操作系统的类型和数目,而这几项内容通常取决于硬盘的容量与用户的习惯。此外,还需要准备一张带有DiskGenius启动光盘或一个具有启动功能的U盘,并在BIOS内将计算机设置为从光驱启动或从U盘启动。

2. 硬盘的分区方法

硬盘的分区方法很多,比较古老的是使用DOS中的Fdisk命令进行,但由于操作复杂,目前已很少使用。下面介绍使用DiskGenius进行分区的方法。

DiskGenius是一款优秀的国产全中文硬盘分区维护软件,采用纯中文图形界面,支持鼠标操作,具有磁盘管理、磁盘修复等强大功能。由于硬盘分区操作需要在操作系统之外进行,所以往往都是将DiskGenius集成在U盘启动盘中或者用虚拟光驱来启动。一般通过U盘启动盘进入PE系统或者使用虚拟光驱加载工具软件的光盘镜像文件,然后再运行DiskGenius进行硬盘分区操作,如图11-29所示。

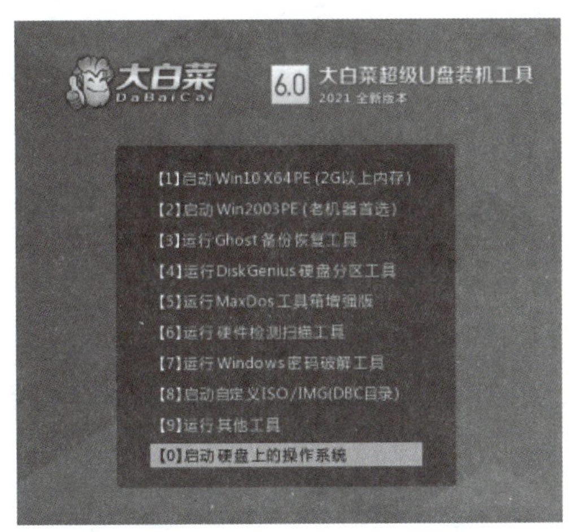

图11-29　工具软件启动界面

DiskGenius的主界面由三部分组成:硬盘分区结构图、分区目录层次图和分区参数图,如图11-30所示。

硬盘分区结构图用不同的颜色显示了当前硬盘的各个分区。用文字显示了分区卷标、

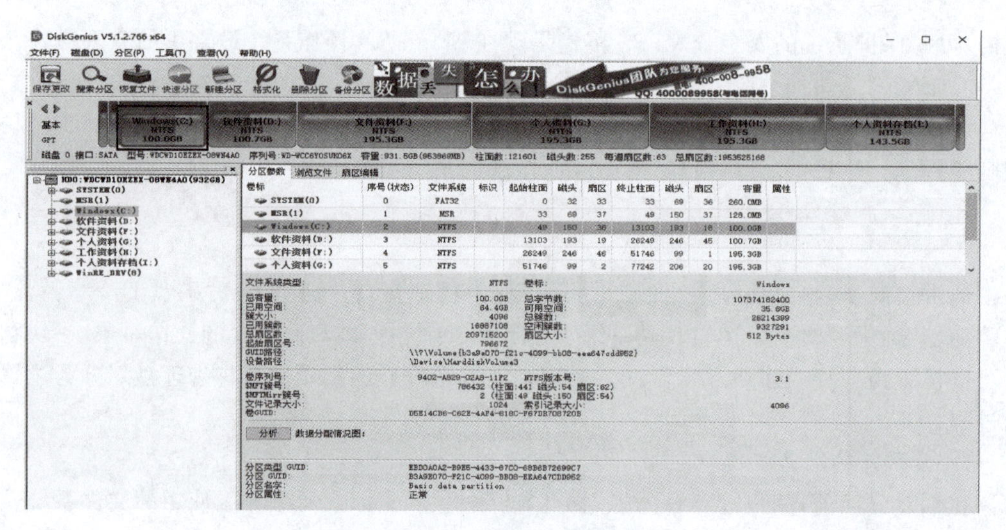

图 11-30　DiskGenius 主界面

盘符、类型、大小。逻辑分区使用网格表示，以示区分。用方框圈示的分区为“当前分区”。用鼠标单击可在不同分区间切换。结构图下方显示了当前硬盘的常用参数。通过单击左侧的两个“箭头”图标可在不同的硬盘间切换。

分区目录层次图显示了分区的层次及分区内文件夹的树状结构。通过单击可切换当前硬盘、当前分区，也可单击文件夹，以在右侧显示文件夹内的文件列表。

分区参数图在上方显示了“当前硬盘”各个分区的详细参数(起止位置、名称、容量等)，下方显示了当前所选择的分区的详细信息。

为了方便区分不同类型的分区，DiskGenius 将不同类型的分区用不同的颜色显示。每种类型分区使用的颜色是固定的。如 FAT32 分区用蓝色显示，NTFS 分区用棕色显示，等等。“分区目录层次图”及“分区参数图”中的分区名称也用相应类型的颜色区分，各个视图中的分区颜色是一致的。

1）常规分区

(1) 建立分区。建立分区之前，首先要确定准备建立分区的类型，它们是主分区、扩展分区和逻辑分区。如果要建立这三种类型的分区，要先在硬盘分区结构图上选择要建立分区的空闲区域，然后单击工具栏“新建分区”按钮，或依次选择“分区—建立新分区”菜单项，也可以在空闲区域上右击，然后在弹出的快捷菜单中选择“建立新分区”菜单项。程序会弹出“建立新分区”对话框，如图 11-31 所示。

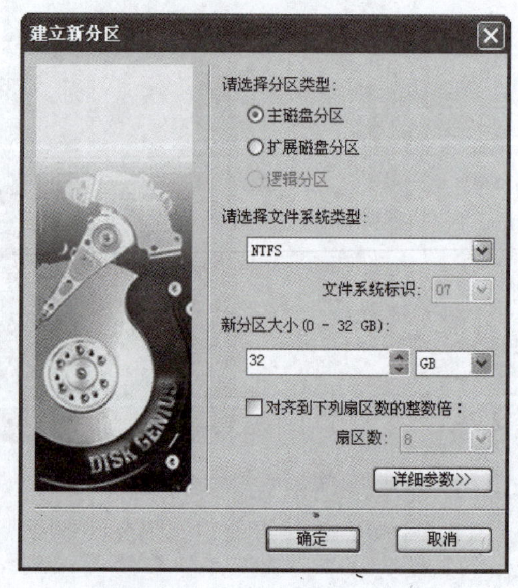

图 11-31　“建立新分区”对话框

按需要选择分区类型、文件系统类型、输入分区大小后单击“确定”按钮即可建立分区。如果需要设置新分区的详细参数，可单击“详细参数”按钮，以展开对话框进行详细参数设置，如图 11-32 所示。

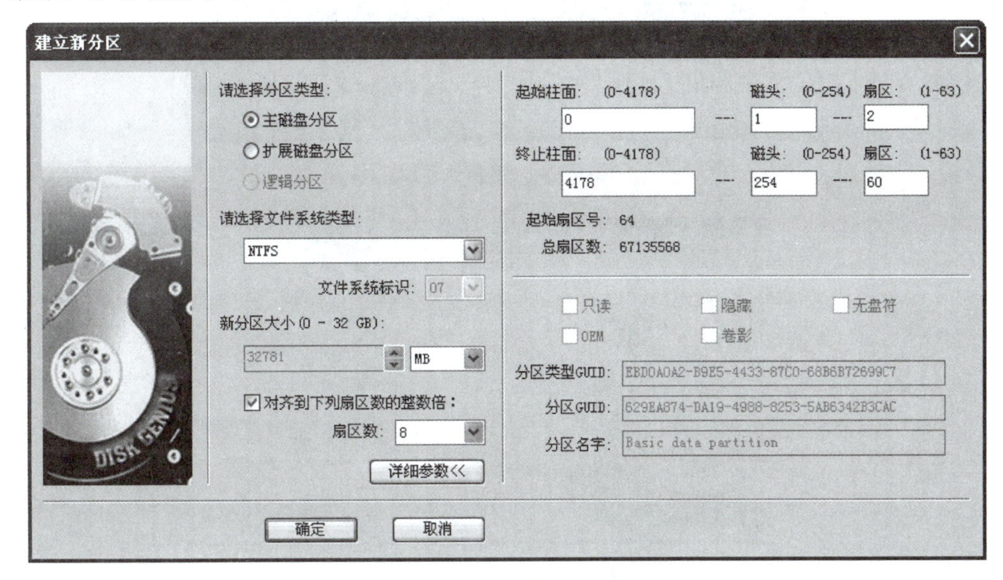

图 11-32　建立新分区详细参数设置

对于 GUID 分区表格式，还可以设置新分区的更多属性。设置完参数后单击“确定”按钮即可按指定的参数建立分区。

新分区建立后并不会立即保存到硬盘，仅在内存中建立。执行“保存分区表”命令后才能在“此电脑”中看到新分区。这样做的目的是防止因误操作造成数据破坏。要使用新分区，还需要在保存分区表后对其进行格式化。

(2) 格式化分区。首先选择要格式化的分区为“当前分区”，然后单击工具栏按钮“格式化”，或单击菜单“分区—格式化当前分区”项，也可以在要格式化的分区上右击，并在弹出的快捷菜单中选择“格式化当前分区”项。程序会弹出“格式化分区”对话框，如图 11-33 所示。

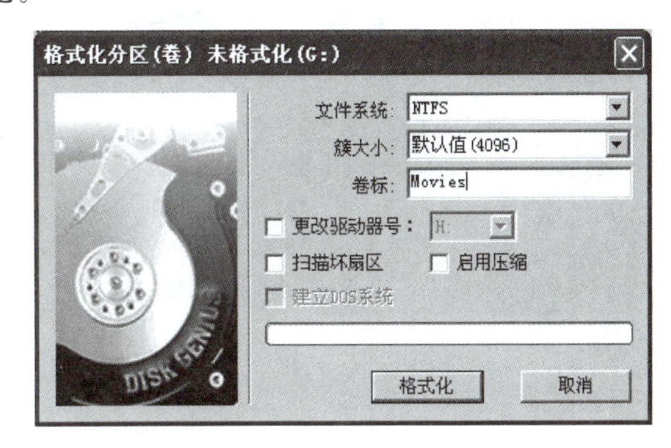

图 11-33　“格式化分区”对话框

在“格式化分区”对话框中选择文件系统类型、簇大小，设置卷标后即可单击“格式化”按钮进行格式化操作。

还可以选择在格式化时扫描坏扇区。要注意的是，扫描坏扇区是一项很耗时的工作，多数硬盘尤其是新硬盘不必扫描。如果在扫描过程中发现坏扇区，格式化程序会对坏扇区进行标记，建立文件时将不会使用这些扇区。

对于 NTFS 文件系统，可以勾选“启用压缩”复选框，以启用 NTFS 的磁盘压缩特性。

在开始执行格式化操作前，为防止出错，程序会要求确认，如图 11-34 所示。

单击“是”按钮立即开始格式化操作。程序显示格式化进度，如图 11-35 所示。

2) 快速分区

除了以上方法外，对于新硬盘或需要完全重新分区的硬盘，也可以采用 DiskGenius 提

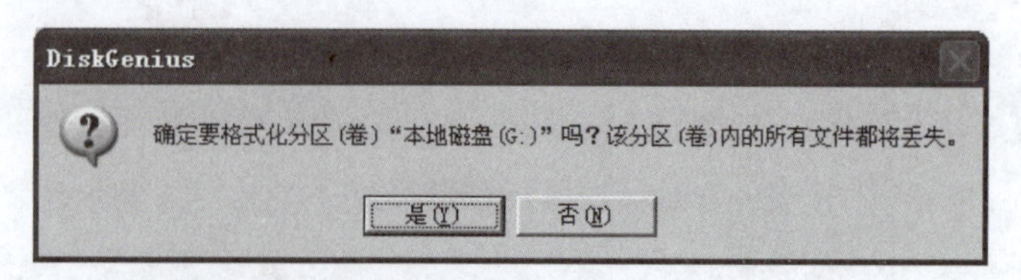

图 11-34　格式化确认

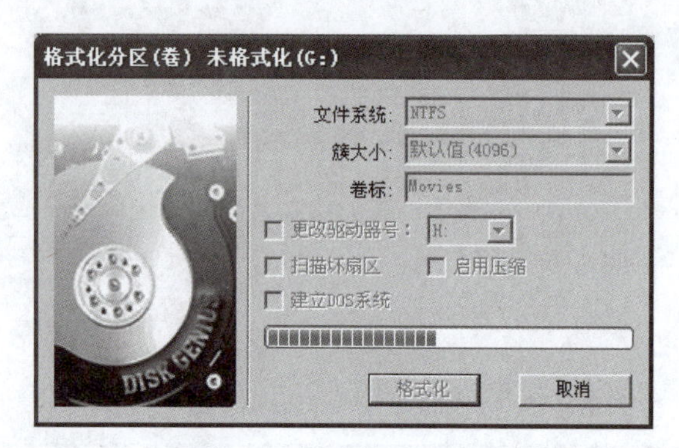

图 11-35　格式化进度

供的快速分区功能。快速分区功能执行时会删除所有现存分区，然后按指定要求对磁盘进行分区，分区后立即快速格式化所有分区。用户可指定各分区大小、类型、卷标等内容。只需几个简单的操作就可以完成分区及格式化。如果不改变默认的分区个数、类型、大小等设置，打开快速分区对话框后(按快捷键 F6)单击"确定"按钮，即可完成对磁盘执行重新分区及格式化操作。下面以 250GB 硬盘快速分区为例进行介绍，如图 11-36 所示。

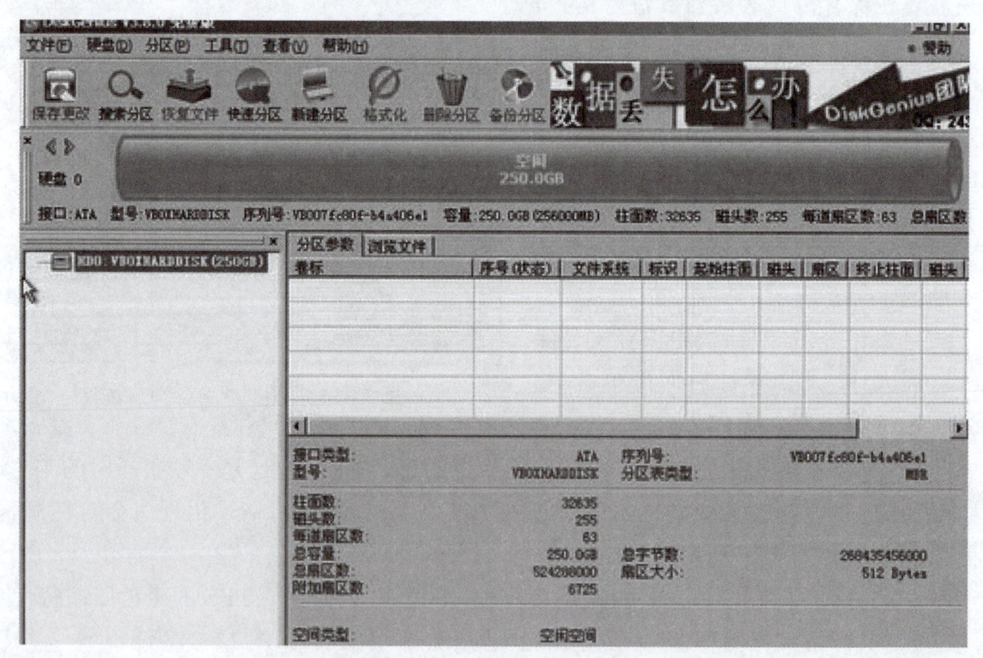

图 11-36　DiskGenius 主界面

(1) 要启动此功能，单击 DiskGenius 软件工具栏"快速分区"菜单项，或按 F6 键。软件显示如图 11-37 所示的对话框。

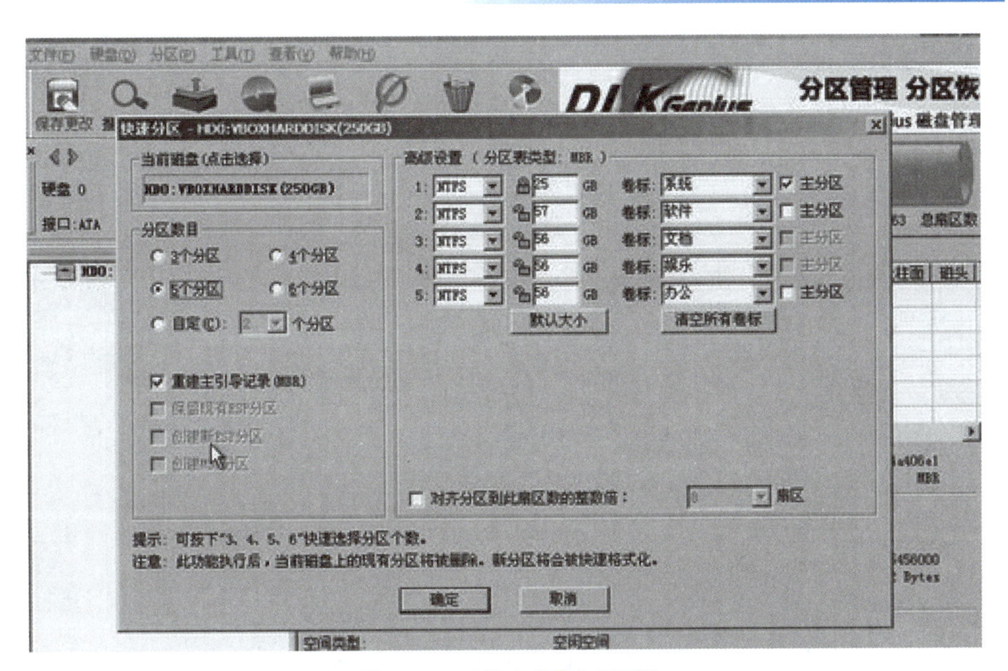

图 11-37 “快速分区”对话框

(2) 选择所需要分区的数目或手动设置硬盘分区数目，并修改分区容量，硬盘主分区默认不变，“重建主引导记录”保持不变，如图 11-38 所示。

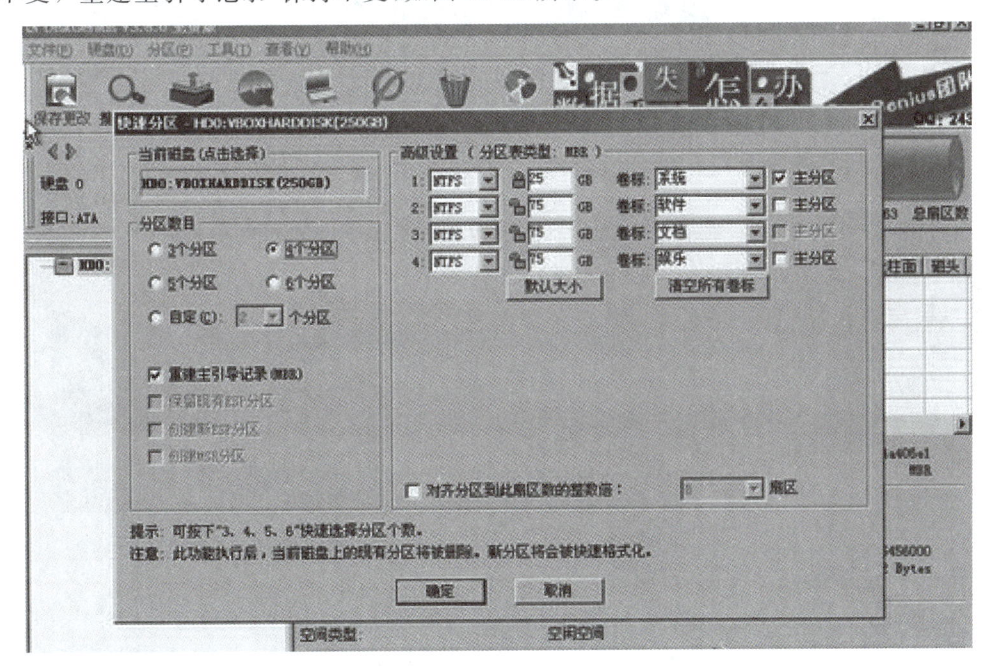

图 11-38 分区设置界面

在默认情况下，本功能会自动选择当前磁盘为快速分区的目标磁盘。如果当前磁盘不是要操作的目标盘，应单击对话框左上角的磁盘名称，程序会弹出磁盘选择窗口。

① 选择分区个数。打开对话框后，直接选择“3、4、5、6”即可快速选择分区个数。选择后，对话框右半部分立即显示相应个数的分区列表。

② 调整分区参数。对话框的右半部分显示了各分区的基本参数,包括分区类型、大小、卷标、是否为主分区等。用户可以根据自己的需要和喜好进行调整。

③ 分区类型。快速分区功能仅有两种类型供选择:NTFS 和 FAT32。

④ 分区大小。根据实际需求,对各个磁盘进行分配大小。

⑤ 卷标。软件为每个分区都设置了默认的卷标,用户可以自行选择或更改,也可以通过单击“清空所有卷标”按钮将所有分区的卷标清空。

⑥ 是否为主分区。可以选择分区是主分区还是逻辑分区,通过勾选进行设置。需要说明的是,一个磁盘最多只能有 4 个主分区,多于 4 个主分区时,必须设置为逻辑分区。扩展分区也是一个主分区。软件会根据用户的选择自动调整该选项的可用状态。

(3) 所有设置调整完毕,即可单击“确定”按钮执行分区及格式化操作,如图 11-39 所示。

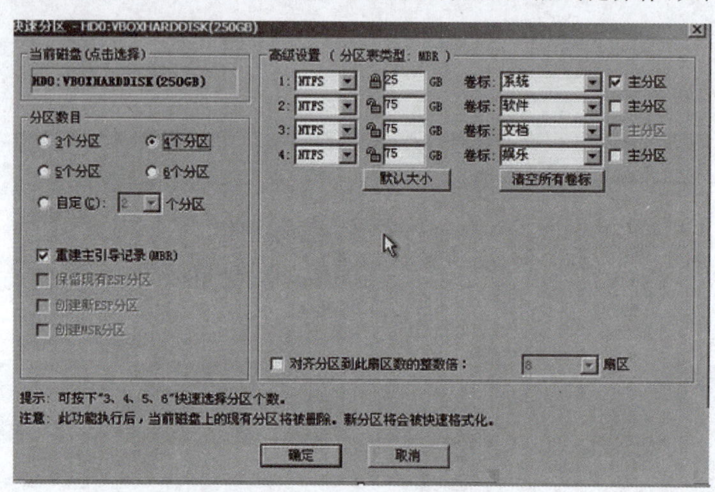

图 11-39 快速分区参数设置

(4) 快速分区执行后,磁盘上的原有分区(如果存在)会被全部自动删除,分区完成后如图 11-40 所示。新建立的第一个主分区将会自动激活,下一步可以进行系统安装。

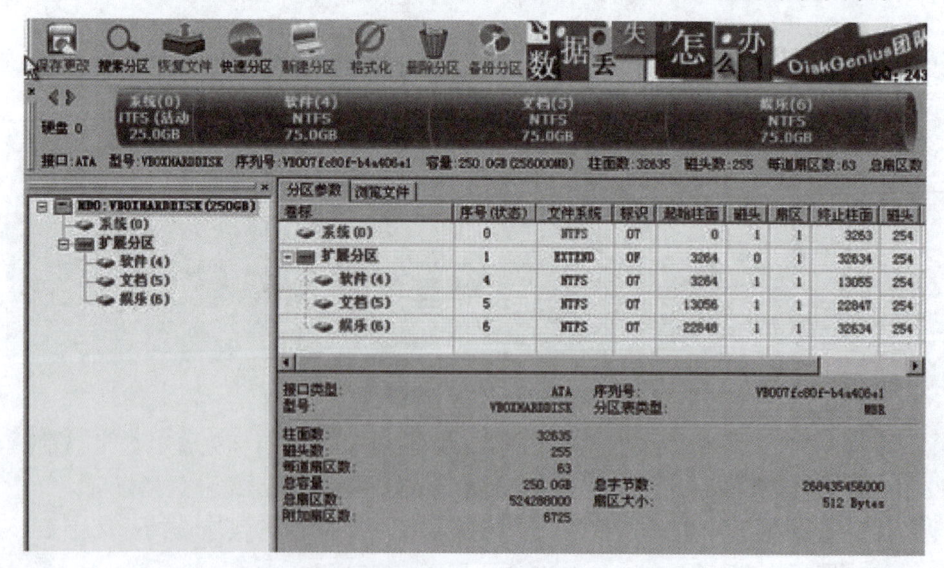

图 11-40 完成分区

国产 BIOS

BIOS 是一个远离大众视野的概念，与其他技术相比显得很“孤独”，但它的重要性与芯片和国产操作系统有着同等的地位。掌握 BIOS 产品核心技术，实现 BIOS 国产自主化，不仅可以有效改善我国信息安全的完整性和可靠性，而且可以有效提升我国计算机产业整体竞争实力。

近年来，国产芯片计算设备产业的快速发展推动国产 BIOS 固件的需求增加，在国产自主、安全、可控计算设备领域，经过多年技术的积累与成熟，如 ByoCore BIOS、昆仑 BIOS 和长城 BIOS 等国产 BIOS 不仅在固件技术上实现了安全自主，而且国产化平台已经形成一定的自主可控，产业和生态也逐渐健全起来。

(1) ByoCore BIOS：百敖(ByoSoft)是全球第四家获得 Intel x86 架构授权的 BIOS/BMC 厂商，也是中国大陆地区唯一掌握 x86 架构、为数不多掌握 ARM 及 MIPS 架构的 BIOS/BMC 固件开发技术的厂商，目前已开发出了具有独立自主知识产权并且同时支持多种硬件架构的 BIOS 产品线。ByoCore BIOS 已与联想、华为等国产品牌形成合作关系。

(2) 昆仑 BIOS：具有自主知识产权，符合 UEFI 规范、国标、国军标和行业安全可信标准，以固件技术和可信计算技术为核心，支持整机主板硬件初始化和操作系统引导，具有通用、专用、特种行业、嵌入式等多种版本，广泛应用于主流国产处理器平台的服务器、终端、移动设备和嵌入式设备。昆仑 BIOS 功能完善、性能可靠，以先进的架构方案、丰富的工具和固件应用，获得各大 OEM 和 ODM 厂商的广泛认可和选择。

(3) 长城 BIOS：中国长城经历 10 余年的不懈努力和应用实践，已掌握 BIOS 的核心技术，实现 BIOS 的自主开发，长城 BIOS 广泛应用于服务器、台式机、笔记本电脑、一体机等产品，在技术先进性、稳定性、安全性、兼容性等方面，获得了大量客户的一致认可，已达到国内领先水平。

11.6 实验四：系统 CMOS 参数设置

一、实验目的

熟悉微型计算机系统 BIOS 主要功能及启动、设置方法。

二、实验设备

(1) 已组装好的多媒体微型计算机。

(2) 主机板说明书。

三、实验内容及步骤

1. 启动 BIOS 设置程序

开机启动计算机，根据屏幕提示按 Delete 键，启动 SETUP 程序。待几秒后，进入 BIOS 程序设置主界面。

2. 了解系统 BIOS 设置的主要功能

进入 CMOS 设置主界面后,对照主板说明书,全面认真地了解其所有的 CMOS 设置功能,如标准 CMOS 设置、高级 BIOS 设置、高级芯片组设置、集成外设设置、电源管理设置、即插即用/PCI 设备设置、计算机健康状态、频率/电压控制、设置密码和保存设置等。

3. 常用 CMOS 系统参数的设置

(1) 了解并修改本机器系统 CMOS 的基本配置情况。查看并修改系统日期、时间、硬盘、光驱、内存等硬件配置情况,并设置密码。

(2) 修改机器的启动顺序。

在 Advanced BIOS Features 选项中可以指定计算机存储操作系统设备的开机顺序,包括 First Boot Device、Second Boot Device 和 Third Boot Device 设置项。

一般机器可以从硬盘、DVD-ROM、USB 或网络等设备启动,其中以硬盘的开机效率最高。首先选择 Advanced BIOS Features,按 Enter 键,把 First Boot Device 项设置为 Hard Disk,其他两项设置成为 Disabled。

设置完成后,按 Esc 键回到主界面菜单,再选择 Save Exit Setup 或直接按 F10 键,使新的设置存盘后生效。

四、实验报告

(1) 结合实验内容,写出 CMOS 每一选项的功能。

(2) 写出详细的实验操作步骤。

11.7 实验五:用 U 盘启动计算机并分区和格式化

一、实验目的

(1) 熟练掌握用 U 盘启动计算机的方法。

(2) 掌握硬盘的分区和格式化方法。

二、实验设备

(1) 已组装好的多媒体微型计算机一台。

(2) 8GB 以上存储容量的 U 盘一个。

三、实验内容及步骤

(1) 制作 U 盘启动盘。

(2) 从 BIOS 设置 USB 启动,保存并退出。

(3) 重启计算机,进入 U 盘启动盘工具界面,选择"运行 Windows PE"选项,进入 Windows PE 系统,启动相应的硬盘分区工具,对硬盘进行分区。

(4) 硬盘分区完成后,分别对分区进行格式化操作。

四、实验报告

结合制作 U 盘启动盘、硬盘分区、格式化的实际操作,写出详细的操作步骤。

11.8 思考与练习

一、填空题

1. BIOS 程序主要包括 4 部分：________、________、________和________。
2. 计算机在启动时，按________键或________键可以进入 Phoenix-Award-BIOS。
3. 硬盘分区主要包括________、________和________。
4. Windows 操作系统比较常用的分区格式为________。
5. 硬盘分区要遵循________、________、________、适应操作系统原则。

二、选择题

1. 下列关于 BIOS 的说法中，正确的选项是________。
   A. BIOS 是基本输入输出系统
   B. BIOS 是被固化在主板上的可读写存储器中的一组程序
   C. BIOS 中的数据断电后就会丢失
   D. BIOS 可以设置参数并存储数据
2. 关于 BIOS 的设置，下列描述中错误的是________。
   A. 在计算机启动时，按 Del 键或 F2 键可以进入 BIOS 主界面
   B. 现在大部分 BIOS 都不支持鼠标和键盘操作
   C. BIOS 超级用户密码可以查看并修改 BIOS 设置
   D. BIOS 启动顺序设置之后就无法再更改
3. 关于硬盘分区，下列描述中错误的是________。
   A. 硬盘不进行分区也可以使用，但是存取速度会很慢
   B. 硬盘主分区可有多个，但同时只能有一个主分区被激活
   C. 硬盘主分区之外的分区统称为扩展分区，扩展分区是不能直接被使用的
   D. 逻辑分区是在扩展分区上创建的
4. 关于硬盘分区与格式化，下列描述中正确的是________。
   A. FAT32 分区格式允许用户将一块硬盘划分为一个分区
   B. 使用 NTFS 分区格式，随着分区容量的增加，簇的大小也随着增加
   C. 在给硬盘分区时，分区数量过多过少都不合理
   D. 硬盘分区可以被删除
5. 使用 DiskGenius 软件给硬盘分区，下列操作错误的是________。
   A. DiskGenius 软件可以转换分区格式
   B. DiskGenius 软件可以删除分区
   C. DiskGenius 软件可以将分区再次分成两个相等大小的分区
   D. DiskGenius 软件可以隐藏分区
6. 下列哪一项不是硬盘分区的原则？________
   A. 实用性　　B. 兼容性　　C. 合理性　　D. 安全性

三、简答题

1. 请简述 BIOS 与 CMOS 的区别。
2. 请简述硬盘分区要遵守的原则。

第12章　安装操作系统

CHAPTER 12

学习目标：

◆ 了解操作系统的概念。

◆ 掌握 Windows 10 操作系统的安装方法。

◆ 了解驱动程序的概念、分类与作用。

◆ 掌握驱动程序的安装与卸载方法。

技能目标：

◆ 掌握 Windows 10 操作系统的安装方法。

◆ 掌握驱动程序的安装与卸载方法。

素质目标：

◆ 培养协调人际关系的能力。

◆ 培养良好的效益意识。

操作系统是计算机软件系统的核心，是计算机能正常运行的基础。没有操作系统，计算机将无法完成任何工作，其他应用软件只能在安装操作系统后再进行安装，没有操作系统的支持，应用软件也不能发挥作用。

视频讲解

12.1　操作系统概述

12.1.1　操作系统的功能与分类

操作系统（Operating System，OS）是软件系统的核心。它的主要作用是管理计算机系统的全部硬件资源、软件资源及数据资源，控制程序运行，为其他应用软件提供支持等，使计算机系统所有资源最大限度地发挥作用，为用户提供方便、有效、友善的服务界面。

1. 操作系统的功能

操作系统内包含了大量的管理控制程序，主要实现以下 5 方面的管理功能，即进程与处理器管理、作业管理、存储管理、设备管理、文件管理。

1）进程与处理器管理

根据一定的策略将处理器交替地分配给系统内等待运行的程序。

2）作业管理

为用户提供一个使用系统的良好环境，使用户能有效地组织自己的工作流程，并使整个系统高效运行。

3）存储管理

管理内存资源，主要实现内存的分配和回收、存储以及内存扩充。

4）设备管理

负责分配和回收外部设备，以及控制外部设备按用户程序的要求进行操作。

5）文件管理

向用户提供创建文件、撤销文件、读写文件、打开和关闭文件等功能。

2. 操作系统的分类

操作系统按照不同的标准可以分为不同的种类，其分类方式主要有以下几种。

（1）按照应用领域，可将操作系统分为桌面操作系统、服务器操作系统与嵌入式操作系统。

（2）按照源代码开放与否，可将操作系统分为开源操作系统和闭源操作系统。

（3）按照所支持的用户数目，可将操作系统分为单用户操作系统和多用户操作系统。

（4）按照作业处理方式，可将操作系统分为批处理操作系统、分时操作系统和实时操作系统。

（5）根据存储器寻址宽度，可将操作系统分为 8 位、16 位、32 位、64 位操作系统。其中 8 位、16 位操作系统是较早期的操作系统，现已经被淘汰，目前常用的操作系统为 64 位。

无论如何分类，操作系统都是对软硬件资源进行更合理的管理，使其充分发挥作用，提高整个系统的使用效率，同时为用户提供一个方便、有效、安全可靠的应用环境，从而使计算机成为功能更强、服务质量更高、使用更加灵活方便的设备。

12.1.2 常见操作系统简介

目前，主流的计算机操作系统有 Windows、Linux/UNIX、macOS。其中 Windows 和 macOS 主要用于个人计算机，Linux/UNIX 主要用于企业。

1. Windows 系列操作系统

计算机操作系统目前有很多种，最常用的就是微软公司（Microsoft）的 Windows 系列操作系统产品。该产品有很多种型号，如 Windows XP、Windows 7、Windows 8、Windows 10 等。目前用户使用最多的是 Windows 10 和 Windows 11。

1）Windows 10 操作系统

Windows 10 于 2015 年发布，在易用性和安全性方面有了极大的提升，除了针对云服务、智能移动设备、自然人机交互等新技术进行融合外，还对固态硬盘、生物识别、高分辨率屏幕等硬件进行了优化完善与支持。Windows 10 共有家庭版、专业版、企业版、教育版、移动版、移动企业版和物联网核心版 7 个版本。对于普通消费者而言，最容易获得的版本就是 Windows 10 家庭版和专业版，认可度最高的也是这两个版本。

2）Windows 11 操作系统

Windows 11 于 2021 年 6 月 24 日发布，2021 年 10 月 5 日发行。相比以往版本，Windows 11 提供了许多创新功能，增加了新版开始菜单和输入逻辑等，支持与时代相符的混合工作环境，侧重在灵活多变的体验中提高最终用户的工作效率。Windows 11 主要有家庭版、专业版、企业版、专业工作站版、教育版、混合现实版等版本。

2. UNIX 操作系统

UNIX 是一个强大的多用户、多任务操作系统，支持多种处理器架构，最早由 Ken Thompson、Dennis Ritchie 和 Douglas McIlroy 于 1969 年在 AT & T 公司的贝尔实验室开发。

早期的 UNIX 拥有者 AT & T 公司以低廉甚至免费的许可，将 UNIX 源代码授权给学术机构做研究或教学之用，许多机构在此源代码基础上加以扩充和改进，形成了 UNIX 变种，这些变种反过来也促进了 UNIX 的发展，最终形成了一系列操作系统，统称为 UNIX 操作系统。主要分为各种传统的 UNIX 系统，如 FreeBSD、OpenBSD、SUN 公司的 Solaris，以及各种与传统 UNIX 类似的系统，如 Minix、Linux、苹果公司的 macOS 等。

UNIX 因为其安全可靠、高效强大的特点在服务器领域得到了广泛的应用，但除 macOS 和部分 Linux 发行版本外，很少使用在微型计算机上。

3. Linux 操作系统

Linux 是 UNIX 系统的一个变种，然而值得注意的是，Linux 虽是以 UNIX 为原型开发的，但其中并没有包含 UNIX 源代码，而是按照公开的 POSIX 标准重新编写的。Linux 最早由 Linus Torvalds 在 1991 年开始编写，之后不断地有程序员和开发者加入 GNU 组织中来，逐渐发展完善为现在的 Linux。

4. macOS

macOS 是苹果计算机专用的操作系统，是基于 UNIX 内核的图形化操作系统。该操作系统只能够安装在苹果计算机上。但是苹果公司也推出了 For x86 的版本。需要注意的是，macOS 非 x86 版本，是没有办法安装在非苹果计算机上的，因为它们使用的硬件结构不同。苹果的 CPU 和 Intel、AMD 的 CPU 不一样，执行的命令也不一样。

5. 常见操作系统的优缺点比较

目前，UNIX、Linux、macOS 等系统的普及率都远低于 Windows 操作系统。这是因为 UNIX、Linux 操作系统对于使用它们的人有一定技术上的要求，且早期版本人性化程度较低。但是在全球自由软件爱好者的共同努力下，Linux 也越来越人性化，使用更加接近人们的日常习惯，如 Ubuntu 系统就是其中的代表。

macOS 则是因为使用其特有的硬件设备，系统的稳定性、性能以及响应能力均有优秀的表现。它能通过对称多处理技术充分发挥双处理器的优势，提供无与伦比的 2D、3D 和多媒体图形性能以及广泛的字体支持与集成的 PDA 功能。

Windows 操作系统易用性好，容易上手，很人性化，又因其灵活的营销策略，成为目前全球使用用户最多的一款系统。第三方机构 Statcounter 数据显示，截至 2023 年 1 月，Windows 11 系统的市场份额达到 19.13%、Windows 10 的系统市场份额达到 73.25%，继续垄断全球 PC 操作系统。

视频讲解

12.2 操作系统的安装

12.2.1 操作系统的安装方式

操作系统的安装方式通常有两种，分别是升级安装和全新安装。其中全新安装又分为使用光盘安装和使用 U 盘安装两种。

1. 升级安装

升级安装是在计算机中已安装操作系统的情况下，将其升级为更高版本的操作系统。但是，由于升级安装会保留已安装系统的部分文件，为避免旧系统中的问题遗留到新的系统中，建议删除旧系统，使用全新的安装方式。

2. 全新安装

全新安装是在计算机中没有安装任何操作系统的基础上安装一个全新的操作系统。

(1) 光盘安装。购买正版的操作系统安装光盘，将其放入光驱，通过该安装光盘启动计算机，然后将光盘中的操作系统安装到计算机硬盘的系统分区中，这也是过去很长一段时间最常用的操作系统安装方式。

(2) U 盘安装。U 盘安装是一种目前非常流行的操作系统安装方式。首先从网上下载正版的操作系统安装文件，将其放置到硬盘或移动存储设备中；然后通过 U 盘启动计算机，在 Windows PE 操作系统中找到安装文件，通过该安装文件安装操作系统。

12.2.2　安装 Windows 10 操作系统

1. U 盘安装 Windows 10 操作系统

对硬盘分区完成后就可以安装操作系统了。如果之前没有进行过硬盘分区操作，也可以选择在系统的安装过程中进行这一步。安装系统前，首先在 BIOS 中设置启动顺序，将 U 盘启动盘设置为第一启动盘，然后重启即可。具体安装过程介绍如下。

(1) 重新启动后即可由 U 盘启动盘引导，自动进入 Windows 10 安装程序，弹出如图 12-1 所示的系统安装界面。

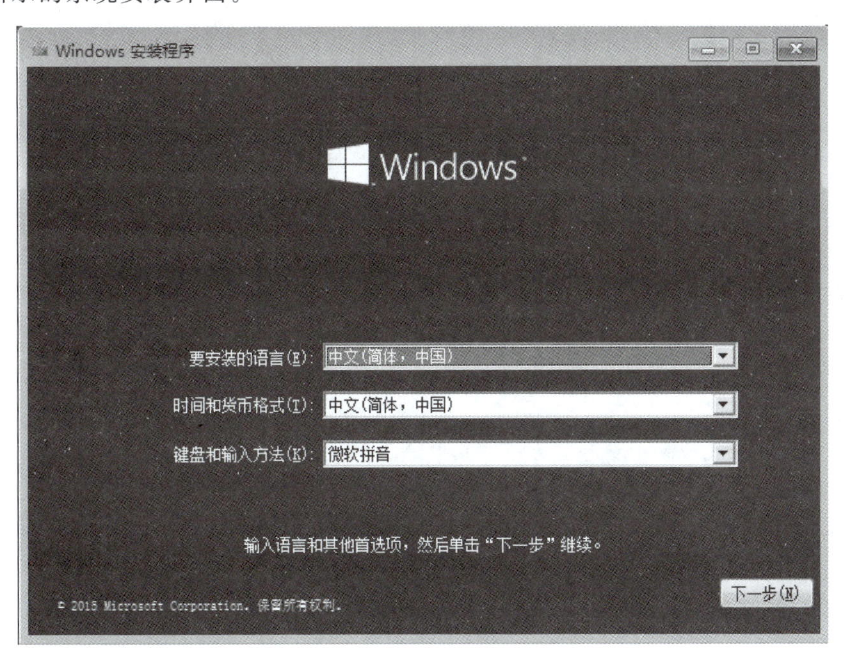

图 12-1　系统安装界面

(2) 单击“下一步”按钮，弹出如图 12-2 所示的“现在安装”界面。

(3) 勾选“我接受许可条款”，单击“下一步”按钮，如图 12-3 所示。

图 12-2 “现在安装”界面

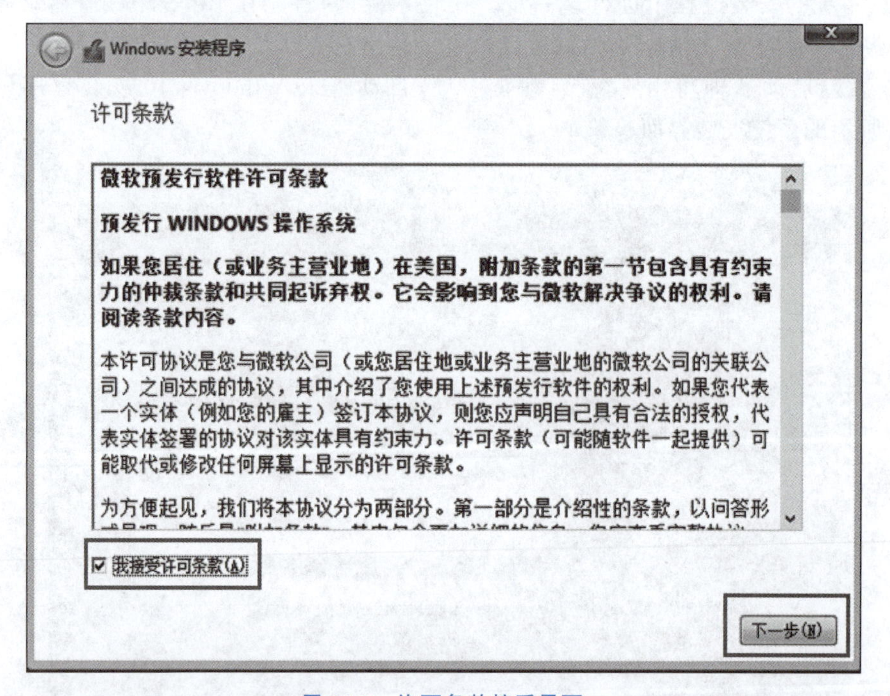

图 12-3 许可条款接受界面

(4) 若是升级安装，选择“升级：安装 Windows 并保留文件、设置和应用程序”。若是全新安装，选择“自定义：仅安装 Windows(高级)(C)”。这里选择“自定义：仅安装 Windows(高级)(C)”，如图 12-4 所示。

(5) 选择安装位置。这里是安装在新的硬盘中，需要对硬盘分区(若硬盘已分好区，参看步骤(8)及其以下步骤操作)。单击“新建”按钮，如图 12-5 所示。

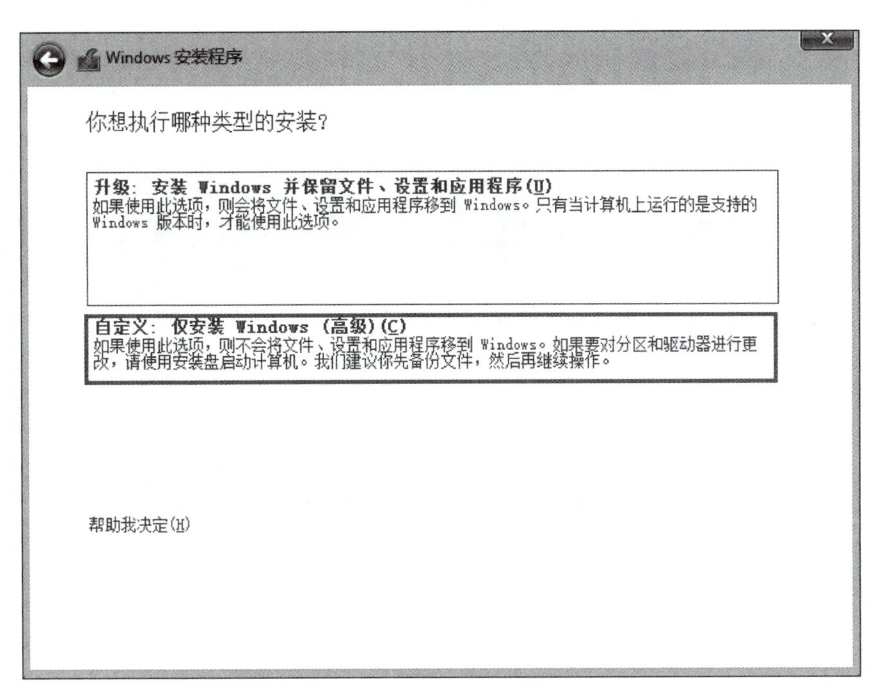

图 12-4 选择类型安装界面

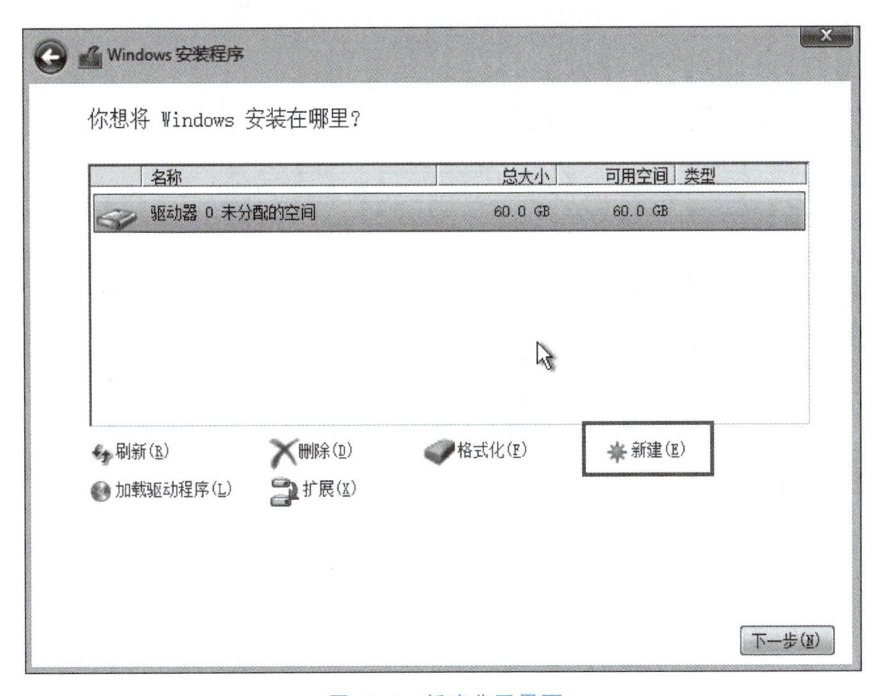

图 12-5 新建分区界面

(6) 单击“下一步”按钮后,弹出如图 12-6 所示的界面,确定分区容量。

(7) 在“大小”后面输入新建 C 盘的大小,单击“应用”按钮,再单击“确定”按钮,建立新的分区,如图 12-7 所示。

(8) 选择“驱动器 0 分区 2(即新建的 C 盘)”,单击“格式化”按钮。如果原 C 盘中安装

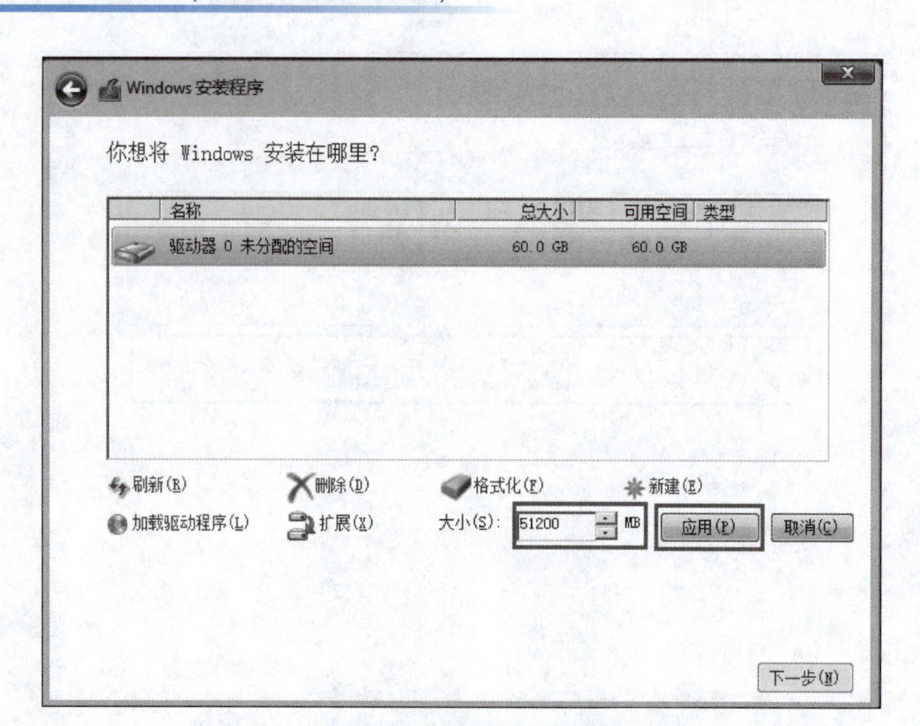

图 12-6 分区容量选择界面

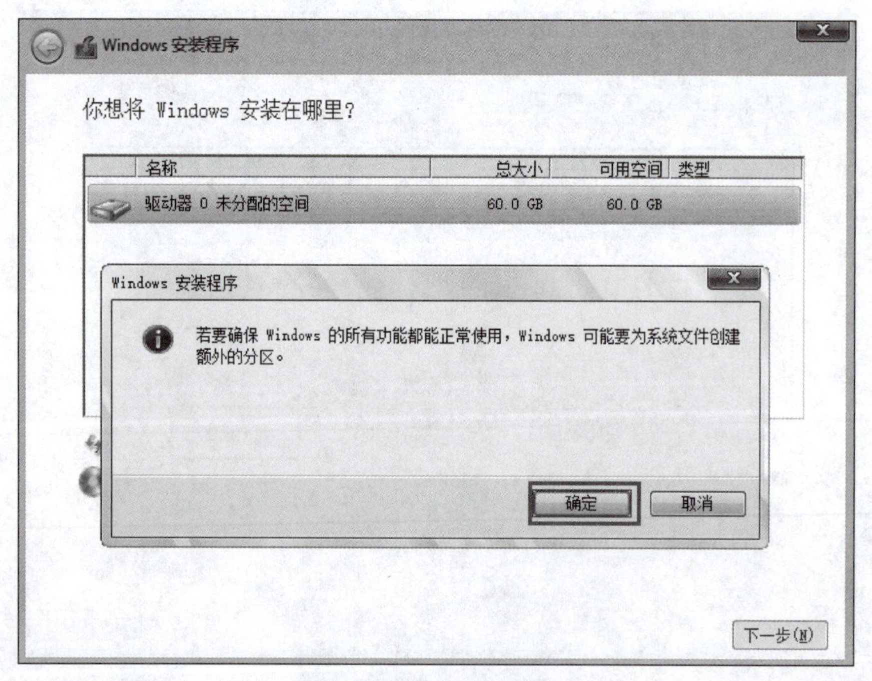

图 12-7 建立新的分区界面

有系统文件,必须先在此步骤格式化 C 盘,清空 C 盘中原有文件,如图 12-8 所示。

(9) 驱动器 0 中未分配的空间,需进一步分区,分出 D 盘、E 盘等。选择“驱动器 0 未分配的空间”,单击“新建”按钮,进一步创建新的分区(原已分好区的越过此步骤),如图 12-9 所示。

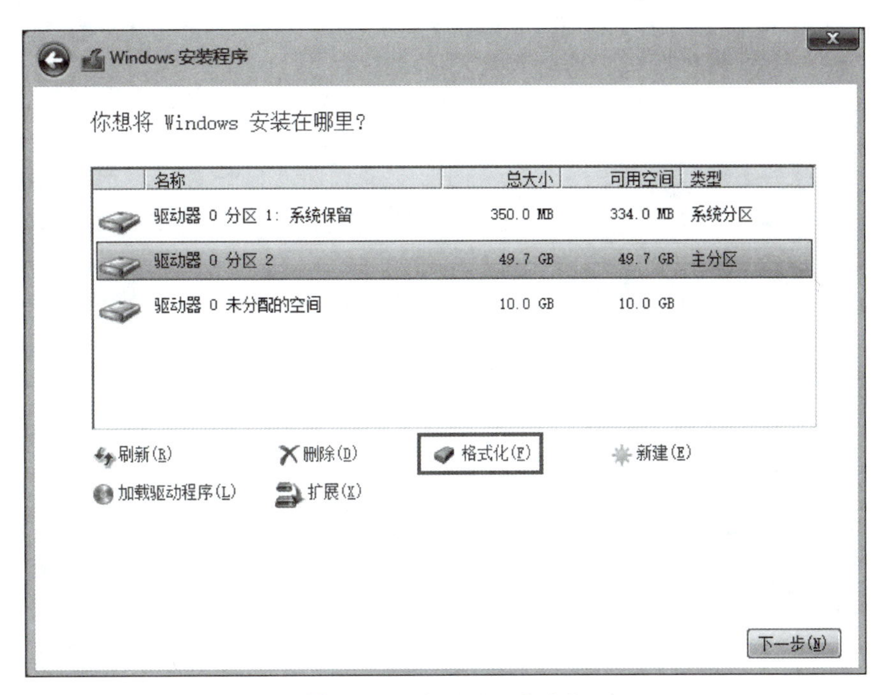

图 12-8　对新建分区格式化

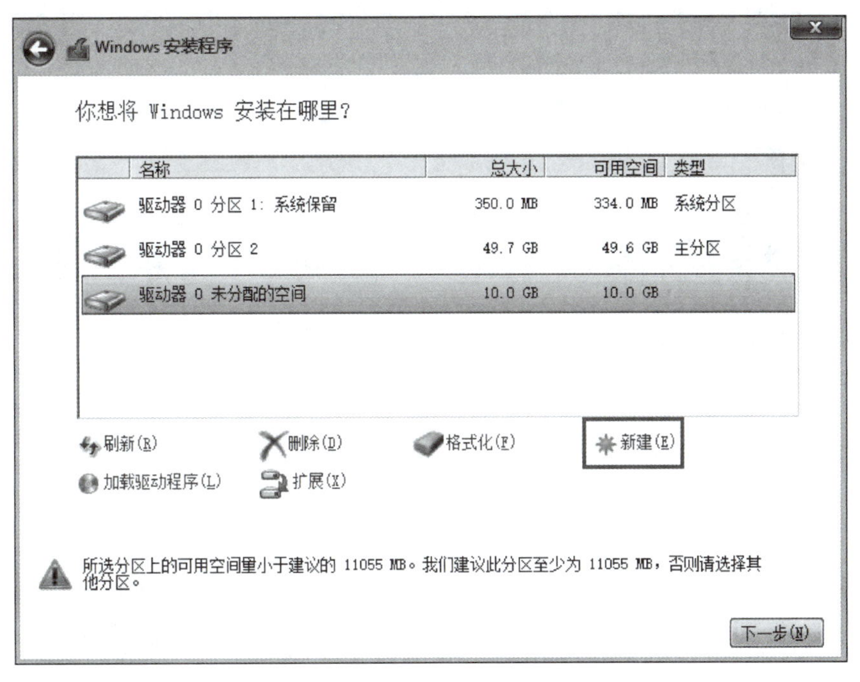

图 12-9　进一步分区界面

(10) 输入新分区大小,单击“应用”按钮,如图 12-10 所示。

(11) 创建出新的分区：驱动器 0 分区 3,可以在这里将该分区格式化(选中该分区,单击“格式化”按钮),也可以装完系统后,在新系统的“磁盘管理”中格式化。这里未格式化该分区,选择分区 2(即 C 盘),单击“下一步”按钮,继续安装,如图 12-11 所示。

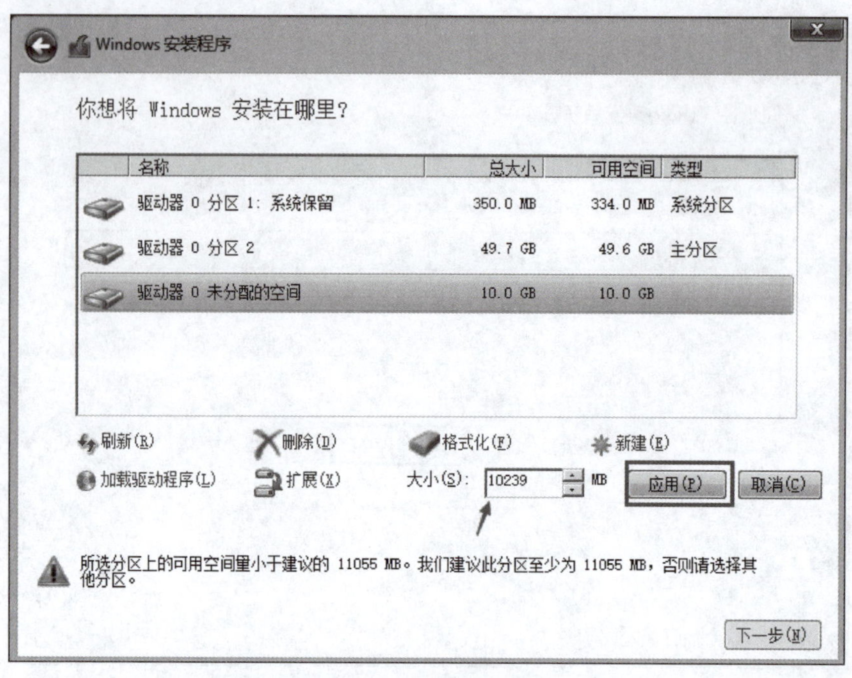

图 12-10 进一步分区参数设置界面

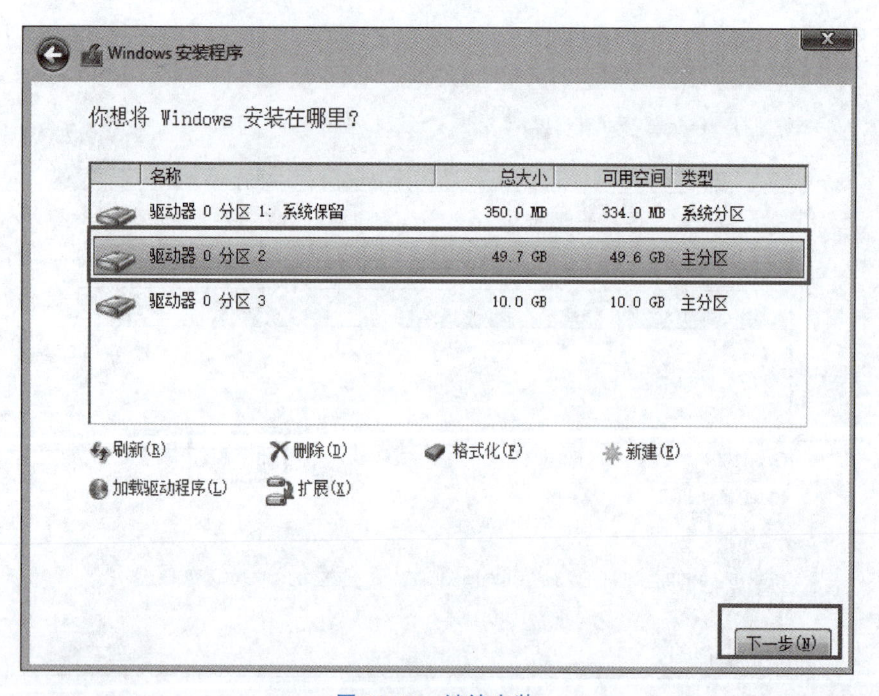

图 12-11 继续安装

(12) Windows 10 系统开始安装,需要等待较长的时间,如图 12-12 所示。

(13) 完成安装后等待设置。单击“使用快速设置(或自定义)”,如图 12-13 所示。

随后就是等待设置账户、准备应用等系统部署过程,成功后即可进入桌面,系统安装完成。安装结束界面如图 12-14 所示。

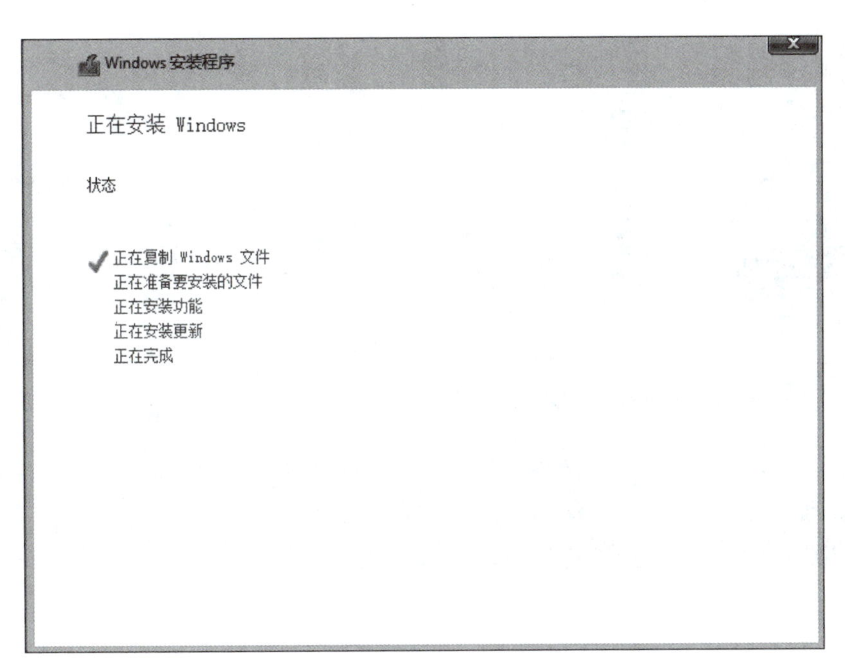

图 12-12　Windows 正在安装界面

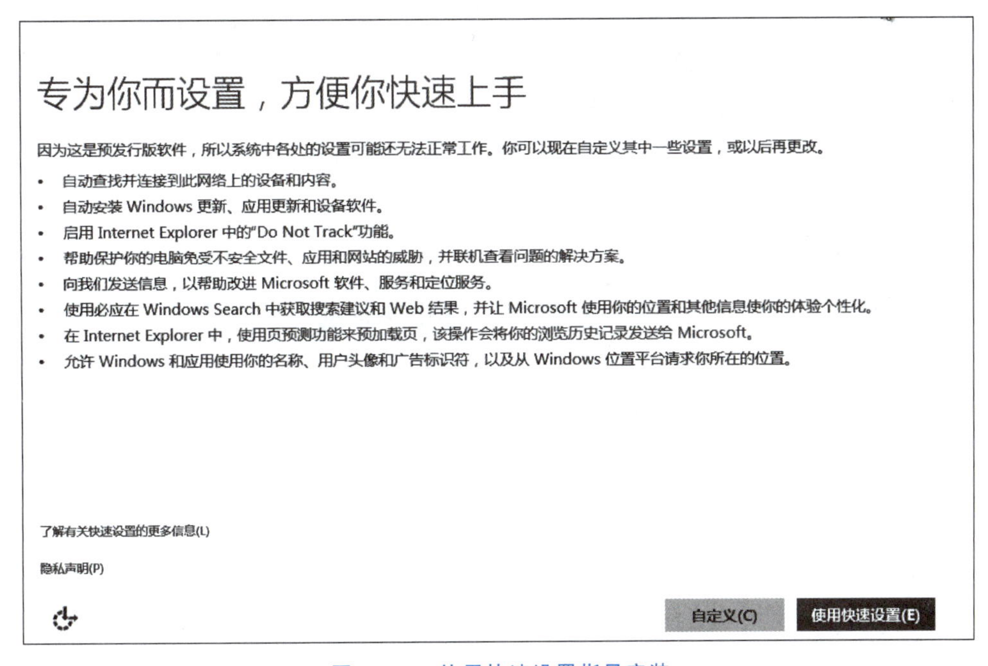

图 12-13　使用快速设置指导安装

2. 在线安装 Windows 10 系统

随着操作系统安装部署技术的进步和网络速度的提升，出现了一些更加简单、直观的系统安装工具，相比通过启动盘安装的方式，这些系统操作更加简便，通过鼠标直接操作，智能检测分析、多元化系统版本选择、全新下载等技术，可进行 U 盘启动盘制作、系统备份还原。支持 Windows XP/Windows 7(32 位/64 位)/Windows 8/Windows 10 系统在线重装，摆脱了传统借助光驱、U 盘、PE 软件等介质的烦琐，让操作者无须任何技术基础，随时随地实现

图 12-14　安装结束界面

计算机系统重装。

目前市场上此类在线装机软件有 360 系统重装大师(不支持 Windows 10)、极客狗装机大师(黑鲨装机大师)、老友装机大师等。下面以极客狗装机大师为例,介绍如何使用该类工具进行系统安装。

下载“极客狗装机大师”软件(原黑鲨装机大师),安装后打开,如图 12-15 所示,单击“立即重装”,软件开始检测当前的系统环境,检测完成后单击“下一步”。

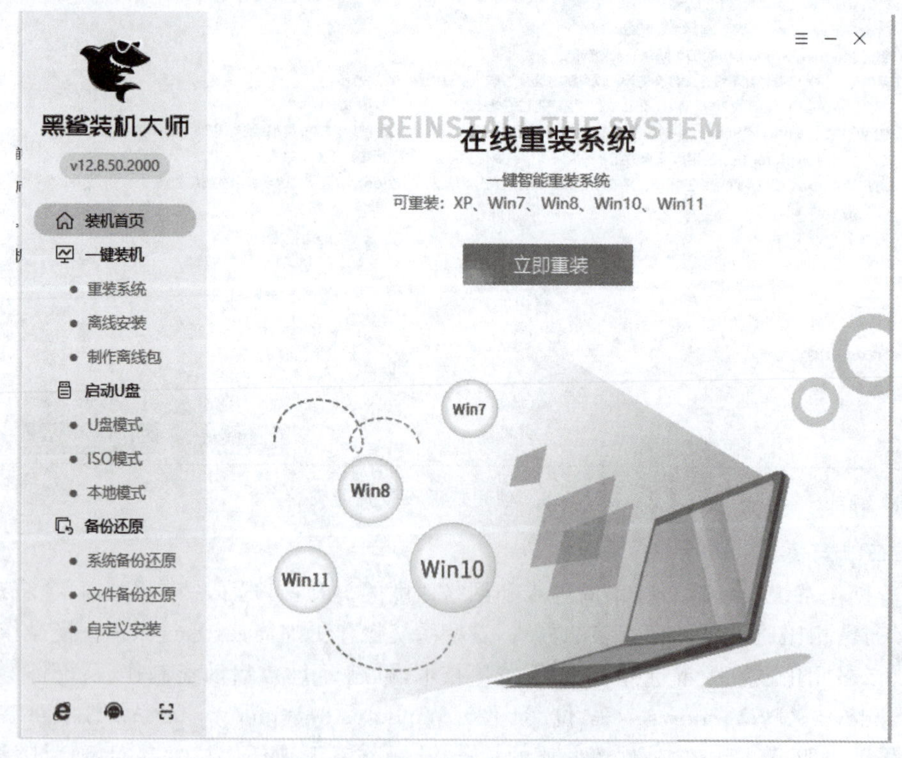

图 12-15　“黑鲨装机大师”主界面

选择“一键装机”下的“重装系统”项，进入到环境检测界面，系统会对整个计算机硬件进行检测，以便确认适合安装哪种类型的系统，如图 12-16 所示。

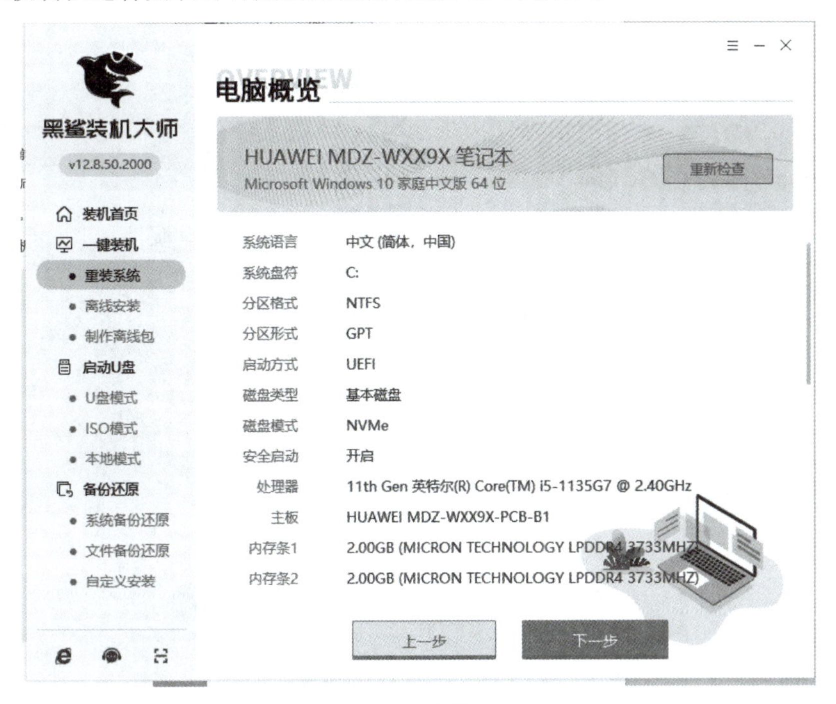

图 12-16　环境检测界面

单击“下一步”按钮，进入可选择系统界面。该界面下列出了当前计算机所有可以安装的 Windows 操作系统的列表，并给出推荐安装的系统选择，如图 12-17 所示。

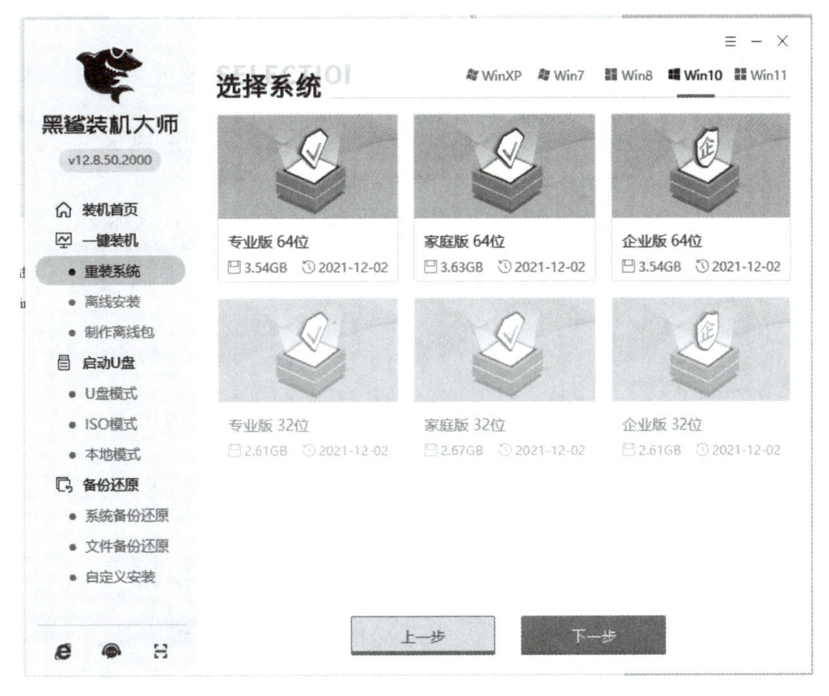

图 12-17　系统选择界面

选中推荐系统，软件会展示当前选择系统版本，如图 12-18 所示。

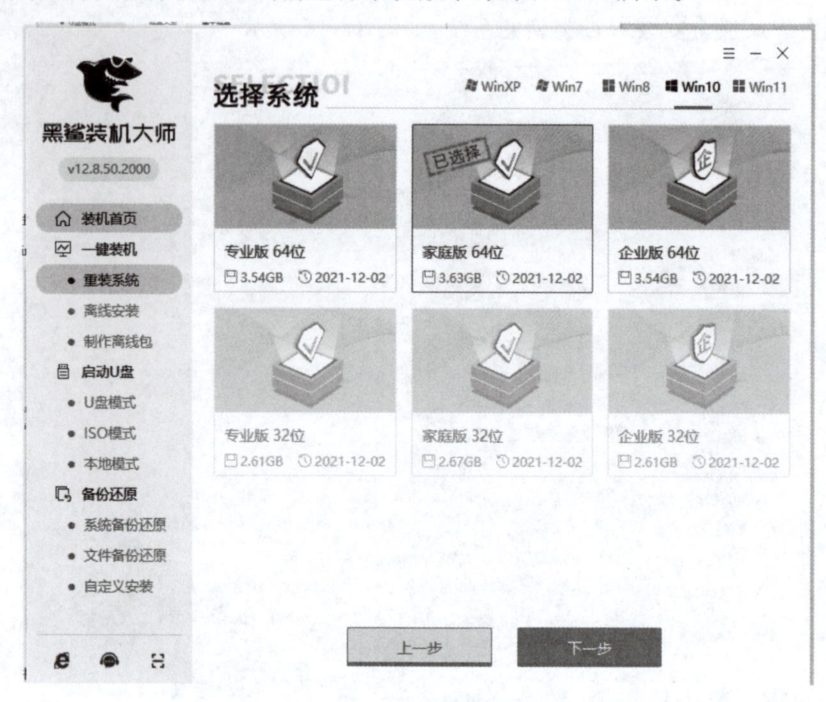

图 12-18　系统版本选择界面

选中要安装的系统版本，单击“下一步”，进入“软件选择”界面；再单击“下一步”，进入“选择备份”界面，该功能用来对当前计算机的个人资料(包括文档、浏览器记录、各类即时通信软件的聊天记录等)进行备份。选中相关选项的复选框，即可进行备份，如图 12-19 所示。

图 12-19　资料备份界面

单击“开始安装”按钮，弹出提示信息，建议备份重要文件资料，如图 12-20 所示。

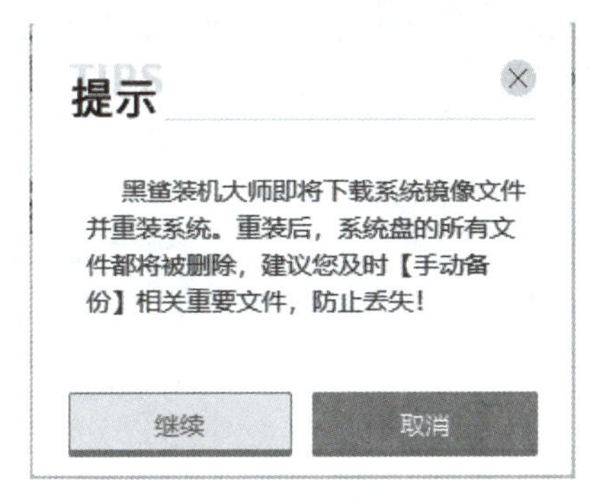

图 12-20　建议提示

单击“继续”按钮，“黑鲨装机大师”就会自动下载系统，并进行第一阶段的安装，用户只需要等待就可以了，如图 12-21 所示。

图 12-21　第一阶段安装

第一阶段的安装完成后，“黑鲨装机大师”就会重启计算机，然后帮用户安装原版系统。安装过程中要保证通电和网络畅通，以防安装中断导致安装失败，如图 12-22 所示。

系统安装完成后会要求重启，重启后自动对系统进行设置，并帮用户安装驱动，这样一来就不会出现因缺少网卡驱动而导致无法上网的情况发生了，如图 12-23 所示。

驱动安装完成后，“黑鲨装机大师”系统的重装就完成了，如图 12-24 所示。

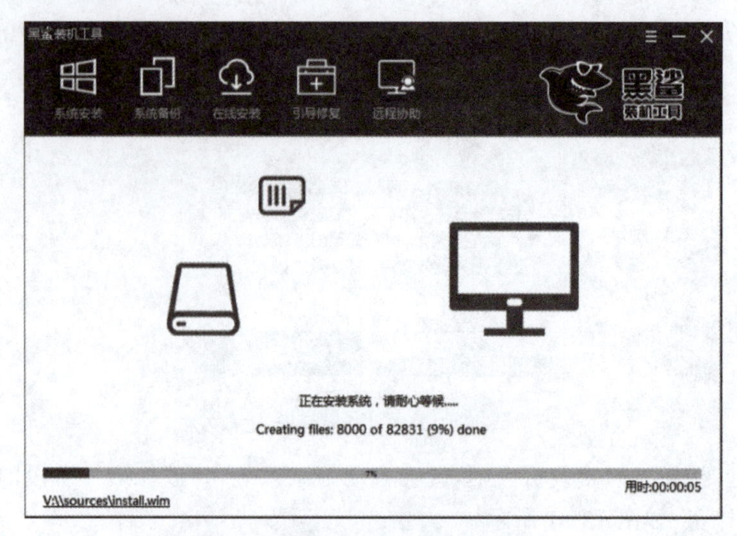

图 12-22　原版系统安装

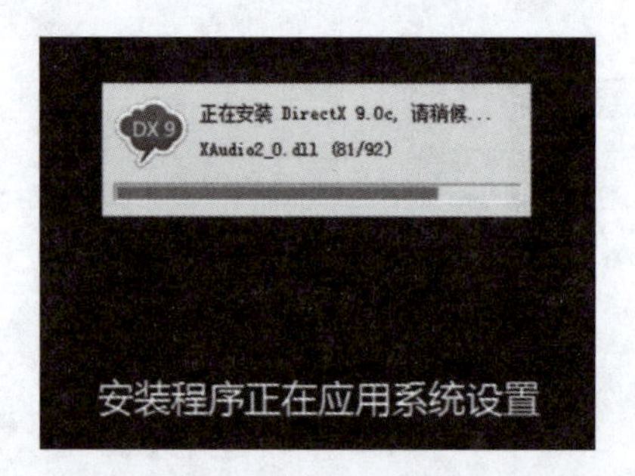

图 12-23　驱动安装

图 12-24　系统安装成功

视频讲解

12.3 驱动程序

虽然现在很多版本的 Windows 系统，程序安装后，附带的驱动程序也自动会安装上。但是，有时个别版本的系统安装程序功能不完善，导致安装操作系统之后，计算机有时还是无法正常使用，如屏幕分辨率不佳、没有声音、无法连接到网络等。这是因为计算机还没有安装驱动程序，安装了驱动程序，计算机的很多功能便可正常使用。下面简单介绍有关驱动程序的相关知识。

12.3.1　什么是驱动程序

驱动程序全称为设备驱动程序，是一种实现操作系统与硬件设备通信的特殊程序。驱动程序中包含了硬件的相关信息，为操作系统访问和操作硬件提供了一个接口，操作系统必须通过驱动程序才能控制硬件设备进行工作。

一般来说，驱动程序具备以下两个功能。

1. 初始化硬件设备

初始化硬件设备是驱动程序的基本功能。驱动程序中包含硬件设备的相关信息，操作系统访问和使用硬件设备时，驱动程序可以实现对硬件设备的识别与端口的读写操作，并进行中断设置。

2. 完善硬件性能

驱动程序可以完善硬件功能。如果硬件中存在一些小缺陷，驱动程序可以进行弥补，在一定程度上提升硬件的性能。

随着技术的发展，现在的驱动程序除了基本功能之外，还具备很多扩展的辅助功能，以帮助用户更好地使用计算机。如显卡驱动还可以显示温度，管理风扇散热。未来，多功能化的驱动程序会成为主流。

12.3.2　驱动程序的分类

根据不同的条件，驱动程序的分类方式也不同。根据支持的硬件设备，驱动程序可分为显卡驱动、声卡驱动等；根据操作系统的适用性，驱动程序可分为 Windows 7 适用、Windows 10 适用、Linux 适用等；根据驱动的版本，驱动程序可分为官方正式版、微软 WHQL 认证版、第三方驱动和测试版驱动，这是用户安装驱动程序的主要依据。

1. 官方正式版

官方正式版驱动程序又称为公版驱动程序。它按照硬件厂商的设计研发，经过一系列的反复测试修正，最终通过官方渠道发布出来。官方正式版驱动的稳定性、兼容性、安全性都比较好，是安装驱动程序的首选。

2. 微软 WHQL 认证版

微软 WHQL 认证版的驱动程序是微软对各厂商所开发驱动的一个认证，通过 WHQL 认证的驱动，Windows 操作系统基本上不存在兼容性问题，其稳定性和安全性也比较好。

3. 第三方驱动

第三方驱动是指第三方厂商开发的驱动程序。它们通常在官方正式版驱动的基础上进行优化、功能完善。与官方正式版驱动相比，第三方驱动的安全性、稳定性更高，并且功能更加完善，因此很多用户会选择第三方驱动进行安装。

4. 测试版驱动

测试版驱动是指还处于测试阶段中，没有正式发布的驱动。它们在稳定性、兼容性、安全性方面还没有足够保证，在安装驱动程序时，最好不要选择测试版驱动。

12.3.3 驱动程序的安装与卸载

在安装驱动程序之前,先要获取驱动程序,获取驱动程序主要有以下 3 种方法:操作系统自带驱动、硬件自带驱动、通过网络下载。

操作系统自带驱动会随着操作系统的安装而安装,操作系统自带的驱动程序都是经过 WHQL 认证的,不会在兼容性和稳定性方面出现问题。

硬件自带驱动是厂商在销售硬件时免费提供给用户的,这些驱动程序一般都有较强的针对性,性能更好,但这种驱动一般比较老。

通过网络下载驱动是目前获取驱动最常用的方法,用户可以通过访问硬件设备的官方网站下载相应的驱动程序,官网上的驱动程序大多是最新的驱动程序,比购买硬件时赠送的驱动程序更稳定、更安全。

下面以通过网络下载安装瑞昱网卡驱动(Realtek RTL-8168/8169/8101 网卡驱动 for Win1010.001.0505.2015 WHQL)为例来演示驱动程序的安装与卸载。

1. 驱动安装

登录瑞昱官网下载该驱动程序,下载的驱动程序是一个 zip 格式的安装包,在安装时先要将其解压,解压之后,双击文件夹下的 setup.exe 文件,会弹出 Realtek Ethernet Controller Driver-InstallShield Wizard 对话框,如图 12-25 所示。

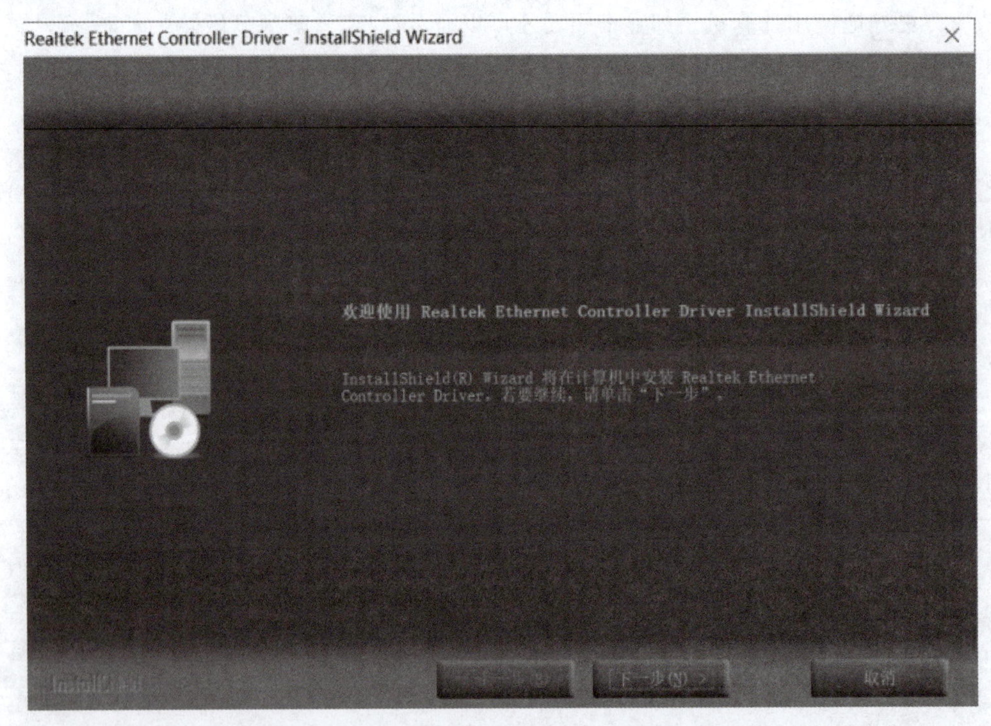

图 12-25 Realtek Ethernet Controller Driver-InstallShield Wizard 对话框

在图 12-25 所示的对话框中单击“下一步”按钮进入安装界面,如图 12-26 所示。

在图 12-26 所示界面中,单击“安装”按钮,系统开始安装该驱动程序,并以进度条显示安装进度,如图 12-27 所示。

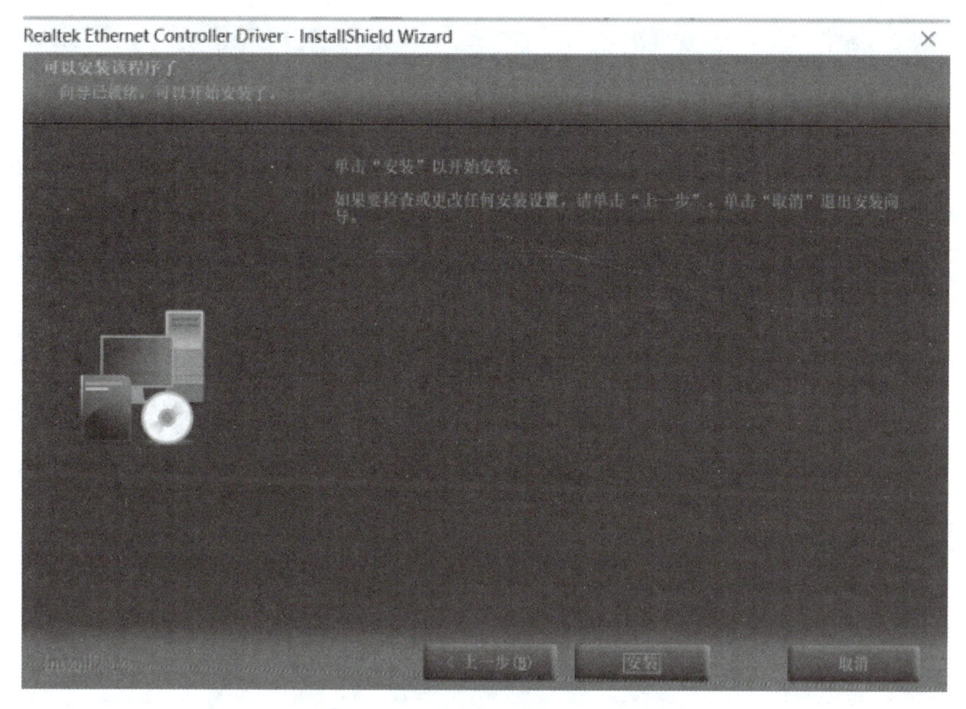

图 12-26 安装界面

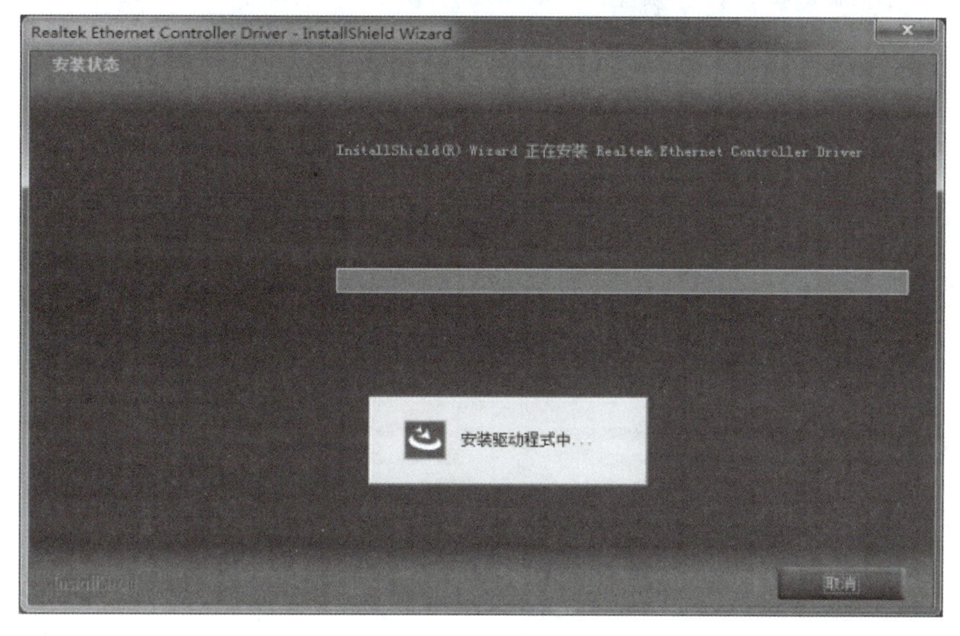

图 12-27 安装过程

安装完成后，会显示安装完成的提示界面，如图 12-28 所示。

到此，网卡驱动程序安装完成，下一步计算机就可以连接网络了。

2. 驱动卸载

当不再使用某个设备时，可以将其驱动程序从计算机中卸载，驱动程序的卸载也很简单，具体步骤如下。

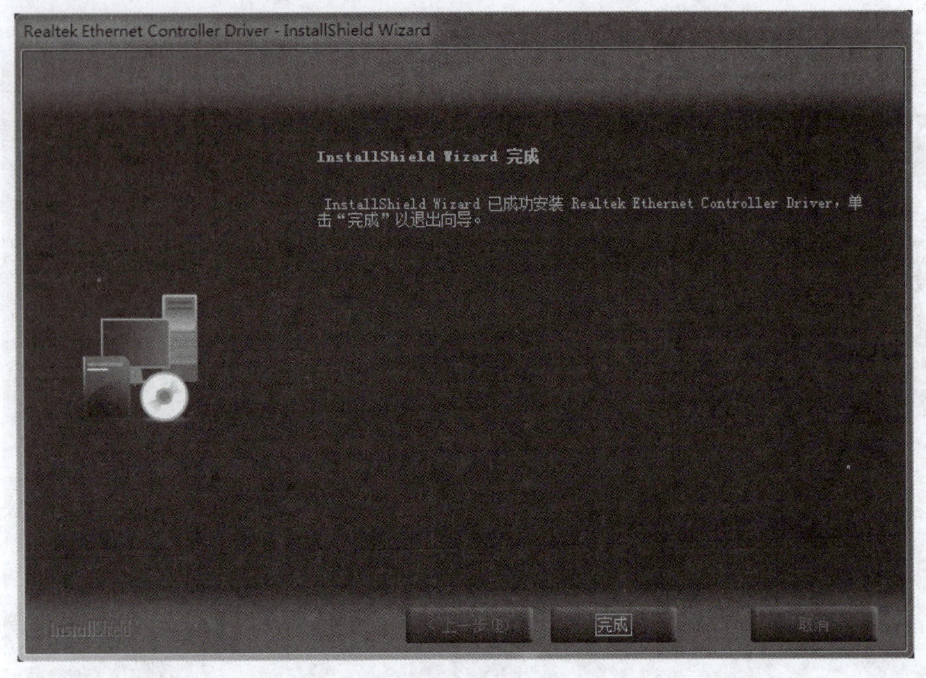

图 12-28　安装完成

(1) 右击“此电脑”图标，在弹出的菜单中单击“属性”，进入“系统”窗口，如图 12-29 所示。

图 12-29　“系统”窗口

(2) 单击“设备管理器”，进入“设备管理器”窗口，如图 12-30 所示，显示着计算机的各硬件设备，单击打开硬件设备可看到其驱动程序，要卸载相应驱动程序时，将鼠标移到相应驱动程序位置，右击，在弹出的菜单中单击“卸载设备”项，会弹出一个确认警告对话框，如图 12-31 所示。

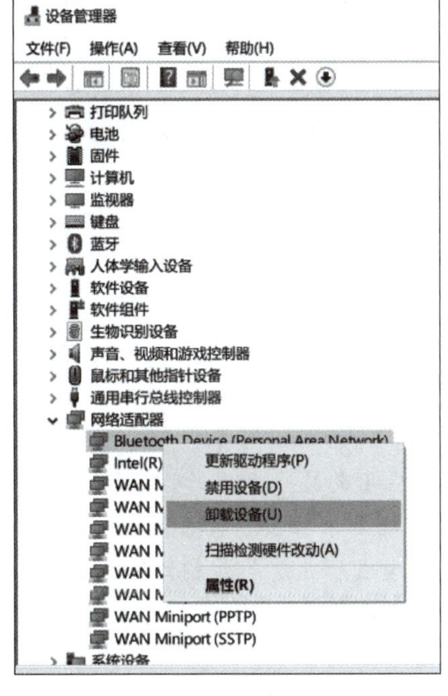

图 12-30 “设备管理器”窗口

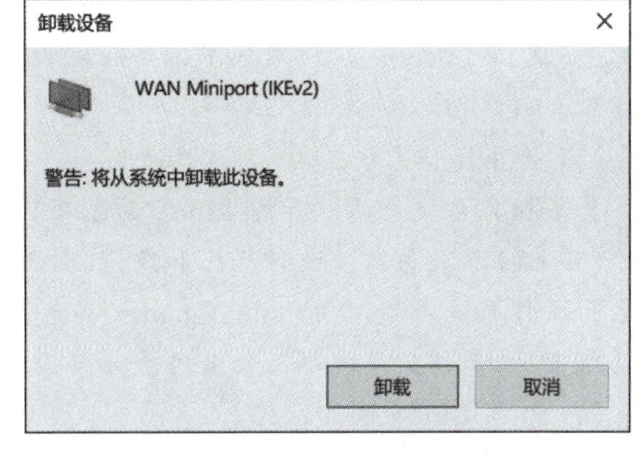

图 12-31 警告确认对话框

用户还可以通过安装驱动管理软件来获取、安装、管理驱动程序。驱动管理软件是指驱动程序专业管理软件，它可以自动检测到计算机的硬件设备，提供相应的驱动程序供用户下载安装更新。驱动软件非常多，如驱动精灵、驱动人生、360 驱动大师等，可以很方便地对驱动程序进行管理。

国产操作系统

操作系统是计算机的灵魂，目前国外操作系统品牌几乎垄断了中国市场，但在开源操作系统生态不断成熟的背景下，中国的国产操作系统依托开源生态和国家支持的“东风”正快速崛起。经过 30 多年的发展，国产操作系统已跨越起步阶段，正在大力发展生态，打造开源根社区。目前，国产操作系统正从“可用”走向“好用”。以麒麟系列为代表的国产操作系统已经全面应用于银河计算机、天河计算机、大飞机、船舶、嫦娥工程等国家重大工程项目中，并已全面应用于党政、金融、能源、企事业、商业等领域，有力支撑了国家信息化和现代化的发展。目前较为成熟的国产操作系统品牌主要有麒麟、统信、普华、中科红旗、中科方德、中兴新支点、华为鸿蒙等。

（1）麒麟系统。

麒麟软件以安全可信操作系统技术为核心，旗下拥有“银河麒麟”“中标麒麟”两大产品品牌，面向通用和专用领域打造安全创新操作系统产品和相应解决方案，现已形成了服务器操作系统、桌面操作系统、嵌入式操作系统、麒麟云、安全邮件等产品。麒麟软件系列产品能同时支持飞腾、鲲鹏、龙芯、申威、海光、兆芯等国产CPU。

(2) 统信UOS系统。

UOS系统是由统信软件开发的一款基于Linux内核的操作系统,分为桌面版和服务器版,支持龙芯、飞腾、兆芯、海光、鲲鹏等国产芯片平台的笔记本、台式机、一体机、工作站、服务器,以桌面应用场景为主,包含自主研发的桌面环境、多款原创应用,以及丰富的应用商店和互联网软件仓库,可满足用户的日常办公和娱乐需求。同时还有服务器分支,以服务器支撑服务场景为主,提供标准化服务、虚拟化、云计算支撑,并满足未来业务拓展和容灾需求的高可用和分布式支撑。

UOS通过对整机、终端办公应用、服务端应用、硬件外设的适配支持,完全满足项目支撑、平台应用、应用开发、系统定制的需求,体现了当今中国操作系统发展的最新水平,同时也为党、政、军、能源、金融、军队军工等领域,提供符合当前业务需求和满足未来发展的平台支撑。

(3) 普华操作系统。

普华操作系统产品以开源Linux为基础,结合业务应用的技术积累,对系统的性能、安全性、可靠性以及易用性进行优化和改进,针对不同的市场需求推出了服务器操作系统产品和桌面操作系统产品,支持x86、OpenPower、国产龙芯、申威和兆芯等架构,满足电子政务、智慧城市、生产作业系统以及安全可靠等多个领域应用需求。

(4) 红旗Linux操作系统。

红旗Linux是由北京中科红旗软件技术有限公司开发的一系列Linux发行版,包括桌面版、工作站版、数据中心服务器版、HA集群版和红旗嵌入式Linux等产品。红旗Linux是中国较大、较成熟的Linux发行版之一,也是国产较出名的操作系统,拥有完善的教育系统和认证系统。

(5) 中科方德。

中科方德依托创始单位中国科学院软件研究所,长期以来在基础软件方向进行技术积累,在核高基重大专项等支持下,建立了成熟的国产服务器操作系统、桌面操作系统系列产品线和相关解决方案,围绕信息安全、云计算等领域,重点服务于电子政务、国防军工、金融、教育、医疗、能源、交通等重点领域。中科方德高可信服务器操作系统全面适配海光、兆芯、鲲鹏、飞腾、龙芯、申威等国产CPU平台,良好兼容国内外主流整机、数据库、中间件等软硬件产品,满足用户对服务器操作系统稳定性、安全性、可靠性等的需求。

(6) 中兴新支点操作系统。

中兴新支点桌面操作系统是中央政府采购和中央直属机关采购入围品牌,是国内受欢迎的操作系统之一。中兴新支点是一款基于开源Linux核心进行研发的桌面操作系统,开源、安全、可靠可控、好用,非常适合作为个人计算机在工作学习中使用。中兴新支点操作系统基于Linux稳定内核,经过近10年专业研发团队的积累和发展,在安全加固、性能提升、易用管理等方面表现突出。中兴新支点操作系统分为嵌入式操作系统(NewStart CGEL)、服务器操作系统(NewStart CGSL)、桌面操作系统(NewStart NSDL)。支持国产芯片(龙芯、兆芯)及软硬件,可以安装在台式机、笔记本电脑、一体机、ATM柜员机、取票机、医疗设备等终端。其客户覆盖国内外电信运营商、电子政务、金融、交通、航天、教育、军工等众多领域,是国内首家走出国门的自主、安全、可控、好用的操作系统。

(7) HarmonyOS 操作系统。

HarmonyOS 操作系统是华为完全自主研发的一款智能终端操作系统，为不同设备的智能化、互联与协同提供了统一的语言，带来简捷、流畅、连续、安全可靠的全场景交互体验。HarmonyOS 操作系统是一款面向全场景的分布式操作系统，创造一个超级虚拟终端互联的世界，将人、设备、场景有机地联系在一起，将使消费者在全场景生活中接触的多种智能终端实现极速发现、极速连接、硬件互助、资源共享。

(8) 深度 Linux(Deepin)。

Deepin 原名 Linux Deepin，于 2014 年 4 月更名为 Deepin，常被称为“深度 Linux”。

深度操作系统是基于 Linux 内核，以桌面应用为主的开源 GNU/Linux 操作系统，支持笔记本电脑、台式机和一体机。深度操作系统包含深度桌面环境(DDE)和近 30 款深度原创应用，及数款来自开源社区的应用软件，支撑广大用户日常的学习和工作。深度操作系统是中国第一个具备国际影响力的 Linux 发行版本，截至 2019 年 7 月 25 日，深度操作系统支持 33 种语言，用户遍布除了南极洲的其他六大洲。深度桌面环境和大量的应用软件被移植到了包括 Fedora、Ubuntu、Arch 等 10 余个国际 Linux 发行版中。

12.4 实验六：U 盘安装 Windows 10 操作系统

一、实验目的

(1) 掌握 Windows 10 的安装方法。

(2) 掌握微机硬件设备驱动程序的安装方法。

二、实验设备

(1) 已分区、格式化硬盘的多媒体微型计算机一台。

(2) 8GB 以上容量的 U 盘一个。

三、实验内容及步骤

(1) 制作完成 U 盘启动盘后，从网上下载 64 位的 Windows 10 操作系统的安装文件，将其保存在 U 盘中。

(2) 在 BIOS 中设置 USB 启动，保存并退出。

(3) 通过 U 盘启动盘启动计算机，进入启动程序的菜单选择界面，选择相应的系统版本，按照向导一步步安装 Windows 10 系统。

四、实验报告

结合操作系统安装的实际操作，写出详细的操作步骤。

12.5 思考与练习

一、填空题

1. 没有安装操作系统的计算机称为________。

2. 按照应用领域,可将操作系统分为________、________和________。

3. 常用的操作系统安装方式有________和________两种。

4. 驱动程序可以界定为官方正式版、________、________、发烧友修改版、Beta测试版等。

5. 根据提供驱动程序方式的不同,用户也需要采取不同的方式进行安装。一般来讲,主要有________、________、________3种安装方式。

二、选择题

1. 关于操作系统,下列说法中错误的是________。
   A. 操作系统是一个软件,处于硬件与应用软件之间。它既管理计算机硬件资源,又控制应用软件的运行,并且为用户提供交互操作界面
   B. 按照源码开放与否,可将操作系统分为开源操作系统和闭源操作系统
   C. 用户一般可使用的操作系统只有Windows操作系统
   D. 操作系统的全新安装是指在硬盘中没有任何操作系统的情况下安装操作系统

2. 关于主流的操作系统,下列说法中正确的是________。
   A. Windows 10操作系统在兼容性方面不如其他版本
   B. Linux操作系统是开源的
   C. macOS是基于Windows操作系统开发的
   D. macOS兼容Windows软件

3. 关于驱动程序,下列说法中错误的是________。
   A. 操作系统必须通过驱动程序才能控制硬件设备进行工作
   B. 驱动程序可以初始化硬件设备
   C. 驱动程序可以完善硬件性能
   D. 计算机外部设备不需要安装驱动程序

4. 下列哪一个版本的驱动程序性能无法得到保证?________
   A. 官方认证版驱动　　B. 测试版驱动
   C. 微软WHQL认证版　　D. 第三方驱动

5. 关于驱动的安装管理,下列说法中错误的是________。
   A. 驱动可以随时安装卸载　　B. CPU需要安装驱动程序才能工作
   C. 可通过驱动精灵管理驱动程序　　D. 可以通过网络下载驱动程序进行安装

6. 关于Windows 10操作系统,下列说法中错误的是________。
   A. Windows 10操作系统重新添加了“开始”菜单
   B. Windows 10操作系统内置了人工智能机器人Edge
   C. Windows 10操作系统支持虚拟桌面
   D. Windows 10操作系统增加了通知中心,方便用户及时接收消息

三、简答题

1. 请简述Windows 10操作系统的安装方法。
2. 请简述什么是驱动程序。
3. 请简述驱动程序的来源有哪些。

第13章　计算机网络连接

CHAPTER 13

学习目标：

◆ 了解计算机网络常见术语。

◆ 了解计算机联网方式。

◆ 掌握无线局域网的组建。

◆ 熟悉局域网的管理方法。

◆ 熟悉计算机共享 WiFi 的方法。

◆ 熟悉网络连接的常见故障。

技能目标：

◆ 掌握无线局域网的组建。

◆ 掌握计算机共享 WiFi 的方法。

素质目标：

◆ 培养履行义务的责任心和社会责任感。

◆ 培养明达的道德选择能力。

现在，网络已遍及经济、科技、生活等各个领域，计算机只有连入网络才能发挥其最大优势。计算机操作系统安装完毕，接下来要把计算机连接到网络。

13.1 计算机网络概述

视频讲解

计算机网络是指将地理位置不同的具有独立功能的多台计算机及其外部设备，通过通信线路连接起来，在网络操作系统、网络管理软件及网络通信协议的管理和协调下，实现资源共享和信息传递的计算机系统。图 13-1 为计算机网络的连接构造图。

13.1.1 计算机网络的功能

一般来说，计算机网络具有数据通信、资源共享、负载均衡与分布式处理、提高计算机系统的可靠性等功能。

1. 数据通信

数据通信是计算机网络最基本的功能，为网络用户提供了强有力的通信手段。计算机网络建设的主要目的之一就是使分布在不同物理位置的计算机用户相互通信和传送信息

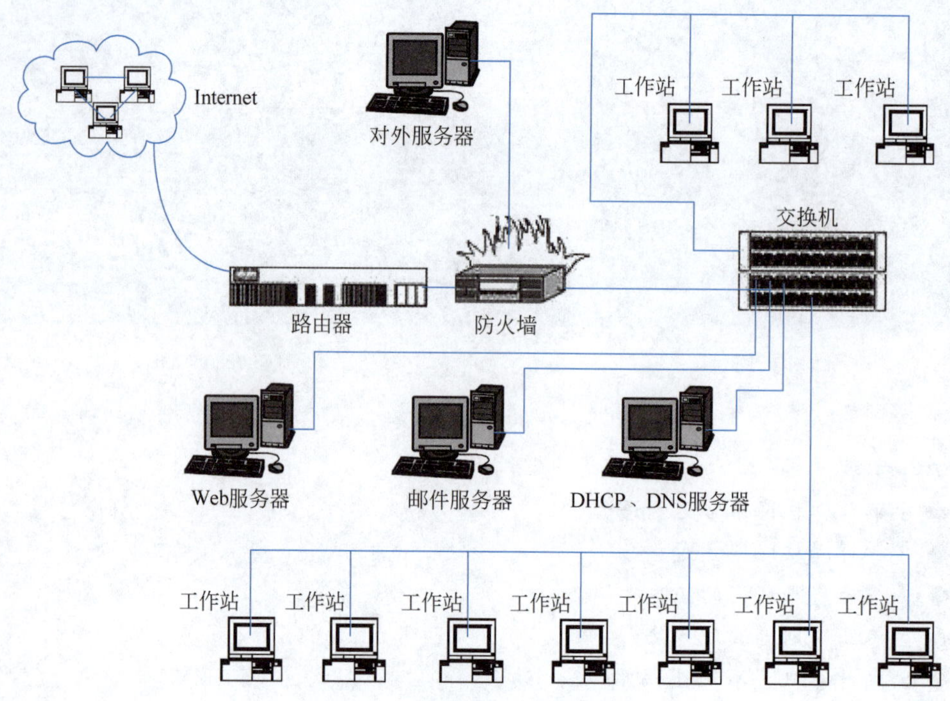

图 13-1 计算机网络的连接构造图

(如声音、图形、图像等多媒体信息),计算机网络的其他功能都是在数据通信功能基础之上实现的,如发送电子邮件、远程登录、联机会议等。

2. 资源共享

1)硬件和软件的共享

计算机网络允许网络上的用户共享不同类型的硬件设备,通常有打印机、大容量的磁盘以及高精度的图形设备等。软件共享通常是指某一系统软件或应用软件(如数据库管理系统),如果占用的空间较大,则可将其安装到一台配置较高的服务器上,并将其属性设置为共享,这样网络上的其他计算机用户即可直接利用,极大地节省了计算机的硬盘空间。

2)信息共享

信息也是一种宝贵的资源,Internet 就像一个浩瀚的海洋,有取之不尽、用之不竭的信息与数据,每一个 Internet 用户都可以共享这些网络信息资源,如网上新闻、网上图书等。

3. 负载均衡与分布式处理

当网络中某台计算机的任务负载太重时,可将任务分散到网络中的各台计算机上进行,或由网络中比较空闲的计算机分担负载。这样既可以处理大型的任务,使其中一台计算机不会负担过重,又提高了计算机的可用性,起到了负载均衡和分布式处理的作用。

4. 提高计算机系统的可靠性

提高计算机系统的可靠性也是计算机网络的一个重要功能。在计算机网络中,每一台计算机都可以通过网络为另一台计算机备份,以提高计算机系统的可靠性。这样,一旦网络中的某台计算机发生了故障,另一台计算机可代替其完成所承担的任务,整个网络可以照常运转。

13.1.2 计算机网络的分类

用于计算机网络分类的标准很多，如拓扑结构、应用协议、传输介质、数据交换方式等。但是，这些标准只能反映网络某方面的特征，不能反映网络技术的本质。最能反映网络技术本质特征的分类标准是网络的覆盖范围。按网络的覆盖范围可以将网络分为局域网、广域网和城域网。

1. 局域网

局域网的地理分布范围在几千米以内，一般局域网络建立在某个机构所属的一个建筑群内或一个学校的校园内部，甚至几台计算机也能构成一个小型局域网络。

2. 广域网

广域网也称为远程网，是远距离的、大范围的计算机网络。这类网络的作用是实现远距离计算机之间的数据传输和信息共享，广域网可以是跨地区、跨城市、跨国家的计算机网络，覆盖范围一般是几百千米到几千千米的广阔地理区域，通信线路大多借用公用通信网络（如公用电话网 PSTN）。

3. 城域网

城域网的覆盖范围在局域网和广域网之间，一般为几千米到几十千米，通常在一个城市内。

13.1.3 计算机网络的常用术语

1. 无线网络与 WiFi

1）无线网络

无线网络（WLAN，无线局域网），顾名思义是一种无线联网技术，它通过无线电波来联网。无线网络通常使用无线路由器来搭建，只要在路由器的电波有效覆盖范围内，个人计算机、手机、iPad 等终端都可以采用无线保真连接方式进行连接。

2）WiFi

WiFi 是一个无线网络通信技术品牌，由 WiFi 联盟持有，其目的在于改善 IEEE 802.11 网络标准中无线网络产品之间的互通性。现在很多用户都直接将 WiFi 等同于无线网络，其实这是不准确的，它只是无线网络的一种连接技术。

2. 带宽

对数字信号来说，带宽是指单位时间内链路能够通过的数据量，通常以 b/s（每秒可传输比特数）来表示。而在模拟信号系统中，带宽又称为频宽，表示传输信号所占有的频率宽度，这个宽度由传输信号的最高、最低频率决定，两者之差就是带宽值，通常以赫兹（Hz）为单位。

3. 以太网

以太网是由施乐公司创建，并由施乐公司、Intel 公司、DEC 公司联合开发的基带局域网规范。以太网是现实世界中最普遍的一种计算机网络，人们平常所说的网络基本都是指以太网。以太网有两类：第一类是经典以太网；第二类是交换式以太网，使用了一种称为交换机的设备连接不同的计算机。经典以太网是以太网的原始形式，运行速度从 3～10Mb/s 不等；而交换式以太网正是广泛应用的以太网，可运行在 100/1000/10 000Mb/s 高速率，分别以快速以太网、千兆以太网和万兆以太网的形式呈现。

4. 物联网

物联网(Internet of Things,IoT)是指通过信息传感器、射频识别技术、全球定位系统、红外感应器、激光扫描器等各种装置与技术,实时采集任何需要监控、连接、互动的物体或过程,采集其声、光、热、电、力学、化学、生物、位置等需要的信息,通过各类可能的网络接入,实现物与物、物与人的泛在连接,实现对物品和过程的智能化感知、识别和管理。物联网是一个基于互联网、传统电信网等的信息承载体,它让所有能够被独立寻址的普通物理对象形成互联互通的网络。

13.2 计算机联网

计算机上网的方式主要有 ADSL 宽带上网、小区宽带上网、办公局域网接入。

13.2.1 ADSL 宽带上网

ADSL(Asymmetric Digital Subscriber Line,非对称数字用户环路)是一种数据传输方式,它采用频分复用技术把电话线分成了 3 个独立的通信道:电话、上行和下行,这 3 个通信道之间相互不受影响,即使一边打电话一边上网,通话质量与上网速率也不会受影响,其连接方式如图 13-2 所示。ADSL 的速率比较快,通常在不影响正常电话通信的情况下,其上行速度最高可达 3.5Mb/s,下行速度最高可达 24Mb/s。

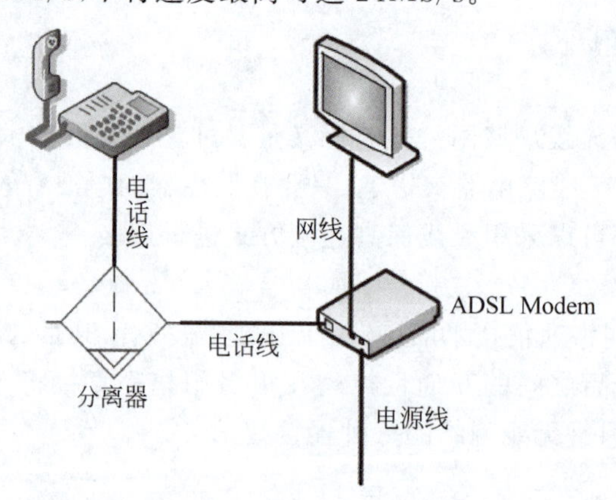

图 13-2　ADSL 宽带网络连接

13.2.2 小区宽带上网

小区宽带上网指的是 LAN 宽带。网络运营商在小区中架设一根光纤,然后使用大型网络交换机分配网线给各个用户。在这个过程中,不需要 ADSL Modem 设备,只要求计算机配置有网卡即可。小区宽带上网是目前大中城市使用比较普遍的宽带接入方式,联通、电信、移动三家电信运营商宽带等都提供此项服务。值得一提的是,由于小区共用一根光纤,所以小区宽带上网在用户不多的时候,网速非常快,但是在晚高峰时期,网速会随着用户的增多而有所下降。小区宽带上网一般也是使用一组上网账号和密码,用户只需要将运营商的网线连接到计算机上,然后输入正确的账号和密码登录,即可连接到网络,其连接方式如图 13-3 所示。

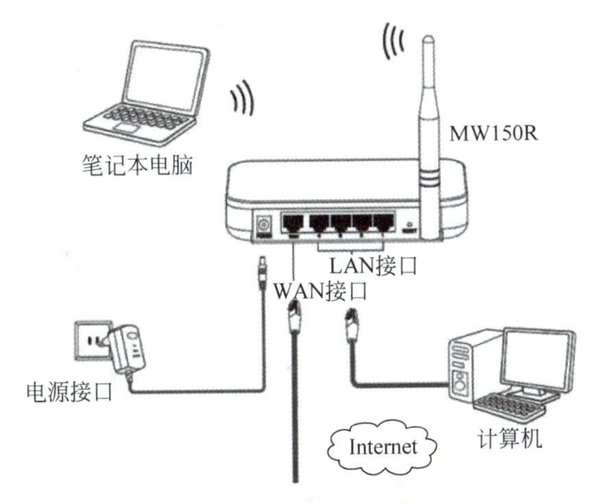

图 13-3　小区宽度上网连接示意图

13.3 无线网络的搭建

视频讲解

现在，无论家庭、办公场所还是公共场所都离不开无线网络，人们在搭建网络时经常都会搭建无线网络，这样计算机、平板电脑、手机等设备均可连接到网络。

13.3.1 工具准备

搭建无线网络一般需要准备网线、无线路由器等，如果要将台式机也连接到无线网中，那么还需要准备一块无线网卡。

1. 无线路由器

无线路由器是用于用户上网、带有无线覆盖功能的路由器。无线路由器可以看作一个转发器，将宽带网络信号通过天线转发给附近的无线网络设备（笔记本电脑、支持 WiFi 的手机、平板以及所有带有 WiFi 功能的设备）。市场上流行的无线路由器一般只能支持 15～20 个以内的设备同时在线使用，无线路由器信号的覆盖半径一般为 50～300m。常见的无线路由器如图 13-4 所示。

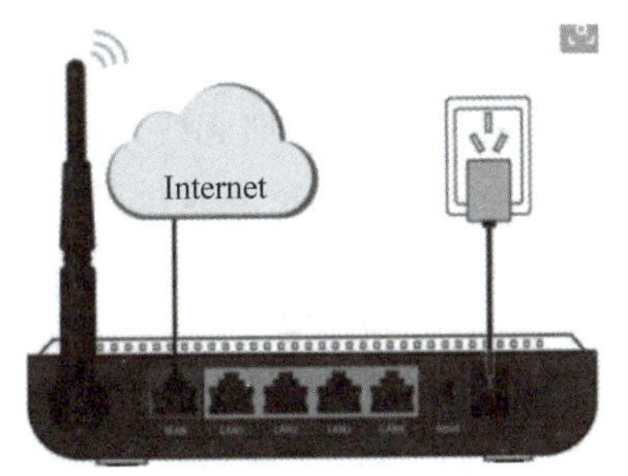

图 13-4　无线路由器

无线路由器的 WAN 接口用于连接外部网线，小区宽带网线或从 ADSL Modem 连出的网线可插入 WAN 接口。LAN 接口用于连接局域网，用一根网线将该端口与计算机连接起来，计算机就可以上网了。

2. 网线

网线是连接局域网必不可少的。在局域网中常见的网线主要有双绞线、同轴电缆、光缆三种。常用的网线是双绞线，它是由两条相互绝缘的导线按照一定的规格互相缠绕在一起而制成的一种通用配线。双绞线的两端必须安装 RJ-45 连接器，即水晶头，才能与计算机、路由器、交换机等相应接口连接。安装水晶头的网线如图 13-5 所示。

图 13-5 网线

3. 无线网卡

无线网卡就是不通过有线连接,采用无线信号进行连接的网卡,所有无线网卡只能局限在已布有无线局域网的范围内使用。无线网卡按照接口可以分为台式机专用的 PCI 接口无线网卡、笔记本电脑专用的 PCMCIA 接口网卡和 USB 无线网卡,如图 13-6 所示。

图 13-6 各类无线网卡

13.3.2 搭建无线网络

在搭建无线局域网时,使用网线将家庭宽带的 LAN 接口与无线路由器的 WAN 接口相连接,再将无线路由器的电源接通,如图 13-7 所示。

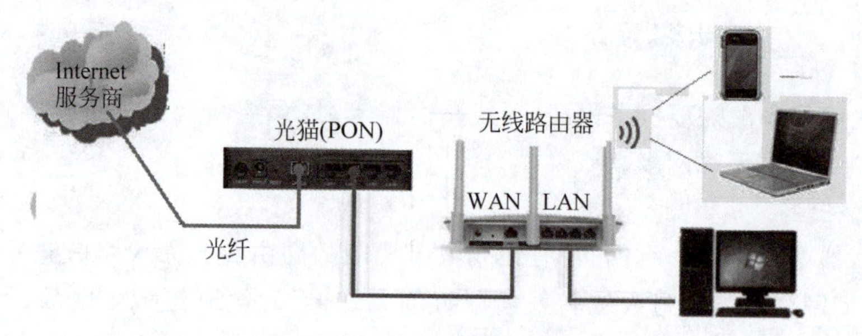

图 13-7 连接无线路由器

连线完成后,按照无线路由器说明书对无线路由器进行设置。打开浏览器,在浏览器地址栏里输入路由器的登录地址(路由器的登录地址有明确标记,一般在路由器的背面的纸质标签中可查看到,这里以 192.168.1.1 为例),然后按 Enter 键。

(1) 在弹出的登录窗口中,输入登录信息(登录信息可以在路由器的背面纸质标签中查看得到,如果给出了默认登录用户名或密码,请使用默认的信息登录;如果没有给出登录用户名和密码,这样的密码一般需要用户自己创建),如图 13-8 所示。

(2) 进入到 TP-Link 路由器的设置界面,单击"设置向导"后,按照提示进行下一步操作,如图 13-9 所示。

(3) 按照图 13-10 的提示完成这一步后单击"确定"按钮。

(4) 完成上一步骤之后,根据网络运营商提供的宽带用户名和密码,填写"上网账号""上网口令",按照图 13-11 提示完成相应操作。

(5) 设置无线参数。如图 13-12 所示,SSID 是无线 WiFi 名称,选中 WPA-PSK/WPA2-PSK 并设置 PSK 无线密码,单击"下一步"按钮。

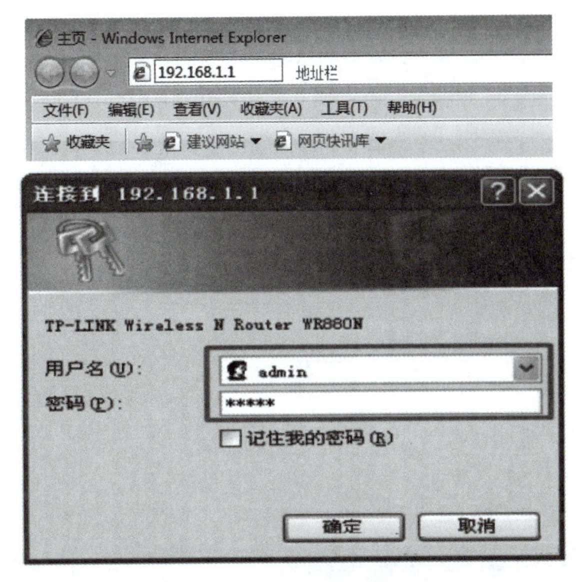

图 13-8 无线路由器登录窗口

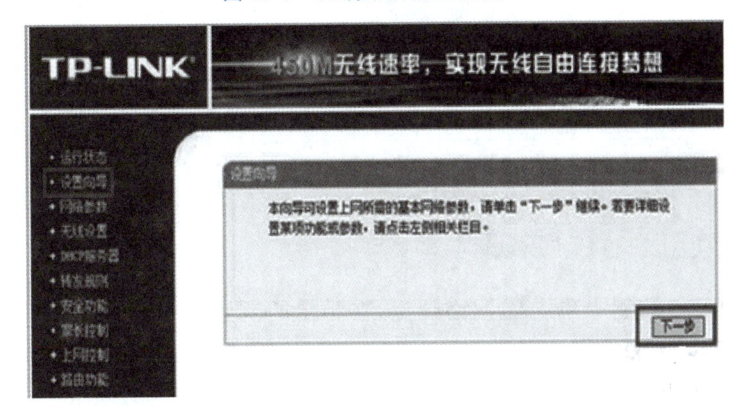

图 13-9 路由器的设置向导

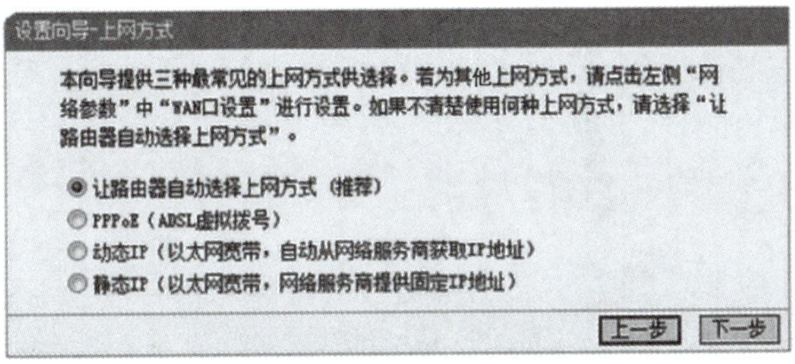

设置向导-上网方式

本向导提供三种最常见的上网方式供选择。若为其他上网方式，请点击左侧“网络参数”中“WAN口设置”进行设置。如果不清楚使用何种上网方式，请选择“让路由器自动选择上网方式”。

- 让路由器自动选择上网方式（推荐）
- PPPoE（ADSL虚拟拨号）
- 动态IP（以太网宽带，自动从网络服务商获取IP地址）
- 静态IP（以太网宽带，网络服务商提供固定IP地址）

上一步 下一步

图 13-10 上网方式选择

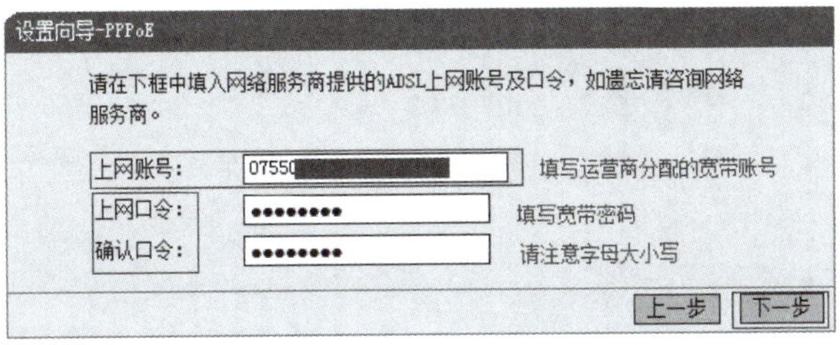

设置向导-PPPoE

请在下框中填入网络服务商提供的ADSL上网账号及口令，如遗忘请咨询网络服务商。

上网账号: 0755 填写运营商分配的宽带账号
上网口令: ••••••••• 填写宽带密码
确认口令: ••••••••• 请注意字母大小写

上一步 下一步

图 13-11 配置上网账号

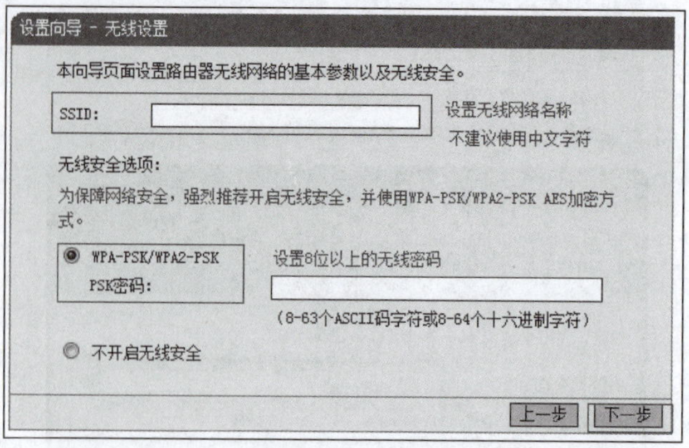

设置向导 - 无线设置

本向导页面设置路由器无线网络的基本参数以及无线安全。

SSID: 设置无线网络名称 不建议使用中文字符

无线安全选项:

为保障网络安全，强烈推荐开启无线安全，并使用WPA-PSK/WPA2-PSK AES加密方式。

WPA-PSK/WPA2-PSK PSK密码: 设置8位以上的无线密码

(8-63个ASCII码字符或8-64个十六进制字符)

不开启无线安全

上一步 下一步

图 13-12　设置无线参数

(6) 设置完成，单击“完成”按钮，如图 13-13 所示，设置向导完成。

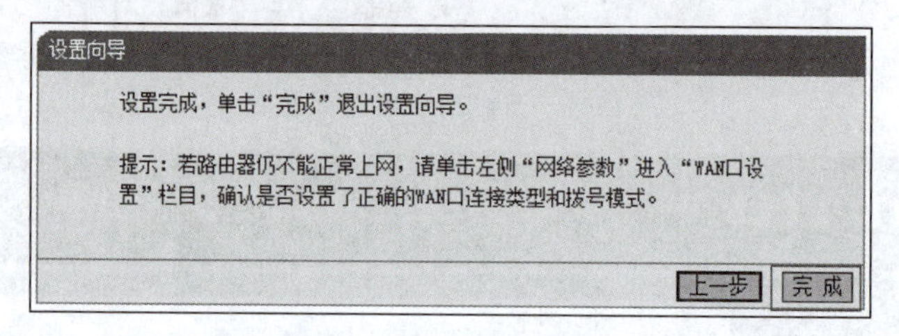

图 13-13　设置完成

13.3.3　连接无线局域网

在计算机任务栏右侧中单击网络图标，在弹出的对话框中会显示在该范围内能搜到的所有无线网络列表，如图 13-14 所示。

在图 13-14 所示的网络列表中有很多无线局域网，找到自己刚搭建的局域网，单击该无线网络进行连接，弹出“输入网络安全密钥”对话框，如图 13-15 所示。

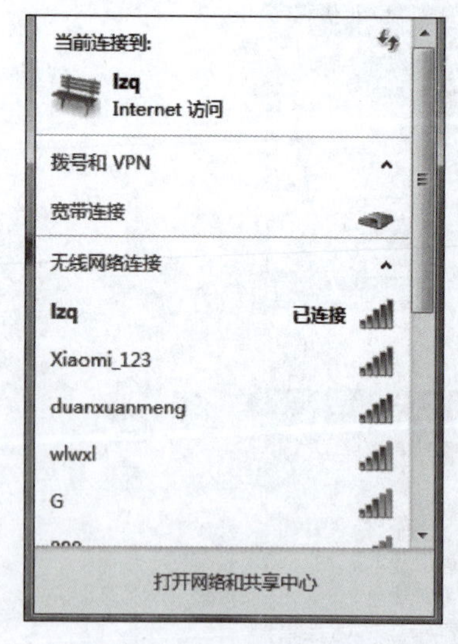

图 13-14　无线网络列表

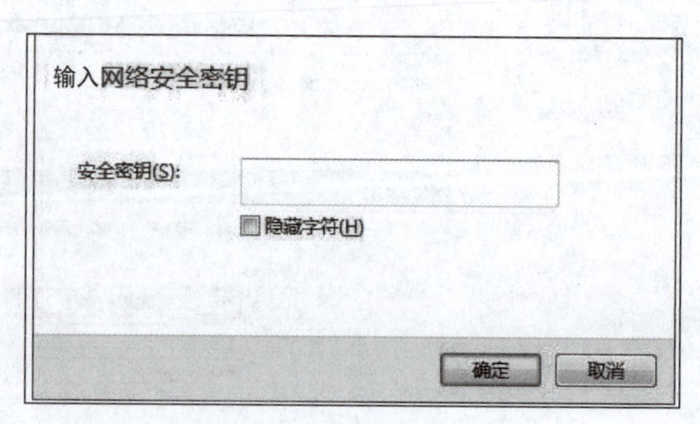

图 13-15　无线网络登录界面

单击“确定”按钮后，完成无线网络的连接，就会显示出所连接的无线网络“已连接”标识。

13.4 局域网管理

局域网的管理包括检测网速、管理无线网密码等，对局域网进行管理可以让网络更好为用户服务。

13.4.1 检测网速

用户上网最关心的就是网速问题，现在很多软件可以检测计算机的网络带宽速度，如360安全卫士。下面使用360安全卫士检测网速，具体步骤如下。

(1) 打开360安全卫士，单击“功能大全”进入操作界面，单击“网络”找到“宽带测速器”，如图13-16所示。

图13-16 “360安全卫士”显示界面

(2) 在图13-16所示的界面中单击“宽带测速器”后，会弹出一个测速窗口，如图13-17所示。

(3) 图13-17表示的是在进行宽带测速，测试完成之后，会弹出一个窗口，以坐标的形式显示网络的速度，如图13-18所示。

从图13-18中可以看到，计算机的网络连入最大速度为7.39MB/s。在界面上还有多个选项卡，可以测试多种网络速度，如长途网络速度、网页打开速度等。

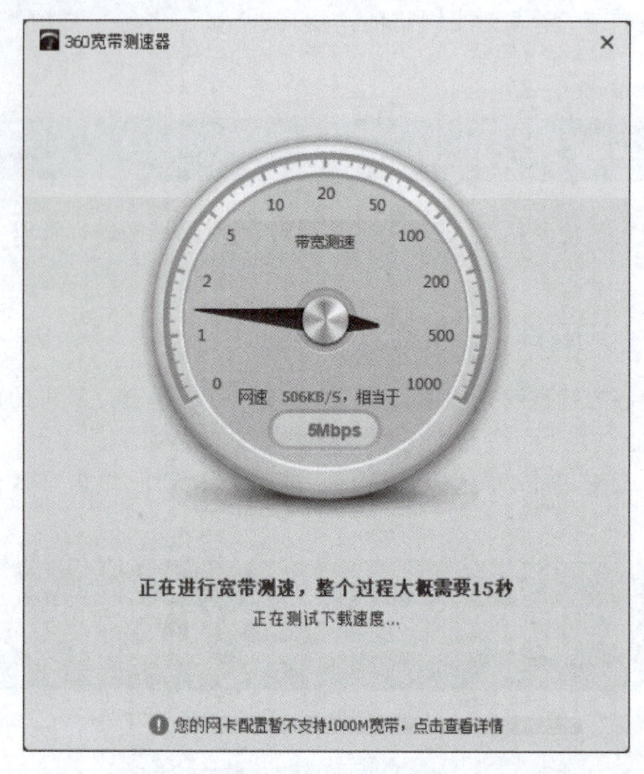

图 13-17 宽带测速

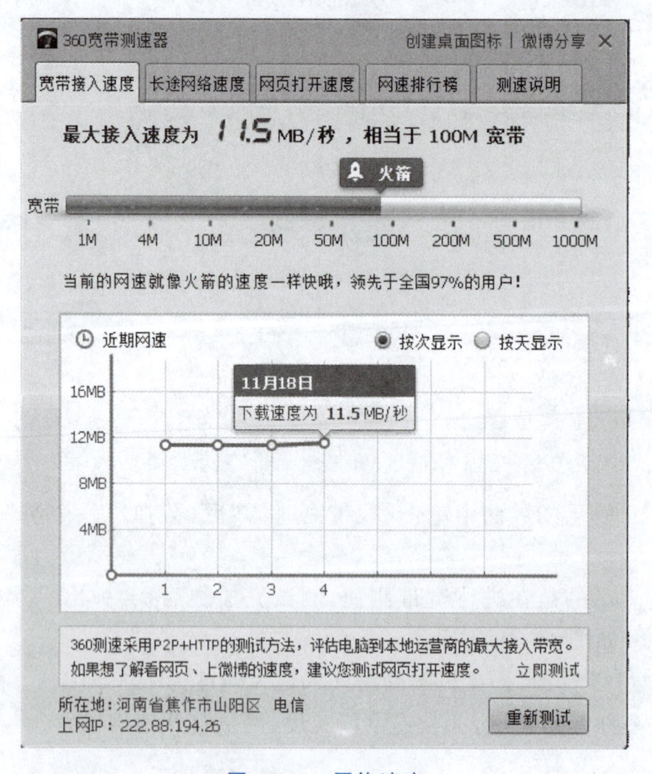

图 13-18 网络速度

13.4.2　更改无线网密码

经常更改无线网密码可以防止其他人蹭网。更改无线密码也是通过路由器完成，具体步骤如下。

(1) 进入“无线安全设置”窗口，在 TP-Link 路由器的管理界面单击“无线设置”，然后再单击“无线安全设置”。

(2) 在“无线网络安全设置”对话框中可以设置/修改无线 WiFi 密码。在“PSK 密码”后面输入无线 WiFi 的密码，然后单击最下面的“保存”按钮，保存后会出现“重启”路由器的提示，单击“重启”按钮会弹出一个对话框，单击“确定”按钮，重启完成后新设置的 WiFi 密码就生效了，其操作步骤如图 13-19 所示。

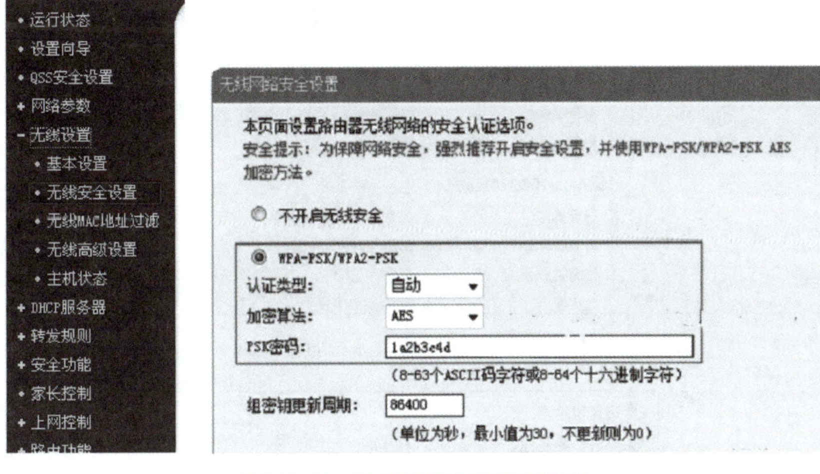

图 13-19　无线网络登录密码设置

13.5　计算机网络故障检测与排除

计算机网络在使用过程也会出现一些故障，一般指由于各种原因导致的网络连接不成功或连接后网络速度非常慢，网络连接故障可能是由于网卡、网线、网络协议等原因引起的。下面简要介绍常见的网络连接故障及解决方法。

1. 未发现网卡

如在连接网络时，有时系统会提示未发现网卡之类的信息，该故障主要是由未安装网卡驱动程序和网卡接触不良两种原因导致的。

1) 未安装网卡驱动程序

当计算机出现无法检测到网卡的错误提示时，首先检查是否安装了网卡驱动程序，检测网卡驱动程序是否安装的步骤如下。

(1) 右击“此电脑”图标，在弹出的列表框中单击“属性”选项，弹出“系统”对话框，如图 13-20 所示。

(2) 在如图 13-20 所示的界面中，单击左侧边栏的“设备管理器”，弹出“设备管理器”对话框，如图 13-21 所示。

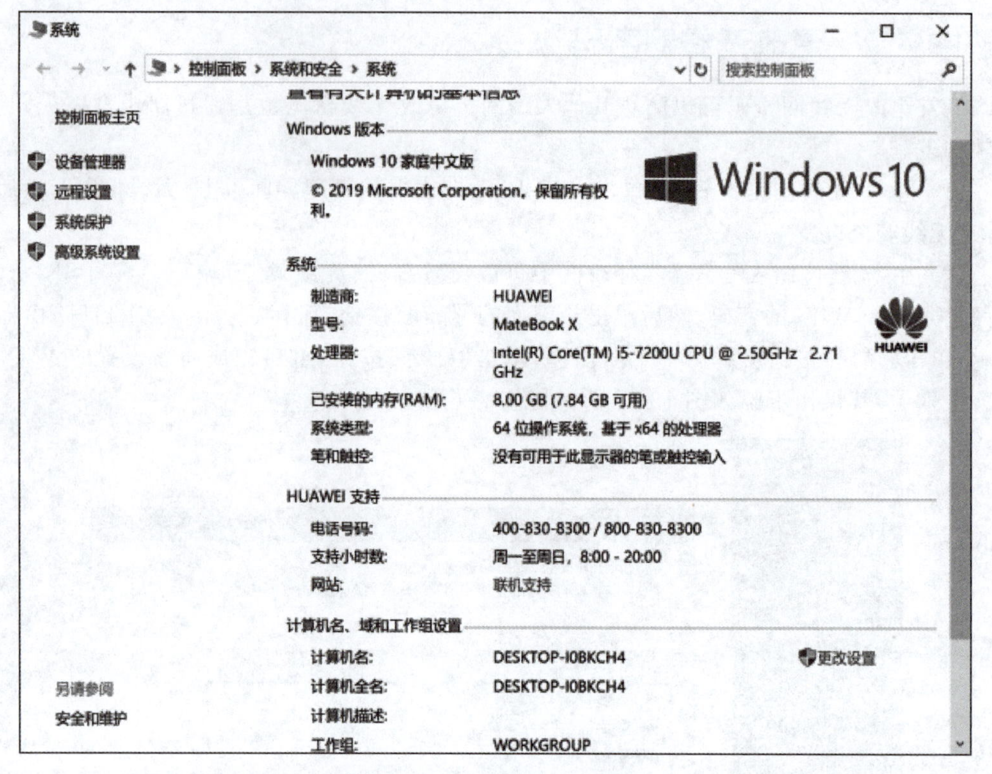

图 13-20 计算机系统管理

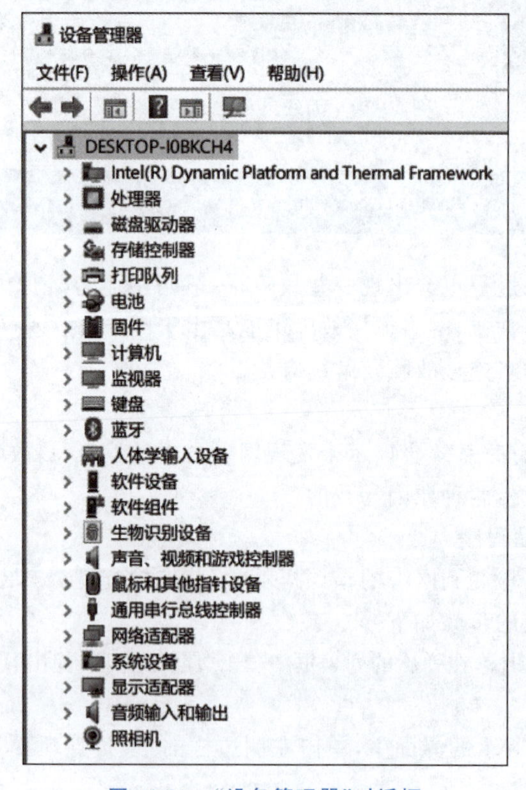

图 13-21 “设备管理器”对话框

(3) 由图 13-21 可知,计算机安装了网卡驱动程序。如果没有安装网卡驱动程序或安装网卡驱动程序有问题时,网络适配器位置会显示红色的"×"或黄色的"!",则可到网卡相应官网上下载安装最新的网卡驱动程序,或使用驱动精灵进行安装。

2) 网卡接触不良

如果计算机已安装网卡但无法检测到网卡时,则要检查网卡的安装是否正确,网卡有松动或堆积灰尘过多造成网卡接触不良,也会导致网卡无法被检测到。网卡接触不良比较容易解决,将网卡拆卸下来,清理灰尘之后重新安装即可消除故障。

2. 网线故障

如果计算机可以连接网络,但网络速度非常慢,引起该类故障的原因比较多,在检测时可按照如下方法依次进行:重启网络→对计算机杀毒→重启计算机。如果网络速度仍未得到改善,则可能是网线故障。网线故障可通过网线测试仪进行检测,如果网线有故障,则更换一条新的网线即可解决。除此之外,网线断线、质量太差或水晶头没有压实等都会造成网络无法连接或网络速度缓慢。

3. 网络协议故障

有时计算机网络连接会受到限制,在网络连接显示处有一个黄色的叹号,重新连接时故障仍无法排除。针对这类故障,用户需要检测网络的用户名和密码是否正确,如果用户名和密码正确,则就要考虑网络协议故障。

网络协议故障包括没有安装网络协议和网络协议配置错误两种情况。网络协议配置包括 IP 地址、子网掩码、默认网关和 DNS 服务器地址等。网络协议故障会导致计算机无法访问其他网络,也不能访问 Internet。

解决网络协议故障,需要检查网络协议是否安装,并且参数配置是否正确。安装网络协议并设置相关参数的具体步骤如下。

(1) 单击"开始"菜单,找到"Windows 系统"下拉菜单,单击"控制面板"选项,如图 13-22 所示。

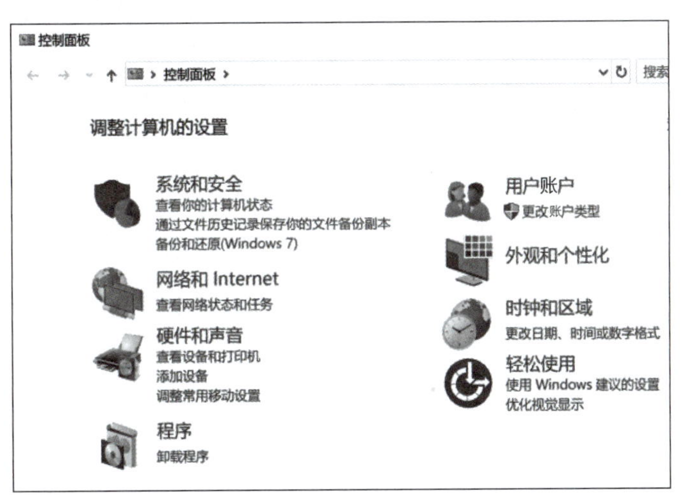

图 13-22 "控制面板"对话框

(2) 在如图 13-22 所示的"控制面板"对话框中单击"网络和 Internet"选项,打开如图 13-23 所示的对话框。

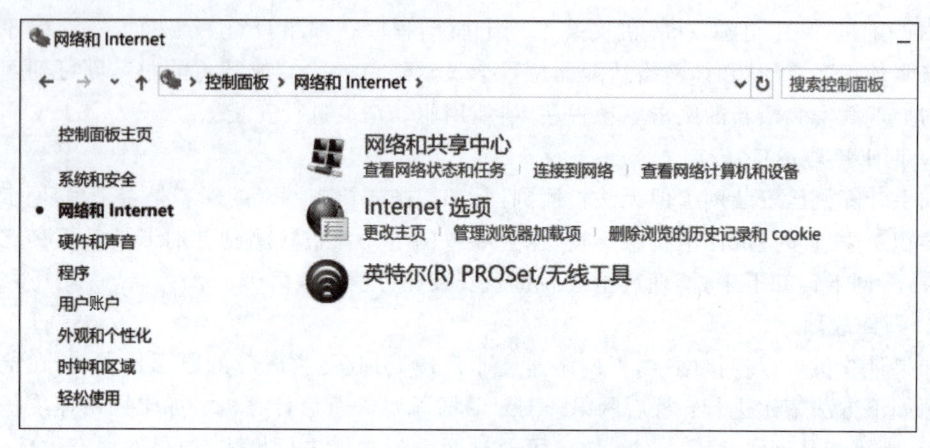

图 13-23 “网络和 Internet”对话框

(3) 在图 13-23 所示的对话框中,单击“网络和共享中心”,打开如图 13-24 所示的对话框。

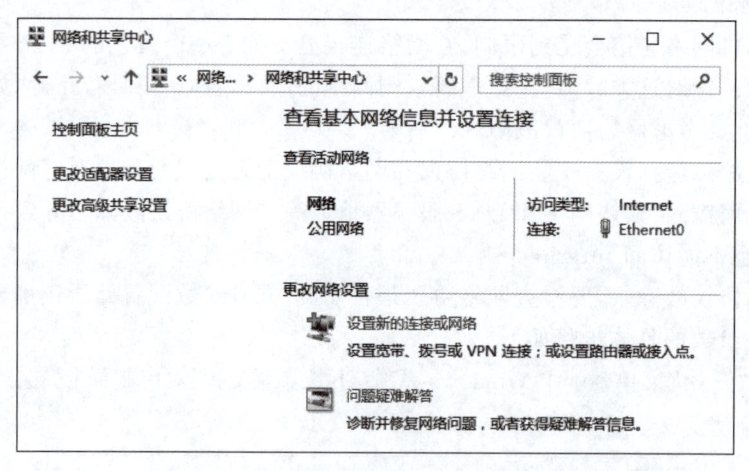

图 13-24 “网络和共享中心”对话框

(4) 在如图 13-24 所示的对话框中单击左侧边栏中的“更改适配器设置”,打开如图 13-25 所示的对话框。

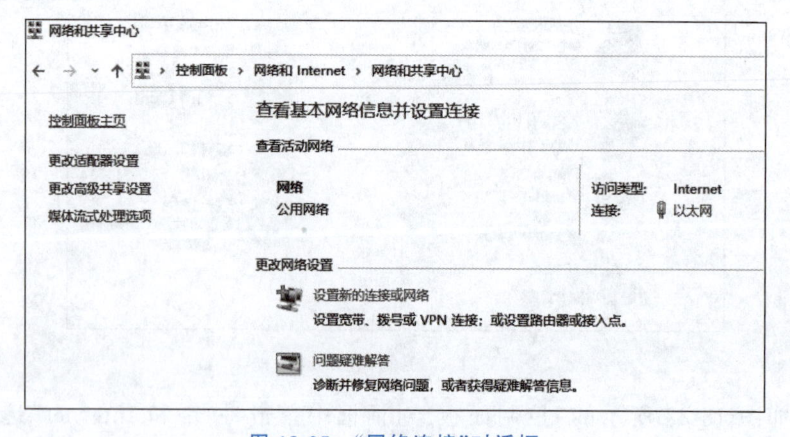

图 13-25 “网络连接”对话框

(5) 在如图 13-25 所示的对话框中选择“以太网”，右击“属性”，打开如图 13-26 所示的对话框。

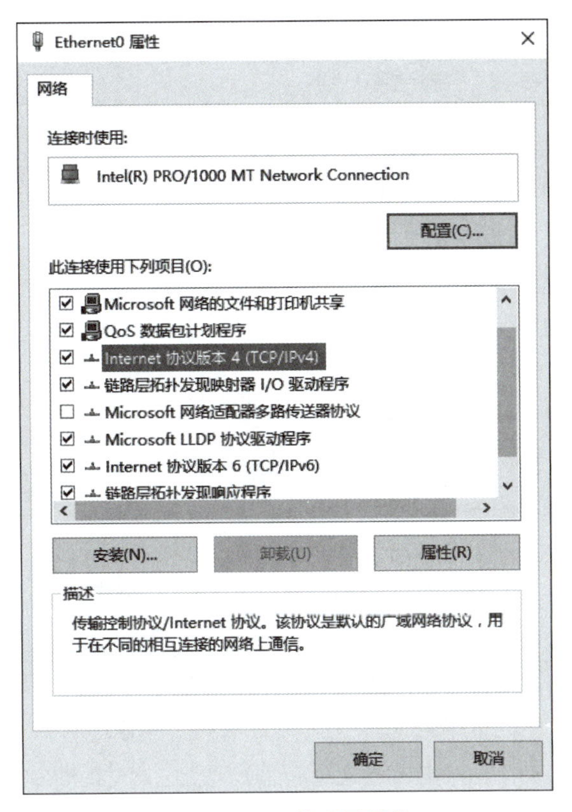

图 13-26　网络设置属性

(6) 在图 13-26 所示的列表中选择“Internet 协议版本 4(TCP/IPv4)”选项，双击该选项添加该网络协议，打开如图 13-27 所示的对话框。

(7) 在图 13-27 所示的对话框中勾选“自动获得 IP 地址”选项与“自动获得 DNS 服务器地址”选项，然后单击“确定”按钮，这样就完成了 TCP/IP 协议的添加与参数设置。

4. 浏览器出现故障

1) 浏览器无法打开

在网络正常连接的情况下，如果浏览器无法打开，则应考虑是浏览器的故障。若每当打开浏览器就提示错误并需要关闭，则可能是由于浏览器系统文件遭到破坏导致的。针对这类故障，最好的解决方式就是重新安装浏览器。

2) 浏览器主页被篡改

在浏览器菜单栏中“工具”菜单中选中“Internet 选项”，弹出对话框的常规选项卡中可锁定主页设置，并对计算机进行病毒查杀、清理痕迹、系统修复和修复浏览器。

5. WiFi 无线信号不强怎么办

WiFi 无线信号不强时可以通过下面的方法解决。

(1) 改变信号信道。在使用无线路由器时，通常路由器都设置了一个默认的信道，也许便是其中最拥堵的。所以，用户可以在路由器设置中改变通道，切换至不那么拥挤的信道。

(2) 改变路由器位置。

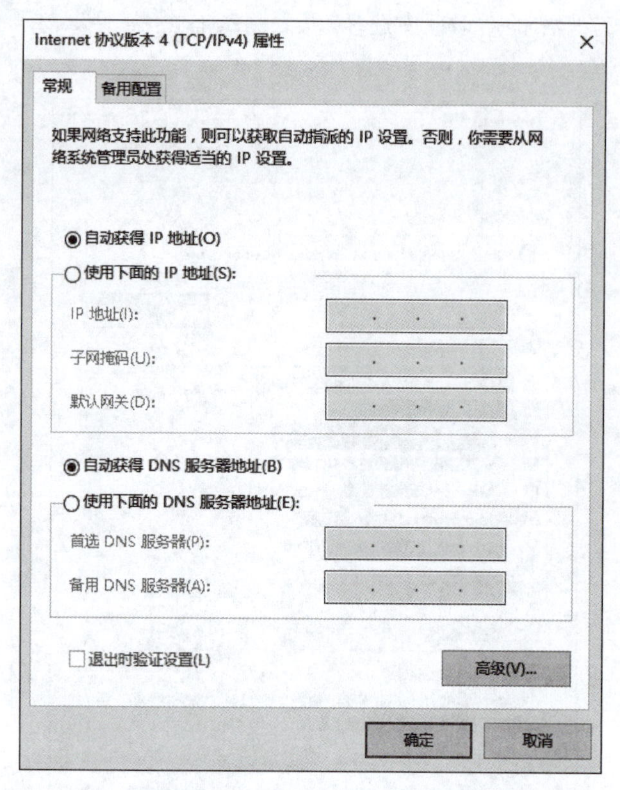

图 13-27 "TCP/IPv4 属性"对话框

(3) 设置一个无线路由器为接入点或中转器。增加一个接入点(AP),将第二个无线路由器设置为 AP 模式,通过 LAN 口连接到主路由器。

(4) 升级无线路由器的天线。外置天线的路由器可以更换天线,可以增强至少 2～15dBi 的信号强度。

(5) 购买专用中继器。专用的无线网络中继器能够有效延长 WiFi 信号的覆盖距离,但可能需要复杂的设置,并且价格相对昂贵。

(6) 购买新的无线路由器。如果无线路由器服务已经使用了很长一段时间,将其更换为支持最新标准的产品。目前新型的无线路由器大多支持 802.11n,使用 5GHz 频段,性能及信号覆盖都有很大的改善。

网络安全意识

网络安全意识是指人们对网络安全风险的认知、关注和防范意识。在数字时代,网络安全意识的重要性不言而喻。一方面,网络犯罪、网络诈骗等现象屡禁不止,给广大网民造成了巨大的财产损失和心理压力;另一方面,网络信息泄露、网络攻击等问题也对国家安全和社会稳定构成了严重威胁。

随着信息化建设和 IT 技术的快速发展,我国在网络化建设方面取得了令人瞩目的成就,电子银行、电子商务和电子政务的广泛应用,使计算机网络已经深入到国家的政治、经济、文化和国防建设的各个领域,遍布现代信息化社会工作和生活的每个层面。各种网络技术的应用更加广泛深入,致使网络安全的重要性更加突出,已经成为各国关注的焦点,网络安全不仅关系到国计民生,还与国家安全、社会稳定密切相关。

在涉及国家安全方面,在多年以前,互联网就成了恐怖组织招募成员和"洗钱"的渠道,欧洲发生了多起恐怖事件都是通过网络联络组织执行的,目前网络恐怖主义和网络犯罪已经占社会犯罪总量的50%左右;2022年9月媒体披露,美国国家安全局对我国西北工业大学网络长时间入侵攻击,窃取关键敏感数据,对我国的国家安全造成了非常严重的危害。网络安全还影响经济和社会的稳定,处理不好可能造成社会动荡。2011年,日本大地震后产生了海啸,造成福岛核电站核泄漏,一些盐商利用人们的从众和恐慌心理,在网上发布不实信息,制造食盐被抢购的假象,结果假象成了真相,扰乱社会经济发展,造成社会恐慌;同时,如一些西方资本主义国家利用其影响力制造发动网络舆论战,造成网络舆论信息真假难辨,从而迷惑、蛊惑网民,影响民众的思想和准确分析判断的能力,制造对立,引发社会矛盾;还有一些人通过网络平台发布虚假信息,诋毁民族英雄,鄙视传统文化,对青少年价值观产生不良影响。目前,网络贩毒、赌博、勒索、网络电信诈骗等违法犯罪呈上升趋势。如近几年发生的"勒索病毒"事件,借助网络盗窃买卖泄露个人数据信息,散布低级生活谣言,侵犯个人隐私等,造成社会不良影响,严重侵犯人民群众的利益。

为维护网络安全,保障人民群众利益和国家、社会稳定,自2016年以来国家相继出台了《中华人民共和国网络安全法》《中华人民共和国数据安全法》《关键信息基础设施安全保护条例》《中华人民共和国个人信息保护法》,在法律、管理、技术各方面采取切实可行的有效措施,同时,网络安全还需要每一位公民积极参与,着力提升全民安全意识和防护技能,合理、安全、科学、规范地使用网络,共建网络安全,共享网络文明。

13.6 思考与练习

一、填空题

1. 最大的广域网就是________。
2. 对数字信号来说,带宽的单位为________。
3. ADSL上网是把电话线分成了________、________、________3个通信道。
4. 无线路由器接口包括________、________、________和________。
5. 无线网卡可分为________、________、________三种类型。

二、选择题

1. 关于广域网与局域网,下列说法中错误的是________。
   A. 广域网的覆盖范围比较广,可以覆盖一个城市、一个国家甚至全球
   B. 世界上最大的广域网就是Internet
   C. 广域网可包含多个局域网
   D. 局域网至少要由10台计算机组成
2. 关于以太网,下列说法中错误的是________。
   A. 以太网是由施乐公司创建的
   B. 以太网只能运行在特定的电缆上
   C. 以太网是一种网络协议标准

D. 通常所说的网络基本都是以太网

3. 关于计算机连接网络,下列说法中正确的是________。

A. ADSL 上网时,把一根电话线分了电话、上行、下行 3 个通道

B. 小区宽带上网指的是 WLAN 宽带

C. ADSL 上网是目前大中城市最主要的上网方式

D. 小区宽带上网网速很稳定

4. 下列选项中,哪一项不是无线路由器所具有的接口?________

A. WLAN 接口　　B. LAN 接口　　C. SATA 接口　　D. RESET 键

5. 搭建无线网络时,下列操作错误的是________。

A. 第一次设置路由时通常会要求设置管理员密码

B. 无线网名称确定之后就无法再更改

C. 通过路由可以设置客户的网络带宽

D. 通过路由可以更改无线网密码

三、简答题

1. 简述内置无线网卡的计算机如何实现 WiFi 共享。

2. 简述搭建无线网络的过程。

第14章　备份与优化操作系统

CHAPTER 14

学习目标：

- ◆ 熟练掌握 Windows 10 操作系统的备份与还原。
- ◆ 掌握 Ghost 备份和还原系统的操作方法。
- ◆ 熟练掌握注册表备份与恢复的操作方法。
- ◆ 熟练掌握操作系统优化的相关操作方法。

技能目标：

- ◆ 掌握 Windows 10 操作系统的备份与还原。
- ◆ 掌握 Ghost 备份和还原系统的操作方法。
- ◆ 熟练掌握注册表备份与恢复的操作方法。
- ◆ 熟练掌握操作系统优化的相关操作方法。

素质目标：

- ◆ 培养严谨求实的工作作风。
- ◆ 培养良好的工作和生活习惯。

在使用计算机的过程中，可能会因为计算机感染了病毒或用户不小心删除系统文件而导致操作系统崩溃。如果重装系统，则会浪费较多时间。但如果进行了系统备份，则可以直接将备份系统还原，会节省很多时间。

14.1　操作系统的备份与还原

视频讲解

备份系统最好在安装完驱动程序后进行，这时的系统最“干净”，最不容易出现问题；也可在安装完各种软件后再进行备份，这样在还原系统时可省略重装操作系统、驱动程序和应用软件等操作。

14.1.1　Windows 10 操作系统的备份与还原

Windows 10 操作系统自带了系统备份与还原功能。操作系统备份后，在操作系统遇到问题时，可以方便地还原操作系统。

1. Windows 10 操作系统的备份

Windows 10 操作系统在备份系统时，会一同备份保存在库、桌面和默认 Windows 文件夹中的数据文件，而且会定期备份这些项目，其操作步骤如下。

(1) 打开计算机控制面板，单击"系统和安全"命令，弹出"系统和安全"对话框，如图14-1所示。

图14-1 "系统和安全"对话框

(2) 在如图14-1所示的界面中单击"备份和还原(Windows 7)"选项，打开如图14-2所示的窗口。

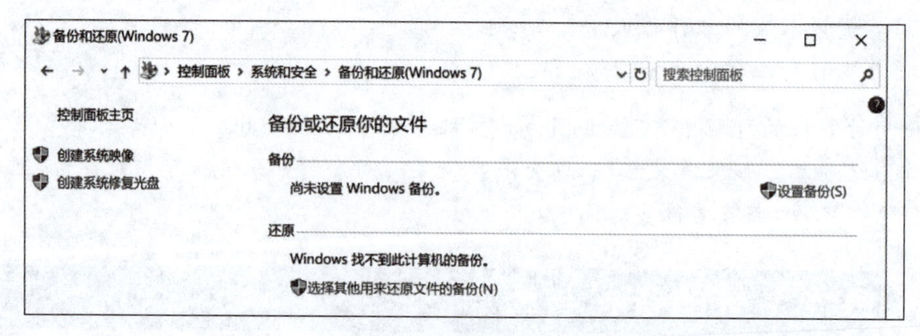

图14-2 备份和还原窗口

(3) 在如图14-2所示的窗口中单击右边的"设置备份"选项，操作系统就启动Windows备份，如图14-3所示。

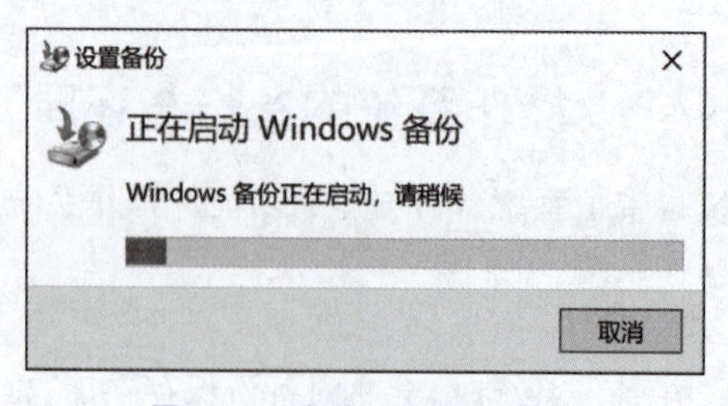

图14-3 启动Windows备份

（4）Windows 启动备份之后，会弹出“选择要保存备份的位置”对话框，如图 14-4 所示。

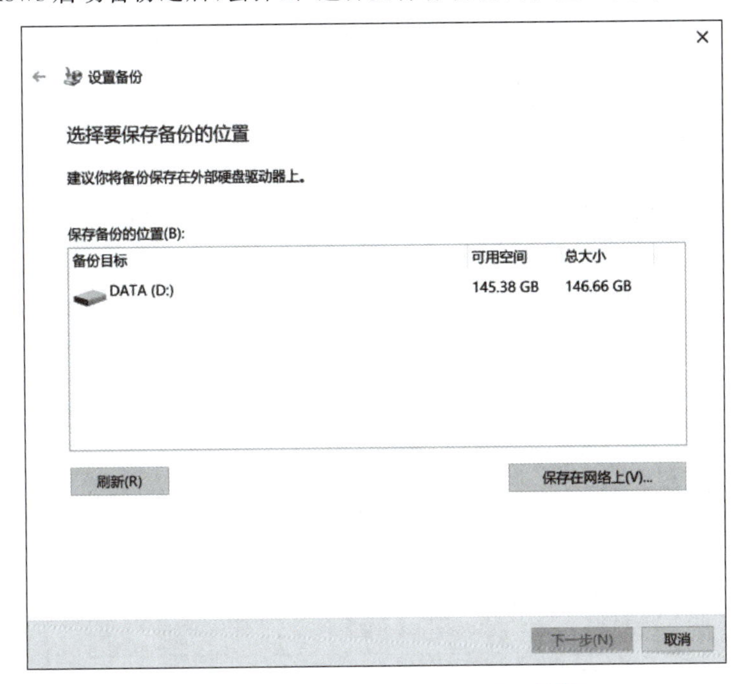

图 14-4　“选择要保存备份的位置”对话框

（5）在如图 14-4 所示的界面中选择操作系统要备份的位置，用户可根据自己计算机磁盘状态选择合适的位置进行保存。选择好保存磁盘后，单击“下一步”按钮，打开如图 14-5 所示的窗口。

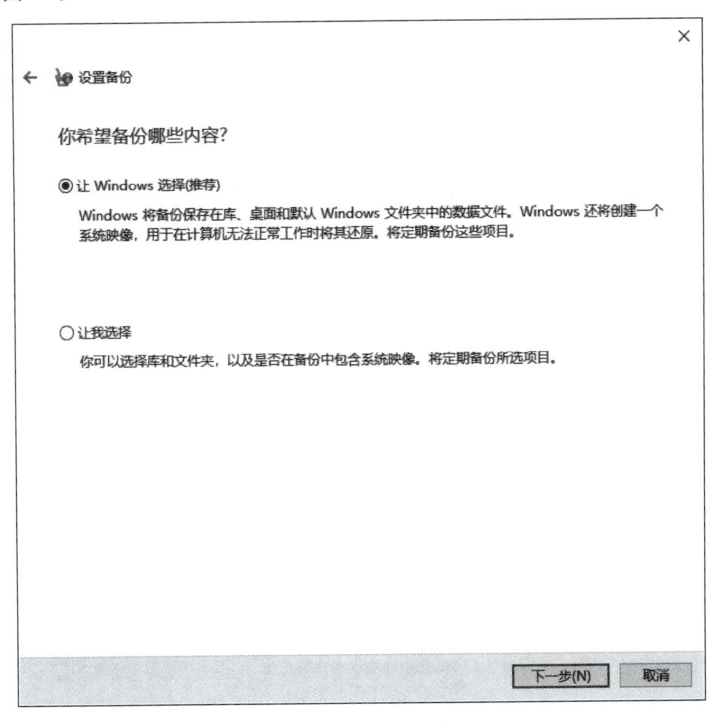

图 14-5　选择备份内容

(6) 在如图 14-5 所示的窗口中选择“让 Windows 选择(推荐)”选项，尽量不要自己选择备份文件内容。用户选择备份数据，容易遗漏文件，导致备份数据不全，之后单击“下一步”按钮，打开如图 14-6 所示的窗口。

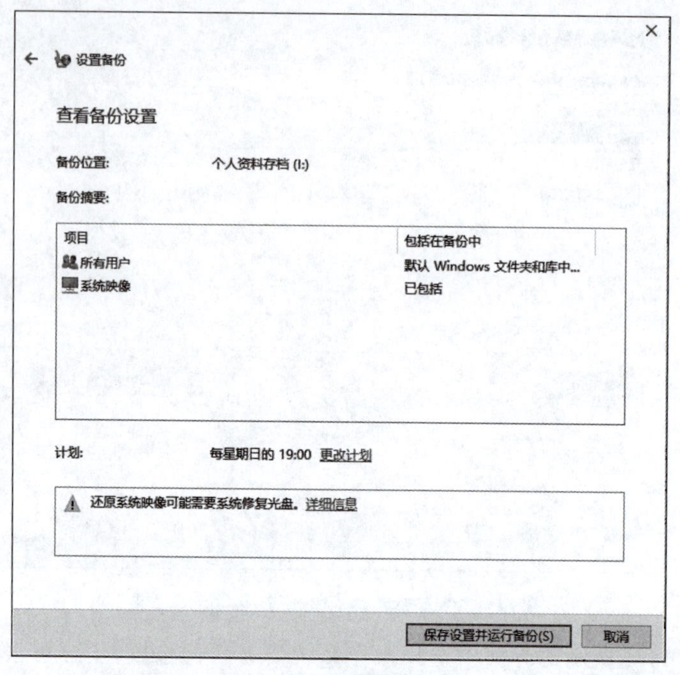

图 14-6 “设置备份”窗口

(7) 在如图 14-6 所示的窗口中单击“保存设置并运行备份”按钮，系统开始备份，如图 14-7 所示。

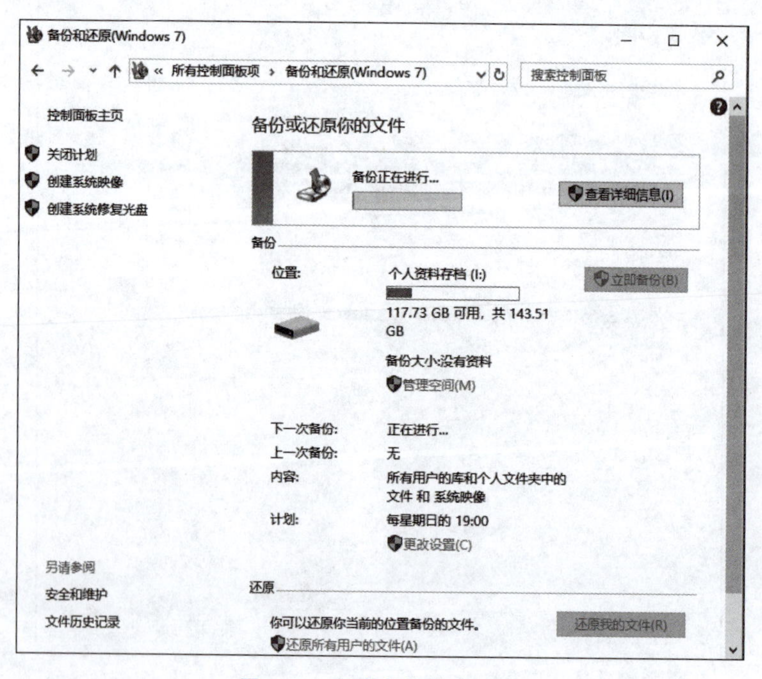

图 14-7 正在备份操作系统

(8) 操作系统备份完成后,在相应的磁盘中就可以看到备份文件了。

2. Windows 10 操作系统的还原

在 Windows 10 操作系统使用过程中,如遇到系统文件、数据等不慎丢失或损坏的情况,可以使用 Windows 10 的还原功能恢复操作系统,具体操作步骤如下。

(1) 打开控制面板,在如图 14-1 所示界面中单击“备份和还原(Windows 7)”选项,打开如图 14-8 所示的对话框。

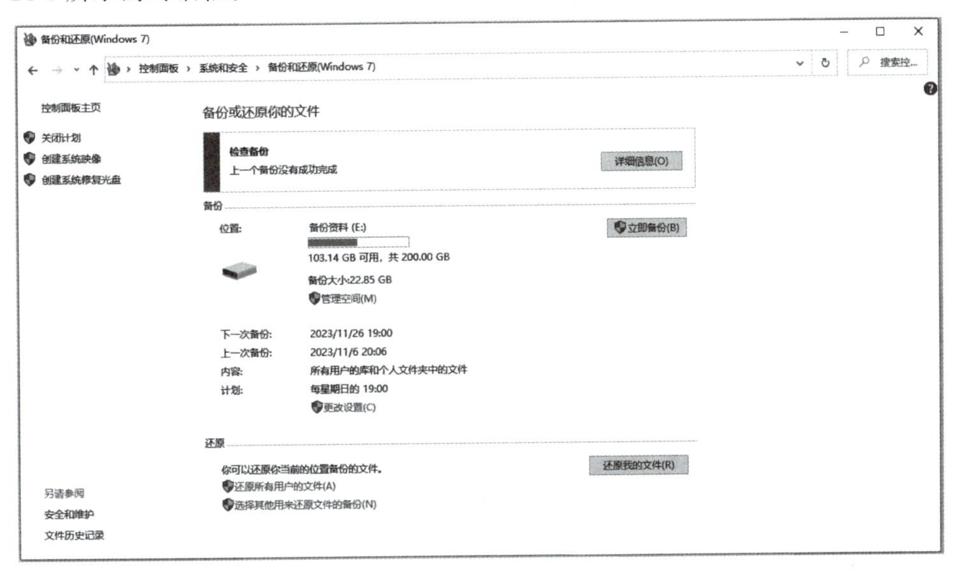

图 14-8 “备份和还原”对话框

(2) 在如图 14-8 所示的窗口中单击“还原我的文件”按钮,弹出“还原文件”对话框,如图 14-9 所示。

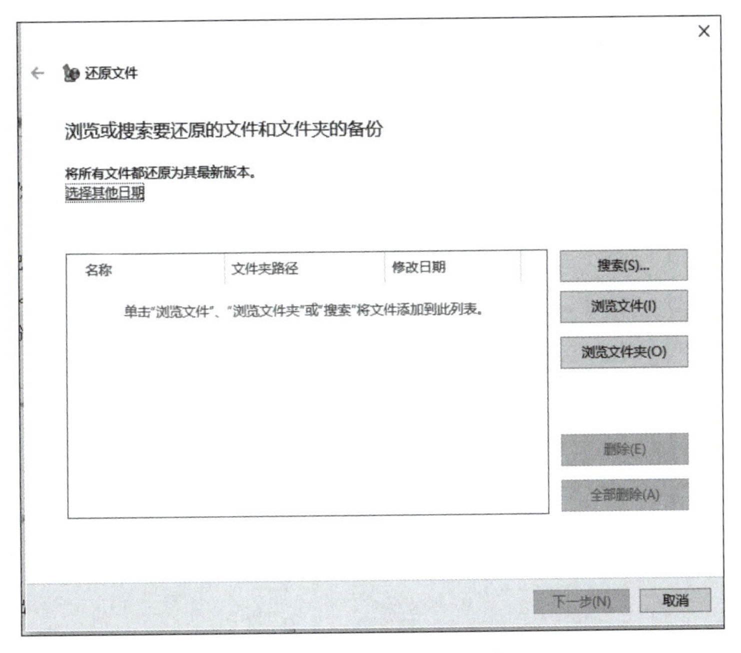

图 14-9 “还原文件”对话框

(3) 在如图 14-9 所示的对话框中单击“浏览文件夹”按钮，查找备份的系统文件，如图 14-10 所示。

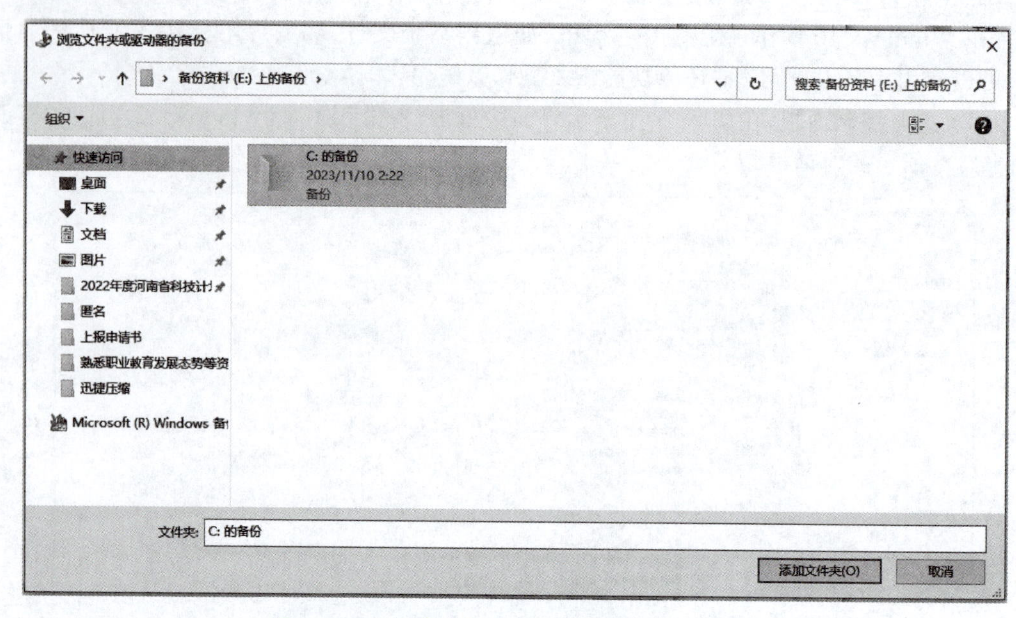

图 14-10 “浏览文件夹或驱动器的备份”对话框

(4) 在如图 14-10 所示的对话框中找到系统备份文件，单击“添加文件夹”按钮，打开如图 14-11 所示的对话框。

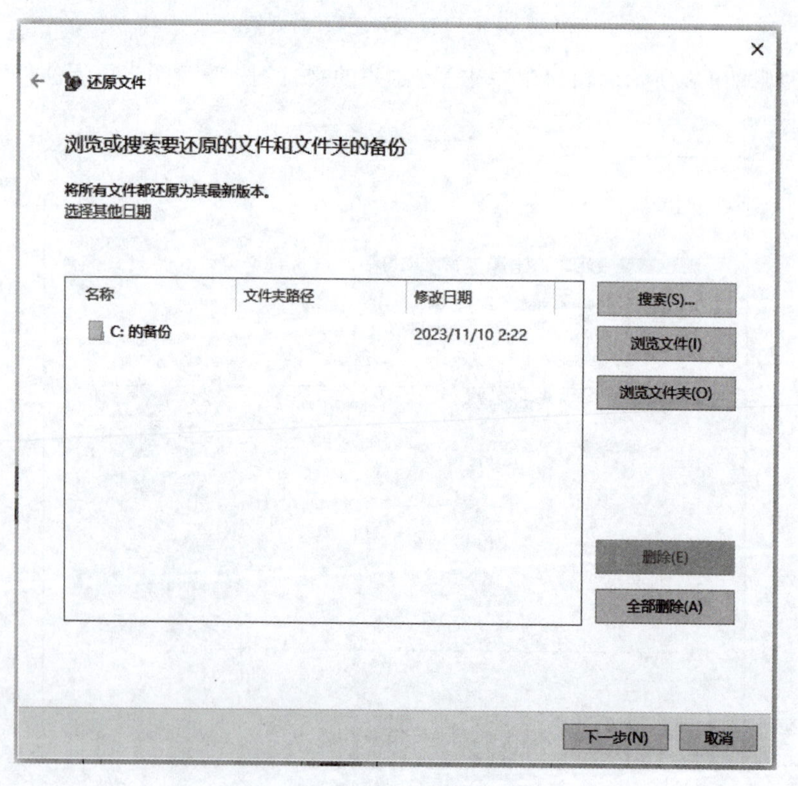

图 14-11 添加文件夹对话框

(5) 在如图 14-11 所示的对话框中单击“下一步”按钮，选择还原位置，如图 14-12 所示。

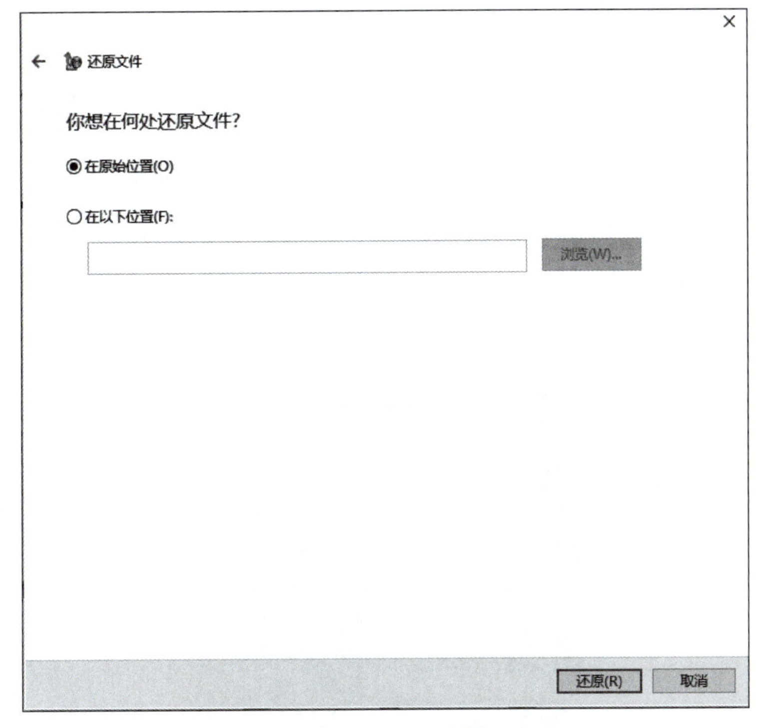

图 14-12 还原位置

(6) 在如图 14-12 所示的对话框中，系统询问用户将文件还原到什么位置，除了原始位置(C 盘)之外，用户也可以将文件还原到其他位置。选择完还原路径之后，单击“还原”按钮，系统开始还原文件，如图 14-13 所示，最后单击“完成”按钮，还原完成。

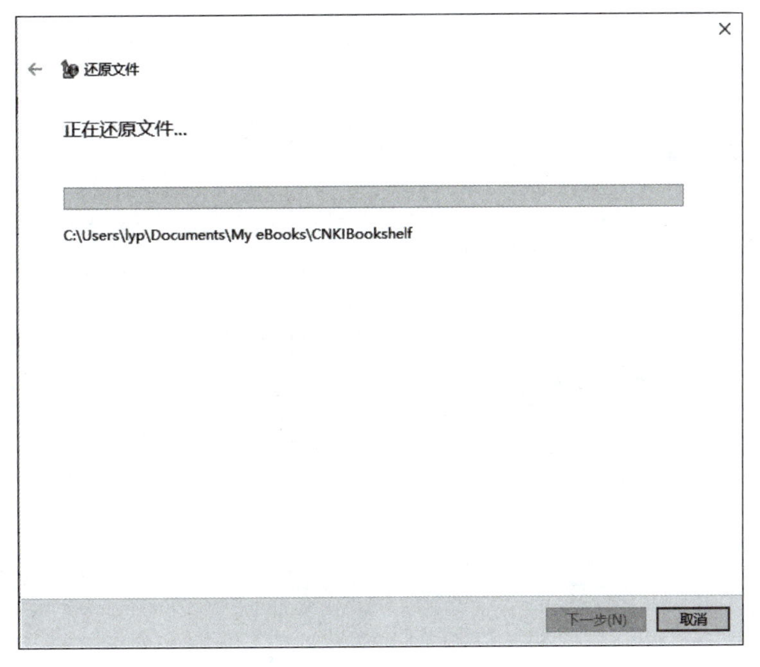

图 14-13 还原过程

14.1.2 Ghost 备份与还原操作系统

Ghost 是一款专业的系统备份和还原软件，使用它可以将某个磁盘分区或整个硬盘上的内容完全镜像复制到另外的磁盘分区或硬盘上，并可压缩为一个镜像文件，利用该镜像文件即可还原备份的系统。

1. 利用 Ghost 备份系统

制作 Ghost 镜像文件就是备份操作系统。下面通过 U 盘启动盘中自带的 Ghost 来备份操作系统，具体操作如下。

(1) 利用 U 盘启动计算机，进入 Windows PE 的菜单选择界面，按"↓"键选择"Ghost 备份还原工具"选项，再按 Enter 键，如图 14-14 所示。

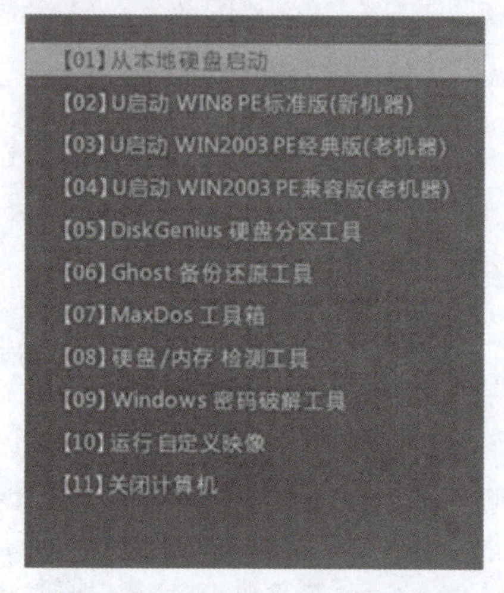

图 14-14 Windows PE 操作界面

(2) 在打开的 Ghost 主界面中显示了软件的基本信息，单击 OK 按钮，如图 14-15 所示。

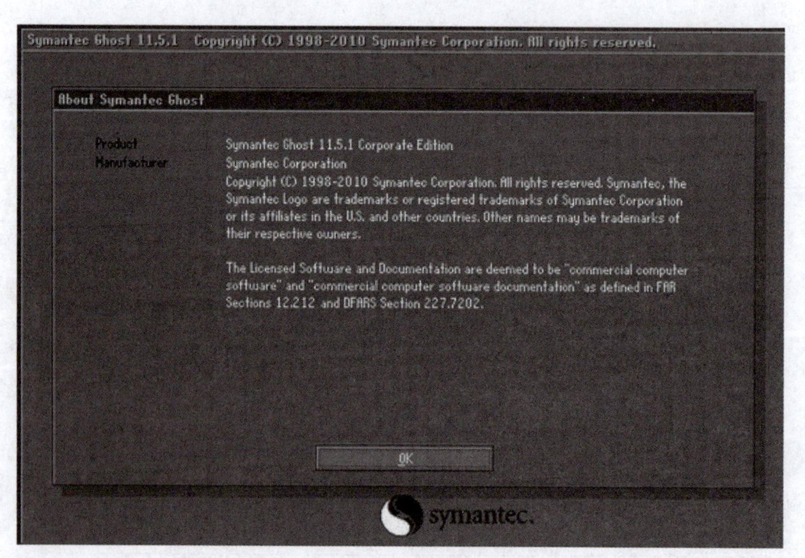

图 14-15 Ghost 主界面

（3）在打开的 Ghost 界面中依次选择 Local→Partition→To Image 命令，如图 14-16 所示。

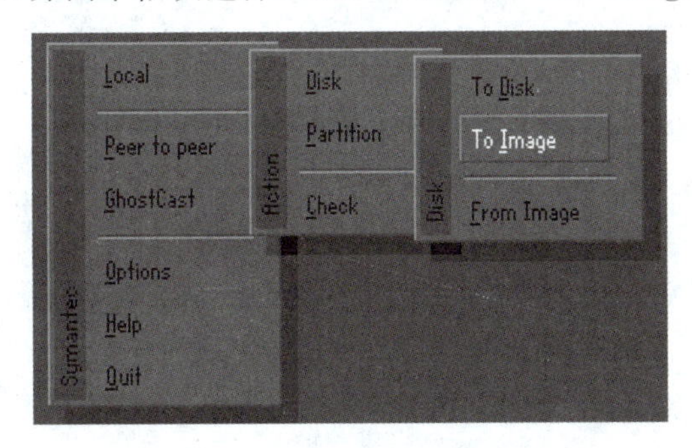

图 14-16 选择操作

（4）在打开的对话框中选择硬盘（在多个硬盘的情况下需慎重选择），这里只有一块硬盘，直接单击 OK 按钮，如图 14-17 所示。

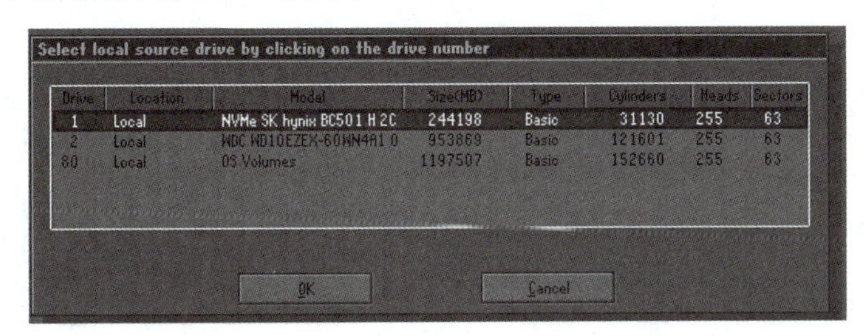

图 14-17 选择备份的硬盘

（5）在打开的对话框中选择要备份的分区，显示有两行，表示两个可以操作（备份）的分区，选中需要备份的第一个（系统分区），单击 OK 按钮，如图 14-18 所示。

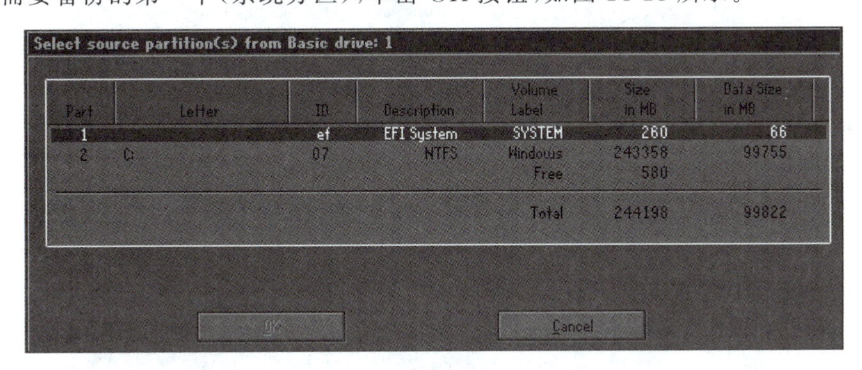

图 14-18 选择要备份的分区

（6）在打开对话框的 Look in 下拉列表框中指定备份文件所在的分区、目录以及文件名，单击 Save 按钮，如图 14-19 所示。

（7）弹出如图 14-20 所示的界面，询问映像文件是否压缩，根据情况选择单击 Fast 按钮。

（8）弹出如图 14-21 所示的界面，询问是否开始创建镜像文件，单击 Yes 按钮。

（9）如图 14-22 所示，系统开始备份，请耐心等待。

（10）系统备份完成，单击 Continue 按钮，返回 Ghost 主界面即可完成系统备份，如图 14-23 所示。

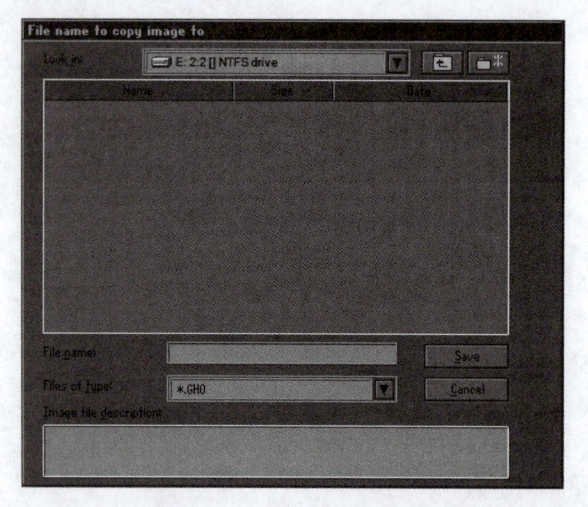

图 14-19　保存镜像文件

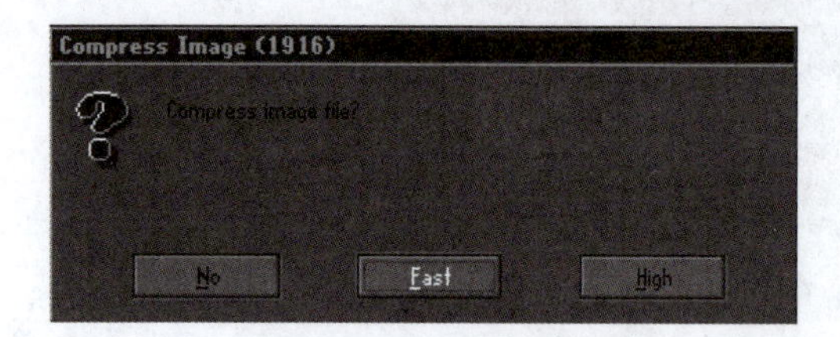

图 14-20　压缩方式

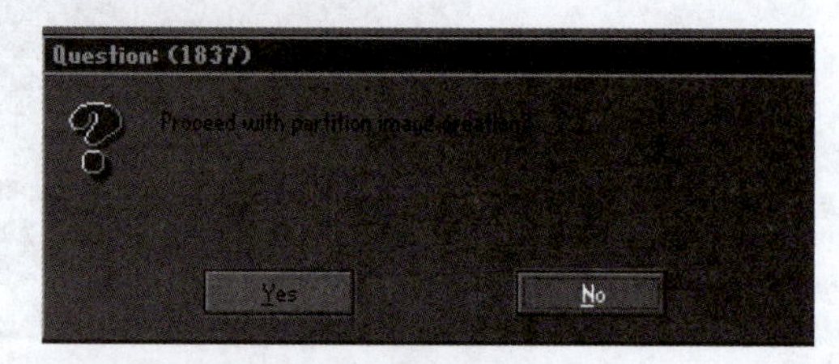

图 14-21　创建镜像文件

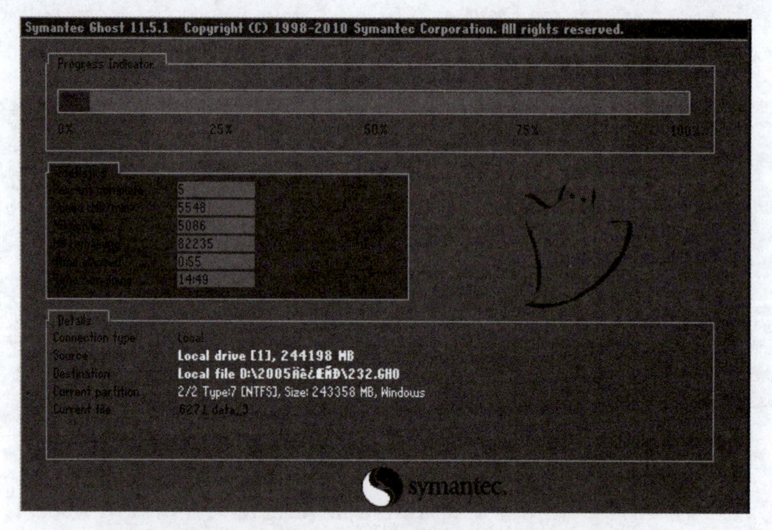

图 14-22　开始备份

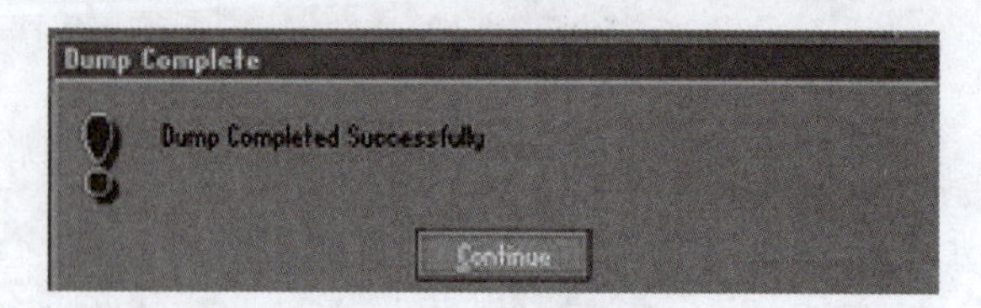

图 14-23　完成备份

2. 利用 Ghost 进行系统还原

当操作系统无法正常工作时，可通过 Ghost 从备份的镜像文件快速恢复系统。下面使用 Ghost 还原操作系统，具体操作如下。

(1) 利用 U 盘启动 Ghost，在打开的 Ghost 主界面中单击 OK 按钮，依次选择 Local→Partition→From Image 命令，如图 14-24 所示。

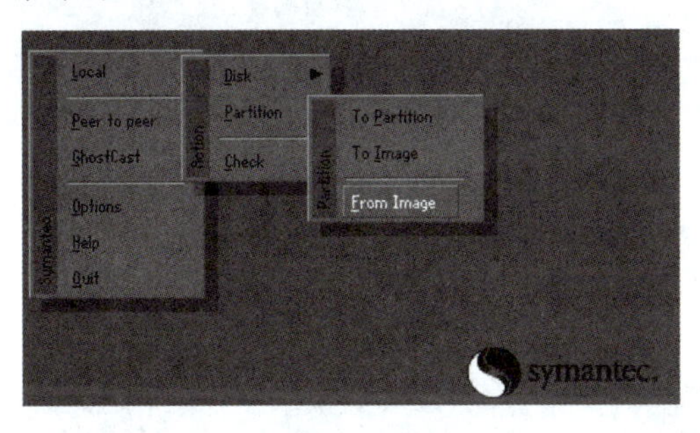

图 14-24　选择操作

(2) 在打开的对话框中选择原备份的镜像文件 ***.GHO，单击 Open 按钮，如图 14-25 所示。

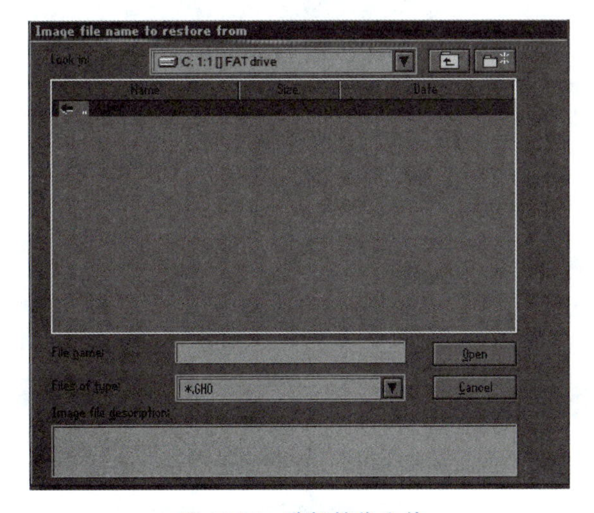

图 14-25　选择镜像文件

(3) 在打开的对话框中选择需要恢复的硬盘，单击 OK 按钮，如图 14-26 所示。

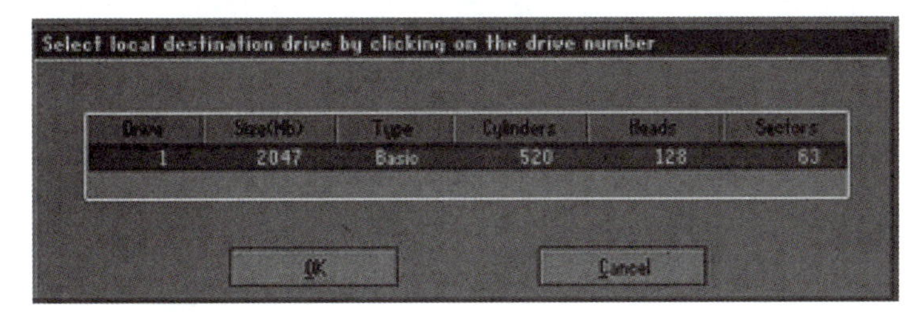

图 14-26　选择硬盘

(4) 在打开的对话框中选择要恢复到的磁盘分区，这里选择恢复到第 1 分区，单击 OK 按钮，如图 14-27 所示。

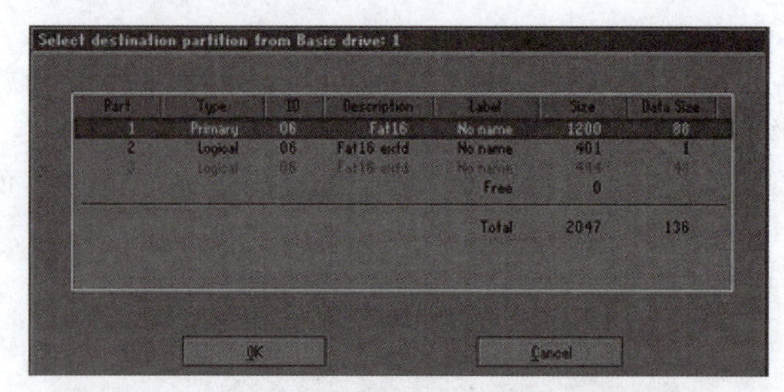

图 14-27 选择还原的分区

(5) 在打开的对话框中询问是否开始进行恢复,并提示目标分区数据将被覆盖,单击 Yes 按钮,如图 14-28 所示。

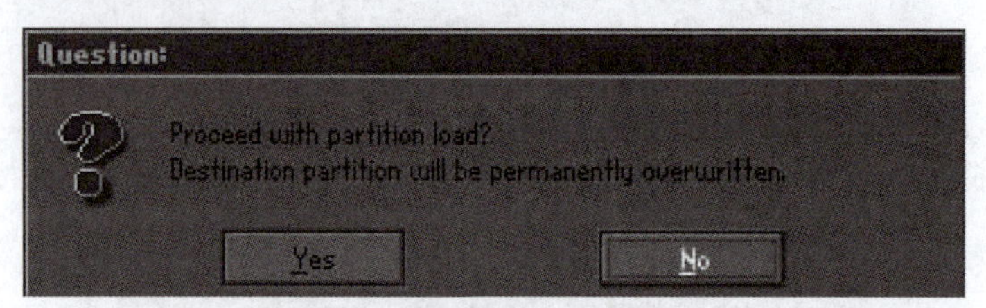

图 14-28 确认还原

(6) 此时 Ghost 开始恢复该镜像文件到系统盘,并显示恢复速度、进度、时间等信息。恢复完毕后,在打开的对话框中单击 Reset Computer 按钮,重新启动计算机,完成还原操作,如图 14-29 所示。

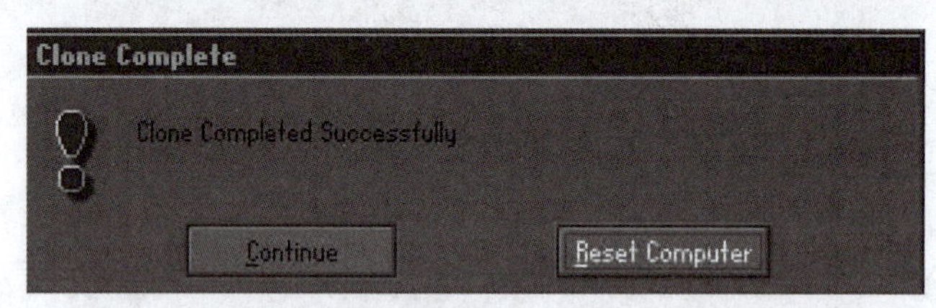

图 14-29 完成还原

视频讲解

14.2 优化操作系统

优化操作系统的目的是使计算机系统保持最佳工作状态。系统优化的方法有两类：一是使用优化工具软件；二是通过手工操作,有针对性地对某些项目进行优化设置。

Windows 系统自带了很多日常维护工具,可以帮助用户检测维护系统,保持系统处于一个较好的状态,虽然这些工具功能不太强大,但使用起来却很方便。优化工具软件的优点是操作简便,能够解决绝大部分常见的系统优化问题,但遇到个别疑难问题,还是需要通过手动设置进行优化。

14.2.1 系统自带工具优化系统

下面以 Windows 10 操作系统家庭版为样例,通过系统自带工具手工操作进行系统的优化与维护,常用的几种操作简单介绍如下。

1. 删除不需要的应用程序

用户在计算机使用过程中通常都会安装一些应用程序，而有些应用程序可能过一段时间就不再需要了，可以将这些应用程序从系统中清除，其操作方法如下。

（1）在桌面左下角找到“开始”菜单并单击，弹出“属性”选项卡，在选项中找到“设置”图标，如图 14-30 所示。

图 14-30　“开始”菜单

（2）单击“设置”按钮，弹出新的应用设置对话框，在对话框中找到“应用”选项，如图 14-31 所示。

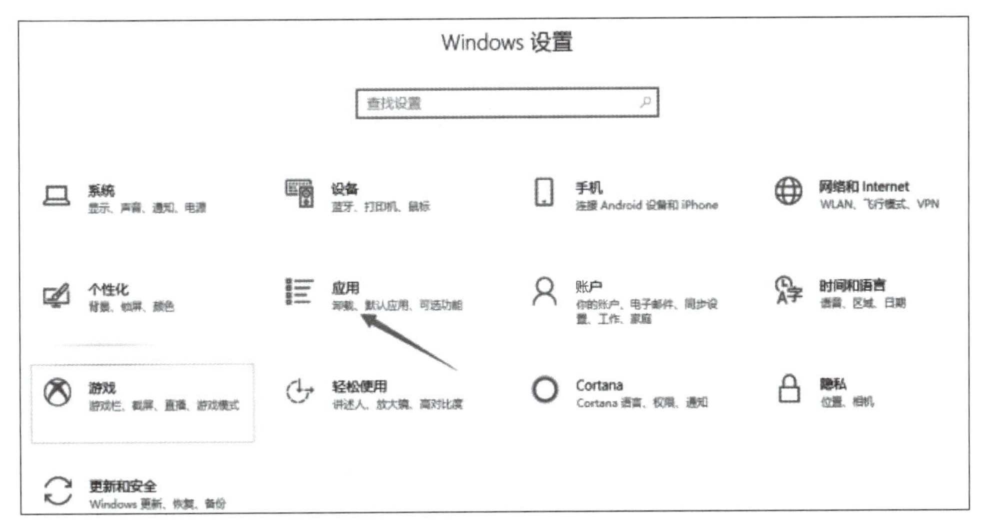

图 14-31　Windows 设置对话框

(3) 单击“应用”选项，弹出“应用和功能”对话框，对话框的下侧显示出了当前系统安装的应用程序，如图 14-32 所示。

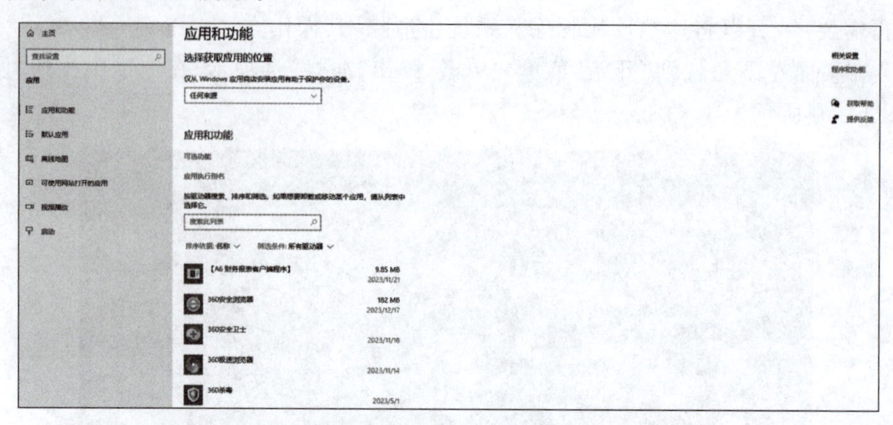

图 14-32 “应用和功能”对话框

(4) 找到用户需要删除的应用程序，单击后在程序下方会弹出“卸载”对话框，如图 14-33 所示。单击“卸载”按钮后会弹出确认卸载菜单，单击“确认”按钮，就可卸载该应用程序。

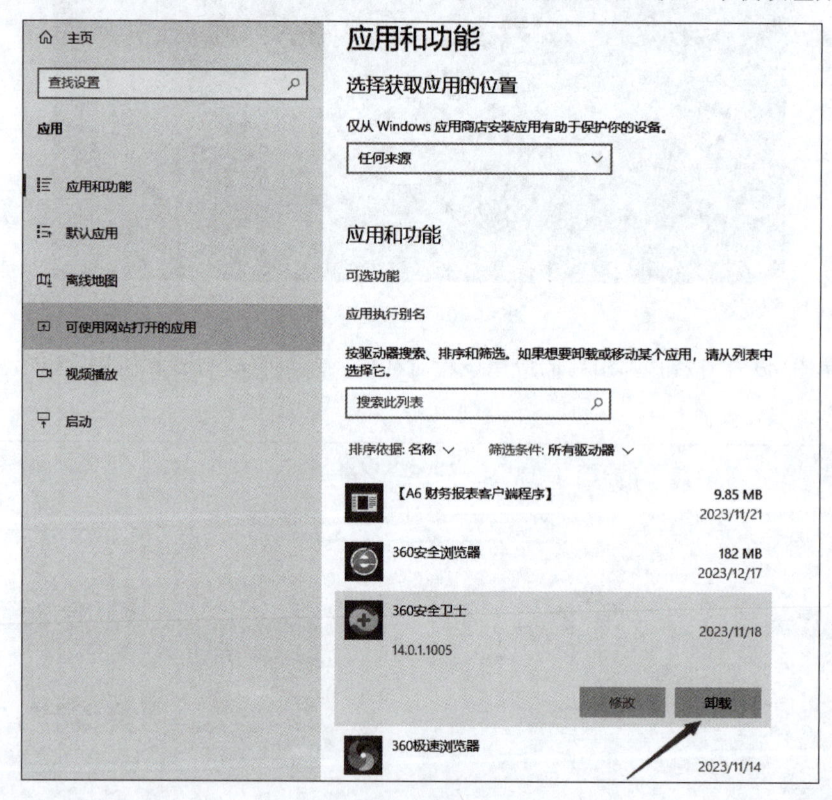

图 14-33 “卸载”对话框

2. 磁盘清理

磁盘是使用最频繁的硬件设备之一，随着硬盘长期使用，磁盘产生的垃圾与磁盘碎片会越来越多，为了优化磁盘性能，需要定期对磁盘进行清理与优化。用户可以使用系统自带的清理工具进行磁盘清理，从而释放磁盘空间，加快系统的运行速度，其操作方法如下。

(1) 打开 Windows 资源管理器，在需要清理垃圾的磁盘上右击，如图 14-34 所示。

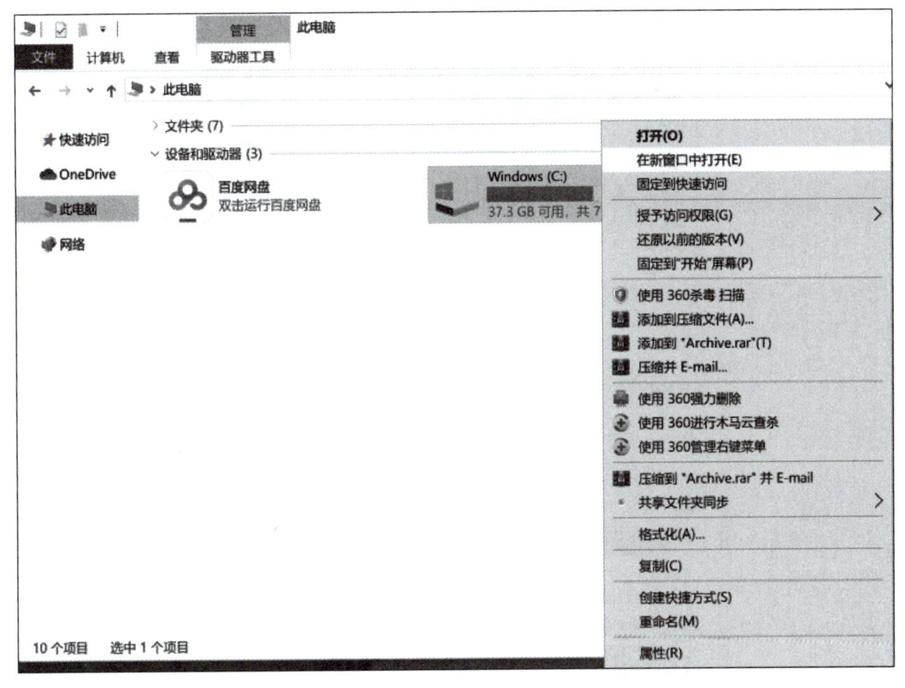

图 14-34　选择相应磁盘

(2) 在弹出的菜单中单击“属性”命令，弹出如图 14-35 所示的对应磁盘的属性对话框。

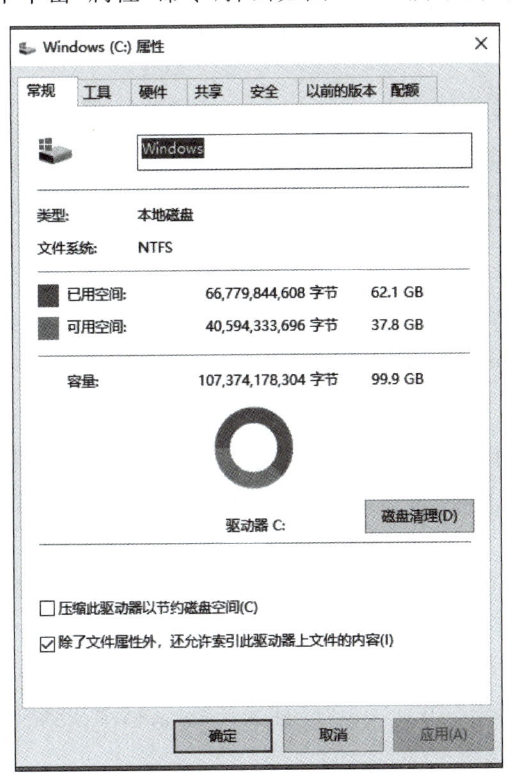

图 14-35　磁盘属性对话框

(3) 单击“磁盘清理”按钮,弹出如图 14-36 和图 14-37 所示的“磁盘清理”对话框。

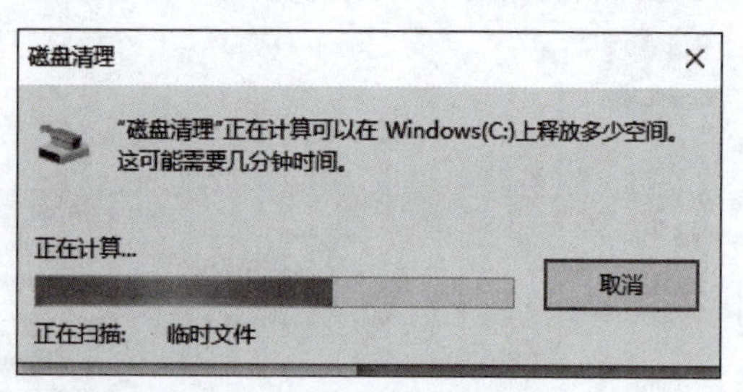

图 14-36 “磁盘清理”对话框(1)

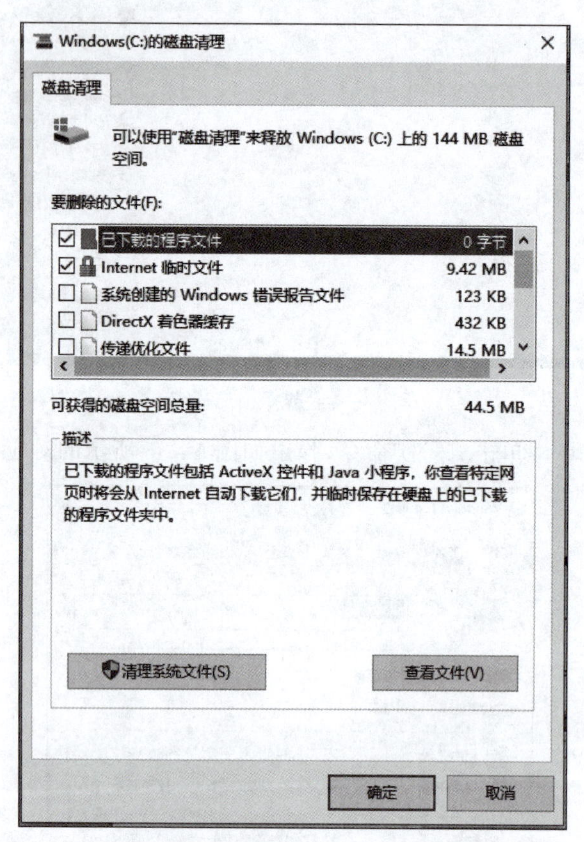

图 14-37 “磁盘清理”对话框(2)

(4) 在“磁盘清理”对话框中可选择要清理的项目左侧的复选框,单击“确定”按钮,在打开的对话框中单击“删除文件”按钮,就开始磁盘清理,如图 14-38 所示。

3. 磁盘优化管理

Windows 系统不仅可以进行磁盘清理,而且携带了磁盘优化管理的程序。

(1) 单击“开始”菜单,单击“Windows 系统”下拉菜单,找到“Windows 管理工具”,如图 14-39 所示。

(2) 单击“Windows 管理工具”,在“管理工具”对话框中找到“碎片整理和优化驱动器”,如图 14-40 所示。

(3) 双击“碎片整理和优化驱动器”选项,在弹出的“优化驱动器”对话框中单击“优化”

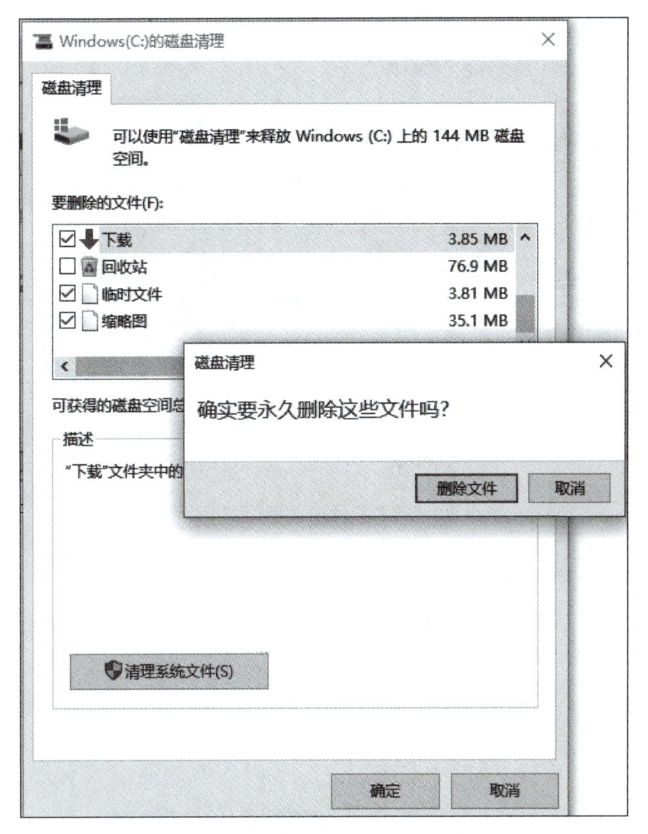

图 14-38　"磁盘清理"对话框(3)

图 14-39　Windows 系统

按钮，就可以选择相应的磁盘进行优化，并可以在"频率"中设定时间，以便进行定期的磁盘优化，如图 14-41 所示。

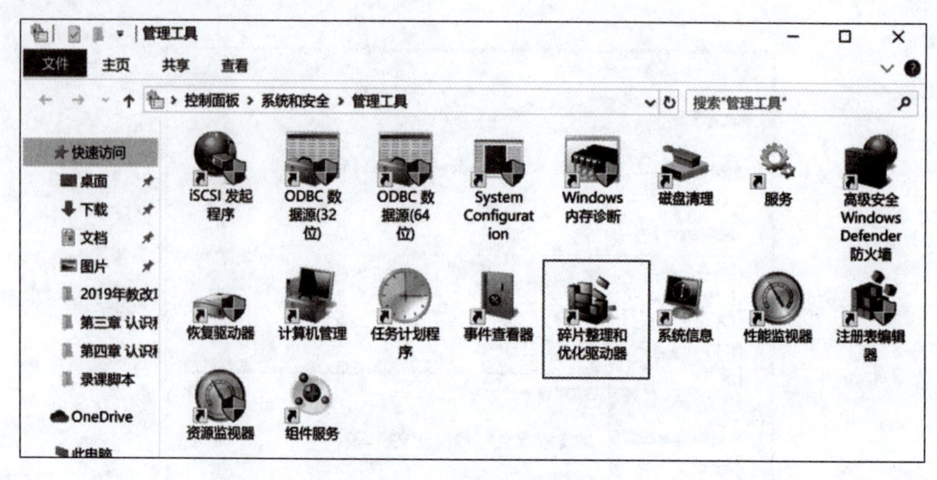

图 14-40 “管理工具”对话框

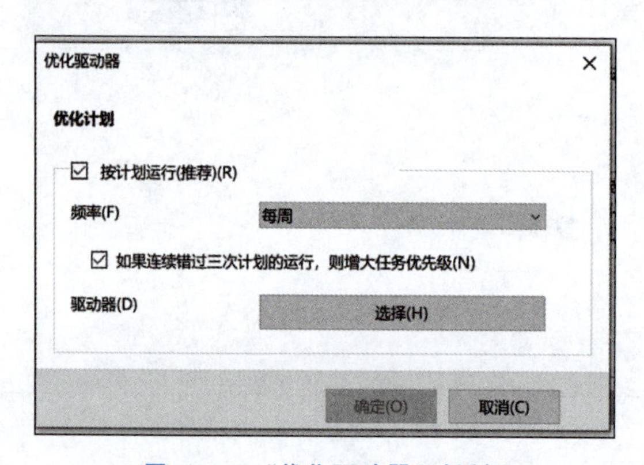

图 14-41 “优化驱动器”对话框

4. 减少系统启动时的加载项目

用户在使用计算机的过程中，会不断安装各种应用程序，其中一些程序会默认加载到系统启动项中，如一些播放器程序或聊天工具等，这对于部分用户来说也许并非必要，反而会造成计算机开机缓慢。在 Windows 10 操作系统中，用户可以通过设置相关选项减少这些自动运行的程序，以加快操作系统启动的速度，其具体操作如下。

(1) 单击“开始”按钮，找到“Windows 系统”，单击下拉菜单，找到“任务管理器”。

(2) 在“任务管理器”对话框中单击“启动”选项卡，从中找到禁止启动的程序，单击“禁止”按钮就可以了，如图 14-42 所示。

14.2.2 使用优化软件优化系统

除了手动优化计算机操作系统外，还可以使用第三方软件对操作系统进行优化。现在常用的操作系统优化软件很多，如 360 安全卫士、腾讯电脑管家、百度卫士、Windows 优化大师等。常见的系统测试工具也具备基本的系统优化功能，选择其中任意一款工具都可以完成常规的系统优化工作。

这里以 Windows 优化大师为例介绍优化工具的使用方法。Windows 优化大师具有“C 盘瘦身”“软件卸载”“电脑加速”“弹窗拦截”“硬件检测”等功能模块及若干附加的工具软件。使用 Windows 优化大师能够了解计算机软硬件信息，提升计算机运行效率，清理系统运行

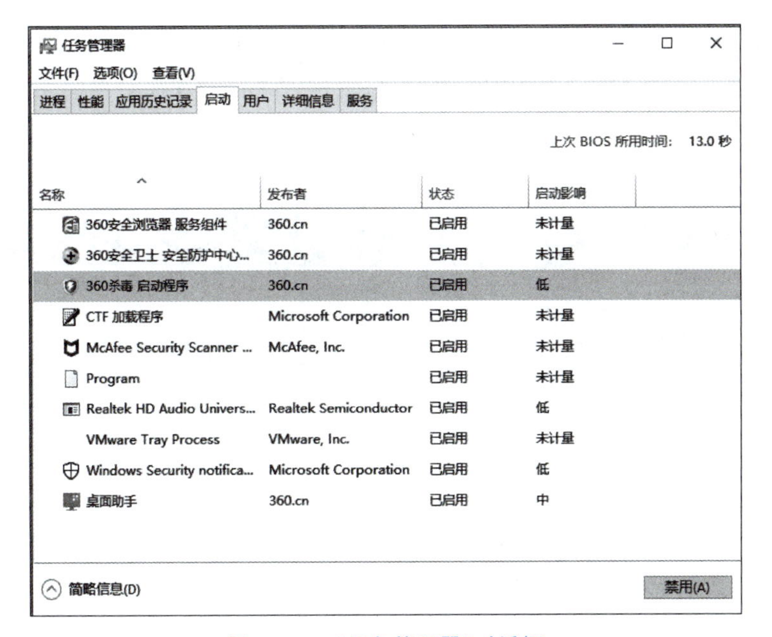

图 14-42　“任务管理器”对话框

时产生的垃圾，修复系统故障及安全漏洞，维护系统的正常运转。“Windows 优化大师”系统主界面如图 14-43 所示。

图 14-43　“Windows 优化大师”系统主界面

在图 14-43 中单击“全面优化”,可以自动完成系统优化工作,如图 14-44 所示;单击“垃圾清理”按钮,可以自动清理硬盘中的垃圾文件、上网记录以及注册表中的冗余信息,从而提高系统的启动速度;操作完毕,需要重新启动计算机。如果对优化后的效果不满意,还可以利用“系统优化”提供的功能逐项进行优化。

图 14-44 全面优化结果界面

1. 垃圾清理

使用计算机过程中,系统或程序会产生大量的缓存文件、更新文件、日志记录、使用痕迹等冗余的无用文件,它们将占用磁盘空间。随着时间的推移,计算机的性能可能会逐渐下降,运行速度变慢,这往往是由于系统中的垃圾文件堆积所致。因此,定期清理计算机垃圾成为维持计算机性能的重要一环。单击图 14-43 中的“垃圾清理”,进入如图 14-45 所示的“垃圾清理”界面。单击“一键清理”,软件就会进入自动清理工作状态,清理完成后显示出具体信息。

2. 弹窗拦截

“弹窗拦截”功能指的是一种安全措施,旨在防止网站强制突出弹出窗口或广告,这些窗口和广告通常与网站内容无关,可能包含恶意软件、虚假信息或其他不良内容。这种安全功能可以保护用户的计算机安全和信息安全,同时提高用户体验。

单击图 14-43 中的“弹窗拦截”,进入如图 14-46 所示的“弹窗拦截”界面。

3. C 盘瘦身

用户喜欢将软件和文件都保存在 C 盘,而系统和软件在运行过程生成的各种临时文件导致 C 盘填满,系统出现异常和卡慢的现象,为此需要不定期地进行 C 盘清理,可以有效提高计算机运行速度。单击图 14-43 中的“C 盘瘦身”,进入“C 盘管理”界面,主要有 C 盘瘦身、软件搬家、大文件搬家、文件清理、软件压缩等功能,如图 14-47 所示。

在图 14-47 中单击“一键瘦身”,出现图 14-48 所示界面,即为“C 盘瘦身”的优化操作界面。扫描完成后软件会根据存在的问题,建议计算机使用者使用垃圾清理、一键拦截等功能

图 14-45　“垃圾清理”界面

图 14-46　“弹窗拦截”界面

进一步优化计算机。如单击“立即分析”就会对所选择的存储盘进行文件大小扫描，扫描完成后显示出该存储盘有多少个文件以及大于 1GB 的文件数、500MB 到 1GB 的文件数、10MB 到 500MB 的文件数。

软件搬家和大文件搬家功能主要是指把这些软件或文件变更存储位置，如原来文件在 C 盘，现在可以根据设定的目标位置进行变更。

4. 碎片清理

在使用计算机的过程中，文件会被频繁地创建、删除、移动和修改，磁盘上的文件就会出

图 14-47 “C 盘管理”界面

图 14-48 “C 盘瘦身”界面

现碎片化的现象，即一个文件在磁盘上不是连续存储的，而是分散在不同的物理位置上，这样可能导致读写速度变慢，甚至出现文件丢失或损坏的情况。使用磁盘碎片整理工具可以把碎片化的文件重新整理成连续的存储空间，从而提高磁盘的读写速度，减少文件的损坏和丢失的风险，提高系统的运行性能。磁盘碎片整理和磁盘清理是两个不同的概念。磁盘碎片整理指的是将硬盘上的数据重新组合，以便更好地利用硬盘空间，提高计算机性能。磁盘清理则指的是清理系统垃圾文件、临时文件、无用的日志文件、缓存文件，以释放磁盘空间。磁盘碎片整理和磁盘清理都可以帮助优化计算机性能，但目的和方法不同。

单击图 14-43 中的“碎片清理”选项，进入如图 14-49 所示的“碎片清理”界面，单击“立即清理”进入碎片清理操作，结果如图 14-50 所示。

图 14-49　“碎片清理”界面

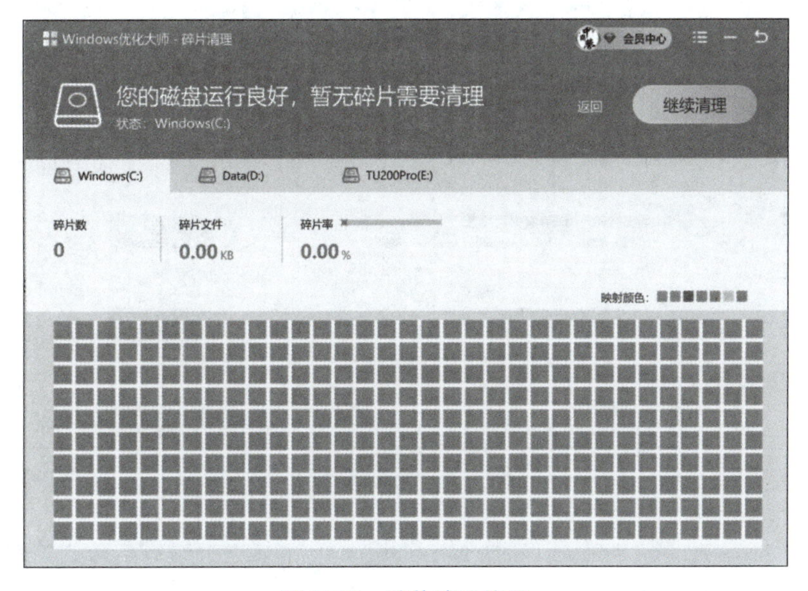

图 14-50　碎片清理结果

5. 电脑加速

“电脑加速”功能分为实时加速和开机加速，其中实时加速可以帮助我们解决当下使用计算机时遇到的卡、慢状况。清理内存垃圾可以实时让计算机有更多运行的内存空间。可关闭软件呈现了计算机后台正在运行软件；而常用软件则显示出用户自主开启的软件，可以根据自己的需要有选择地关闭它们，从而为计算机释放出更多的内存使用空间。

单击图 14-43 中的“电脑加速”,进入如图 14-51 所示的“电脑加速”界面,根据软件检测情况会显示该计算机是否可以加速,单击“一键加速”可完成计算机加速处理操作,完成界面如图 14-52 所示。

图 14-51 “电脑加速”界面

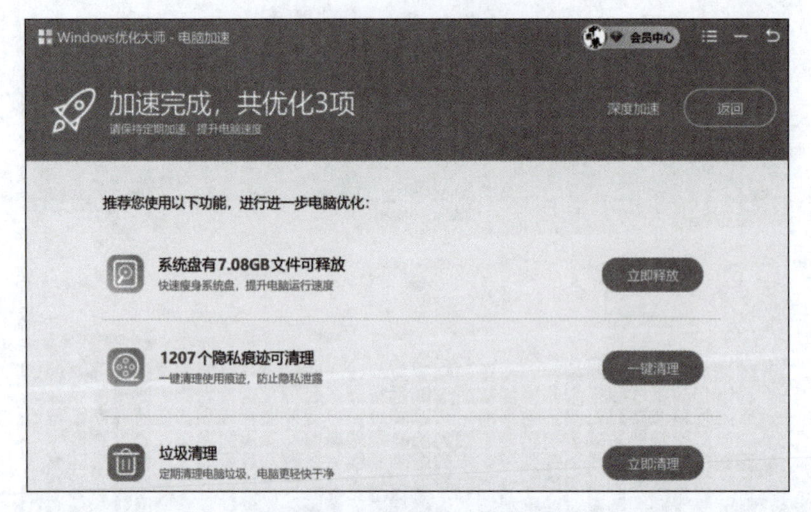

图 14-52 “电脑加速”完成界面

视频讲解

14.3 Windows 注册表

注册表是 Windows 操作系统中的一个核心数据库,其中存放着各种参数,直接控制着 Windows 的启动、硬件驱动程序的装载以及一些 Windows 应用程序的运行,从而在整个系统中起着核心作用。这些作用包括软硬件的相关配置和状态信息,比如注册表中保存有应用程序和资源管理器外壳的初始条件、首选项和卸载数据等,联网计算机的整个系统的设置和各种许可,文件扩展名与应用程序的关联,硬件部件的描述、状态和属性,性能记录和其他底层的系统状态信息，以及其他数据等。通常情况下，注册表由操作系统自主管理，但用户也可以通过软件或手工修改注册表信息，从而达到维护、配置和优化操作系统的目的。

14.3.1　注册表应用基础

注册表编辑器是用户修改和编辑注册表的工具，在“开始”菜单中打开“运行”对话框，输入 regedit 后单击“确定”按钮，即可启动注册表编辑器。

在注册表编辑器中，左窗口中的内容为树状排列的分层目录，右窗格中的内容为当前所选注册表项的具体参数选项，如图 14-53 所示。注册表采用树状分层结构，由根键、子键和键值项 3 部分组成。一个根键就是分支中的一个文件夹，而子键就是这个文件夹当中的子文件夹，子键同样也是一个键。一个键值项是一个键的当前定义，由名称、数据类型以及分配的值组成。一个根键可以有一个或多个值，每个值的名称各不相同。如果一个值的名称为空，则该值为该键的默认值。

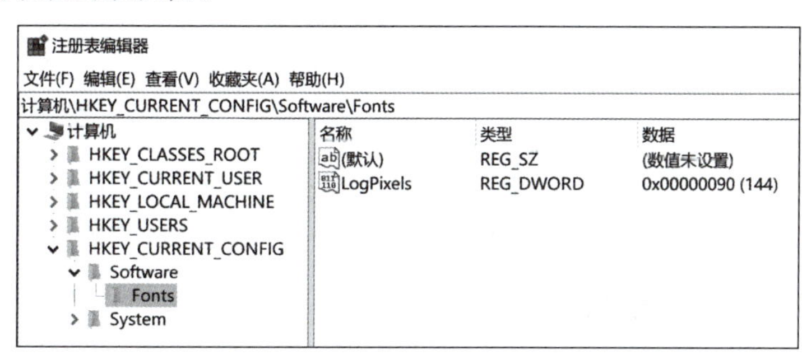

图 14-53　注册表编辑器

1. 根键

系统所定义的配置单元类别，特点是键名采用 HKEY 开头。例如，注册表左侧窗格内的 HKEY_CLASSES_ROOT 即为根键。Windows 10 系统内的注册表共有 5 个根键，每个根键所负责管理的系统参数各不相同，分别如下。

（1）HKEY_ CLASSES _ROOT。该根键主要用于定义系统内所有已注册的文件扩展名、文件类型、文件图标以及所对应的程序等内容，从而确保资源管理器能够正确显示和打开该类型文件。

（2）HKEY_ CURRENT_USER。该根键用于定义与当前登录用户有关的各项设置，包括用户文件夹、桌面主题、屏幕墙纸和控制面板设置等信息。

（3）HKEY_ LOCAL _MACHINE。该根键下保存了当前计算机内所有的软硬件配置信息。其中，HARDWARE、SOFTWARE 和 SYSTEM 子键分别保存有当前计算机的硬件、软件和系统信息，这些子键下的键值项允许用户修改；SAM 和 SECURITY 则用于保存系统安全信息，出于系统安全的考虑，用户无法修改其中的键值项。

（4）HKEY_USERS。该根键下保存了当前系统内所有用户的配置信息。当增添新用户时，系统将根据该根键下 DEFAULT 子键的配置信息来为新用户生成系统环境、屏幕、声音等主题及其他配置信息。

（5）HKEY_ CURRENT_CONFIG。该根键内包含了计算机在本次启动时所用到的各种硬件配置信息。

2. 子键

子键位于左窗格中,以根键子目录的形式存在,用于设置某些功能,本身不含数据,只负责组织相应的设置参数。

3. 键值项

键值项位于注册表编辑器的右窗格内,包含计算机及其应用程序在执行时所使用的实际数据,由名称、数据类型和数据 3 部分组成,并且能够通过注册表编辑器进行修改。一般情况下,键值项的数据类型分为以下几种。

(1) REG_SZ。字符串数据类型,由一连串的字符与数字组成,通常用于记录名称、路径、标题、软件版本号和说明性文字等信息。

(2) REG_ MULTI_SZ。多重字符串,用户可读取的列表通常使用这种数据类型。如果一个数据包含多个值,也可以使用该数据类型,多个值之间用空格、逗号或其他标记分开。

(3) REG_EXPAND_SZ。可扩充字符串值,这是一种可扩展的字符串类型。

(4) REG_DWORD。该类型的数据由 4 字节的数值所组成,通常用于表示硬件设备和服务的参数。在注册表编辑器中,用户可以根据需要以二进制、十六进制或十进制的方式来显示该类型的数据。

(5) REG_BINARY。二进制数据类型,多数硬件信息都以二进制数据存储。REG_BINARY 内的数据可以是任意长度,而 REG_DWORD 内的数据则必须控制在 4 字节以内。

14.3.2 编辑注册表

注册表编辑器是用来查看和更新系统注册表设置的高级工具,用户可以编辑、备份、还原注册表。利用注册表编辑器新建、删除、修改注册表中的项目是用户编辑注册表的重要手段。下面在 HKEY_CURRENT_USER\AppEvents 项目中添加一个子项 weixin,以此为例来演示注册表的编辑,具体步骤如下。

(1) 打开注册表编辑器,双击 HKEY_CURRENT_USER,展开注册表,如图 14-54 所示。

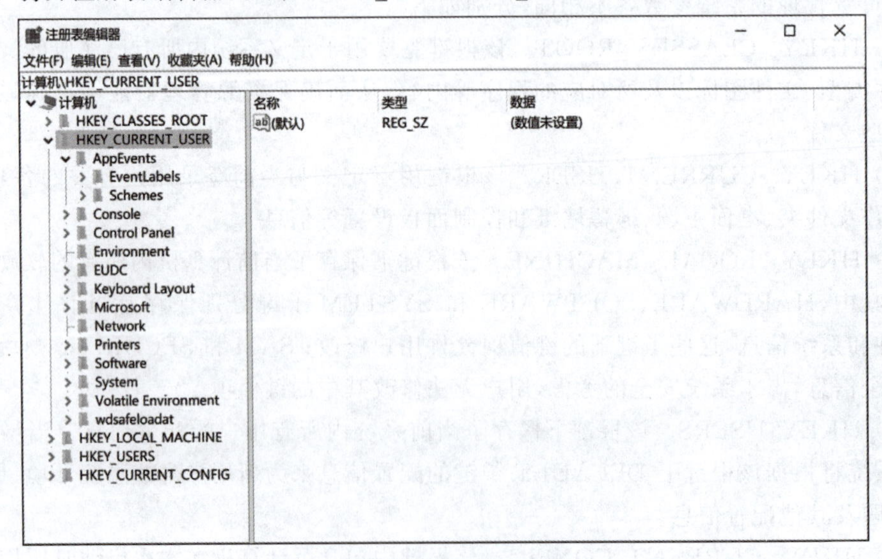

图 14-54 “注册表编辑器”窗口

（2）右击 AppEvents，在快捷菜单中选择“新建”→“项”命令，注册表会在 HKEY_CURRENT_USER\AppEvents 下添加一个新的子项，默认名称为“新项 #1”，右击“新项 #1”重命名为 weixin，如图 14-55 所示。

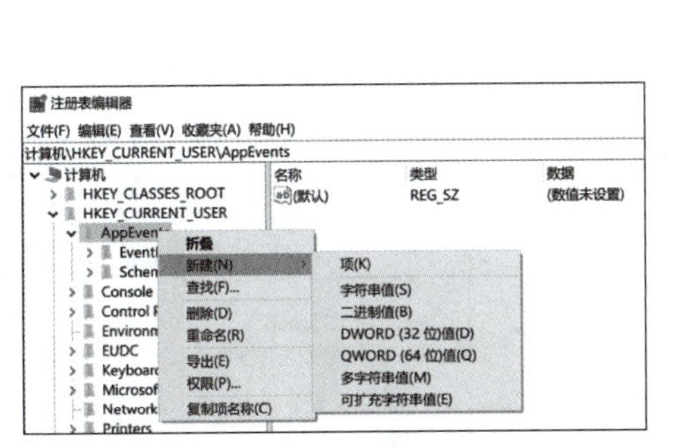

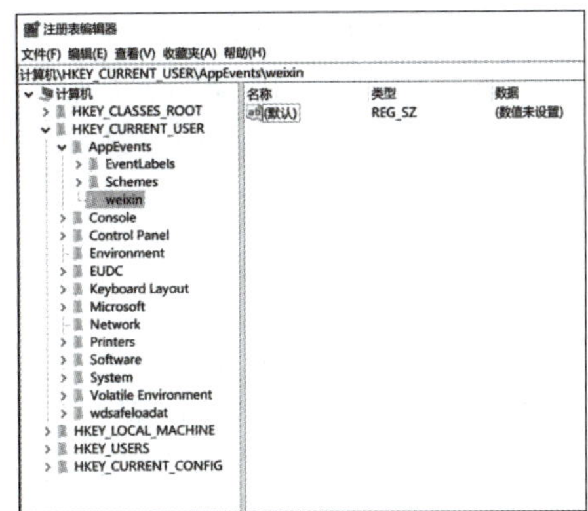

图 14-55　新建子项

（3）为 weixin 子项添加值项数据。右击选择“新建”→“字符串值”，在注册表编辑器右窗格内会出现字符串类型的值项数据，名称默认为“新值 #1”，将其重命名为 name，如图 14-56 所示。

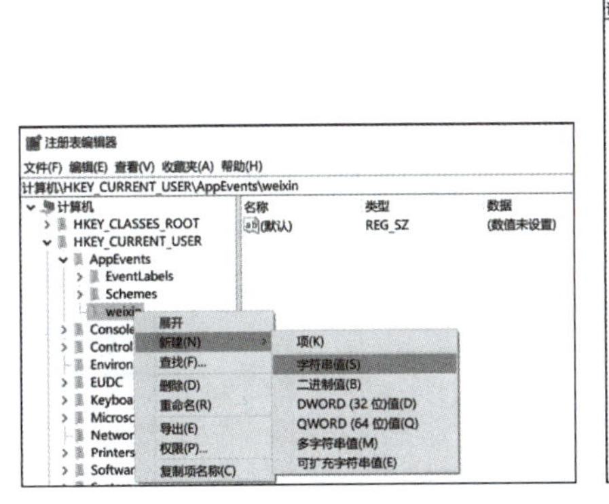

图 14-56　新建子项值项数据

（4）右击值项数据 name，单击“修改”命令，为其添加值 weixin，单击“确定”按钮，如图 14-57 所示。

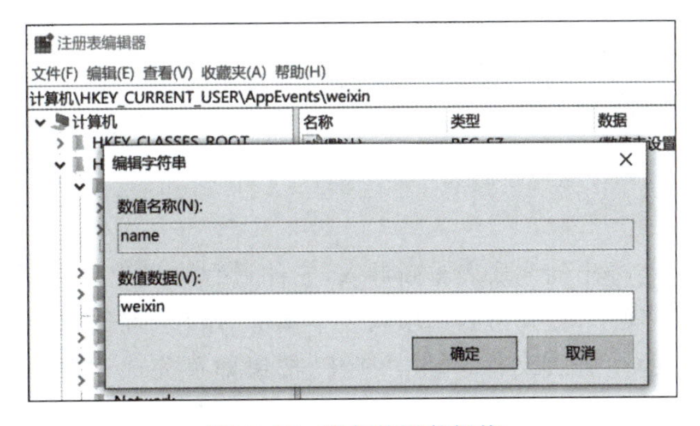

图 14-57　添加值项数据值

14.3.3 注册表的备份与还原

为了实现某些需求，很多人会对注册表进行修改，但是对注册表的修改是比较危险的，需要谨慎进行。在修改注册表之前，最好对注册表进行备份，这样可以防止计算机因为注册表遭到破坏而无法正常工作，需要时可以还原注册表。下面分别介绍注册表的备份与还原方法。

1. 备份注册表

(1) 打开注册表编辑器，单击"文件"菜单，弹出选项列表，如图 14-58 所示。

(2) 在弹出的选项列表中单击"导出"命令，弹出"导出注册表文件"对话框，选择注册表要保存的位置，在"文件名"输入框中输入文件名。同时需要注意的是，在导出时，可以选择导出全部或导出某一个分支，然后单击"保存"按钮，即可完成注册表的备份，如图 14-59 所示。

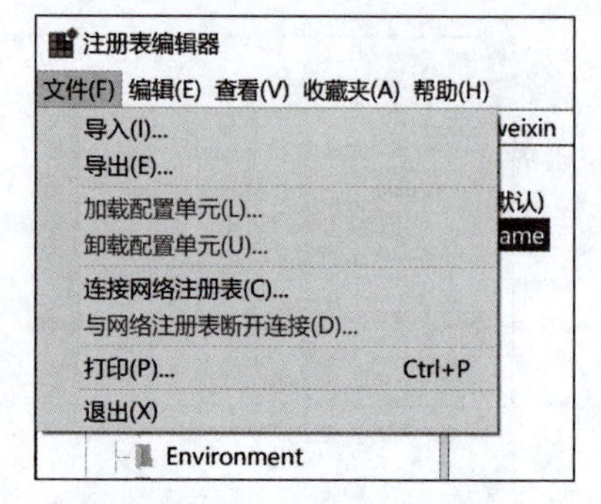

图 14-58 注册表文件列表框

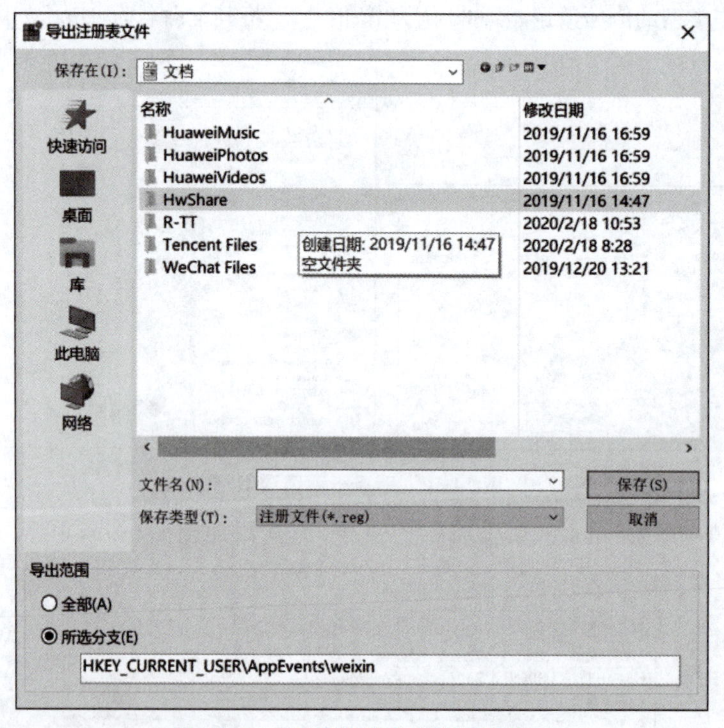

图 14-59 "导出注册表文件"对话框

2. 还原注册表

注册表还原就是将导出的注册表重新导入，它的过程与导出操作正好相反。打开注册表编辑器，单击"文件"菜单，在弹出的选项列表中单击"导入"命令，弹出"导入注册表文件"对话框，找到原备份的注册表文件，单击"打开"按钮即可完成注册表的导入，如图 14-60 所示。

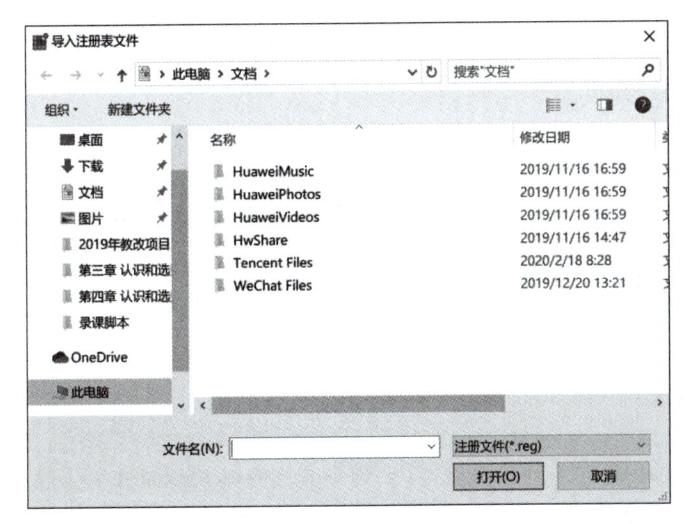

图 14-60 "导入注册表文件"对话框

14.3.4 注册表的应用

1. 禁用控制面板

控制面板是 Windows 用户调整和设置系统硬件及软件的最主要手段。如果不希望其他用户随意对其中的设置进行改动，可以通过修改注册表，达到禁止其他用户使用"控制面板"的目的，具体操作步骤如下。

(1) 打开注册表编辑器。

(2) 打开 HKEY_CURRENT_USER\Software\Microsoft\Windows\Current Version\Policies 子项。

(3) 在其下面新建子项 Explorer 并进入。

(4) 新建双字节值 NoControlPanel，将数值设为 1。数值设为 1 时，表示禁用"控制面板"；设为 0 时或数值不存在，表示容许使用"控制面板"功能。

(5) 如果试图打开"控制面板"，系统会提示无法完成操作。

2. 禁用"个性化"中"屏幕保护程序"

(1) 运行注册表编辑器。

(2) 打开 HKEY_CURRENT_USER\Software\Microsoft\Windows\Current Version\Policies 子项。

(3) 在其下面新建子项 System 并进入。

(4) 新建双字节值 NoDispScrSavPage，将数值设为 1。数值设为 1 时，表示禁用"屏幕保护程序"功能；设为 0 时或数值不存在，表示允许使用"屏幕保护程序"功能。

(5) 打开"控制面板"中"个性化"选项，单击"屏幕保护程序"，系统会提示无法完成操作。

3. 关闭光驱自动播放功能

在默认情况下，只要将光盘放入光驱，光驱就会自动运行。通过修改注册表，可关闭光驱的自动播放功能。

(1) 运行注册表编辑器。

(2) 打开 HKEY_LOCAL_MACHINE\SYSTEM\CurrentControlSet\Services\Cdrom。

(3) 双击右边窗口中的双字节值 AutoRun,将数值设为 0。

(4) 重新启动计算机。

4. 加快开机速度

(1) 运行注册表编辑器。

(2) 打开 HKEY_LOCAL_MACHINE\SYSTEM\CurrentControlSet\Control\SessionManager\Memory Management\PrefetchParameters。

(3) 在右窗格中双击 EnablePrefetcher 参数,将数值数据修改为 0。

计算机生态系统

生态系统是在一定的时间和空间内,生物与其生存环境以及生物与生物之间相互作用,彼此通过物质循环、能量流动和信息交换,形成的一个不可分割的自然整体。计算机生态系统主要由硬件、基础软件和应用三部分构成。其中,硬件包括 CPU、芯片、存储器和输入输出设备,CPU 是核心。基础软件以操作系统为核心,还包括支撑软件(数据库、中间件、办公套件)。以 CPU 和操作系统为核心,计算机生态系统大致涉及三个层面:技术层面涵盖核心技术产品生命周期所涉及的关键技术、研发主体等;产业层面涵盖核心技术产品产业链上下游各环节、相关主体等;应用层面涵盖核心技术产品在构成信息系统中呈现出来的功能、性能和用户体验等。计算机生态体系的建设并非只是产品间的“互通测试”,更多的在于企业、机构之间的强强联合、协同攻关,不仅可以有效促进计算机软硬件技术的提升,而且可以快速推动计算机产业的发展。

在 PC 领域有一个著名的 Wintel 联盟,也称“Wintel 生态系统”,它是微软 Windows 系统和英特尔 x86 处理器的集成体系,目前几乎支持市面上所有的硬件设备。截至 2021 年年底,至少有 1600 多万种硬件可以通过 Windows 系统进行驱动和控制;软件方面,Windows 系统支持的软件超过 3500 万个,应用面涵盖各行各业。Wintel 联盟给人类带来利益的同时,也建立起了人类历史上迄今为止最大的生态壁垒,通过 Windows 系统与 Intel 的 CPU 深度绑定建构的软硬件兼容技术壁垒,逼迫其他厂商必须依附其中,如果另立炉灶,将面临边缘化风险,成为非主流产品。

Wintel 联盟不仅对中国的芯片企业形成压制,也对中国的软件产业发展带来极大打击,对国家安全造成严重威胁。近年来,随着各类纯国产 PC 软硬件体系的不断突破,以及国内科技企业的携手合作,计算机生态体系不断壮大,如麒麟软件生态适配产品数量已突破 40 万,刷新国产操作系统生态新高度,为计算机事业发展打造新的里程碑。

14.4 实验七:优化与维护操作系统

一、实验目的

掌握 Windows 10 系统优化设置和经常性的维护操作。

二、实验设备

已组装好的多媒体微型计算机一台。

三、实验内容及步骤

认真复习本章所讲内容，完成以下实验内容。

1. 杀毒和安全防护

(1) Windows 防火墙的开启、关闭和设置。

(2) 杀毒和安全防护软件的下载、安装和设置。

2. 磁盘的管理和维护

(1) 磁盘碎片整理。

(2) 磁盘清理。

3. 系统备份和还原

(1) 备份系统文件。

(2) 还原系统文件。

(3) 创建还原点。

(4) 系统还原。

四、实验报告

结合本章所讲内容及本实验任务要求，完成实验报告。

14.5 实验八：注册表的使用与维护

一、实验目的

(1) 了解和熟悉有关系统注册表的重要功能。

(2) 掌握系统注册表的有关操作。

(3) 学会利用注册表来优化系统。

二、实验设备

已组装好的多媒体微型计算机一台。

三、实验内容及步骤

1. 打开并查看注册表

在"开始"窗口的搜索框中输入 regedit，按 Enter 键，或者单击搜索到的程序，即可打开注册表，查看注册表信息。

2. 认识注册表的结构

打开注册表以后，在此注册表窗口中注意识别哪些是根键，哪些是子键，哪些又是键值项。它们是如何区分的？各有何特点？每一项的作用是什么？

3. 注册表的常用操作

(1) 在注册表中添加项、更改值、删除值项。

(2) 导入和导出注册表。

(3) 查找字符串、值或注册表项。

认真阅读有关注册表应用的内容,练习使用注册表实现系统优化。

四、实验报告

结合本章所讲内容及本实验任务要求,完成实验报告。

14.6 思考与练习

一、填空题

1. Windows 10 操作系统在备份系统时会一同备份保存在________、________和默认 Windows 文件夹中的数据文件,而且会定期备份这些项目。

2. 在实际的操作系统运行过程中如遇到文件、数据等不慎丢失或损坏的情况,可以使用 Windows 10 的________恢复操作系统。

3. Ghost 可以将某个________或________完全镜像复制到另外的磁盘分区或硬盘上,并可压缩为一个镜像文件,利用该镜像文件即可还原备份的系统。

4. Windows 优化大师具有________、________、________、________4 大功能模块及若干附加的工具软件。

5. 注册表采用树状分层结构,由________、________和________3 部分组成。

二、选择题

1. 关于磁盘优化,下列说法中正确的是________。

A. 各种应用程序的安装、运行与卸载,都会产生垃圾文件存储在磁盘中

B. Windows 10 操作系统不会定期整理磁盘碎片,必须用户手动清理

C. 磁盘坏道不可修复

D. 读取不在连续磁道上的数据对磁头并无影响

2. 磁盘清理的作用是________。

A. 不能增加磁盘利用率 B. 可以释放磁盘空间

C. 不能加快系统的运行速度 D. 不能有效优化系统

3. 下列哪一项不是注册表的组成部分?________

A. KEY_CLASSES_ROOT B. HKEY_CURRENT_USER

C. HKEY_ CONFIG D. HKEY_LOCAL_MACHINE

4. 下列哪一项不是注册表的数据类型?________

A. REG_ DWORD_SZ B. reg_ BINARY

C. REG DWORD D. REG_MULTI_SZ

5. 下列哪项不属于注册表的功能?________

A. 禁用控制面板 B. 关闭光驱自动播放

C. 禁用"个性化"设置 D. 不能禁用系统启动加载项

三、简答题

1. 简述注册表结构。

2. 简述磁盘清理的作用。

3. 简述哪些工具可以进行系统的备份和还原。

第15章　计算机系统维护与故障排除

CHAPTER 15

学习目标：

◆ 了解计算机的日常维护事项。

◆ 掌握维护系统稳定运行的方法。

◆ 掌握计算机故障的诊断与排除方法。

技能目标：

◆ 掌握维护系统稳定运行的方法。

◆ 掌握计算机故障的诊断与排除方法。

素质目标：

◆ 培养科学思维能力。

◆ 提升环境素养意识。

15.1 计算机的日常维护事项

视频讲解

正确地使用和维护计算机，使其工作在一个良好的环境下，不仅能够延长其使用寿命，而且可以减少很多故障的产生。本章将简要介绍正确使用计算机的相关知识。

15.1.1 计算机的工作环境

一个合适的计算机工作环境主要指洁净度、湿度、温度、防止强光照射、防止电磁场干扰、电网环境和接地系统等几方面。

1. 洁净度

由于计算机的机箱和显示器等部件都不是完全密封的，灰尘会进入其中，过多的灰尘附着在电路板上，会影响集成电路板的散热，甚至引起线路短路等。计算机及周围环境的清洁极其重要，要定期清理，以免因灰尘过多而造成计算机损坏。

2. 湿度

计算机工作时，其适宜的湿度条件为45%～60%。过于潮湿的空气容易造成元器件和线路板的生锈与腐蚀而导致接触不良或短路；如果空气过于干燥，则可能引起静电积累，从而损坏集成电路，使机器清除内存或缓存区的信息，影响程序运行及数据存储，还很容易吸附灰尘，影响散热，引发硬件故障。

3. 温度

一般来说,15～30℃范围内的温度对计算机的正常工作较为适宜,超出这个范围的温度会影响电子元器件工作的可靠性。由于集成电路的集成度高,工作时将产生大量的热量,如机箱内热量不及时散发,轻则会导致工作不稳定、数据处理出错,重则会烧毁一些元器件;反之,如温度过低,电子器件也不能正常工作,增加出错率。

4. 强光照射

光线条件对计算机本身影响并不大,但还是应该适当注意:一是计算机中很多部件使用塑料材质,长时间的强光照射会导致其变色、变硬,破坏原有光泽度,影响美观,如果太阳强光直射显示器屏幕,会降低显示器的使用寿命;二是光线条件不好,对使用者来说,容易引起眼睛疲劳。

5. 电磁场干扰

计算机中有许多存储设备用磁信号作为载体记录数据,所以磁场对存储设备的影响较大。它可能会导致磁盘驱动器的动作失灵,引起内存信息丢失、数据处理和显示混乱,甚至会破坏磁盘上存储的数据。另外,较强的磁场也会使显示器被磁化,引起显示器颜色显示不正常。

6. 稳定工作电压

保持计算机正常工作的电压需求为220V。电压太低,计算机无法启动;电压过高,会造成计算机系统的硬件损坏。

15.1.2 计算机安全操作注意事项

将计算机置于合适的环境中,是保证计算机正常工作的前提。此外,用户还需要掌握安全操作计算机的方法,因为只有这样才能够尽量避免计算机硬件故障的发生。

1. 电源

电源是计算机的动力之源,机箱内所有的硬件几乎都依靠电源进行供电。为此,用户应在使用计算机的过程中注意一些与电源相关的问题。例如,在计算机开机后,电源风扇会发出轻微而均匀的转动声,若声音异常或风扇停止转动,便要立即关闭计算机;否则,便会导致机箱内部的散热不均,如果继续使用则会损坏电源。

此外,电源风扇在工作时容易吸附灰尘,计算机在使用一段时间后,应对电源进行清洁,以免因灰尘过多而影响电源的正常工作。

2. 硬盘

硬盘进行读写操作时,严禁突然关闭计算机电源,或者碰撞、挪动计算机,由于硬盘的磁头在工作时会悬浮在高速旋转的盘片上,突然断电或碰撞都有可能造成磁头与盘片的接触,从而造成数据的丢失与硬盘的永久损坏。

3. 光驱

光驱在读盘时不要强行弹出光盘,以免光驱内的托盘和激光头发生摩擦,从而损伤光盘与激光头。光驱要注意防尘,禁止使用光驱读取劣质光盘和带有灰尘的光盘,并且在每次打开光驱托盘后,都要尽快关上,以免灰尘进入光驱;同时,需要定期对光驱激光头进行清洁,并对机芯的机械部位添加润滑油,以减小其工作时产生的摩擦。

4. 显示器

显示器是计算机的重要输出设备之一，正确和安全地使用显示器，不但能够延长显示器的使用寿命，还能够保障使用者的身体健康。所以，显示器应远离磁场干扰，以免造成屏幕磁化，导致显示器显示的内容发生变形；要注意工作环境，不宜在潮湿或过于干燥的地方，同时，要定期用毛刷或小型吸尘器清洁显示器外壳和屏幕上的灰尘。

15.1.3 计算机日常安全维护事项

1. 修复操作系统漏洞

系统漏洞基本来源是 Windows 操作系统在逻辑设计上的缺陷或在编写时产生的错误，这个缺陷或错误可以被不法者或者计算机黑客利用，通过植入木马、病毒等方式来攻击或控制整个计算机，从而窃取计算机中的重要资料和信息，甚至破坏系统。所以一般都应该对 Windows 提示的系统漏洞进行下载更新(也就是俗称的打补丁)，以此保护计算机系统。

一般修复操作系统漏洞的方式有两种：一种是 Windows 系统自己的提示，定期给用户推送系统需要更新的补丁；另外一种是利用系统安全管理软件，如 360 安全卫士、百度安全卫士、电脑管家、金山卫士等，进行系统漏洞的检测修复。下面以使用 360 安全卫士修复操作系统漏洞为例进行介绍。

(1) 在“360 安全卫士”主界面中选择“系统修复”按钮，单击“全面修复”命令，如图 15-1 所示。

图 15-1 系统漏洞扫描

(2) 程序将自动检测系统中存在的各种漏洞，并将漏洞按照不同的危险程度和功能进行分类，保持默认选中的漏洞，单击“一键修复”按钮，如图 15-2 所示。

(3) 此时，360 安全卫士开始下载漏洞补丁程序，并显示下载进度，下载完一个漏洞的补丁程序后，360 安全卫士将继续下载下一个漏洞的补丁程序，并安装下载完的补丁程序，如果安装补丁程序成功，将在该选项的“状态”栏中显示“已修复”字样，如图 15-3 所示。

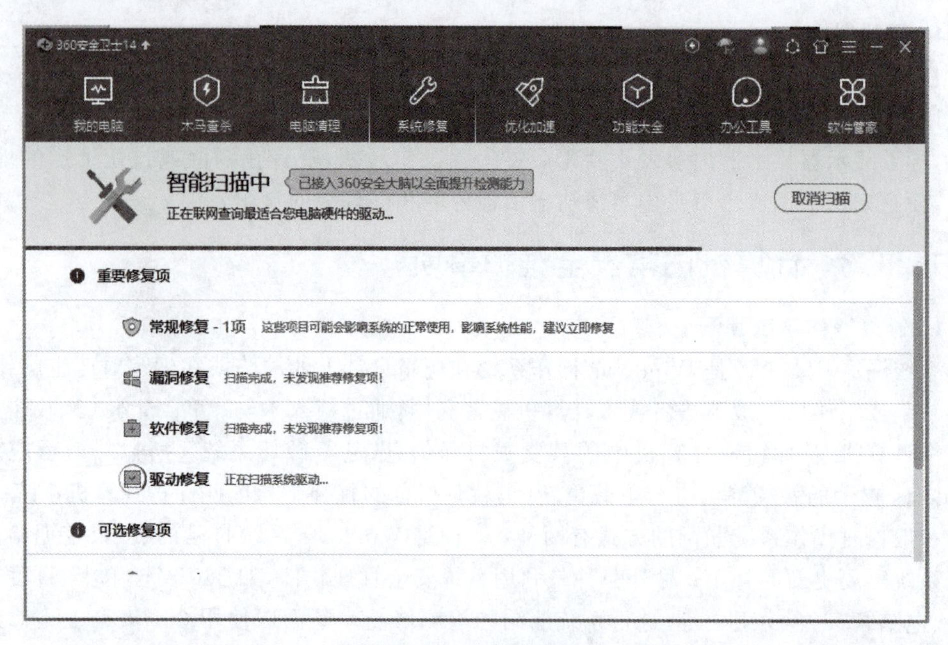

图 15-2　系统扫描情况

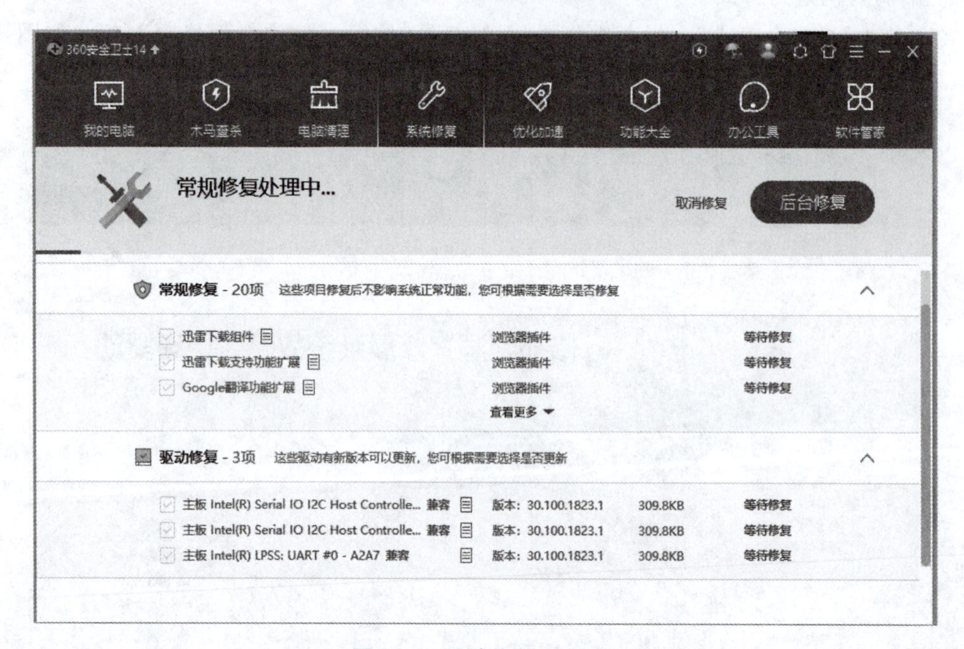

图 15-3　系统修复处理过程

(4) 全部漏洞修复完成后显示修复结果，如图 15-4 所示。单击“完成修复”按钮，即可完成系统修复。

2. 定期查杀病毒

病毒已成为威胁计算机安全的主要因素之一，而且随着网络的不断普及，这种威胁也变得越来越严重。因此，防范病毒是保障计算机安全的首要任务，计算机操作人员必须做好必要的防范措施。目前，杀毒软件很多，如 360 杀毒、金山毒霸、百度杀毒、卡巴斯基等，通常情况下，应尽量设置好定期杀毒和更新病毒库。下面以 360 杀毒为例，进行具体操作介绍。

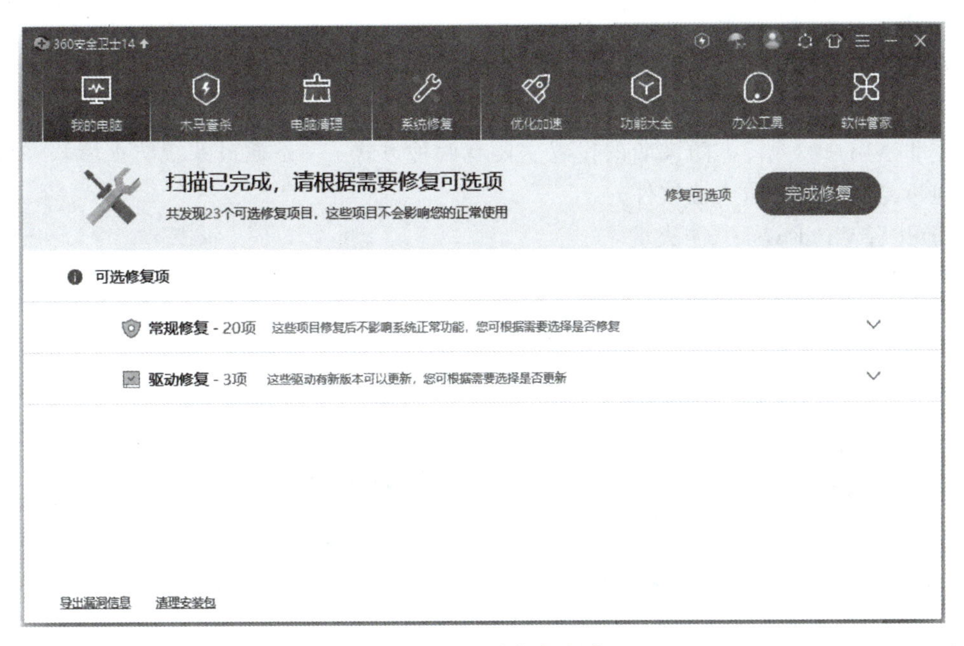

图 15-4　系统修复完成

（1）启动并运行 360 杀毒软件，单击右上角的“设置”选项，在“360 杀毒-设置”对话框中单击“病毒扫描设置”选项卡。

（2）在“定时查毒”区域下方选中“启用定时查毒”复选框，进行相应的日期、时间设置，完成后单击“确定”按钮，即可完成设置定期杀毒的操作，如图 15-5 所示。

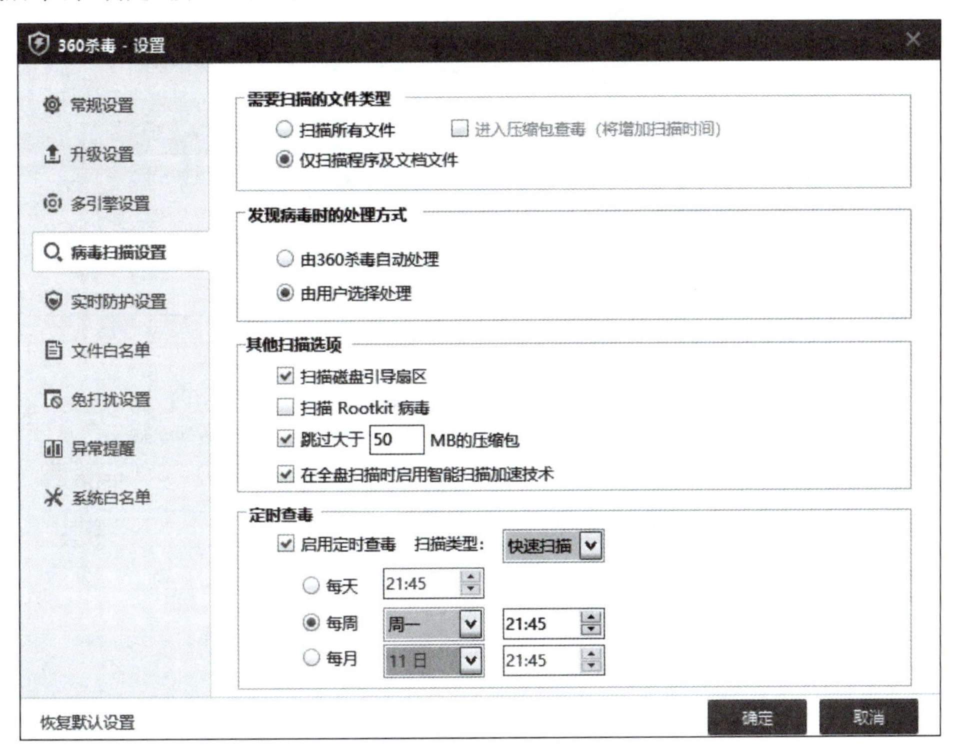

图 15-5　设置定期查杀病毒

3. 开启防火墙

对于网络攻击,最主要的防御措施是设置防火墙。防火墙由软件和硬件组合而成,其主要作用就是在内部网与外部网之间、专用网与公共网之间构成一道保护屏障,从而保护计算机免受非法用户的入侵。防火墙的设置主要有两种方式:一是通过系统防火墙软件设置;二是通过专用的网络防火墙软件。

1)开启 Windows 10 防火墙

(1)单击“开始”菜单,从“Windows 系统”下拉列表中单击“控制面板”,进入“控制面板”操作界面,然后单击“系统和安全”命令,如图 15-6 所示。

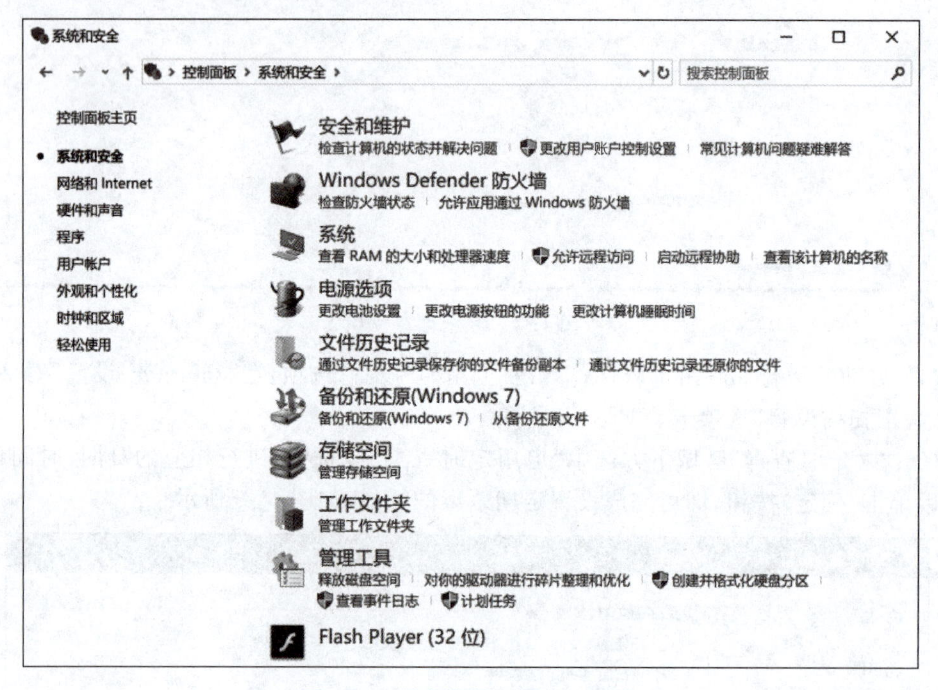

图 15-6 所有控制面板项对话框

(2)单击“Windows Defender 防火墙”命令,弹出“Windows Defender 防火墙”对话框,如图 15-7 所示。

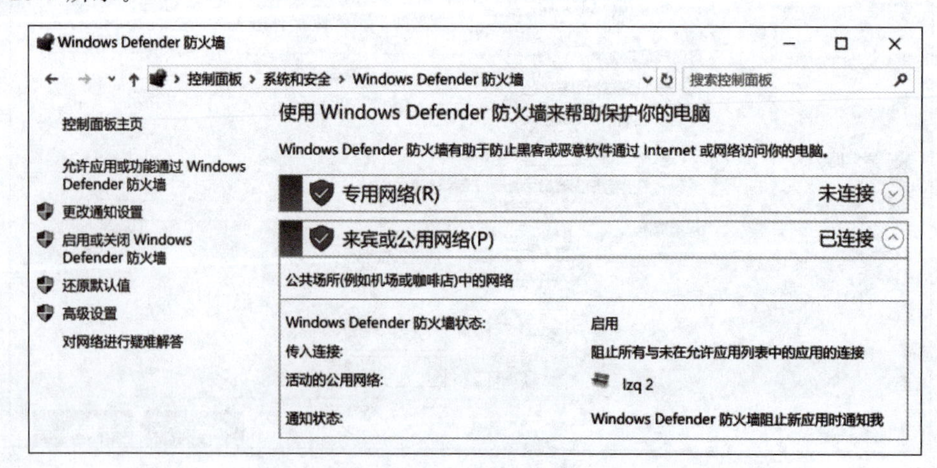

图 15-7 “Windows Defender 防火墙”对话框

(3) 单击“Windows Defender 防火墙”对话框左侧栏中的“启用或关闭 Windows Defender 防火墙”命令,进入“自定义设置”对话框,如图 15-8 所示。

图 15-8 “自定义设置”对话框

(4) 在“自定义设置”对话框中勾选“启动 Windows Defender 防火墙”,专用网络设置和公用网络设置都要勾选,然后单击“确定”按钮,即可开启 Windows 防火墙。

2) Windows 10 的防火墙设置

设置 Windows 防火墙程序访问规则就是设置某个应用或功能在使用时要开启防火墙,其设置方法如下。

(1) 单击“Windows Defender 防火墙”对话框左侧栏中的“允许应用通过 Windows Defender 防火墙进行通信”命令,如图 15-9 所示。

(2) 在“允许的应用”对话框中通过滚动条可以查看允许 Windows 防火墙的应用和功能,后面的复选框表示在专用网络还是公用网络中使用防火墙。

(3) 如果想添加、更改或删除所允许的应用和功能,首先单击“更改设置”按钮,然后勾选要添加或删除的应用或功能,选择是在专用网络中还是公用网络中使用 Windows 防火墙,最后单击“确定”按钮即可完成相关设置。

3) 专用软件设置防火墙

除了通过 Windows 操作系统设置防火墙之外,还可以通过其他专用的软件设置防火墙,如百度卫士、360 安全卫士等。下面以 360 安全卫士防火墙为例讲解网络防火墙的设置。

(1) 打开 360 安全卫士,单击“功能大全”进入操作界面,单击“网络”找到“家庭防火墙”,并单击下载安装防火墙工具。“360 家庭防火墙”操作界面如图 15-10 所示。

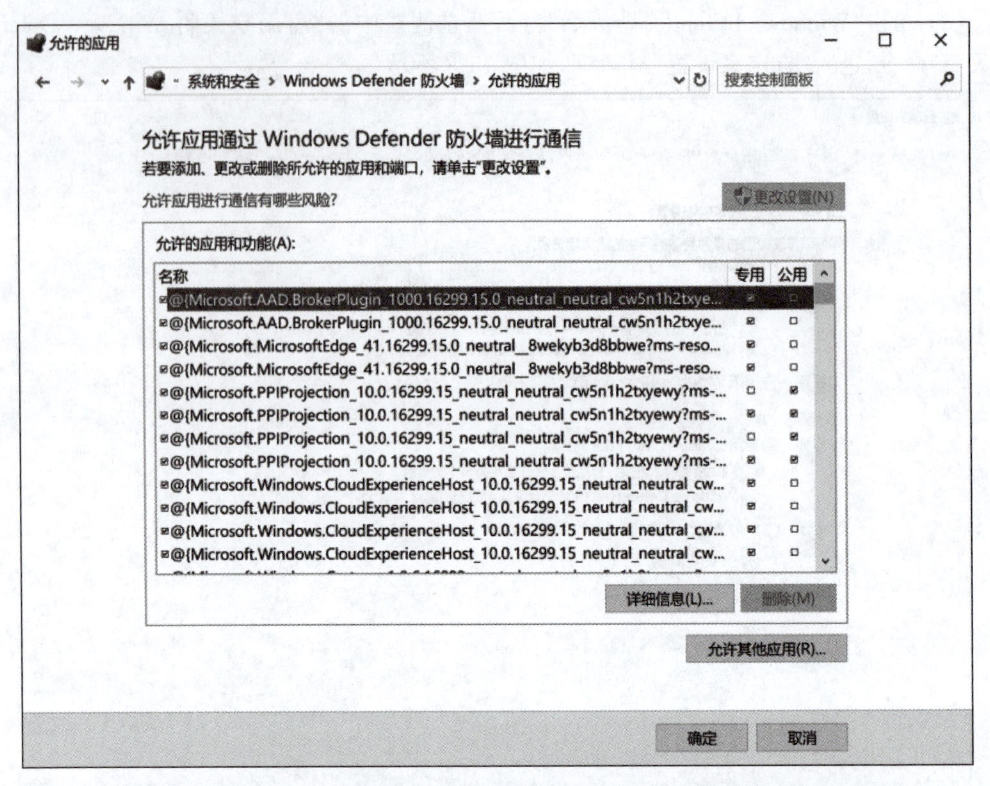

图 15-9 "允许的应用"对话框

图 15-10 "360 家庭防火墙"操作界面

(2) 在 360 安全防护中心中有系统防护体系、浏览器防护体系、入口防护体系、上网防护体系、高级威胁防护体系 5 种防护，单击"进入防护"按钮，可以查看并设置具体防护选项，如图 15-11 所示。如果防护前面有绿色小圆点表示此项防护已经开启，红色小圆点表示此项防护未开启。用户可根据实际需要进行相应的设置。

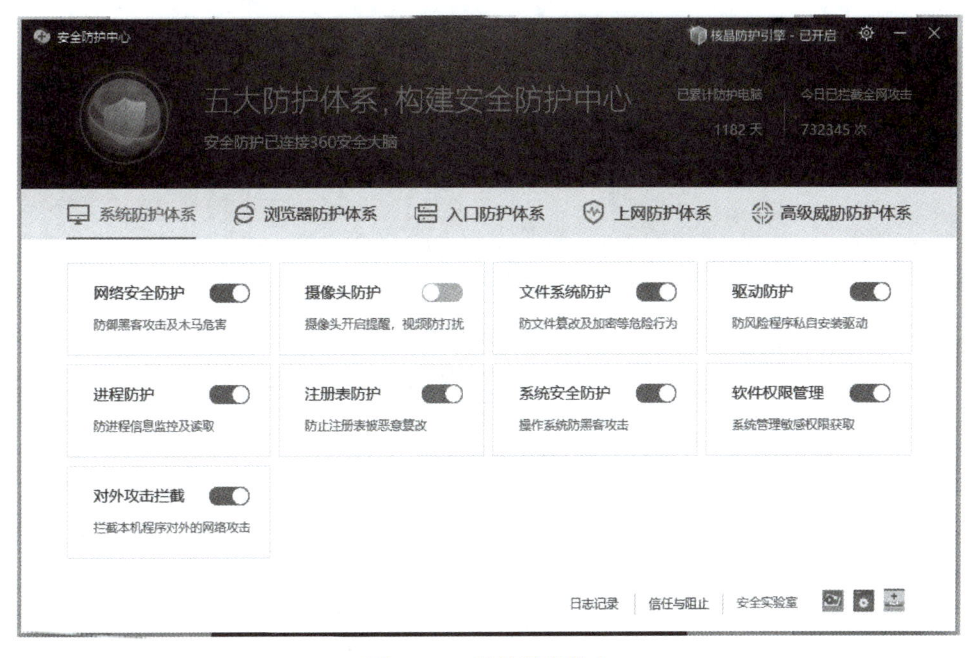

图 15-11　防护开启状态

4. 数据维护

随着大数据时代的来临，数据安全问题日益突出，为防止数据被破坏或丢失，维护数据安全也成为计算机维护不可缺少的一部分。在实际操作过程中，可以从以下几方面进行数据保存，防止相关数据的丢失。

1）备份还原浏览器收藏夹

浏览器是最常用的计算机软件之一，对于一些经常访问的网站，人们会收藏在浏览器的收藏夹中，但如果重装系统，收藏夹中的内容会被彻底删除，为了保证数据不丢失，很多浏览器收藏夹都自带了备份还原功能。Microsoft Edge 默认没有导出收藏夹的功能，所以下面以 Windows 10 中的 IE 浏览器为例讲解浏览器收藏夹的备份与还原。

（1）打开 IE 浏览器，单击收藏夹图标，弹出收藏夹，如图 15-12 所示。

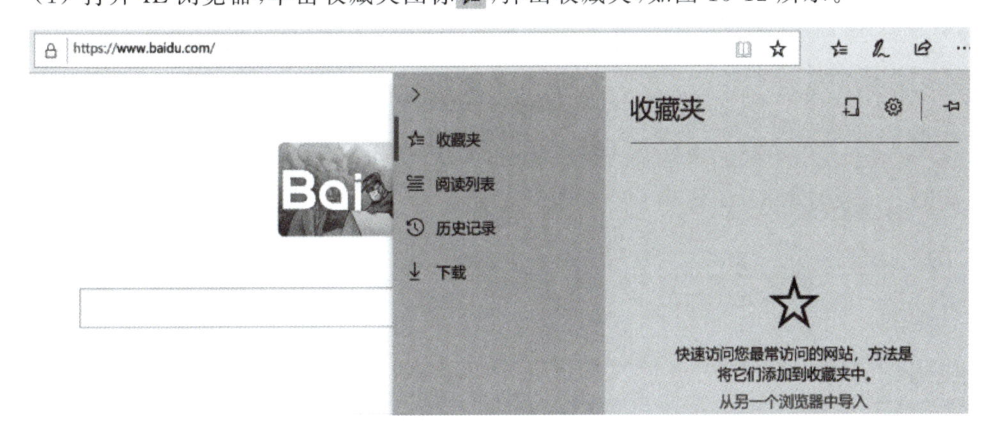

图 15-12　IE 浏览器收藏夹

（2）单击收藏夹右侧的设置图标进入“常规”对话框，如图 15-13 所示。

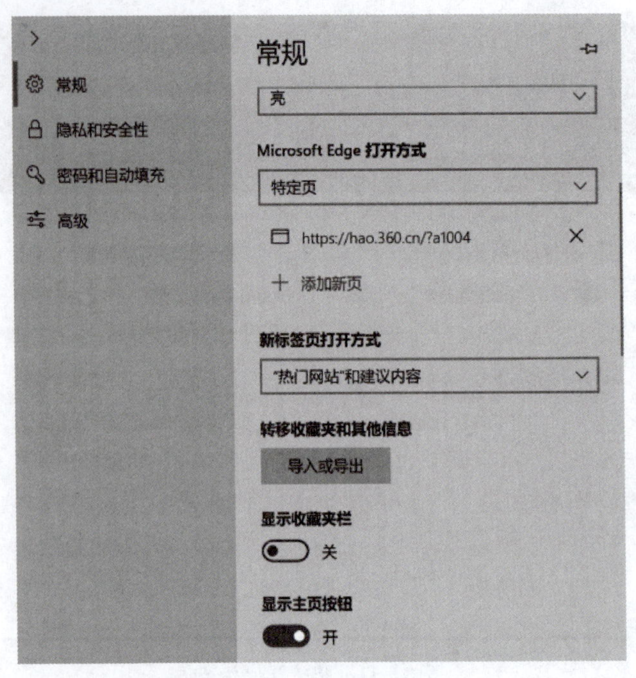

图 15-13 "常规"对话框

(3) 单击"导入或导出"命令,进入到"导入或导出"对话框,可选择"导入""从文件导入""导出到文件"等相应的操作,即可进行收藏网站信息的备份与还原,如图 15-14 所示。

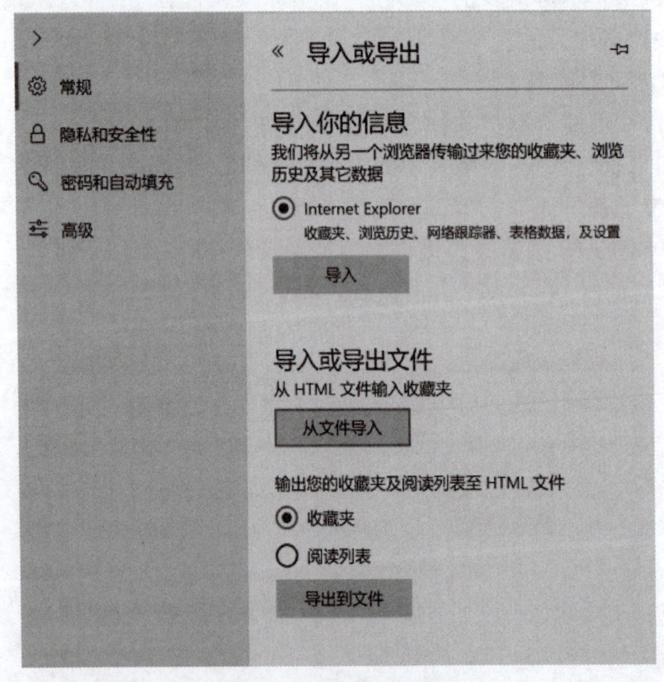

图 15-14 "导入或导出"对话框

2) 使用云盘同步数据

有时计算机会发生意外故障,如浸水、摔碰等,可能会导致计算机中存储的数据遭到破坏。为防止重要数据被破坏或丢失，用户要对重要数据进行备份。现在，用户大多使用云盘备份重要数据。云盘是互联网存储工具，具有存储容量大、安全稳定的特点。它通过互联网为企业和个人提供信息存储、读取、分享、下载等服务。

目前，常用的云盘有百度网盘、360 云盘、腾讯微云等，它们提供的服务都很相似。下面以常用的百度网盘为例，进行具体的操作介绍。一般云盘都有网页版本，但为了更好的用户体验，建议下载安装客户端。下载安装百度云盘客户端之后，双击打开软件，其登录界面如图 15-15 所示。

图 15-15　百度网盘登录界面

如果有百度网盘账号，则输入账号与密码，然后单击“登录”按钮登录。如果没有百度网盘账号，则单击右下角的“注册账号”命令进行注册。注册之后，再进行登录。百度网盘主界面如图 15-16 所示。

图 15-16　“百度网盘”主界面

百度网盘大致可分为以下 3 个功能区域。

① 菜单栏。菜单栏位于最上面，包括“我的网盘”“传输列表”“好友分享”“功能宝箱”“找资源”5 项。其中，“我的网盘”用于存储数据资料；“传输列表”可以查看上传、下载的项目；“好友分享”可以将数据资料分享给其他用户；“功能宝箱”可以实现其他功能，如垃圾清理、自动备份；“找资源”主要是一些图书、PPT 模板等资源等。

② 目录栏。目录栏位于左侧，可以对文件进行分类管理，包括图片、视频、文档、音乐等。

③ 存储区域。存储区域位于右侧，在该区域用户可以上传、下载、分享、删除等。

(1) 百度网盘数据的上传操作。

单击中间存储区上方的“上传”按钮，弹出“请选择文件/文件夹”对话框，如图 15-17 所示，找到需要上传存储的文件资料，单击“存入百度网盘”按钮，就完成了文件资料的上传存储。在上传存储前，可以单击存储区上方的“新建文件夹”按钮，新建文件夹并进行重新命名，便于进行各类文件资料的分类存储。

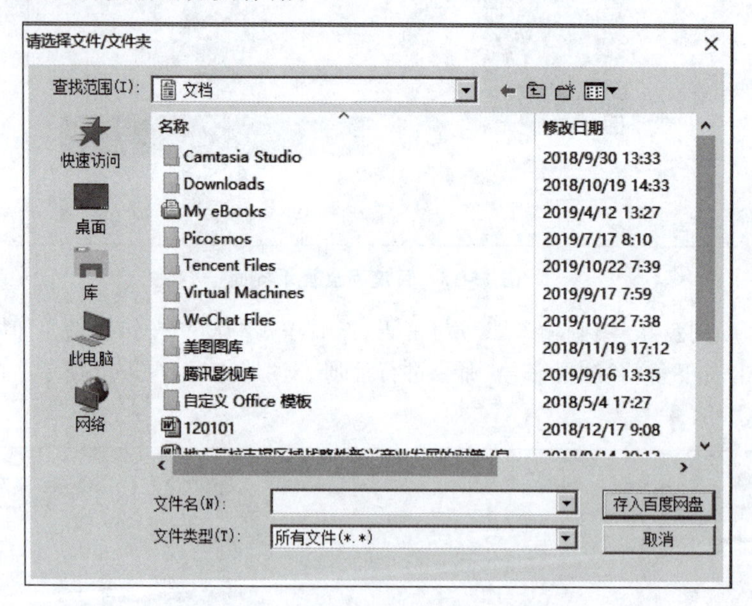

图 15-17 “请选择文件/文件夹”对话框

(2) 百度网盘数据的下载操作。

选中存储区中的文件后单击“下载”命令，在弹出的“设置下载存储路径”对话框中选择存储路径，最后单击“下载”按钮，就完成了本次下载任务，如图 15-18 所示。

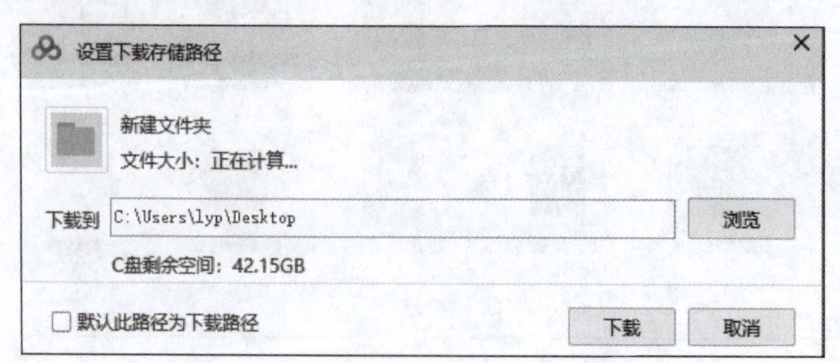

图 15-18 “设置下载存储路径”对话框

5. 数据恢复

在日常使用计算机的过程中,由于计算机突然死机断电、计算机病毒攻击、数据资料误删、操作系统突然崩溃、磁盘格式化等情况的出现,导致计算机数据丢失。如果出现这些常见的问题,如何进行数据的恢复呢?

常见的数据恢复软件非常多,如 FINALDATA、EasyRecovery、超级硬盘数据恢复软件、数据恢复向导、DiskGenius、数据恢复大师、迅捷数据恢复软件等。在搜索引擎键入"数据恢复软件"可以找到很多类似工具,这些软件的操作都比较简单,在实际的应用中,只需把软件下载下来,进行简单的操作就可完成相应的数据恢复任务。

数据恢复软件功能可分为逻辑层恢复和物理层恢复。逻辑层恢复通常是指误删除、误克隆、误格式化、分区丢失、病毒感染等情况;物理层恢复是指由于硬件物理损伤引起的丢失数据恢复,如盘片物理坏道、硬盘计算机不识别、磁头移位等。数据恢复过程中,是禁止往源盘里面写入新数据的。

1) 数据恢复注意事项

(1) 数据丢失后,不要往待恢复的盘上存入新文件。

(2) 如果要恢复的数据是在 C 盘,而系统坏了,启动不了系统,那么不要尝试重装系统或者恢复系统,要把这块硬盘拆下来,挂到另外一台计算机作为从盘来恢复。

(3) 文件丢失后,不要再打开这个盘查看任何文件,因为浏览器在预览图片的时候会自动往这个盘存入数据,以免造成破坏。

(4) 分区打开提示格式化时,不能格式化这个盘符,如果格式化肯定会破坏文件恢复的效果。

(5) U 盘变成 RAW 格式无法打开,不能格式化或者用量产工具初始化 U 盘,不然会破坏数据。

(6) 文件删除后,可以把扫描到的文件恢复到另外一个盘符里面。

(7) 只有一个盘格式化后,盘大小没有发生变化,数据可以恢复到另外一个盘里面;如果分区的大小发生改变,那么必须恢复到另外一个物理硬盘才安全。

(8) 重新分区或者同一个硬盘里面多个分区全部格式化后,必须恢复到另外一个物理硬盘里面,不能恢复到同一个硬盘里面别的分区。

(9) 要等数据全部恢复到另外一个盘或者硬盘后,打开文件仔细检查,确定都恢复对了,才能往源盘里面复制回去,不能恢复一部分就复制一部分,往源盘复制数据会影响下一次的数据恢复。

(10) 如果没有另外一块足够大的盘来存数据,而且有局域网联网的条件,那么可以在别的计算机上开通具有可写权限的共享目录,恢复到网络邻居共享目录里面。

2) 常用软件介绍

(1) EasyRecovery 是世界著名数据恢复公司 Ontrack 的技术杰作,是一个功能非常强大的硬盘数据恢复工具,能够恢复丢失的数据以及重建文件系统。无论是因为误删除,还是格式化,甚至是硬盘分区丢失导致的文件,以及被破坏的硬盘中丢失的引导记录、BIOS 参数数据块、分区表、引导区等,EasyRecovery 都可以很轻松地恢复,而且该软件可以恢复大于 8.4GB 的硬盘,并且支持长文件名,如图 15-19 所示。

(2) FINALDATA 能够恢复完全删除的文件和目录,也可以对数据盘中的主引导扇区

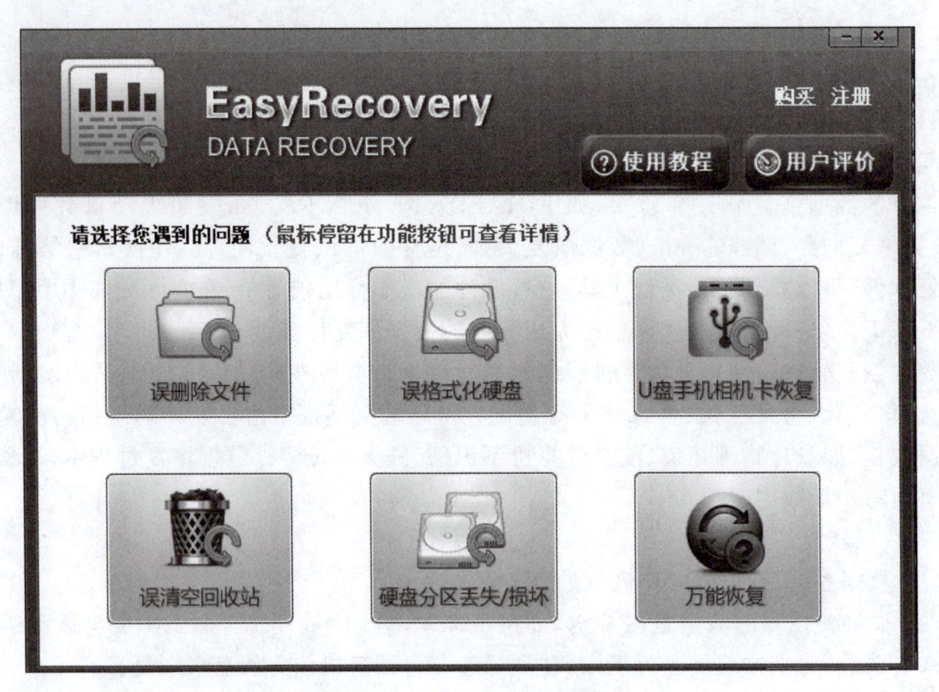

图 15-19 EasyRecovery 主界面

和 FAT 表损坏丢失的数据进行恢复，还可以对一些被病毒破坏的以及被格式化的数据文件进行恢复，如图 15-20 所示。

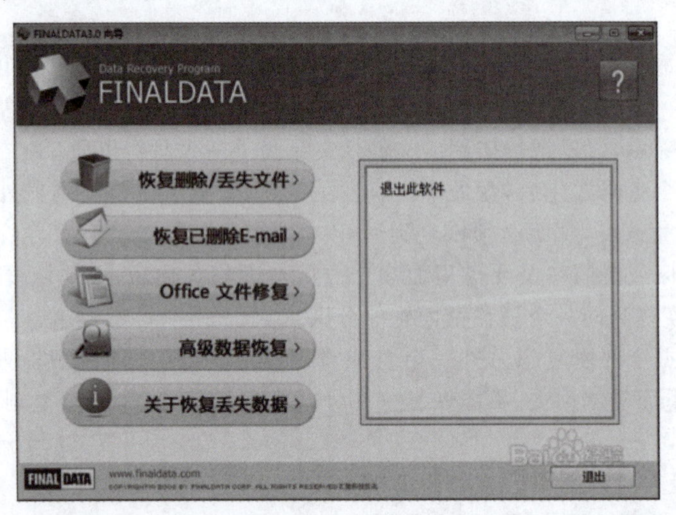

图 15-20 FINALDATA 主界面

(3) R-STUDIO 是一款强大的撤销删除与数据恢复软件，它有面向恢复文件的最为全面的数据恢复解决方案，适用于各种数据分区，可针对严重毁损或未知的文件系统，也可以用于已格式化、毁损或删除的文件分区的数据恢复，如图 15-21 所示。

(4) 360 文件恢复工具是一款功能强大的数据恢复软件，能够在遇到数据灾难后恢复所有的重要数据，如意外格式化、病毒问题、软件故障、文件目录误删除、破坏等，使用方便快捷，如图 15-22 所示。

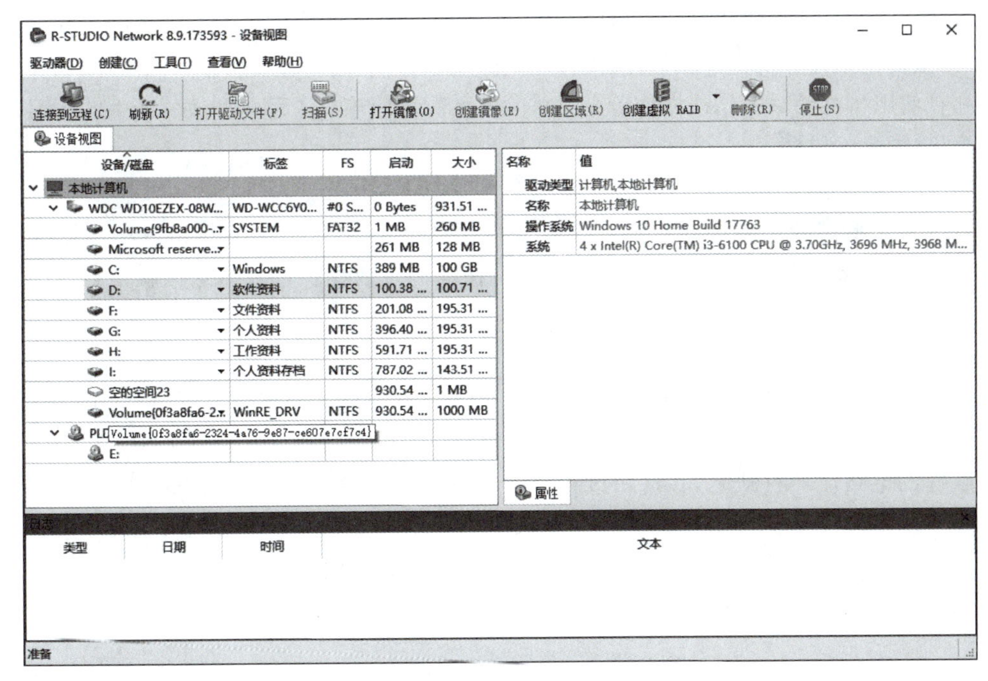

图 15-21　R-STUDIO 主界面

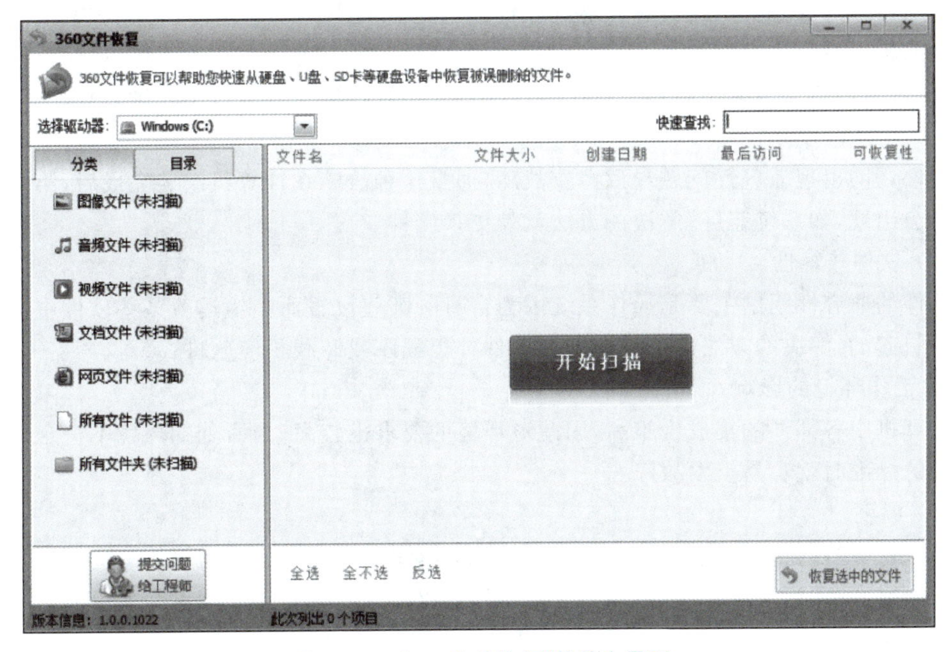

图 15-22　"360 文件恢复"软件主界面

15.2　计算机故障排除

视频讲解

15.2.1　计算机故障产生的原因及确认故障的常用方法

要排除故障,应先找到产生故障的原因。计算机故障是计算机在使用过程中遇到的系统不能正常运行或运行不稳定,以及硬件损坏或出错等现象。计算机故障是由各种各样的因素引起的,主要包括计算机部件质量差、硬件之间的兼容性差、被病毒或恶意软件破坏、工作环境恶劣和在使用与维护时的错误操作等。要排除各种故障应该先了解这些故障产生的原因。

1. 故障产生原因

1) 硬件质量问题

硬件质量低劣的主要原因是生产厂家为了节约成本,降低产品的价格以牟取更大的利润,而使用一些质量较差的电子元件(有的甚至使用假货或伪劣部件),这样就很容易引发硬件故障,主要表现如下。

(1) 电子元件质量差。

有些厂商使用质量较差的电子元件,导致硬件达不到设计要求,产品质量低下。

(2) 电路设计缺陷。

硬件的电路设计有缺陷,在使用过程中很容易导致故障。

(3) 假货。

假货不但使用了质量很差的元件,而且偷工减料,如果用户购买到这种产品,轻则很容易引起计算机故障,重则直接损坏硬件。

2) 兼容性问题

计算机的兼容性就是硬件与硬件、软件与软件、硬件与软件之间能够相互支持并充分发挥性能的特性。计算机中的各种软件和硬件都不是由同一厂家生产的,这些厂家虽然都按照统一的标准进行生产,但仍有不少产品存在兼容性问题。如果兼容性不好,虽然也能正常工作,但是其性能却没有很好地发挥出来,还可能出现故障,主要有以下两种表现。

(1) 硬件兼容性。

硬件之间出现兼容性问题导致严重故障,通常这种故障在计算机组装完成后,第一次启动时就会出现,如系统蓝屏,解决的方法就是更换硬件。

(2) 软件兼容性。

软件的兼容性问题主要是操作系统因为自身的某些设置而拒绝运行某些软件中的某些程序而引起的,解决的方法是下载并安装软件补丁程序或卸载相应软件。

3) 工作环境的影响

计算机中各部件的集成度很高,因此对环境的要求也较高,当所处的环境不符合硬件正常运行的标准时就容易引发故障。

(1) 温度。

如果计算机的工作环境温度过高,就会影响其散热,甚至引起短路等故障的发生。特别是夏天温度太高时,一定要注意散热。另外,还要避免日光直射到计算机和显示屏上。

(2) 电源。

交流电的正常范围为 220×(1±0.1)V,频率范围为 50×(1±0.05)Hz,并且应具有良好的接地系统。电压过低,不能供给足够的功率,数据可能被破坏;电压过高,设备的元器件又容易损坏。如果经常停电,应该使用 UPS 保护计算机,使计算机在电源中断的情况下能正常关机。

(3) 灰尘。

灰尘附着在计算机元件上,可使其隔热,妨碍了元件在正常工作时产生的热量的散发,加速其磨损。电路板上芯片的故障,很多都是灰尘引起的。

(4) 电磁波。

计算机对电磁波的干扰较为敏感,较强的电磁波干扰可能会造成硬盘数据丢失或显示屏抖动等故障。

(5) 湿度。

计算机正常工作对环境的湿度有一定的要求,湿度太高会影响计算机硬件的性能发挥,甚至引起一些硬件的短路;湿度太低又易产生静电,易损坏硬件。

4) 使用和维护不当

有些硬件故障是由于用户操作不当或维护失败造成的,主要有以下几方面。

(1) 安装不当。

安装显卡和声卡等硬件时,需要将其用螺丝固定到适当位置,如果安装不当可能导致板卡变形,最后因为接触不良而导致故障。

(2) 安装错误。

计算机硬件在主板中都有其固定的接口或插槽,安装错误则可能因为该接口或插槽的额定电压不同而造成短路等故障。

(3) 板卡被划伤。

计算机中的板卡一般都是分层印制的电路板,如果被划伤,可能将其中的电路或线路切断,导致短路故障,甚至烧毁板卡。

(4) 安装时受力不均。

计算机在安装时,如果将板卡或接口插入到主板中的插槽时用力不均,可能损坏插槽或板卡,导致接触不良,致使板卡不能正常工作。

(5) 带电拔插。

除了 SATA 和 USB 接口的设备外,计算机的其他硬件都不能在未断电时拔插,带电拔插很容易造成短路,将硬件烧毁。

(6) 带静电触摸硬件。

静电有可能造成计算机中各种芯片的损坏,在维护硬件前应当将自己身上的静电释放掉。另外,在安装计算机时应该将机壳用导线接地,能起到很好的防静电效果。

5) 计算机病毒破坏

病毒是引起大多数软件故障的主要原因,它们利用软件或硬件的缺陷控制或破坏计算机,可使系统运行缓慢、不断重启,使用户无法正常操作计算机,甚至造成硬件的损坏。

2. 确认故障常用方法

计算机发生故障后,首先要做的是确认计算机的故障类型,然后再进行处理。

1) 直接观察法

直接观察法是指通过看、听、闻、摸等方法来判断产生故障的位置和原因。

(1) 看。

观察系统板卡的插头、插座连接是否正常,元器件的电阻或电容引脚是否断裂,元件上是否有氧化或腐蚀的地方,板卡的表面是否有烧焦痕迹、印制电路板上的铜箔是否断裂、芯片表面是否开裂、电容是否爆开等。

(2) 听。

有时计算机出现故障时会出现异常的声音,通过监听电源和 CPU 的风扇、硬盘和显示器等设备工作时产生的声音,也可以判断是否产生故障及故障产生的原因。

(3) 闻。

当计算机出现较大故障时可能出现短路或部件烧毁的现象,可以根据发出气味的地方确定故障位置。

(4) 摸。

在系统运行时,用手触摸或靠近 CPU、内存、显卡等部件,可以判断元件是否正常工作、板卡是否安装到位、是否出现接触不良以及部件温度是否正常。

2) 软件分析法

POST 卡测试法是指通过 POST 卡,诊断测试软件及其他的一些诊断方法来分析和排除计算机故障,使用这种方法判断计算机故障具有快速而准确的优点。

(1) 诊断测试卡。

诊断测试卡也叫 POST 卡(Power On Self Test,加电自检),如图 15-23 所示,其工作原理是利用主板中 BIOS 内部程序的检测结果,通过主板诊断卡代码显示出来,结合诊断卡的代码含义速查表就能查找计算机故障所在。

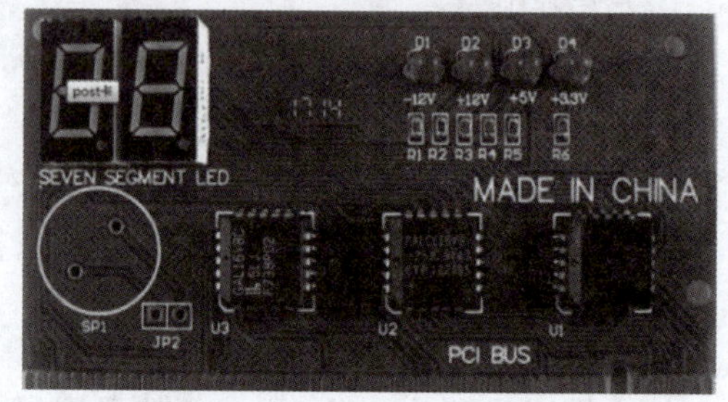

图 15-23 POST 卡

(2) 诊断测试软件。

诊断测试软件很多,常用的有 Windows 优化大师、超级兔子、专业图形测试软件 3D Mark、PC Mark、BurnInTest 等。

3) 清洁法

对于使用环境较差或使用较长时间的计算机,由于灰尘会影响主机部件的散热和正常运行,通过对机箱内部的灰尘进行清理也可确认并清除一些故障。通常,可用软毛刷刷掉主板上的灰尘,也可使用吹气球清除机箱内各部件上的灰尘,或使用清洁剂清洁主板和芯片等精密部件上的灰尘;另外,由于板卡上一些插卡或芯片采用插脚形式,所以,震动、灰尘等其他原因常会造成引脚氧化、接触不良,可用橡皮擦去表面氧化层,重新插接好后,开机检查故障是否已被排除。

4) 拔插法

拔插是一种比较常用的判断故障的方法,主要是通过拔插板卡后观察计算机的运行状态来判断故障产生的位置和原因。通常做法是针对故障系统依次拔出相应板卡设备,每拔出一块板卡后开机观察计算机的运行状态,如果系统正常运行,就可判断出该板卡有故障或相应 I/O 总线插槽及负载有故障;同时,通过拔插还能解决一些由板卡与插槽接触不良所造成的故障。

5) 对比法

同时运行两台或多台配置相同或类似的计算机,根据正常计算机与故障计算机在执行相同操作时的不同表现,来判断故障产生的原因。

6) 万用表测量法

在故障排除中,对电压和电阻进行测量也可以判断相应的部件是否存在故障。对电压和电阻的测量就需要使用万用表,如果测量出某个元件的电压或电阻不正常,则说明该元件可能

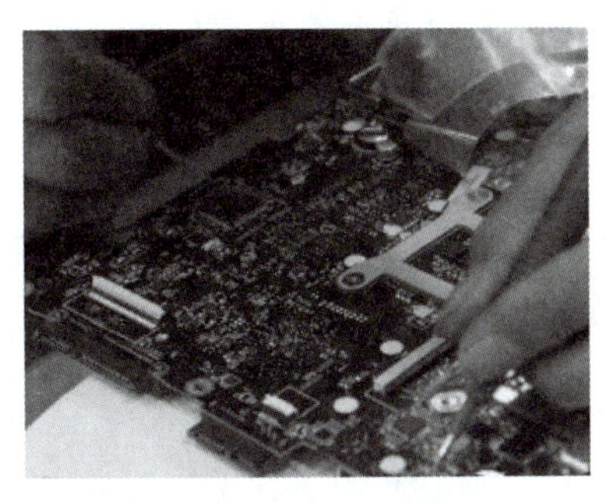
图 15-24　万用表测量

存在故障。用万用表测量电压和电阻的最大优点是不需要将元件取下或仅需要部分取下就可以判断元件是否正常,应用十分普遍,其操作方法如图 15-24 所示。

7）替换法

替换法是一种最常用的故障检测办法。通过使用相同或相近型号的板卡、内存、硬盘、显示器以及外部设备等部件替换原来的部件来分析和排除故障。替换部件后如果故障消失,就表示被替换的部件存在问题。

8）最小化系统法

最小化系统就是计算机由最少的部件组成的能正常运行的工作环境。最小化系统法是指在计算机启动时只安装最基本的部件,包括 CPU、主板、显卡和内存,连接上显示器和键盘,如果计算机能够正常启动,表明核心部件没有问题,然后逐步安装其他设备,这样可快速找出产生故障的部件。使用这种方法如果不能启动,可根据发出的报警声来分析和排除故障。

15.2.2　计算机常见故障及其排除的基本原则和注意事项

视频讲解

排除计算机故障时,应遵循正确的处理原则,切忌盲目动手,以免造成故障的扩大化。处理的基本原则大致有以下几点。

(1) 仔细分析。在动手处理故障之前,应先根据故障的现象分析该故障的类型,以及应选用哪种方法进行处理。切忌盲目动手,扩大故障。

(2) 先软后硬。计算机故障包括硬件故障和软件故障,而排除软件故障比硬件故障更容易,所以排除故障应遵循先软后硬的原则。首先应分析操作系统和软件是否是故障产生的原因,可以通过检测软件或工具软件排除软件故障的可能,然后再开始检查硬件的故障。

(3) 先外后内。应首先检查外部设备是否正常(如打印机、键盘、鼠标等是否存在故障);然后查看电源、信号线的连接是否正确,再排除其他故障;最后再拆卸机箱,检查内部的主机部件是否正常,尽可能不要盲目拆卸部件。

(4) 多观察。充分了解计算机所用的操作系统和应用软件的相关知识,以及产生故障部件的工作环境、工作要求和近期所发生的变化等情况。

(5) 先假后真。有时计算机并没有出现真正的故障,只是由于电源没开或数据线没有连接等原因造成的。排除故障时应先确定该硬件是否确实存在故障,检查各硬件之间的连线是否连接,安装是否正确,在排除假故障后才将其作为真故障来处理。

(6) 归类演绎。在处理故障时,应善于运用已掌握的知识或经验,将故障进行分类,然后寻找相应的方法进行处理。在故障处理之后还应认真记录故障现象和处理方法,以便日后查询,并借此不断提高自身的故障处理水平。

排除故障的注意事项有以下两点。

(1) 安全操作。在进行计算机故障排除过程中,一是不要带电操作,不要进行热插拔;二是在进行检测和维修之前应将手上的静电释放,最好戴上防静电手套。

(2) 注意“假”故障。在故障排除的基本原则中有一条是先假后真,主要指有时计算机会出现一些由于操作不当造成的“假”故障,如电源未开、操作设置不当、数据线接触不良、不注意信息的提示等事项。

计算机在日常的使用过程中,由于操作不当或病毒入侵等原因造成的故障有很多,如死机、蓝屏和自动重启等,下面进行一些简单介绍。

1. 死机故障

死机是指由于无法启动操作系统,画面"定格"无反应,鼠标、键盘无法输入,软件运行非正常中断等情况。造成死机的原因一般有硬件与软件两方面。

1) 硬件原因造成的死机

(1) 内存故障。主要是内存条松动、虚焊或内存芯片本身质量所致。

(2) 内存容量不够。内存容量越大越好,最好不小于硬盘容量的0.5%~1%,过小的内存容量会使计算机不能正常处理数据,导致死机。

(3) 软硬件不兼容。三维设计软件和一些特殊软件可能在有的计算机中不能正常启动甚至安装,其中可能有软硬件兼容方面的问题,这种情况可能会导致死机。

(4) 硬件资源冲突。由于声卡或显卡的设置冲突,引起异常错误导致死机。此外,硬件的中断、DMA或端口出现冲突,会导致驱动程序产生异常,从而导致死机。

(5) 散热不良。显示器、电源和CPU在工作中发热量非常大,保持良好的通风状态非常重要。工作时间太长容易导致电源或显示器散热不畅而造成计算机死机,另外,CPU的散热不畅也容易导致计算机死机。

(6) 移动不当。在计算机移动过程中受到很大震动,常常会使内部硬件松动,从而导致接触不良,引起计算机死机。

(7) 硬盘故障。老化或由于使用不当造成硬盘产生坏道、坏扇区,从而导致计算机在运行时死机。

(8) 设备不匹配。如主板主频和CPU主频不匹配,就可能不保证计算机运行的稳定性,因而导致频繁死机。

(9) 灰尘过多。机箱内灰尘过多也会引起死机故障,如光驱激光头沾染过多灰尘后,会导致读写错误,严重时会引起计算机死机。

(10) 劣质硬件。少数不法商家在组装计算机时使用质量低劣的硬件,甚至出售假冒和返修过的硬件,这样的计算机在运行时很不稳定,发生死机也很频繁。

(11) CPU超频。超频提高了CPU的工作频率,同时,也可能使其性能变得不稳定。其原因是CPU在内存中存取数据的速度快于内存与硬盘交换数据的速度,超频使这种矛盾更加突出,加剧了在内存或虚拟内存中找不到所需数据的情况,这样就会出现"异常错误",最后导致死机。

2) 软件原因造成的死机

(1) 病毒感染。病毒可以使计算机工作效率急剧下降,造成频繁死机。

(2) 使用盗版软件。很多盗版软件可能隐藏着病毒,一旦执行,会自动修改操作系统,使操作系统在运行中出现死机故障。

(3) 软件升级不当。在升级软件过程中通常会对共享的一些组件也进行升级,但是其他程序可能不支持升级后的组件,从而导致死机。

(4) 启动的程序过多。这种情况会使系统资源消耗殆尽,使个别程序需要的数据在内存或虚拟内存中找不到,也会出现异常错误。

(5) 非正常关闭计算机。不要直接使用机箱中的电源按钮关机,否则会造成系统文件损坏或丢失，引起自动启动或者运行中死机。

（6）误删系统文件。如果系统文件遭破坏或被误删除，即使在 BIOS 中各种硬件设置正确，也会造成死机或无法启动。

（7）非法卸载软件。删除软件时不要把软件所在的安装目录直接删除，因为这样就不能删除注册表和 Windows 目录中的相关文件，系统也会因不稳定而引起死机。

（8）BIOS 设置不当。该故障现象很普遍，如硬盘参数设置、模式设置、内存参数设置不当从而导致计算机无法启动。如将无 ECC 功能的内存设置为具有 ECC 功能，这样就会因内存错误而造成死机。

（9）内存冲突。有时计算机会突然死机，重新启动后运行这些应用程序又十分正常，这是一种假死机现象，原因大多是内存资源冲突。通常应用软件是在内存中运行，而关闭应用软件后即可释放内存空间。但是有些应用软件由于设计的原因，即使在软件关闭后也无法彻底释放内存，当下一软件需要使用这一块内存地址时，就会出现冲突。

3）预防死机故障的方法

对于系统死机的故障，可以通过以下方法进行处理。

（1）在同一个硬盘中不要安装太多操作系统。

（2）在更换计算机硬件时一定要插好，防止接触不良引起的系统死机。

（3）在运行大型应用软件时，不要在运行状态下退出之前运行的程序，否则会引起系统的死机。

（4）在应用软件未正常退出时，不要关闭电源，否则会造成系统文件损坏或丢失，引起自动启动或者运行中死机。

（5）设置硬件设备时，最好检查有无保留中断号（IQ），不要让其他设备使用该中断号，否则会引起中断冲突，从而引起系统死机。

（6）CPU 和显卡等硬件不要超频过高，要注意散热和温度。

（7）BIOS 设置要恰当，虽然建议将 BIOS 设置为最优，但所谓最优并不是最好的，有时最优的设置反倒会引起启动或者运行死机。

（8）对来历不明的移动存储设备不要轻易使用，对电子邮件中所带的附件，要用杀毒软件检查后再使用，以免感染病毒导致死机。

（9）在安装应用软件过程中，若出现对话框询问“是否覆盖文件”，最好选择不要覆盖。因为通常当前系统文件是最好的，不能根据时间的先后来决定覆盖文件。

（10）在卸载软件时，不要删除共享文件，因为某些共享文件可能被系统或者其他程序使用，一旦删除这些文件，会使其他应用软件无法启动而死机。

（11）在加载某些软件时，要注意先后次序，由于有些软件编程不规范，在运行时不能排在第一，而要放在最后运行，这样才不会引起系统管理的混乱。

2. 蓝屏故障

计算机蓝屏又叫蓝屏死机（Blue Screen Of Death，BSOD），指的是 Windows 操作系统无法从一个系统错误中恢复过来时所显示的屏幕图像，它是死机故障中特殊的一种。

1）蓝屏的处理方法

蓝屏故障产生的原因往往集中在不兼容的硬件和驱动程序、有问题的软件和病毒等，这里提供了一些常规的解决方案，在遇到蓝屏故障时，应先对照这些方案进行排除，下列内容对安装 Windows 7、Windows 8 或 Windows 10 的用户也有帮助。

(1) 重新启动计算机。蓝屏故障有时只是某个程序或驱动偶然出错引起的,重新启动计算机后即可自动恢复。

(2) 检查病毒。病毒有时会导致 Windows 蓝屏死机,因此查杀病毒必不可少。另外,一些木马也会引发蓝屏,最好用相关系统安全杀毒工具软件扫描。

(3) 新硬件和新驱动。检查新硬件是否插牢,如果确认没有问题,将其拔下,然后换个插槽试试,并安装最新的驱动程序,同时还应对照 Microsoft 官方网站的硬件兼容类别检查硬件是否与操作系统兼容。如果该硬件不在兼容表中,那么应到硬件厂商网站进行查询,或者拨打电话咨询。

(4) 运行 sfc/scannow。运行 sfc/scannow 检查系统文件是否被替换,然后用系统安装盘来恢复。

(5) 安装最新的系统补丁和 Service Pack。有些蓝屏是 Windows 本身存在缺陷造成的,可通过安装最新的系统补丁和 Service Pack 来解决。

(6) 查询停机码。把蓝屏中的内容记录下来,到网上进入 Microsoft 帮助与支持网站输入停机码,找到有用的解决案例。另外,也可在百度或 Google 等搜索引擎中使用蓝屏的停机码搜索解决方案。

(7) 最后一次正确配置。一般情况下,蓝屏都是出现在硬件驱动或新加硬件并安装驱动后,这时 Windows 提供的"最后一次正确配置"功能就是解决蓝屏故障的快捷方式。重新启动操作系统,在出现启动菜单时按下 F8 键就会出现高级启动选项菜单,选择"最后一次正确配置"选项进入系统即可。

2) 预防蓝屏故障的方法

对于系统蓝屏的故障,可以通过以下一些方法进行预防。

(1) 定期升级操作系统、软件和驱动。

(2) 定期对重要的注册表文件进行备份,避免系统出错后,未能及时替换成备份文件而产生不可挽回的损失。

(3) 定期用杀毒软件进行全盘扫描,清除病毒。

(4) 尽量避免非正常关机,减少重要文件的丢失,如. dll 文件等。

(5) 对普通用户而言,系统能正常运行,可不必升级显卡、主板的 BIOS 和驱动程序,避免因升级造成的故障。

3. 自动重启故障

计算机的自动重启是指在没有进行任何启动计算机的操作下,计算机自动重新启动,这种情况通常也是一种故障,其诊断和处理方法如下。

1) 由软件原因引起的自动重启

软件原因引起的自动重启比较少见,通常有以下两种。

(1) 病毒控制。"冲击波"病毒运行时会提示系统将在 60s 后自动启动,这是因为木马程序远程控制了计算机的一切活动,并设置计算机重新启动。排除方法为清除病毒、木马或重装系统。

(2) 系统文件损坏。操作系统的系统文件被破坏,如 Windows 下的 KERNEL32. dll,系统在启动时无法完成初始化而强迫重新启动。排除方法为覆盖安装或重装操作系统。

2）由硬件原因引起的自动重启

硬件原因是引起自动重启的主要因素，通常有以下几种。

(1) 电源因素。组装计算机时选购价格便宜的电源，是引起系统自动重启的最大嫌疑，这种电源可能由于输出功率不足、直流输出不纯、动态反应迟钝和超额输出等原因，导致计算机经常性的死机或重启。排除方法为更换大功率电源。

(2) 内存因素。通常有两种情况：一种是热稳定性不强，开机后温度一旦升高就死机或重启；另一种是芯片轻微损坏，当运行一些 I/O 吞吐量大的软件（如媒体播放、游戏、平面/3D 绘图）时就会重启或死机。排除方法为更换内存。

(3) CPU 因素。通常有两种情况：一种是由于机箱或 CPU 散热不良；另一种是 CPU 内部的一、二级缓存损坏。排除方法为在 BIOS 中屏蔽二级缓存（L2）或一级缓存（L1），或更换 CPU。

(4) 外接卡因素。通常有两种情况：一种是做工不标准或品质不良；另一种是接触不良。排除方法为重新拔插板卡或更换产品。

(5) 外设因素。通常有两种情况：一种是外部设备本身有故障或者与计算机不兼容；另一种是热拔插外部设备时，抖动过大，引起信号或电源瞬间短路。排除方法为更换设备，或找专业维修。

(6) 光驱因素。通常有两种情况：一种是内部电路或芯片损坏导致主机在工作过程中突然重启；另一种是光驱本身的设计不良，会在读取光盘时引起重启。排除方法为更换设备，或找专业维修。

(7) RESET 开关因素。通常有 3 种情况：一是内 RESET 键损坏，开关始终处于闭合位置，系统无法加电自检；二是当 RESET 开关弹性减弱，按钮按下去不易弹起时，就会出现开关稍有振动就闭合现象，导致系统复位重启；三是机箱内的 RESET 开关引线短路，导致主机自动重启。排除方法为更换开关。

3）由其他原因引起的自动重启

还有一些非计算机自身原因也会引起自动重启，通常有以下几种情况。

(1) 市电电压不稳。通常有两种情况：一种是计算机的内部开关电源工作电压范围一般为 170～240V，当市电电压低于 170V 时，就会自动重启或关机，排除方法为添加稳压器（不是 UPS）；另一种是计算机和空调、冰箱等大功耗电器共用一个插线板，在这些电器启动时，供给计算机的电压就会受到很大的影响，往往就表现为系统重启，排除方法为把供电线路分开。

(2) 强磁干扰。这些干扰既有来自机箱内部各种风扇和其他硬件的干扰，也有来自外部的动力线、变频空调甚至汽车等大型设备的干扰。如果主机的抗干扰性能差，就会出现主机意外重启的现象。排除方法为远离干扰源，或者更换防磁机箱。

中国第一个计算机科研小组

1953 年在华罗庚指导下，由闵乃大、夏培肃、王传英组成的中国第一个计算机三人小组成立，开启了中国计算机事业的序幕。他们在极其艰难的情况下开始了计算机的研究。当时国内没有一本叙述计算机原理的书，他们就从英文期刊中查找文献资料并一字一句地抄录下来，在一无所有的情况下,建立了计算机研究实验室,为中国计算机事业的发展做出了杰出贡献。

华罗庚(1910.11—1985.6),江苏常州人。数学家,中国科学院院士,美国国家科学院外籍院士,第三世界科学院院士,联邦德国巴伐利亚科学院院士。他是中国解析数论、矩阵几何学、典型群、自守函数论与多元复变函数论等多方面研究的创始人和开拓者,并被列为芝加哥科学技术博物馆中当今世界88位数学伟人之一。国际上以华氏命名的数学科研成果有"华氏定理""华氏不等式""华-王方法"等。

闵乃大(1911.5—2002.5),江苏如皋人。著名德籍华人科学家。1936年从清华大学电机工程专业毕业后赴德国柏林卡劳腾堡工业大学留学,1944年获得博士学位。1948年回国后任清华大学电机系电讯网络研究室主任、教授。他是中国第一个电子计算机科研小组组长,是中国计算机研制的奠基人之一。

夏培肃(1923.7—2014.8),四川省江津市人,中国计算机之母。1950年获英国爱丁堡大学博士学位后,回国在清华大学任教,1953年后,任中国科学院数学研究所、物理研究所、计算技术研究所副研究员、研究员,1991年当选中国科学院院士。1960年,夏培肃设计试制成功中国第一台自行设计的电子计算机——107计算机,是中国计算机研制的奠基人之一。

王传英,1929年生,江苏苏州人,中国第一个计算机科研小组成员之一。1950年毕业于清华大学电机系,高级工程师。1955年进入莫斯科理论与实验物理研究所实习,1956年回国。历任中国科学院原子能研究所研究室主任、副所长,核工业部科技核电局局长、部科技委员会副主任、高级工程师,中国核学会第一、二届理事。他领导了原子能研究所回旋加速器、静电加速器和串列加速器的建设、安装运行及改进工作。

15.3 实验九:微机系统故障与处理

一、实验目的

(1) 了解和熟悉计算机故障诊断的常用方法。

(2) 处理计算机软硬件故障。

二、实验设备

(1) 已组装好的多媒体微型计算机一台。

(2) 常用计算机维修工具一套。

三、实验内容及步骤

1. 系统软件故障的处理

通过设定一个综合性软件故障,造成系统不能正常启动,由学生开机发现故障并逐个排除,使系统恢复正常。目的是使学生了解影响系统启动的多种故障因素,并学会解决问题的方法。

2. 系统硬件故障的处理

设置一些微机系统硬件故障,然后让学生使用如替换法、插拔法和比较法等进行故障诊断和排除。

四、实验报告

叙述实验中遇到的故障现象、分析判断和排除故障的过程，也可以写自己在日常工作中碰到的系统、主要部件的故障现象和采取的解决方法。

15.4 思考与练习

一、填空题

1. 计算机工作时需要一个合适的工作环境，才能保障其有效、完全、稳定的运行。其工作环境主要指________、________、________、________、________、统筹几方面。

2. 在硬盘进行读写操作时，严禁________或者________、________计算机。

3. 一般修复操作系统漏洞的方式有两种：一种是______________________________；另外一种是______________________________。

4. 计算机故障是由各种各样的因素引起的，主要包括________、________、________、________和________等。

5. 确认计算机故障的常用方法，有________、________、________、________、________和________等几种。

二、选择题

1. 显示器的日常维护，应注意哪些，下列说法错误的是________。

   A. 远离磁场干扰　　B. 注意环境
   C. 保持清洁　　D. 可以在一切环境下使用

2. 下列哪个选项不属于系统安全管理软件？________

   A. 360 安全卫士　　B. 百度安全卫士　　C. 电脑管家　　D. Word

3. 下列说法错误的是哪项？________

   A. 对于网络攻击，最主要的防御措施是设置防火墙
   B. 防火墙是由软件和硬件组合而成
   C. 防火墙主要作用是在内部网与外部网之间、专用网与公共网之间构成保护屏障
   D. 防火墙不能保护计算机免受非法用户的入侵

4. 下列表述错误的是哪项？________

   A. 数据恢复软件可分为逻辑层恢复和物理层恢复功能
   B. 逻辑层恢复通常是指误删除、误克隆、误格式化、分区丢失、病毒感染等情况
   C. 物理层恢复是指由于硬件物理损伤引起的丢失数据恢复
   D. 数据恢复软件不能恢复已格式化过的磁盘丢失的数据

5. 下列有关排除计算机故障的基本原则不正确的是哪项？________

   A. 仔细分析　　B. 先软后硬　　C. 先内后外　　D. 先假后真

三、简答题

1. 简述排除计算机故障的基本原则和注意事项。
2. 确认计算机故障的常用方法有哪些？
3. 简述计算机蓝屏故障的原因及预防办法。

参考文献

[1] 秦杰.计算机组装与系统维护技术[M].3版.北京：清华大学出版社，2017.

[2] 谢峰，路贺俊.计算机组装与维护立体化教程[M].北京：人民邮电出版社，2014.

[3] 段欣.计算机组装与维护[M].4版.北京：电子工业出版社，2018.

[4] 黑马程序员.计算机组装与维护[M].北京：人民邮电出版社，2019.

[5] 赖作华，汪鹏飞.计算机组装与维护立体化教程(微课版)[M].北京：人民邮电出版社，2018.

[6] 蔡飓，孙菲.计算机组装与维护(慕课版)[M].北京：人民邮电出版社，2018.

[7] 张永健，周洁波.计算机组装与维护[M].4版.北京：人民邮电出版社，2018.

[8] 汪兆银，王刚.计算机组装与维护[M].北京：人民邮电出版社，2013.

[9] 陈承欢，谢树新，宁云智.计算机组装与维护[M].北京：高等教育出版社，2013.

[10] 曲广平.计算机组装与维护项目教程[M].2版.北京：人民邮电出版社，2019.

[11] 王保成，向炜，宋清龙.计算机组装与维护[M].2版.北京：高等教育出版社，2009.

[12] 夏丽华，吕咏.计算机组装与维护标准教程[M].北京：清华大学出版社，2018.

[13] 文杰书院.计算机组装、维护与故障排除基础教程[M].2版.北京：清华大学出版社，2016.

[14] 智云科技.计算机组装、维护与故障排除[M].2版.北京：清华大学出版社，2016.

[15] 蒋灏东.计算机组装与维护实践教程[M].北京：电子工业出版社，2019.

[16] 叶春，管维红，张蓉.计算机组装与维护项目实践教程[M].北京：电子工业出版社，2017.